Handbuchreihe Energieberatung / Energiemanagement

Herausgegeben von
Professor Dr. Dietmar Winje
Technische Universität Berlin

Professor Dr.-Ing. Rolf Hanitsch
Technische Universität Berlin

Band I
Energiemanagement

G. Borch, M. Fürböck, L. Mansfeld, D. Winje

Grundlagen des Energiemanagements
Betriebliche Energiemanagementprogramme
Energieversorgungskonzepte – Regionales Energiemanagement
Rahmenbedingungen des Energiemanagements

Band II
Energiewirtschaft

D. Winje, D. Witt

Grundzusammenhänge der Energiewirtschaft
Wirtschaftlichkeitsberechnung

Band III
Physikalisch-technische Grundlagen

G. Bartsch

Thermodynamik der Energiewandlung
Grundlagen der Wärmeübertragung
Strömungslehre

Band IV
Wärmetechnik

K. Endrullat, P. Epinatjeff, D. Petzold, H. Protz

Grundlagen der Heiz- und Lufttechnik
Anwendung der Heiz- und Lufttechnik
Wärmepumpen und Abwärmenutzung

Band V
Elektrische Energietechnik

R. Hanitsch, U. Lorenz, D. Petzold

Verteilung und Verbrauch elektrischer Energie
Spezielle Energiewandler
Meß- und Regelungstechnik

Band VI
Rationelle Energieverwendung im Hochbau

P. Epinatjeff, B. Weidlich

Bauphysikalische Grundlagen
Klimagerechtes Planen und Bauen
Rationelle Energieverwendung durch Maßnahmen am Gebäudebestand

Dipl.-Ing. Klaus Endrullat
Dipl.-Ing. Peter Epinatjeff
Dipl.-Ing. Dieter Petzold
Prof. Dipl.-Ing. Hubertus Protz

Band IV

Wärmetechnik

Springer-Verlag Berlin Heidelberg GmbH

CIP-Kurztitelaufnahme der Deutschen Bibliothek

Energieberatung, Energiemanagement: Handbuchreihe / hrsg. von Dietmar Winje; Rolf Hanitsch. — Berlin; Heidelberg; New York; Tokyo: Springer; Köln: Verl. TÜV Rheinland
NE: Winje, Dietmar [Hrsg.];
Bd. 4. Wärmetechnik. — 1987.

Wärmetechnik / Klaus Endrullat ... — Berlin; Heidelberg; New York; Tokyo: Springer; Köln: Verl. TÜV Rheinland, 1987.
Energieberatung, Energiemanagement; Bd. 4)

NE: Endrullat, Klaus [Mitverf.]

ISBN 978-3-662-07028-4 ISBN 978-3-662-07027-7 (eBook)
DOI 10.1007/978-3-662-07027-7

Ursprünglich erschienen bei Springer-Verlag Berlin Heidelberg New York Tokyo 1987.
Softcover reprint of the hardcover 1st edition 1987

Gesamtherstellung: Verlag TÜV Rheinland GmbH, Köln 1987

2068/3020-543210

Vorwort der Herausgeber

In industrialisierten Gesellschaften sind eine effiziente Energieversorgung und eine rationelle Energienutzung wesentliche Voraussetzungen für die wirtschaftliche Entwicklung. Insbesondere in den letzten 15 Jahren sind die offenkundig gewordene Knappheit der energetischen Rohstoffe, deren zeitweilig drastische Preiserhöhungen sowie die mit dem Energieeinsatz verbundenen Umweltbelastungen verstärkt in den Vordergrund öffentlichen Interesses getreten. In vielen Bereichen werden Anstrengungen unternommen, um Lösungsbeiträge für diese Probleme zu erarbeiten. Dabei hat sich gezeigt, daß Maßnahmen zur sparsamen und rationellen Energieverwendung in nahezu allen Sektoren der Volkswirtschaft einen höheren Stellenwert erhalten haben. Die Behandlung dieser Aufgaben hat eine lange Tradition und wird von verschiedenen Fachdisziplinen wahrgenommen.

Aus den gemachten Erfahrungen wurde deutlich, daß die Erhöhung der Effizienz von Energieversorgung und Energienutzung eine Vorgehensweise erfordert, die einen übergreifenden Systemansatz verfolgt und die durch eine koordinierte Anwendung des Wissens aus verschiedenen Fachgebieten charakterisiert ist. So ist es oft erforderlich, daß bei umfangreichen Vorhaben Ingenieure der Energie- und Verfahrenstechnik mit Ingenieuren der Elektrotechnik und des Bauingenieurwesens zusammenarbeiten und für alle eine Kooperation mit Wirtschaftswissenschaftlern und Planern zur Lösung von Energieproblemen angebracht ist.

Die vorliegende Handbuchreihe soll, aufbauend auf dem Wissen traditioneller Fachgebiete, eine zusammenfassende Behandlung der Möglichkeiten einer sparsamen und rationellen Energieverwendung in wichtigen Verbrauchsbereichen geben. Dabei wird ein Schwerpunkt auf eine umfassende und fachübergreifende Betrachtungsweise gelegt. Im Vordergrund steht das Anliegen, Energiefachleuten verschiedener technischer Disziplinen Erkenntnisse aus jeweils anderen Fachrichtungen zu vermitteln und gleichzeitig systemorientierte Ansätze aufzuzeigen. Ein weiteres Ziel der Handbuchreihe besteht darin, Energiefachleuten neben technischen Zusammenhängen auch betriebswirtschaftliche Grundlagen wie Investitionsrechnungen oder Organisationstechniken im Hinblick auf Maßnahmen zur effizienten Energienutzung nahezubringen. Methoden des Energiemanagements sollen dann Möglichkeiten und Wege deutlich machen, wie technische Optionen der rationellen Energienutzung nicht nur aufgezeigt und wirtschaftlich beurteilt werden, sondern die hierzu erforderlichen Maßnahmen auch konkret umgesetzt werden können.

Die Handbuchreihe ist daher für Energiefachleute konzipiert, seien es Ingenieure, Architekten, Planer oder Wirtschaftswissenschaftler, die mit der rationellen Energieversorgung und -verwendung befaßt sind oder eine derartige Tätigkeit anstreben.

Die Handbuchreihe umfaßt sechs Einzelbände, die jeweils aus einer problemorientierten Sicht Beiträge zur rationellen Energieverwendung enthalten. Die Herausgeber konnten auf den Sachverstand von weiteren Fachgebietsvertretern der Technischen Universität Berlin zurückgreifen. Diese haben Zielvorstellungen und Konzeptionen der jeweiligen Bände in den Einleitungen zusammengefaßt. Der Band I „Energiemanagement" zeigt die grundsätzliche Vorgehensweise bei der Durchführung von energiesparenden Maßnahmen und Energieprogrammen, Beispiele durchgeführter Projekte aus verschiedenen Verbrauchssektoren sowie Rahmenbedingungen für das Energiemanagement. Der Band II stellt grundsätzliche Zusammenhänge der Energiewirtschaft dar und erläutert Ziele, Methoden und Beispiele von Wirtschaftlichkeitsberechnungen. Im Band III wird dargestellt, wie die Thermodynamik der Energiewandlung, die Wärmeübertragung und die Strömungslehre bei der Planung technischer Maßnahmen Berücksichtigung finden. Komponenten, die für eine effiziente Heiz- und Lufttechnik erforderlich sind, sowie Einsatzmöglichkeiten von Wärmepumpen und Vorschläge für die Abwärmenutzung finden sich im Band IV. Elektrische Energietechnik mit den Bereichen Verteilung und Verbrauch elektrischer Energie, mit Energieeinsparungsmöglichkeiten bei speziellen Energiewandlern und mit den Einsatzmöglichkeiten der Meß- und Regelungstechnik werden im Band V dargestellt. Im Band VI erfolgt eine Darstellung der rationellen Energieverwendung im Hochbau, wobei bauphysikalische Grundlagen, Vorschläge zum klimagerechten Planen und Bauen sowie Maßnahmen am Gebäudebestand analysiert werden.

Beim Verfassen der Handbuchreihe konnten die Autoren auf Erfahrungen im Rahmen des Weiterbildungsprogrammes Energieberatung / Energiemanagement zurückgreifen, das an der Technischen Universität Berlin seit dem Jahr 1983 durchgeführt wird und insbesondere für Energiefachleute aus der Praxis entwickelt worden ist. Die hohe Zahl der bisherigen Teilnehmer aus der betrieblichen Praxis in Energieversorgungsunternehmen, öffentlichen Einrichtungen, Industriebetrieben und Ingenieurbüros hat gezeigt, daß der eingeschlagene Weg einer systemorientierten und mehrere Fachdisziplinen zusammenfassenden Darstellung von Ansätzen zur sparsamen und rationellen Energieverwendung auf große Resonanz gestoßen ist.

Die Autoren haben dabei von den Teilnehmern des Weiterbildungsprogrammes viele Anregungen und Hinweise erhalten. Den Teilnehmern sei an dieser Stelle gedankt. Bei den Autoren bedanken wir uns für die konstruktive Zusammenarbeit. Umfangreiche Veröffentlichungen wie diese können nur durch die Mithilfe von anderen entstehen. Es ist kaum möglich, alle namentlich zu benennen. Stellvertretend für alle anderen Mitwirkenden möchten wir uns bei Frau Dagmar Eder und Frau Ann-Kristin Wienke bedanken, die mit großer Sorgfalt und viel Geduld von Anfang an Herausgeber und Autoren unterstützt haben.

Dietmar Winje und Rolf Hanitsch

Inhaltsübersicht

Einleitung

Die rationelle Energieverwendung im Bereich wärmetechnischer Systeme hat im mitteleuropäischen Raum einen hohen Stellenwert, da bei der überwiegenden Anzahl der Haushalte und Gewerbebetriebe der Energieverbrauch zur Wärmeerzeugung den größten Anteil am Gesamtenergieverbrauch hat. Das Ziel des vorliegenden Bandes ist es, dem Leser die Vorgehensweise zur Beurteilung wärmetechnischer Systeme und energiesparender Maßnahmen zu vermitteln. Schwerpunktmäßig werden die Heiz- und Raumlufttechnik im Umfeld des Menschen behandelt, während das Gebiet der Prozeßwärme für die industrielle Anwendung aus Gründen des Umfanges nur ansatzweise erörtert werden konnte.

Der Anspruch dieses Buches liegt auf einer Ebene, welche bewußt nicht die Einzellösung hervorhebt, da sich das Optimum eines Gesamtsystems noch längst nicht einstellen muß, wenn die Teilsysteme optimiert sind. Das Verständnis der Verzahntheit des vorliegenden Gebietes mit anderen Fachgebieten ist deshalb eine wesentliche Voraussetzung für koordinierte Maßnahmen zur rationellen Energieverwendung. Diesem Umstand wird durch zahlreiche qualitative Systembetrachtungen und Zahlenbeispiele Rechnung getragen.

Im ersten Abschnitt werden die speziellen Grundlagen der Heiz- und Raumlufttechnik behandelt. Dazu zählen Kenntnisse über technische Funktionsabläufe und die Behaglichkeitsanforderungen des Menschen, zu deren Aufrechterhaltung diese Anlagen gebaut werden. Anlagentechnische Maßnahmen zur Energieeinsparung müssen sich immer an der Erfüllung der Behaglichkeitsanforderungen messen lassen. Weiterhin gehört es auch zu einer wirkungsvollen Energieberatung, Maßnahmen an gebäudetechnischen Anlagen als Teilmaßnahme am Gesamtsystem Gebäude zu verstehen, weil durch den Umfang der Systemverbesserung (energetisch-ökonomisch) letztlich die Rangfolge der durchzuführenden Maßnahmen bestimmt wird.

Die folgenden drei Abschnitte behandeln die Heiztechnik, die Warmwassertechnik und die Lufttechnik. Die Methodik in der Darstellung der einzelnen Abschnitte ergibt sich aus den Anforderungen der praktischen Energieberatung, so daß die Berechnungsansätze primär an den Energieverlusten orientiert sind und die Durchführung von Istwert-Aufnahmen sowie die möglichen Verbesserungsmaßnahmen im Vordergrund stehen. Demgegenüber kann eine detaillierte Beschreibung der Auslegung standardmäßiger Anlagenkomponenten nicht das Ziel dieser Abschnitte sein, weil davon ausgegangen werden kann, daß Energieberatung und Energiemanagement hauptsächlich eine koordinierende Funktion hat und somit bei Detailausführungen auf die Kenntnisse entsprechender Fachleute zurückgegriffen werden muß.

Es schließt sich der fünfte Abschnitt mit Wärmepumpen für Raumheizung und Warmwasserbereitung an. Angesichts der hohen Investitionskosten und häufig auftretender technischer Unzulänglichkeiten ausgeführter Anlagen wird der wirtschaftliche Nutzen sehr kontrovers diskutiert. Dies sollte für die im Energieberatungsbereich tätigen Experten bereits Grund genug sein, sich eingehend mit der Wärmepumpentechnik zu beschäftigen.

Der letzte Abschnitt befaßt sich mit Möglichkeiten, Abwärme nutzbringend zu verwerten. Er vervollständigt damit Heiz- und Klimatechnik um eine weitere Methode der rationellen Energieverwendung und führt durch die Themenauswahl weiter zu industriellen Anwendungen.

Für die fachliche Betreuung der Abschnitte „Wärmepumpen für Raumheizung und Warmwasserbereitung" und „Abwärmenutzung" sei an dieser Stelle Herrn Prof. Dr.-Ing. G. Bartsch gedankt.

Hubertus Protz

Grundlagen der Wärmetechnik

Klaus Endrullat, Peter Epinatjeff

INHALTSVERZEICHNIS

Seite

1 Meteorologie

Ein wesentlicher Teil unseres Energieverbrauchs entsteht durch Heizung und Klimatisierung von Gebäuden. Ziel der Heizung und Klimatisierung ist es, in den Gebäuden ein behagliches Raumklima zu erzeugen. Da die wesentlichen Störgrößen bei diesem Vorgang meteorologischer Natur sind, sind zu deren Verständnis Kenntnisse der Grundlagen der Meteorologie notwendig.

1.1 Wetter und Klima

Unter dem Begriff **Meteorologie** wird die Physik der Atmosphäre und die Lehre vom Wetter zusammengefaßt. Das **Wetter** (die Witterung) wird durch den jeweiligen physikalischen Zustand der Atmosphäre an einem bestimmten Ort zu einer bestimmten Zeit oder über einen kurzen Zeitabschnitt (einige Tage) bestimmt. Die Faktoren, die das Wetter beeinflussen, sind Luftdruck, Luftfeuchte, Temperatur, Sonnenstrahlung, Wind, Bewölkung und Niederschläge.

Der Begriff **Klima** bezeichnet den für ein Gebiet charakteristischen durchschnittlichen Witterungsablauf. Während das Wetter eine zeitabhängige Größe ist, ist das Klima eine Funktion des Ortes und wird maßgeblich durch die **Klimafaktoren** wie geographische Breite, Entfernung vom Meer oder großen Binnenseen, Höhenlage usw. beeinflußt.

1.1.1 Klimazonen

Die von der Erdoberfläche empfangene Sonnenstrahlung ist im Bereich der Pole wesentlich geringer als am Äquator: Es entstehen unterschiedliche Boden- und Lufttemperaturen, die bestimmte wiederkehrende Luftströmungen begünstigen /39/.

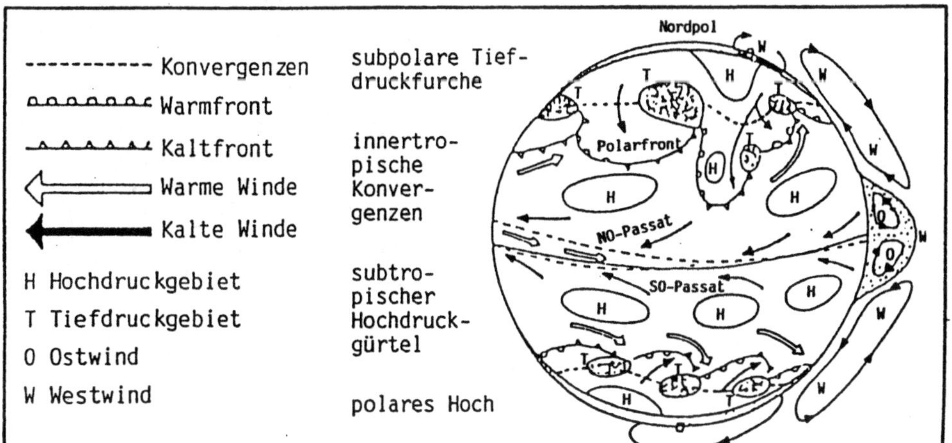

Abb. 1-1 Wind- und Druckzonenverteilung

Die vorherrschende Windrichtung in Bodennähe kennzeichnet die Windsysteme: Polarfronten, Nordost- und Südostpassat, äquatoriale Westwinde. Oft werden die äquatorialen Westwinde durch Windstillen - die Kalmen - abgelöst.

Luftdruckunterschiede zwischen Zonen auf- und absteigender Luftmassen sind Voraussetzungen für diese ausgeprägten Luftströmungen.

Zonen hohen Luftdrucks liegen im Bereich des Äquators und der Pole sowie nördlich und südlich des 30. Breitengrades - die sogenannten Roßbreiten. Gebiete niedrigeren Luftdrucks befinden sich um den 60. Grad nördlicher und südlicher Breite.

Durch den mit den Windsystemen verbundenen Energie- und Stoffaustausch und der jeweiligen geographischen und geologischen Ausbildung der Erdoberfläche haben sich im Laufe der Jahrtausende ausgeprägte Vegetations- bzw. Klimazonen gebildet: arktische, tropische und Wüstenklimate, subarktische und subtropische Zwischenzonen und die gemäßigten Klimazonen unserer Breitengrade.

1.1.2 Klimagebiete Europas

Das "immerfeuchte, gemäßigte" Klima Mitteleuropas wird durch eine ständige Folge von Tiefdruck- und Hochdruckwirbeln bestimmt. An ihren Flanken wandert feuchte Meeresluft oder trockene, heiße (bzw. kalte) Polarluft ein /40/.

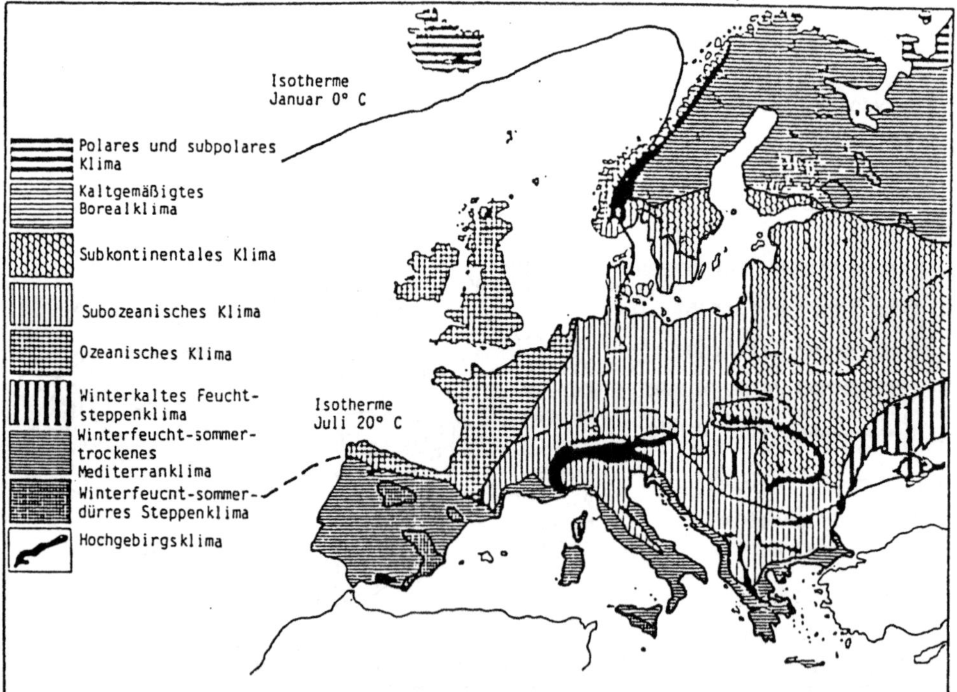

Abb. 1-2 Klimakarte Europas

1.1.3 Klimagebiete der Bundesrepublik Deutschland

Das Klima der Bundesrepublik wird durch das mitteleuropäische Klimakreuz, den wechselnden Einfluß von Kontinental- und Meeresklima, charakterisiert. So stellen sich Nord-Westdeutschland unter maritimem Einfluß und Süd-Ostdeutschland unter kontinentalem Einfluß als gegensätzliche Gebiete dar, die durch regionale Bedingungen weiter unterschieden werden /40/:

- Küstenklima der Nord- und Ostsee
- Flachlandklima der Rheinebene und der Norddeutschen Tiefebene
- Mittelgebirgsklimate
- Alpenvorland
- Hochgebirgsklima

Die für den Energieverbrauch wichtigen meteorologischen Elemente sind die Lufttemperatur, die Luftfeuchtigkeit, der Wind und die Sonnenstrahlung. Auf diese Elemente wird im folgenden näher eingegangen.

900 mm

700 mm

600 mm

Die jährlichen Niederschläge (500 bis 1200 mm) variieren in Menge und Art örtlich erheblich (besonders stau- und steigungsregenreiche Mittelgebirgslagen - regenarme Leeseiten, "Hagel- und Gewittergebiete"). Der Juli ist normalerweise der regenreichste Monat. Spätwinter, frühes Frühjahr und September/Oktober-Perioden sind am regenärmsten.

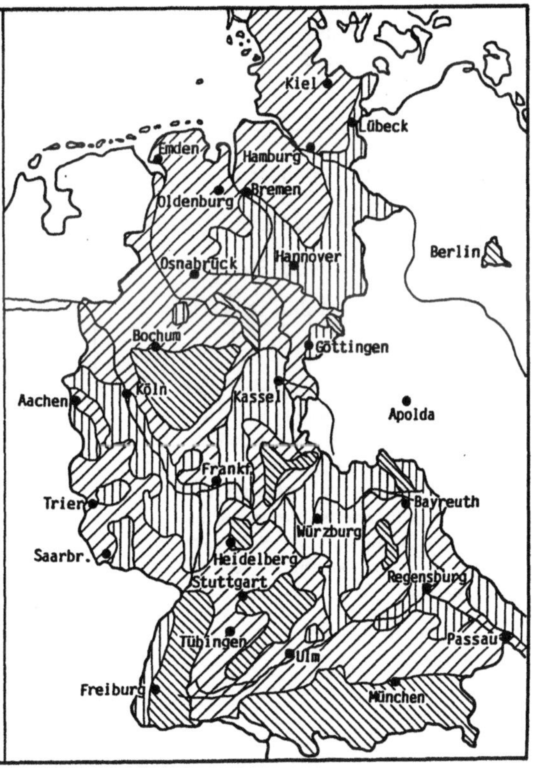

Abb. 1-3

Durchschnittliche jährliche Niederschlagsmengen

Größere Temperaturschwankungen im Süden (20°C, 16-18°C im N), mit härteren Wintern (60 Schneetage, 20 im N) und ausgeprägteren Sommerhitzeperioden. Mildere Winter im Norden, weniger Frosttage, verlängerte Vegetationsperiode und gemäßigtere Sommer.

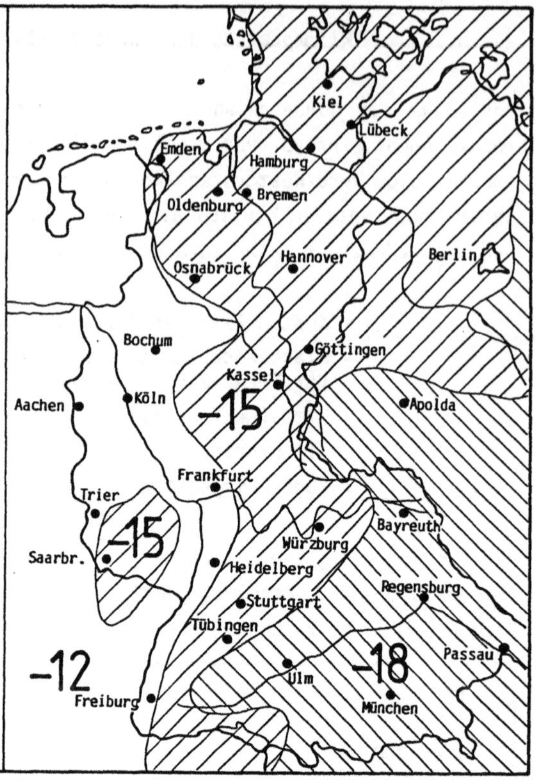

Abb. 1-4

Verteilung der mittleren Jahresminima der Außentemperatur /4/

1900 - 2000 Std.

1700 - 1900 Std.

1500 - 1700 Std.

1300 - 1500 Std.

Die direkte Einstrahlungsmenge nimmt mit Höhe und südlicher Lage - also binnenwärts zu. Ausnahmen bilden bestimmte bewölkungsreiche Regionen und Städte. Der trübste Monat ist überall der Dezember, die sonnigsten Monate sind in Küstennähe April und Mai, im Binnenland Juni und September.

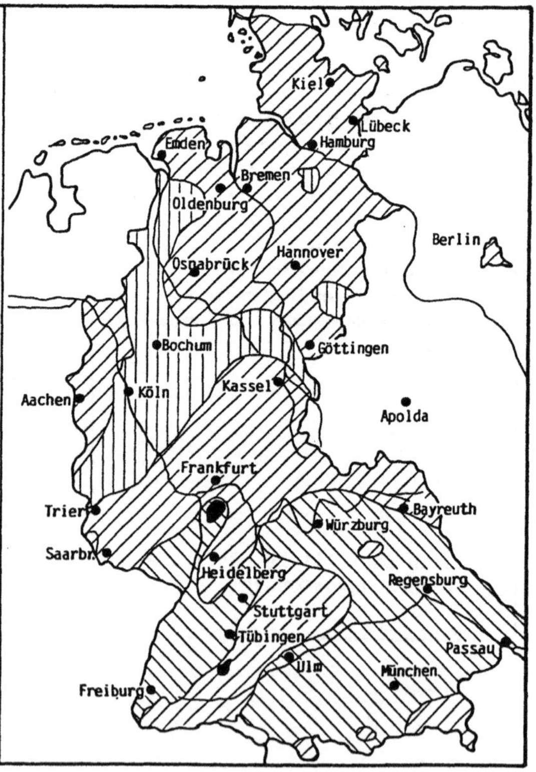

Abb. 1-5

Mittlere jährliche Sonnenscheindauer /40/

Ort	Jan.	Feb.	März	Apr.	Mai	Juni	Juli	Aug.	Sep.	Okt.	Nov.	Dez.
Berlin	21,7	37,4	60,4	86,0	106,2	115,3	110,6	93,4	69,5	44,8	25,8	17,5
	0,6	0,3	1,3	8,0	13,4	17,8	20,3	17,1	13,1	9,3	5,4	-0,3
Braunlage	23,0	38,4	61,6	86,8	106,5	115,5	110,8	94,1	70,6	46,0	27,0	18,7
	-1,8	-1,1	-1,9	4,2	10,1	15,0	17,1	14,4	10,5	7,8	2,6	-2,9
Braunschweig	22,0	37,4	60,7	86,2	106,2	115,4	110,6	93,6	69,8	45,1	26,1	17,8
	1,7	1,0	1,5	7,1	13,4	17,8	19,8	16,4	13,4	9,7	5,8	0,2
Hamburg	19,8	35,1	58,7	84,8	105,6	115,1	110,2	92,5	68,0	42,9	23,9	15,7
	1,6	0,9	1,2	6,9	12,7	16,9	19,2	16,8	13,4	10,0	6,0	0,1
Hohenpreissen-	29,3	44,7	67,0	90,4	108,1	116,0	111,8	96,9	75,3	52,1	33,4	24,9
berg	-1,3	0,2	0,0	4,8	10,8	15,3	16,5	12,5	10,7	9,4	2,1	-2,0
Norderney	19,7	35,0	58,5	84,7	105,5	115,1	110,1	92,4	67,9	42,8	23,7	15,6
	3,4	1,2	1,8	6,4	11,8	15,9	18,4	17,5	14,1	10,6	6,9	2,0
Trier	26,2	41,7	64,4	88,7	107,4	115,7	111,4	95,6	73,1	49,2	30,3	21,9
	3,9	2,9	4,1	8,9	14,6	20,2	21,1	18,3	14,1	11,3	6,5	0,3
Weihenstephan	28,5	43,9	66,4	90,0	108,0	115,9	111,7	96,6	74,8	51,4	32,6	24,2
	0,8	-0,5	1,3	6,8	12,7	16,7	18,7	14,7	11,6	8,7	3,6	-3,7
Würzburg	26,2	41,6	64,4	88,7	107,4	115,7	111,3	95,5	73,0	49,1	30,3	21,8
	2,6	0,9	3,0	8,6	14,6	19,5	21,9	18,0	13,9	10,2	5,6	-0,6

..... Globalstrahlung in kWh/m²/Monat
.... mittl. monatl. Außenlufttemp. in °C

Tab. 1-1 Meteorologische Daten der Bundesrepublik Deutschland, vom Deutschen Wetterdienst, Hamburg 1976

1.2 Lufttemperatur

Die Temperatur der Außenluft ändert sich infolge der Intensitätsschwankungen der Sonnenstrahlung und durch die Luftbewegungen im Tages- und Jahresablauf.

Unter dem Tagesgang der Lufttemperatur versteht man den Verlauf der Temperatur über den Tag. Der Tagesgang hängt von der Jahreszeit, der Witterung und der Lage des Ortes ab /Abb. 1-6/, /4/.

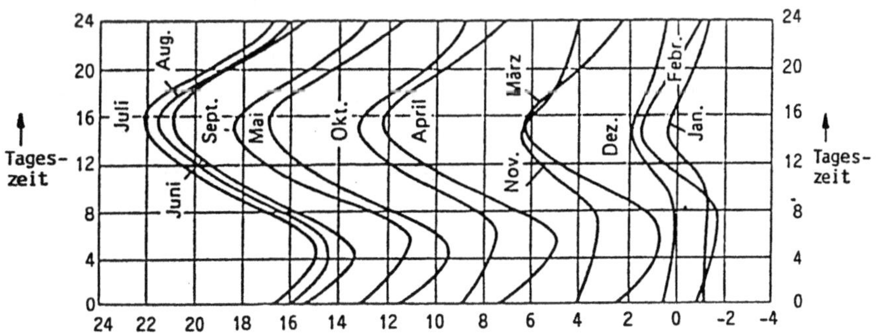

Abb. 1-6 Tagesgang der Lufttemperatur in Berlin für Winter- und Sommertage

Die Tagesmitteltemperatur kann man genau durch Bildung eines flächengleichen Rechtecks zur Tagesganglinie ermitteln. Die Näherungsgleichung wird in der Praxis angewandt, in der die Indices die Uhrzeit angeben, zu der die Temperaturen gemessen werden.

$$t = \frac{t_7 + t_{14} + 2t_{21}}{4} \tag{1-1}$$

Der Jahresgang der Lufttemperatur wird durch die zeitliche Aneinanderreihung der in langjährigen Beobachtungen gewonnenen Monatstemperaturen (die sich aus dem arithmetischen Mittel der Tagesmitteltemperaturen ergeben) dargestellt.

Auch der Jahresgang ist abhängig von der Lage des Ortes /Abb. 1-7/, /39/.

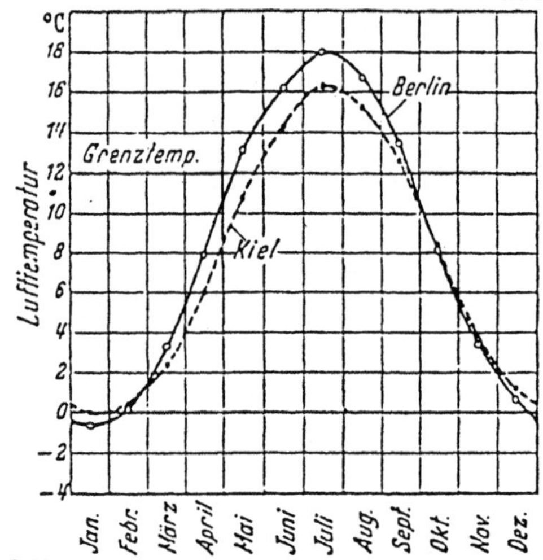

Abb. 1-7
Jahresgang der Lufttemperatur in Berlin und Kiel

Unter der Anzahl der Heiztage versteht man die Anzahl der Tage im Jahr, an denen die Tagesmitteltemperatur unterhalb der Heizgrenze (in Deutschland 12°C) liegt. Multipliziert man die Zahl der Heiztage Z mit der mittleren Temperaturdifferenz zwischen Raumtemperatur und Außentemperatur, so erhält man die Anzahl der Heizgradtage (Gradtagzahl)

$$Gt = (t_i - t_{a,m}) \cdot Z \tag{1-2}$$

Die Gradtagzahl kann man aus der Jahresganglinie entsprechend Abb. 1-8 ermitteln. Eine andere Möglichkeit zur Bestimmung von Gt ist die Verwendung einer geordneten Häufigkeitslinie der Außentemperaturen, die für jede Temperatur t angibt, an wieviel Tagen im Jahr die Tagesmitteltemperatur kleiner als t ist /Abb. 1-9/, /23/.

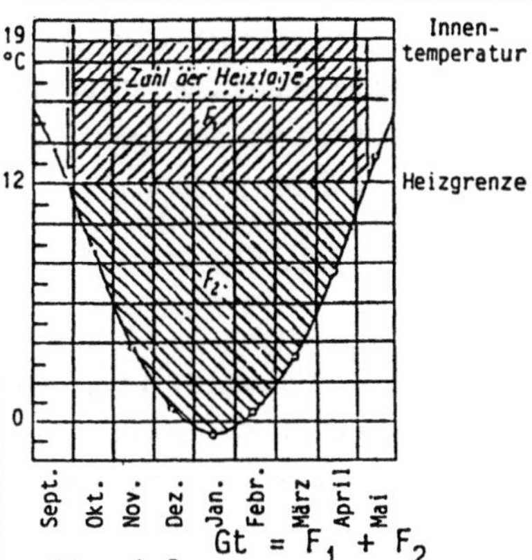

$Gt = F_1 + F_2$

Abb. 1-8

Zur Bestimmung der Gradtagzahl Gt

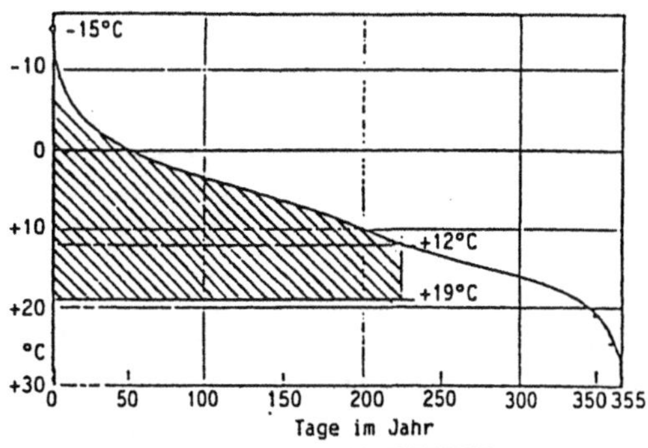

Abb. 1-9 Gt = [schraffierte Fläche]

Ermittlung der Gradtagzahl mit Hilfe der geordneten Häufigkeitslinie der Außentemperaturen für Berlin

Kennt man den Wärmebedarf eines Gebäudes q je Tag und je Grad Temperaturunterschied zwischen Innen- und Außenluft, dann kann man den Jahreswärmeverbrauch Q nach folgender Beziehung berechnen:

$$Q = Gt \cdot q \tag{1-3}$$

1.3 Luftfeuchtigkeit

Zu einem behaglichen Raumklima gehört auch eine bestimmte Luftfeuchtigkeit. Um diese gezielt beeinflussen zu können, muß der Verlauf der Außenluftfeuchte über die Zeit bekannt sein.

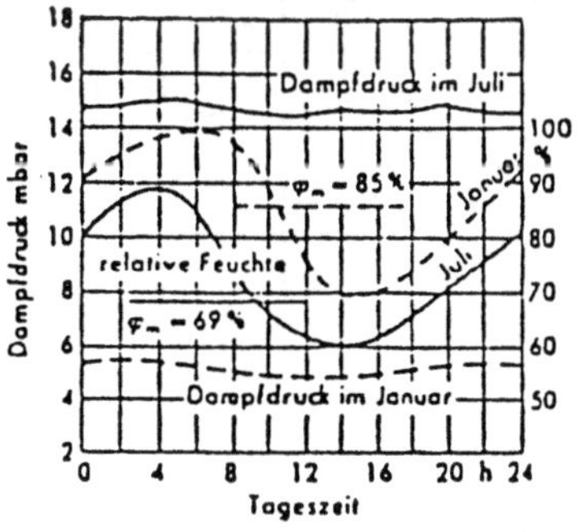

Abb. 1-10

Mittlerer Tagesgang der Feuchte im Januar und Juli in Berlin-Dahlem

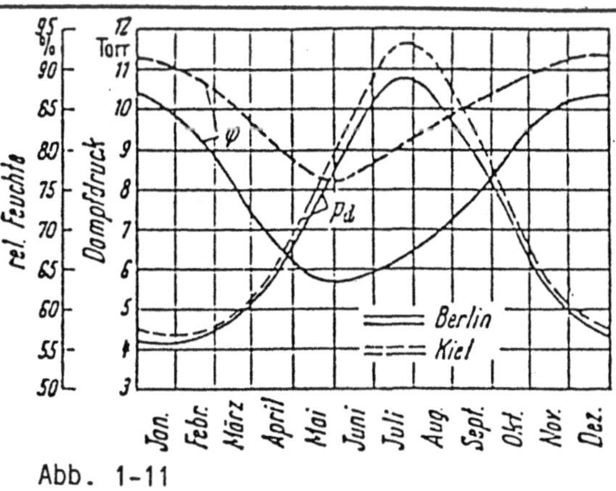

Abb. 1-11

Jahresgang des Dampfdruckes und der relativen Feuchte

Die verschiedenen Möglichkeiten zur Angabe des Wasserdampfgehaltes wurden bereits /im Band III, Physikalisch-technische Grundlagen/ besprochen. Hier sollen daher nur beispielhaft je zwei Tagesgänge und Jahresgänge des Dampfdrucks und der relativen Feuchte angegeben werden /Abb. 1-10 und 1-11/, /39/.

1.4 Wind

Luftströmungen in der unteren Schicht der Atmosphäre (Troposphäre) werden als Wind bezeichnet. Sind sie für eine natürliche Gebäudeklimatisation erwünscht, so verursachen sie andererseits Wärmeverluste durch Konvektion und Luftwechsel infolge der Undichtigkeiten des Gebäudes.

1.4.1 Windgeschwindigkeit

Die Windgeschwindigkeit v wird - früher nach der 12-teiligen Beaufort-Skala - heute in m/s gemessen (Umrechnung v = 2 B - 1). Sie unterliegt örtlichen, jahreszeitlichen und tageszeitlichen Schwankungen. Die tageszeitlichen Schwankungen erreichen mittags ihren Höchst- und abends ihren Tiefstwert, sind jedoch gering.

Die jahreszeitlichen Veränderungen sind dagegen deutlich ausgeprägter. Der jährliche Gang in der Bundesrepublik Deutschland zeigt, daß die Windgeschwindigkeiten im Winter größer als im Sommer und in Küstennähe größer als im Binnenland sind /23/.

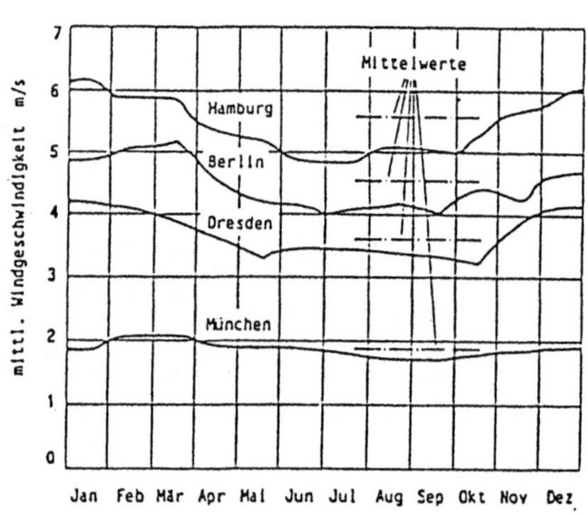

Abb. 1-12

Mittlere monatliche Windgeschwindigkeiten /23/

Auch bei zunehmender Höhe über dem Erdboden liegen andere Windverhältnisse vor. So können sie sich beispielsweise zwischen 2 m und 20 m nahezu verdoppeln.

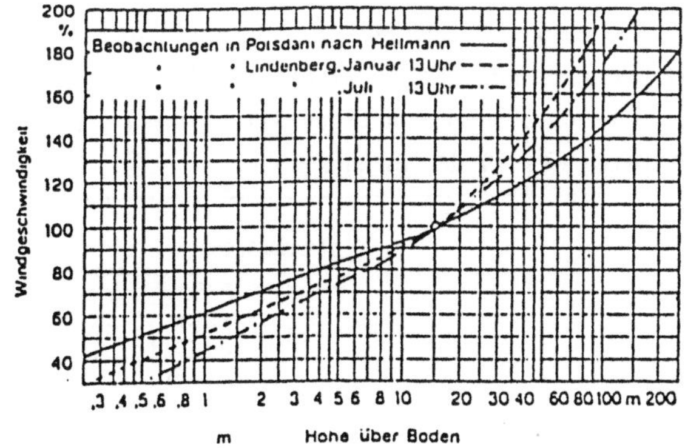

Abb. 1-13

Änderung der Windgeschwindigkeit mit der Höhe /39/

1.4.2 Windrichtung

In Deutschland herrschen im allgemeinen Westwinde. In den ebenen Lagen sind die Hauptwindrichtungen zu berücksichtigen. So kann der Unterschied zwischen geschützter oder freier Lage mittleren Windgeschwindigkeiten zwischen 4 m/s und 10 m/s entsprechen. Die Kenntnisse solcher lokalen Windsituationen lassen für die jeweiligen Jahreszeiten differenzierte Aussagen für siedlungs- und bauplanerische Konzeptionen zu. Als Beispiel sei hier ein Winddiagramm aus Berlin-Dahlem gezeigt (Meßzeitraum: 1953 - 1972, Meßhöhe: 26m).

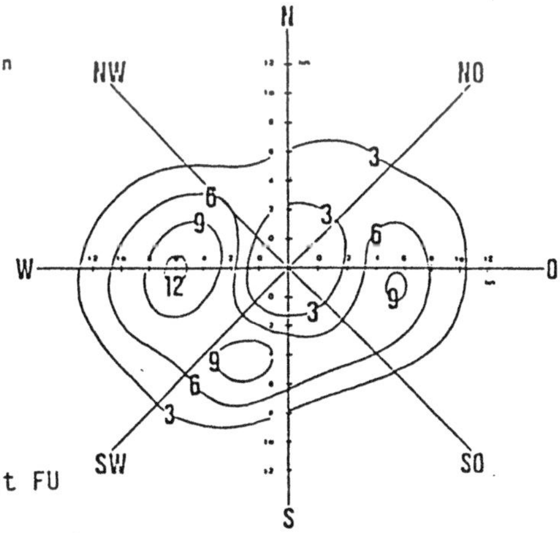

Abb. 1-14

Dreidimensionales Winddiagramm mit Windrichtung, Windstärke und Häufigkeit

nach Meteorologisches Institut FU

1.4.3 Windströmungen am Gebäude

Die Stellung des Gebäudes zur Windrichtung und seine Form bestimmen die Windangriffsfläche und die Verwirbelungen an der Leeseite des Gebäudes. Dabei können in hof- und schneisenartigen Situationen erheblich höhere Luftgeschwindigkeiten auftreten als in der Umgebung.

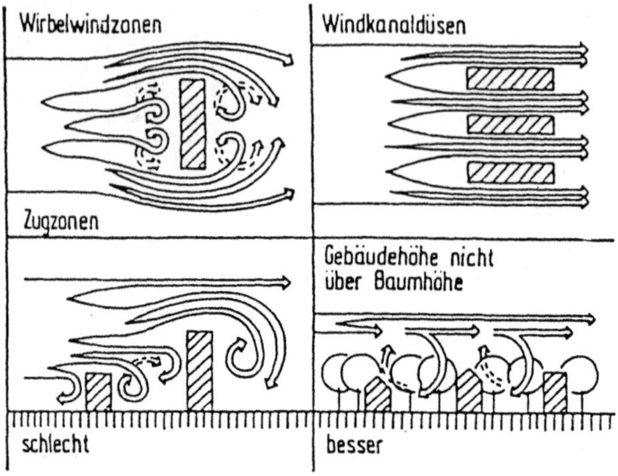

Abb. 1-15
Windverwirbelungen

Diese Turbulenzen und Wirbelzonen sind gerade bei Hochhäusern im Erdgeschoss so stark, daß diese Zonen teilweise kaum mehr begangen werden können (Monroe-Effekt). Grünanlagen können als Windschutzanlagen dienen, zudem noch der Lufterneuerung und dem Feuchtehaushalt. Der Wind wird nicht einfach abgelenkt, sondern durch Geäst und Blätter gebremst.

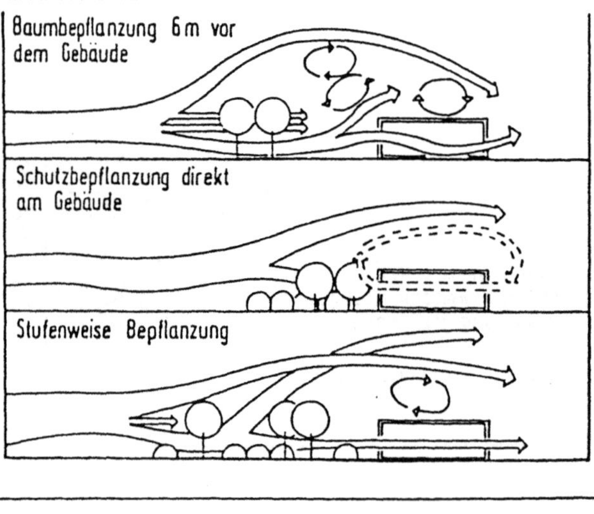

Abb. 1-16
Windschutzzonen unterschiedlicher Intensität

1.5 Sonnenstrahlung

Die thermonuklearen Fusionen im Sonneninneren setzen Energie in Form von elektromagnetischer Strahlung frei. Im Innern der Sonne werden dabei Temperaturen bis 14 000 000°C erreicht, die Oberflächentemperatur beträgt nur etwa 5 500°C.

Von der Sonnenoberfläche dringt die Energie in Form von Strahlung verschiedener Wellenlängen in den Weltraum. Die Wellenlängen des sichtbaren Lichts (0,35 µm - 0,75 µm) haben davon 46% Anteil, während die als Wärmestrahlung wahrnehmbare Wellenlänge (0,75 µm) 49% Anteil hat. Die restliche Strahlung liegt im ultravioletten (0,35 µm) Bereich.

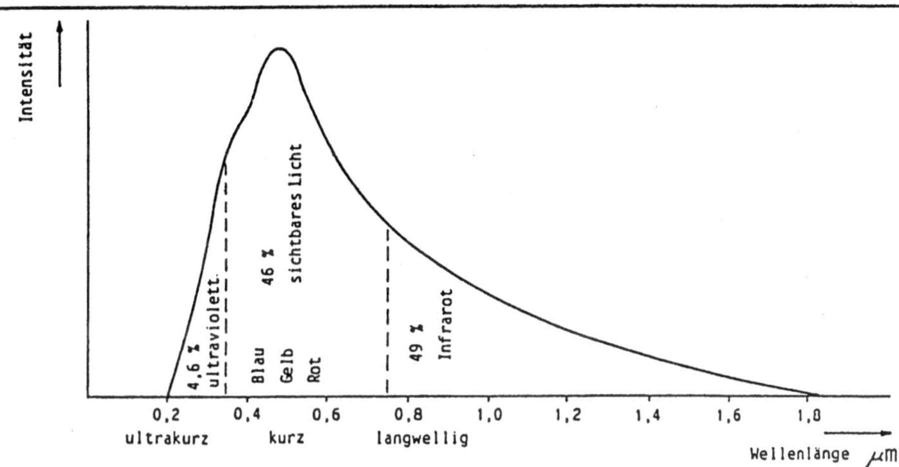

Abb. 1-17 Spektrale Intensitätsverteilung der Sonnenstrahlung /23/

1.5.1 Strahlung und Erdatmosphäre

Der größte Teil der unsichtbaren Ultraviolett (UV)- und Infrarot (IR)-Strahlung wird von den verschiedenen Atmosphärenschichten absorbiert oder reflektiert. Von der gesamten Sonneneinstrahlung, die auf unsere Atmosphäre trifft, werden ca. 42% von den Wolken und dem Dunst in den Weltraum reflektiert. Ca. 15% der Strahlung werden durch die äußere Ozonschicht, Wasserdampf und Kohlendioxid in der Atmosphäre absorbiert.

Durch die Luftmoleküle und Staubteilchen der Erde wird ein Teil der verbleibenden Sonnenstrahlung in alle Richtungen abgelenkt: das diffuse Licht (die Streuung im blauen Bereich des sichtbaren Spektrums bewirkt die blaue Färbung des Himmels). Schließlich stehen in Meereshöhe noch etwa 43% der Sonnenstrahlung zur Verfügung.

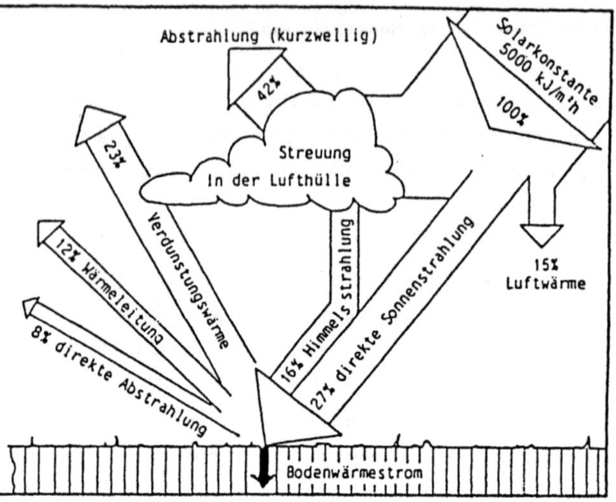

Abb. 1-18
Einstrahlung
(nach Reidat) /39/

Die Intensität der Sonnenstrahlung hängt von der Dicke der zu durchdringenden Atmosphärenschichten ab. Je weiter der Weg der Strahlung durch die Atmosphären ist, desto stärker ist ihre Absorption und Streuung. Wegen der Erdrotation und Neigung der Erdachse zur Umlaufbahn der Sonne ist die von der Strahlung zu durchdringende Atmosphärenschicht je nach Tages- und Jahreszeit unterschiedlich.

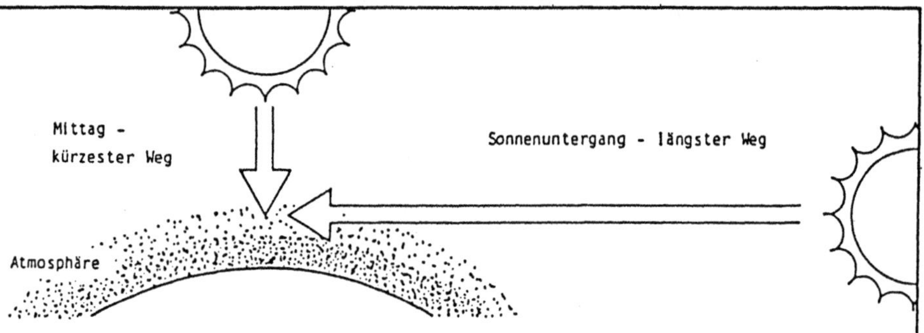

Abb. 1-19 Strahlung und Erdatmosphäre

Durch die Einwirkung der Sonnenstrahlung auf Erde und Lufthülle und die daraus resultierenden Temperatur-, Feuchtigkeits- und Druckunterschiede vollzieht sich das Wettergeschehen im unteren Bereich unserer Atmosphäre.

1.5.2 Strahlungsenergie in Bodennähe

Eine in Bodennähe befindliche Fläche erfährt verschiedene Einstrahlungen:
- die direkte Sonneneinstrahlung,
- die Himmelsstrahlung,
- die reflektierte Strahlung aus der Umgebung

sowie einen sehr kleinen Anteil an atmosphärischer Gegenstrahlung. Diese gesamte Energiemenge wird Globalstrahlung genannt.

1.5.2.1 Direkte Sonneneinstrahlung auf beliebige Flächen

Bei einer vorhandenen Sonnenstrahlung I bestimmt überwiegend der Winkel zwischen der Strahlenrichtung und der Senkrechten einer Oberfläche, der Einstrahlungswinkel, die einfallende Wärmemenge.

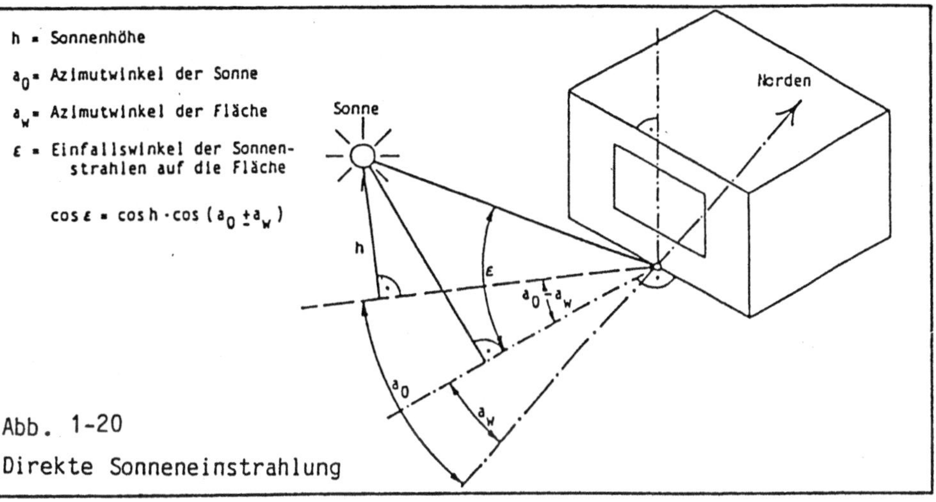

Abb. 1-20
Direkte Sonneneinstrahlung

So läßt sich die Wärmemenge $\dot{q}$ der auf ein senkrechtes Fenster einfallenden Sonnenstrahlung I wie folgt berechnen:

$$\dot{q} = I \cdot \cos E = I \cdot \cos h \cdot \cos(a_0 \pm a_W) \qquad (1\text{-}4)$$

Aus astronomischen Tafeln können die Werte für h, a_0 und a_W für jeden Ort und jede Zeit entnommen werden.

1.5.2.2 Trübungsfaktor

An klaren Tagen ist die direkte Sonnenstrahlung am größten, bei zunehmender atmosphärischer Trübung nimmt die direkte Sonnenstrahlung ab. Diese Schwächung der Strahlungsintensität wird mit dem "Trübungsfaktor T" bezeichnet. Sein Zahlenwert stellt die Anzahl von gedachten reinen Atmosphären dar, welche die gleiche Trübung wie die wirkliche Atmosphäre (T = 1) hervorrufen.

Dieser Faktor ist täglichen und jahreszeitlichen Schwankungen unterworfen.

Gegend	Industrie	Großstadt	Land	Gebirge
Mittlerer Trübungsfaktor T	6...8	4,5	3,5	2,5
Max. Intensität (W/m²)	700 - 500	800	900	1000

Tab. 1-2

Direkte Sonneneinstrahlung im Juli für 50° nördl. Br. in W/m² /23/

Himmelsrichtung	T	Tageszeit h							
		5(19)	6(18)	7(17)	8(16)	9(15)	10(14)	11(13)	12
Normalfläche	2	521	765	884	947	989	1023	1041	1047
	3	327	576	730	809	878	922	946	951
	4	206	434	601	666	762	814	847	855
	5	145	329	494	586	672	730	762	771
	6	116	262	407	512	593	657	686	704
Horizontale Fläche	2	64	215	385	548	697	815	893	919
	3	41	162	317	469	618	736	812	835
	4	26	122	262	397	536	650	725	751
	5	19	93	215	340	472	582	652	677
N	2	219	181	45					
	3	137	136	37					
	4	86	102	31					
	5	60	78	26					
S	2				114	265	391	466	499
	3				96	235	352	429	452
	4				83	205	311	383	407
	5				71	180	278	345	368
O(W)	2	468	713	793	762	650	476	250	
	3	293	535	656	651	577	429	228	
	4	185	404	540	552	500	378	204	
	5	130	307	442	472	442	338	184	

1.5.2.3 Diffuse Strahlung

Der beim Durchgang durch die Atmosphäre gestreute Strahlungsanteil, die Himmelsstrahlung, gelangt als diffuse Strahlung zur Erdoberfläche. Aber auch die Strahlung, die von der Umgebung (Gebäude, Gelände, Gewässer) auf eine Fläche reflektiert wird, gehört zu dieser diffusen Strahlung. Ihr Strahlungsanteil kann je nach Trübung der Atmosphäre (Wetterlage) zwischen 50 und 100% der gesamten einfallenden Strahlung betragen.

Tab. 1-3

Diffuse Strahlung im Juli für 50° nördl. Br. in W/m² /23/

Fläche	T	Tageszeit h							
		5(19)	6(18)	7(17)	8(16)	9(15)	10(14)	11(13)	12
Horizontale Fläche	2	33	51	63	71	73	76	76	77
	3	41	69	85	97	100	101	102	104
	4	47	81	105	119	128	129	130	133
	5	49	92	121	138	149	151	154	157
30° gegen Horiz. geneigte Fläche	2	30	51	66	78	87	90	91	93
	3	38	66	84	99	106	110	113	115
	4	42	76	101	116	128	133	136	138
	5	44	85	114	133	145	151	154	158
senkrechte Fläche	2	26	52	78	98	116	127	135	138
	3	29	58	83	105	122	135	143	147
	4	30	62	90	112	130	143	151	155
	5	31	65	94	117	137	150	157	163

1.5.2.4 Globalstrahlung

Die zur Sonnenenergienutzung relevante Energiemenge ist die Summe aus direkter und diffuser Strahlung, die Globalstrahlung.

In der Bundesrepublik Deutschland sind aufgrund von Messungen und Vergleichen Gesamtstrahlungswerte festgelegt worden. Sie gelten in Großstädten an klaren Tagen und können (obwohl für 50° nördlicher Breite ermittelt) in ganz Deutschland genutzt werden. Werte für horizontale Flächen anderer Gebiete zum Vergleich.

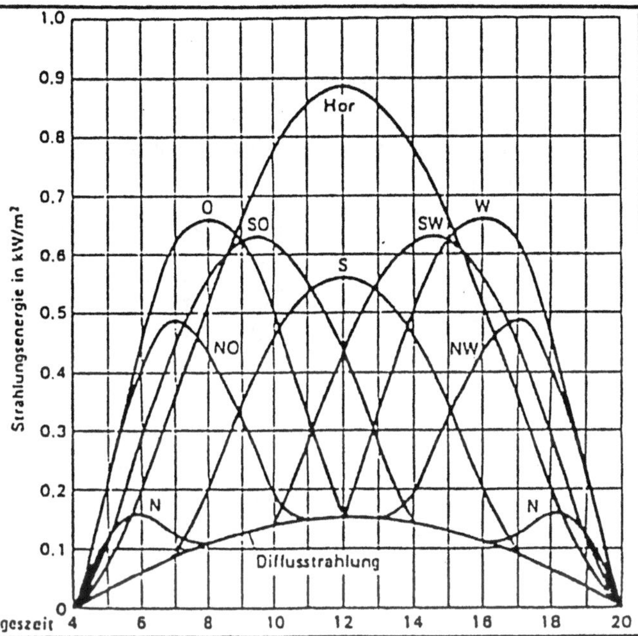

Abb. 1-21
Globalstrahlung auf senkrechte und horizontale Flächen, 50° nördl. Br., 1. Juli /23/

Tab. 1-4
Mittlere Globalstrahlungswerte /23/

	Breitengrade									
Monate	0°	10°	20°	30°	40°	50°	60°	70°	80°	90°
Januar	5,8	4,8	3,7	2,5	1,3	0,5	0			
Februar	6,1	5,3	4,3	3,2	2,0	1,0	0,2	0		
März	6,4	6,0	5,3	4,4	3,4	2,2	1,1	0,3	0	
April	6,3	6,3	6,1	5,6	4,9	3,9	2,8	1,7	0,6	0,1
Mai	5,9	6,3	6,5	6,4	6,1	5,5	4,6	3,6	2,9	2,3
Juni	5,5	6,2	6,6	6,8	6,7	6,4	5,9	5,2	4,7	4,7
Juli	5,4	6,1	6,6	6,8	6,8	6,3	6,0	5,3	5,0	4,9
August	5,7	6,2	6,3	6,5	6,2	5,7	5,0	4,0	3,2	3,0
September	6,1	6,3	6,2	5,8	5,1	4,3	3,2	2,1	1,0	0,4
Oktober	6,3	6,0	5,5	4,7	3,7	2,6	1,5	0,5	0	
November	6,1	5,4	4,5	3,5	2,3	1,2	0,4	0		
Dezember	5,8	4,9	3,8	2,6	1,5	0,5	0			
Mittelwert kWh/m²/Tag	5,95	5,8	5,5	4,9	3,9	3,3	2,5	2,3	2,15	2,5

1.5.3 Besonnung im Jahresablauf

Die Einstrahlungswerte der Sonne werden durch den vielfach bedeckten Himmel erheblich verringert.

Das Verhältnis

$$\frac{\text{tatsächliche Sonnenscheindauer}}{\text{mögliche Sonnenscheindauer}} = 0{,}35$$

gilt für das Gebiet der Bundesrepublik Deutschland.

1.5.3.1 Mittlere Sonnenscheindauer

Die meteorologische Statistik gibt für die mittlere tägliche Sonnenscheindauer folgende Angaben:

Mittelwerte der Sonnenscheinstunden für verschiedene Orte

Monate	I	II	III	IV	V	VI	VII	VIII	IX	X	XI	XII
Basel	2	3	5	6	7	7	7	7	5	4	2	2
Berlin	2	3	5	6	8	8	8	7	6	4	2	1
Hamburg	2	2	4	6	8	8	7	6	6	3	2	1
Wien	2	3	4	6	7	8	8	8	7	5	2	1
Zürich	2	3	5	6	7	7	7	7	6	3	2	2
Linz	2	3	5	6	7	8	8	7	6	4	2	1

Jährliche Sonnenscheindauer für verschiedene Orte

	Stunden pro Jahr		Stunden pro Jahr
Berlin	1705	Marseille	2654
Bremen	1657	Paris	1840
Hamburg	1559	Milano	1906
München	1730	Rom	2491
Stuttgart	1702	Sahara	4000
Basel	1680	Tunis	3200
Bern	1756	Kopenhagen	1680
Genf	2037	Essen	1442
Lugano	2100	Tel Aviv	3500
Zürich	1694	Nizza	2775
Graz	1903	Genua	2288
Innsbruck	1765	Perpignan	2560
Salzburg	1712	Neapel	2396
Wien	1891	Brindisi	2591

Tab. 1-5 Mittlere Sonnenscheindauer /39/

So erreicht die mittlere Sonnenscheindauer in Berlin-Dahlem im Sommer ca. 40 - 60% und im Winter ca. 10 - 20% ihrer astronomisch möglichen Zeit.

1.5.3.2 Sonnenbahndiagramm

Nicht nur der Grad der Bewölkung, auch die natürliche und die bebaute Umgebung haben Einfluß auf den Strahlungseinfall auf einen Gebäudeteil. Diese Einflüsse können über ein Sonnenbahndiagramm sichtbar gemacht werden:

Über einem Polarkoordinatennetz für Höhenwinkel h und Azimut a sind verschiedene Sonnenbahnen aufgetragen. Quer zu den Sonnenbahnen verlaufen die Kurven gleicher Uhrzeit.

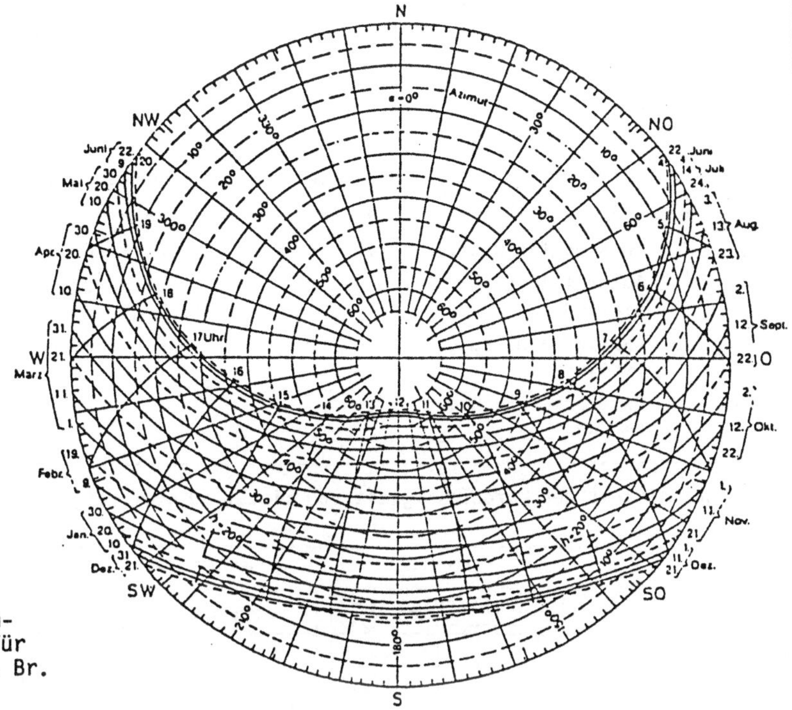

Abb. 1-22
Sonnenbahndiagramm für 50° nördl. Br. /39/

Mit Hilfe eines solchen Diagramms können der Strahlungseinfall und eine mögliche Verschattung eines Gebäudeteils zu jeder Zeit angegeben werden.

1.5.3.3 Einstrahlung in Fensterflächen

Die Glasfläche einer Gebäudehülle wurde bisher in der kalten Jahreszeit als Abkühlungsfläche angesehen (DIN 4108). Nach Gertis /41/ verringert sich der Energieverlust eines südorientierten Fensters im Winter um 15% gegenüber einer fensterlosen Fassade.

Von der eintreffenden Sonnenstrahlung auf ein Fenster wird ein Teil ungehindert hindurchgelassen, ein Teil vom Glas absorbiert und dann durch Konvektion an die Luft abgegeben und ein weiterer Teil reflektiert. Der Teil der durchgelassenen Strahlung ist von der Wellenlänge, dem Einfallswinkel und der Art der Verglasung abhängig.

Für gewöhnliches Fensterglas liegt für Wellenlängen zwischen 2,9 und 3,0 µm die Durchlässigkeit bei 87%. Der größte Teil der Strahlung gelangt also in das Gebäude und wird von den Gebäudeteilen und der Einrichtung absorbiert. Die kurzwelligen Strahlungsanteile werden dabei in langwellige Strahlung umgewandelt, die nicht wieder durch die Glasfläche entweichen kann und den Raum aufheizt (Treibhauseffekt).

Durchlässigkeit von Glasarten:

Glasart	Dicke mm	Durchlässigkeit %
Fensterglas einfach	2,8	87
Absorbtionsglas einfach	5,6	52
Isolierverglasung 2-fach	11,4	79
Isolierverglasung 3-fach	17,9	70

Die Abhängigkeit der Durchlässigkeit vom Einfallswinkel zeigen folgende Bilder:

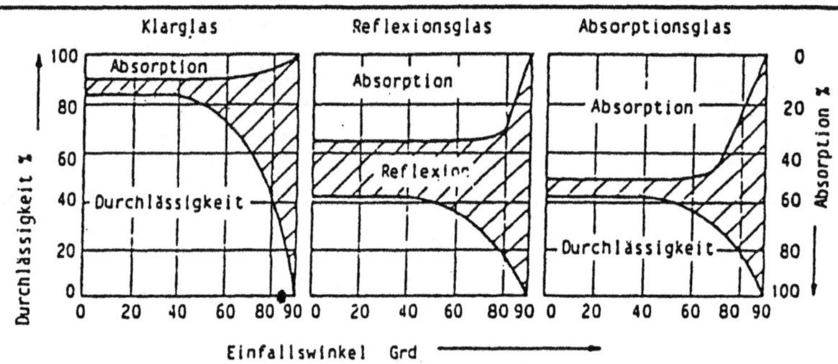

Abb. 1-23
Strahlungsdurchlässigkeit versch. Glasarten (Einscheibenglas) /39/

Zur schnellen Erfassung des momentanen Wärmedurchgangs durch Einfachfenster gibt die VDI 2078 "Kühllastregeln" Werte an, bei denen auch der Anteil der diffusen Strahlung berücksichtigt wird.

Untersuchungen zur natürlichen Belichtung von Bürogebäuden haben weiterhin ergeben, daß bei sehr kleinen Fenstern das Kunstlicht während der ganzen Nutzungszeit eingeschaltet sein muß und daß ab einem Fensterflächenanteil von 70% eine weitere Fenstervergrößerung nicht zu einer Verkürzung der Einschaltzeit führt. Weiterhin zeigt sich, daß Südräume deutlich geringere Einschaltzeiten aufweisen als Nordräume und daß die Berechnung gemäß DIN 5034, die hauptsächlich für die Ermittlung des Tageslichtquotienten vorgesehen ist, zu wesentlich längeren Einschaltzeiten führt. Ein Sonnenschutzglas erhöht die Einschaltzeiten beträchtlich.

2 Ziel und Aufgabe eines Heizsystems

Im folgenden Kapitel soll der Leser für die verschiedenen Ziele der Heiztechnik sensibilisiert werden, um beim Eingriff in vorhandene Systeme deren eigentliche Aufgabenstellung nicht zu beeinträchtigen. Das Ziel, "Energie einzusparen", ist dabei den Zielen der Heiztechnik immer unterzuordnen.

Je nach Objekt kann die Aufgabe, die an eine Heizung gestellt wird, eine andere sein. So ist z.B. die Beheizung eines Schokoladenwarenlagers von der Zielsetzung her völlig verschieden zu der der Schwimmbadbeheizung. Schon durch die richtige Anpassung des Bedarfs an Wärme aufgrund der Aufgabenstellung zu der vom Heizsystem abgegebenen Wärme kann Energie und damit Geld eingespart werden. Eine gute Energieanalyse zeichnet sich also durch die optimale Bedarfsanpassung aus. Wird die eigentliche Zielsetzung eines Heizsystems zugunsten noch größerer Energieeinsparungen nicht mehr beachtet, so können Nutzungsverluste (Minderung der Behaglichkeit) oder Schäden an der Bausubstanz entstehen, die ihrerseits Kosten verursachen, die den Energieeinspareffekt kompensieren, wenn nicht sogar überschreiten.

Im wesentlichen gibt es für Heizsysteme drei generelle Ziele,

die Sicherstellung der Behaglichkeit von Personen,
die Sicherstellung von Prozeßabläufen und
den Schutz von Maschinen, von Geräten und von Bausubstanz.

Im folgenden wird darauf speziell eingegangen, damit bei vorhandenen Heizanlagen überprüft werden kann, ob diese überhaupt ihrer eigentlichen Aufgabe gerecht werden.

2.1 Behagliches Raumklima

Um Behaglichkeit für Personen in einem Raum sicherzustellen, ist eine große Anzahl von Parametern zu berücksichtigen, die diese beeinflussen /Abb. 2-1/.

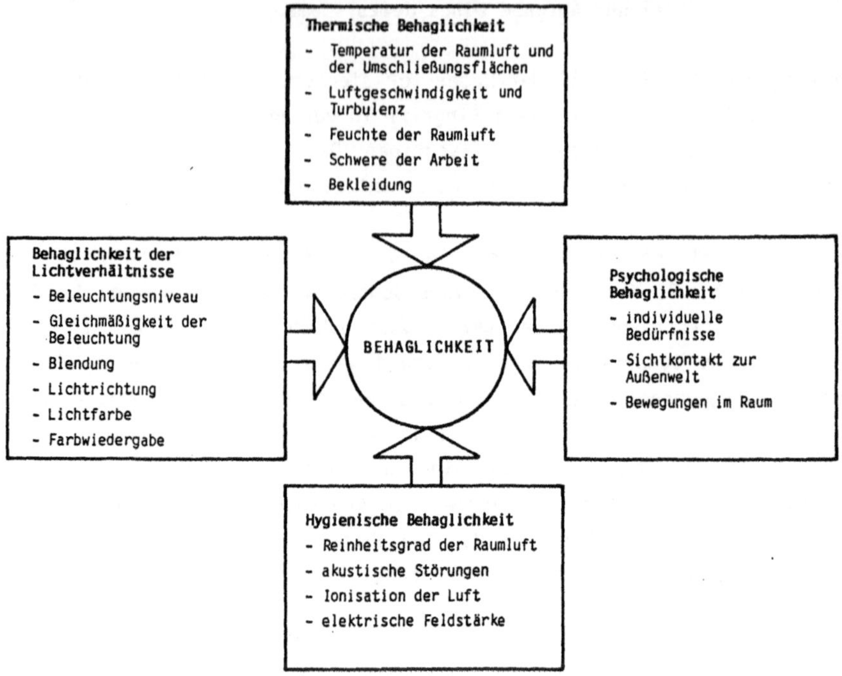

Abb. 2-1 Behaglichkeitskriterien für Raumklima

Im /Band VI "Rationelle Energienutzung im Hochbau"/wird hierauf besonders eingegangen. Die Heizanlage selbst kann nur auf eine beschränkte Anzahl dieser Einflußgrößen einwirken. Dies sind in der Hauptsache die Raumlufttemperatur und die mittlere Umschließungsflächentemperatur, die entscheidend zur thermischen Behaglichkeit beitragen /Abb. 2-2/.

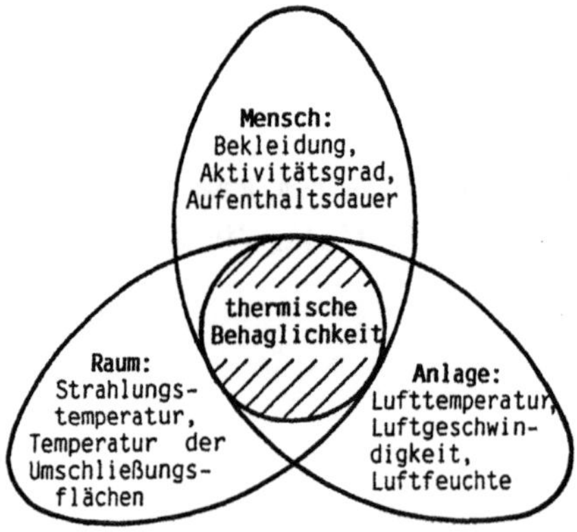

Abb. 2-2 Einflußgrößen auf die thermische Behaglichkeit in Gebäuden /34/

Beide Größen bestimmen die Wärmeabgabe des Menschen über dessen Oberflächen. Wie dies im einzelnen geschieht, soll Abb. 2-3 verdeutlichen.

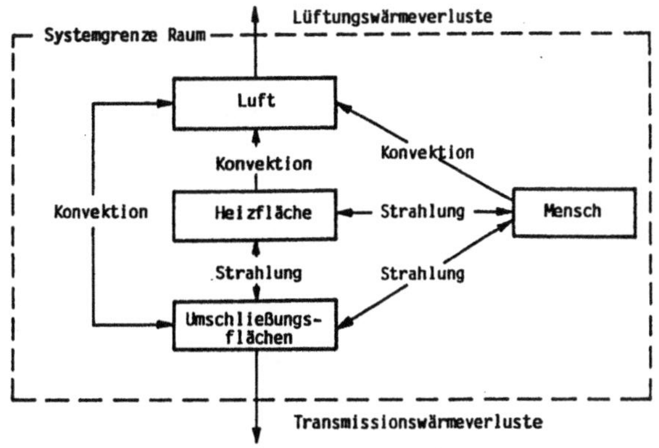

Abb. 2-3 Wärmeübertragungssystem Mensch - Heizung

Der Mensch steht im Raum thermisch mit der Luft, den Umschließungsflächen und der Heizfläche in Verbindung. Durch Konvektion gibt er Wärme an die Luft ab, da seine Oberflächentemperatur höher ist als die der Luft. An die Umschließungsflächen wie Wände, Decke, Fußboden, Fenster und Türen gibt er durch Strahlung Wärme ab, da deren Oberflächentemperaturen ebenfalls niedriger als die des Körpers sind. Lediglich durch eine Umschließungsfläche (die Heizfläche) bekommt der Körper Wärme zugestrahlt, da dort die Oberflächentemperaturen höher sind.

Um die thermische Behaglichkeit annähernd beschreiben zu können, werden drei Größen angegeben, die alle eine Funktion der Luft- und der Umschließungsflächentemperatur sind und somit die Wärmeaustauschvorgänge zwischen dem Menschen und seiner Umgebung widerspiegeln. Die ersten beiden Größen, die **empfundene Temperatur** und die **Temperaturdifferenz zwischen Luft- und Umschließungsflächentemperatur**, beschreiben die Wechselwirkung von konvektiver und durch Strahlung abgegebener Wärme des Menschen. Die dritte Größe, die **Temperaturdifferenz der Strahlungshalbräume**, beschreibt die einseitige Wärmeabgabe des Menschen gegenüber seiner Umgebung.

Eine weitere Einflußgröße auf die Behaglichkeit ist die Luftfeuchtigkeit. Sie wird indirekt vom Heizsystem beeinflußt und soll hier nur kurz beschrieben werden, da einige Energieeinsparmaßnahmen eine gleichzeitige Verbesserung der Luftfeuchte bewirken und damit der Behaglichkeit dienen.

2.1.1 Empfundene Temperatur

Die empfundene Temperatur t_E beschreibt die Komplexwirkung der beiden Größen Lufttemperatur t_L und der mittleren Umschließungsflächentemperatur t_{Um}.

Die empfundene Temperatur läßt sich aus der folgenden einfachen Wärmebilanz des Menschen ableiten:

$$\dot{Q} = \dot{Q}_S + \dot{Q}_K + \dot{Q}_{Leit} + \dot{Q}_V + \dot{Q}_{Atm} - \dot{Q}_{Na} + \dot{Q}_{Ex} \qquad (2\text{-}1)$$

Die gesamte vom Körper umgesetzte Wärmeleistung ist gleich der Summe aus den Wärmeabgaben durch Strahlung $\dot{Q}_S$, Konvektion $\dot{Q}_K$, Leitung $\dot{Q}_{Leit}$, Verdunstung $\dot{Q}_V$ und Atmung $\dot{Q}_{Atm}$ sowie der Differenz der Enthalpien der aufgenommenen Nahrung $\dot{Q}_{Na}$ zu den abgegebenen Exkrementen $\dot{Q}_{Ex}$ (als Mittelwert im Zeitraum).

Die letzten beiden Glieder $\dot{Q}_{Na}$ und $\dot{Q}_{Ex}$ der Gleichung 2-1 sind vernachlässigbar klein. Das gleiche trifft auch für die durch Leitung abgegebene Wärmemenge $\dot{Q}_{Leit}$ zu. Weiterhin ist die feuchte Wärmeabgabe $\dot{Q}_V$ und $\dot{Q}_{Atm}$ nicht wesentlich von der Lufttemperatur t_L und der mittleren Umschließungsflächentemperatur t_{Um} abhängig, sondern vielmehr von der Art der körperlichen Betätigung (höhere innere Wärmeproduktion und höhere Atmungsfrequenz). Damit schreibt sich dann Gleichung 2-1 vereinfacht wie folgt:

$$\dot{Q} = \dot{Q}_S + \dot{Q}_K \qquad (2\text{-}2)$$

Für die durch Strahlung abgegebene Wärmeleistung $\dot{Q}_S$ gilt der übliche Strahlungsansatz:

$$\dot{Q}_S = A_K \cdot \varphi_{12} \cdot C_{12} \cdot \left[\left(\frac{T_K}{100}\right)^4 - \left(\frac{T_{Um}}{100}\right)^4\right] \qquad (2\text{-}3)$$

A_K ist die Körperoberfläche, φ_{12} das Raumwinkelverhältnis zwischen dem Körper und den Raumumschließungsflächen, C_{12} der Strahlungsaustauschkoeffizient, T_K die absolute Körperoberflächentemperatur und T_{Um} die mittlere absolute Raumumschließungsflächentemperatur. Gleichung 2-3 läßt sich mit Hilfe des Newtonschen Ansatzes auch schreiben als:

$$\dot{Q}_S = A_K \cdot \alpha_S \, (t_K - t_{Um}) \qquad (2\text{-}4)$$

Mit der Körperoberflächentemperatur t_K in Grad Celsius, dem nach Gleichung 2-4 definierten Wärmeübergangskoeffizienten für Strahlung α_S und für die durch die Konvektion abgegebene Wärme des Körpers läßt sich die folgende ebenfalls nach Newton aufgestellte Gleichung angeben:

$$\dot{Q}_K = A_K \cdot \alpha_K \, (t_K - t_L) \, , \qquad (2\text{-}5)$$

α_K ist dabei der spezifische Wärmeübergangskoeffizient durch Konvektion. Mit Gleichung 2-4 und Gleichung 2-5 wird Gleichung 2-2 zu :

$$\dot{Q} = A_K \left[\alpha_S \, (t_K - t_{Um}) + \alpha_K \, (t_K - t_L)\right] \qquad (2\text{-}6)$$

Durch Einführen einer gedachten, einheitlichen Temperatur t_E (siehe formale Herleitung), der der Körper ausgesetzt ist, läßt sich die gesamte durch Konvektion und Strahlung abgegebene Wärme darstellen als :

$$\dot{Q} = A_K \, (\alpha_K + \alpha_S) \cdot (t_K - t_E) \qquad (2\text{-}7)$$

Nach Gleichsetzen der Gleichung 2-6 und Gleichung 2-7 und Auflösen nach t_E ergibt sich die empfundene Temperatur zu :

$$t_E = \frac{\alpha_S \cdot t_{Um} + \alpha_K \cdot t_L}{\alpha_S + \alpha_K} \qquad (2\text{-}8)$$

Wenn $\alpha_S \approx \alpha_K$ ist, was bei den üblichen Raumverhältnissen zutrifft, kann Gleichung 2-8 auch geschrieben werden als :

$$t_E = \frac{t_{Um} + t_L}{2} \qquad (2\text{-}9)$$

Daß $\alpha_S \approx \alpha_K$ gesetzt werden kann, verdeutlicht das folgende Beispiel.

Durch Gleichsetzen der Gleichungen 2-3 und 2-4 wird :

$$\alpha_S = \frac{\varphi_{12} \cdot C_{12} \cdot \left[\left(\frac{T_K}{100}\right)^4 - \left(\frac{T_{Um}}{100}\right)^4\right]}{t_K - t_{Um}} \qquad (2\text{-}10)$$

Mit der Beziehung

$$C_{12} = \frac{C_1 \cdot C_2}{C_S} \qquad (2\text{-}11)$$

läßt sich Gleichung 2-10 auch darstellen als :

$$\alpha_S = \frac{\varphi_{12} \cdot C_1 \cdot C_2 \left[\left(\frac{T_K}{100}\right)^4 - \left(\frac{T_{Um}}{100}\right)^4\right]}{C_S \, (t_K - t_{Um})} \qquad (2\text{-}12)$$

C_1 ist dabei die Strahlungsaustauschzahl der menschlichen Oberfläche, C_2 die Strahlungsaustauschzahl der Umschließungsflächen und C_S die Strahlungsaustauschzahl des schwarzen Körpers. C_S kann gleich 5,77 W/m^2K^4 und nach Kollmar /1/ kann das Produkt $C_1 \cdot C_2$ gleich 30,8 W/m^2K^4 sowie φ_{12} gleich 1 gesetzt werden. Die mittlere Oberflächentemperatur eines bekleideten Menschen bei 20°C Umgebungstemperatur mit t_K gleich 26°C wird aus der Abb. 2-4 nach /2/ entnommen.

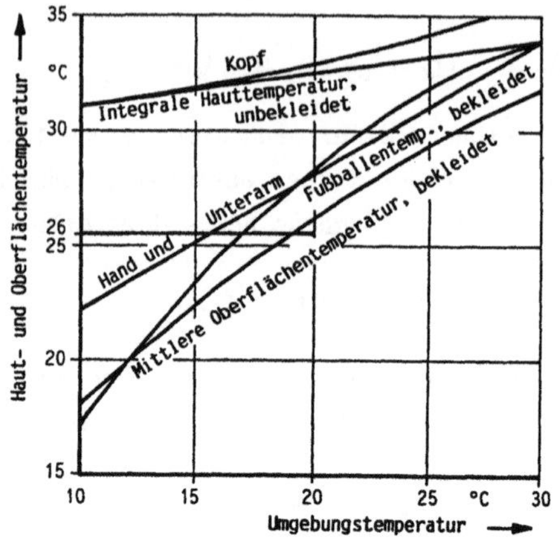

Abb. 2-4
Haut- und Oberflächentemperaturen des ruhenden Menschen in Abhängigkeit von der Umgebungstemperatur /2/

Somit läßt sich bei einer angenommenen mittleren Umschließungsflächentemperatur von t_{Um} gleich 20°C der Wärmeübergangskoeffizient für Strahlung nach Gleichung 2-12 berechnen zu :

$$\alpha_S = \frac{1 \cdot 30{,}8 \left[\left(\frac{273{,}16 + 26}{100}\right)^4 - \left(\frac{273{,}16 + 20}{100}\right)^4\right]}{5{,}77 \cdot (26 - 20)} \approx 5{,}55 \text{ W/m}^2\text{ K}$$

Für Luftgeschwindigkeiten über 0,1 m/s gibt Winslow /3/ folgende Gleichung für den konvektiven Wärmeübergangskoeffizienten an :

$$\alpha_K = 12 \cdot w^{0,5} \quad \text{in W/m}^2\text{ K} , \qquad (2\text{-}13)$$

w ist die mittlere Anströmgeschwindigkeit der Körperoberflächen in m/s. Bei einem mittleren w von 0,2 m/s wird nach Gleichung 2-13

$$\alpha_K = 12 \cdot 0{,}2^{0,5} \approx 5{,}37 \text{ W/m}^2\text{ K}$$

Bei behaglichen Raumzuständen, für welche die mittlere Umschließungsflächentemperatur ungefähr gleich hoch wie die Lufttemperatur ist, sind also die Wärmeübergangskoeffizienten durch Strahlung und Konvektion etwa gleich groß. In diesen Fällen ist es somit zulässig, Gleichung 2-9 zu benutzen. Die empfundene Temperatur kann unter den oben genannten Voraussetzungen als Mittelwert aus der Lufttemperatur und der mittleren Umschließungsflächentemperatur betrachtet werden. Wichtig ist bei der Benutzung der empfundenen Temperatur t_E, daß die in Gleichung 2-2 dargestellte Vereinfachung beachtet wird. Die empfundene Temperatur ist eine gedachte Temperatur, die die Wechselwirkung von durch Konvektion und durch Strahlung abgegebener Wärme widerspiegelt.

Die empfundene Temperatur t_E sollte möglichst gleich 20°C sein oder zumindest im Bereich von 18,5°C bis 21,5°C liegen (siehe Frank /8/, Fanger /9/ und Roedler u. Schlüter /10/). Wird in einem Raum eine Lufttemperatur von 20°C konstant gehalten, so ist bei einem optimalen t_E von 20°C nach Gleichung 2-9 eine Umschließungsflächentemperatur von

$$t_{Um} = 2 \cdot t_E - t_L \tag{2-14}$$

$$t_{Um} = 2 \cdot 20 - 20 = 20^\circ\,C$$

zu fordern. Nur bei völlig eingebauten Räumen kann sich diese Temperatur einstellen. Ist z.B. dagegen eine der Umschließungsflächen eine Außenwand (hier liegt die Oberflächentemperatur unterhalb der Raumlufttemperatur), so wird sich ein niedrigeres t_{Um} einstellen. Im folgenden Beispiel soll dies verdeutlicht werden.

Beispiel 2-1: Für einen Raum mit einer Höhe von 2,5 m, einer Breite von 4 m und einer Tiefe von 5 m soll die mittlere Umschließungsflächentemperatur ermittelt werden. Der Raum besitzt an seiner Stirnseite nur eine Außenwand mit einem Fenster, das 2 m mal 1,2 m groß ist. Die innere Oberflächentemperatur der Wand (ohne Fenster) wurde mit 15°C und die des Fensters mit 7°C gemessen.

Die mittlere Umschließungsflächentemperatur von n Flächen läßt sich nach folgender Beziehung ermitteln:

$$t_{Um} = \frac{\sum_{j=1}^{n} (A_j \cdot t_j)}{\sum_{j=1}^{n} A_j} \tag{2-15}$$

Für die Außenwand AW mit den Fenstern Fe ergibt sich demnach

$$t_{Um_{AW+Fe}} = \frac{A_{AW} \cdot t_{AW} + A_{Fe} \cdot t_{Fe}}{A_{AW} + A_{Fe}} = t_{AW+Fe} \tag{2-16}$$

Mit den oben genannten Zahlenwerten wird somit

$$t_{AW+Fe} = \frac{(4{,}0 \cdot 2{,}5 - 2{,}0 \cdot 1{,}2) \cdot 15 + 2{,}0 \cdot 1{,}2 \cdot 7}{4{,}0 \cdot 2{,}5} \approx 13{,}1^\circ C$$

Nach Gleichung 2-15 ergibt sich für den Raum

$$t_{Um} = \frac{A_{AW+Fe} \cdot t_{AW+Fe} + A_{IW} \cdot t_{IW}}{A_{AW+Fe} + A_{IW}} \tag{2-17}$$

Alle inneren Oberflächen wie Wände, Decke, Fußboden und Türen sind zu A_{IW} zusammengefaßt worden, da ihre gemeinsame Oberflächentemperatur t_{IW} gleich 20°C sein soll. Damit berechnet sich die mittlere Oberflächentemperatur zu :

$$t_{Um} = \frac{4{,}0 \cdot 2{,}5 \cdot 13{,}1 + [2 \cdot (2{,}5 \cdot 5 + 4 \cdot 5) + 4 \cdot 2{,}5] \cdot 20}{2 \cdot (2{,}5 \cdot 5 + 4 \cdot 5 + 4 \cdot 2{,}5)} \approx 19{,}2\,°C$$

Für diesen Raum ist durch die um 0,8 K niedrigere mittlere Oberflächentemperatur eine Kompensation der Lufttemperatur notwendig, um eine empfundene Temperatur von t_E gleich 20°C zu erhalten. Nach Gleichung 2-14 kann auch geschrieben werden:

$$t_L = 2t_E - t_{Um} \qquad (2\text{-}18)$$

Mit den Werten des Beispiels wird dann eine Lufttemperatur von

$$t_L = 2 \cdot 20 - 19{,}2 = 20{,}8\,°C$$

gefordert.

Durch die höhere Lufttemperatur werden sich ebenfalls höhere Oberflächentemperaturen ergeben und damit die benötigte Lufttemperatur senken. Durch iteratives Vorgehen kann die gesuchte Lufttemperatur ermittelt werden. Für das hier vorliegende Beispiel ist dies nicht notwendig, da bei günstig gewählten Raumverhältnissen (tiefer Raum, nur eine Außenwand, kleines Fenster) nur eine Abweichung von 0,8 K festzustellen ist, die als vernachlässigbar klein anzusehen ist. Daß dies nicht die Regel ist, kann durch eine Berechnung der in Abb. 2-5 dargestellten Räumlichkeiten und deren thermische Auswirkungen in Erfahrung gebracht werden.

Für den Büroraum 501 der Abb. 2-5 kann die Lufttemperatur ermittelt werden, die notwendig ist, um eine empfundene Temperatur von 20°C zu erhalten (Grundriß nach alter Fassung DIN 4701). Hierzu ist es erforderlich, die inneren Oberflächentemperaturen für eine Außenlufttemperatur von z.B. -10°C nach den in /Band VI.1/ erläuterten Beziehungen der Wärmeübertragung zu ermitteln. Für die Berechnung sind weitere Daten von Bedeutung, die z.B. folgendermaßen aussehen könnten:

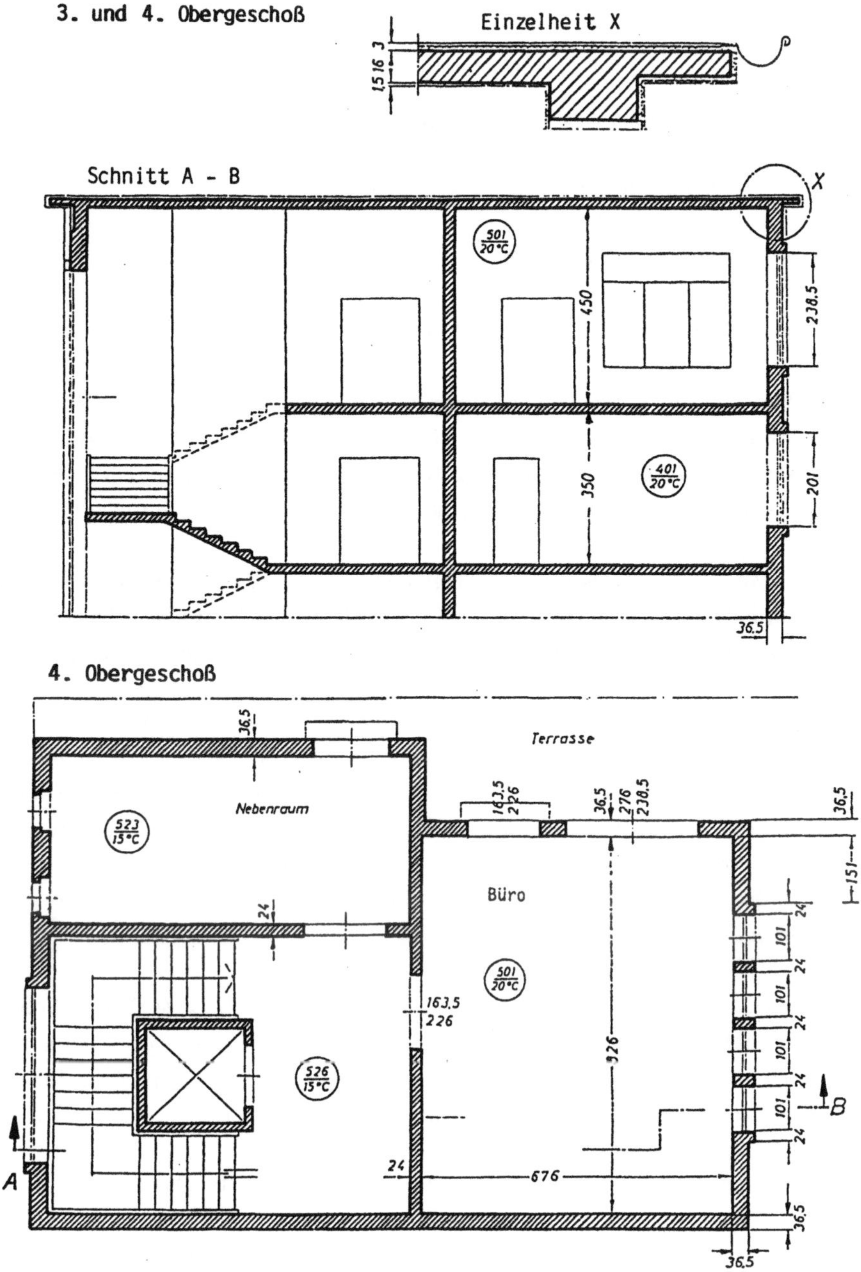

Abb. 2-5 Bürogebäude /4/

Außenwände: Vollziegel 36,5 cm, Rohwichte = 1400 kg/m^3, k = 1,23 W/m^{2}K

Innenwände: Vollziegel 24 cm, Rohwichte = 1800 kg/m^3, k = 1,71 W/m^{2}K

Dachdecke: Massivdecke mit 30 mm Korkplatte, k = 1,15 W/m^{2}K

Fenster: Metallverbundfenster, k = 3,46 W/m^{2}K

Außentür: Metall, k = 5,8 W/m^{2}K

Innentür: ohne Schwelle, k = 2,32 W/m^{2}K

Das Ergebnis einer derartigen Berechnung spiegelt den Prozeß der Kompensation von Lufttemperatur im Raum und der mittleren inneren Oberflächentemperatur der Umschließungsflächen wider. Bauliche Maßnahmen können besonders in Grenzfällen eine Verbesserung der Behaglichkeit, aber auch des Energieverbrauchs bewirken.

Die in Beispiel 2-1 errechnete Lufttemperatur von 20,8°C ist zur Kompensation der kalten Außenflächen notwendig. Bei Luftheizungen, die keinen direkten Strahlungsaustausch mit den im Raum befindlichen Personen erzeugen können /Abb. 2-3/, müßte diese Lufttemperatur bereitgestellt werden. Bei Heizsystemen mit Heizflächen im Raum ist dies jedoch nicht erforderlich, wenn die Heizfläche richtig dimensioniert und an der richtigen Stelle installiert ist. Um eine empfundene Temperatur von 20°C zu erhalten, wird die mittlere Umschließungsflächentemperatur durch die wärmestrahlende Heizfläche angehoben, um die Lufttemperatur bei etwa 20°C belassen zu können. Durch die etwas niedrigere Lufttemperatur verringern sich die Wärmeverluste des Raumes. Im folgenden Beispiel soll dies verdeutlicht werden.

<u>Beispiel 2-2</u>: Für den im Beispiel 2-1 beschriebenen Raum soll die Größe der Heizfläche bestimmt werden. Die empfundene Temperatur und die Raumlufttemperatur sollen gleich 20°C sein. Der Heizkörper hat eine mittlere Oberflächentemperatur von 80°C und ist unter dem Außenfenster angebracht.

Nach Gleichung 2-14 ist ein t_{Um} von 20°C erforderlich. Da alle inneren Oberflächen eine Temperatur von 20°C besitzen, ist es nur notwendig, die mittlere innere Oberflächentemperatur der Außenwand durch richtige Dimensionierung der Heizkörperflächen auf 20°C zu bringen. Denn nach Gleichung 2-17 gilt unter Berücksichtigung der Heizfläche HF:

$$t_{Um} = \frac{A_{AW} \cdot t_{AW} + A_{Fe} \cdot t_{Fe} + A_{IW} \cdot t_{IW} + A_{HF} \cdot t_{HF}}{A_{AW} + A_{Fe} + A_{IW} + A_{HF}} \qquad (2\text{-}19)$$

Mit t_{Um} gleich t_{IW} wird hieraus

$$t_{Um} = \frac{A_{AW} \cdot t_{AW} + A_{Fe} \cdot t_{Fe} + A_{HF} \cdot t_{HF}}{A_{AW} + A_{Fe} + A_{HF}} \qquad (2\text{-}20)$$

Die wirksame Außenwandfläche A_{AW} läßt sich mit der Außenfläche A_{AF} (Außenwand-, Fenster- und Heizkörperfläche) wie folgt in Beziehung setzen:

$$A_{AW} = A_{AF} - A_{Fe} - A_{HF} \qquad (2\text{-}21)$$

Durch Einsetzen in Gleichung 2-20 und Umformen nach A_{HF} wird diese Gleichung zu :

$$A_{HF} = \frac{A_{AF} \cdot t_{Um} + (A_{Fe} - A_{AF}) \cdot t_{AW} - A_{Fe} \cdot t_{Fe}}{t_{HF} - t_{AW}} \qquad (2\text{-}22)$$

Mit den Werten ergibt sich dann die gesuchte strahlende Fläche:

$$A_{HF} = \frac{(4{,}0 \cdot 2{,}5) \cdot 20 + (2{,}0 \cdot 1{,}2 - 4{,}0 \cdot 2{,}5) \cdot 15 - 2{,}0 \cdot 1{,}2 \cdot 7}{80 - 15} \approx 1{,}1\,m^2$$

Die Heizfläche von 1,1 m^2 bewirkt, daß ab einem gewissen Abstand einer Person von der Außenfläche behagliche Strahlungszustände vorliegen. Eine Kompensation durch Erhöhung der Raumlufttemperatur entfällt, wodurch sich die Wärmeverluste des Raumes reduzieren.

Wird angenommen, daß der Raum allein infolge der Transmission über die Außenwand und Lüftung durch die Fenster Wärmeverluste besitzt (alle Nachbarräume haben die gleiche Lufttemperatur wie der betrachtete Raum), so gilt näherungsweise :

$$\dot{Q}_T = A_{AW} \cdot k_m \cdot (t_A - t_L) \qquad (2\text{-}23)$$

$$\dot{Q}_L = \dot{V}_L \cdot \rho_L \cdot c_{PL} \cdot (t_A - t_L) \qquad (2\text{-}24)$$

A_{AW} ist die Fläche und k_m der mittlere Wärmedurchgangskoeffizient der Außenwand. $\dot{V}_L$ ist der Volumenstrom des unkontrollierten Luftwechsels, ρ_L die Dichte und c_{pL} die spezifische Wärmekapazität der Luft. Der gesamte Wärmeverlust $\dot{Q}_R$ kann dann mit der Konstanten A nur als Funktion der Außen- und Raumlufttemperatur dargestellt werden. :

$$\dot{Q}_R = \dot{Q}_T + \dot{Q}_L \doteq A \cdot (t_A - t_L) \qquad (2\text{-}25)$$

Eine Änderung der Raumlufttemperatur um Δt_L ergibt nach Gleichung 2-25 eine Veränderung der Raumwärmeverluste zu :

$$\Delta\dot{Q}_R = A\cdot[t_A-(t_L+\Delta t_L)]-A(t_A-t_L) \quad (2\text{-}26)$$

bzw.

$$\Delta\dot{Q}_R = -A\cdot\Delta t_L \quad (2\text{-}27)$$

Auf $\dot{Q}_R$ bezogen kann die prozentuale Änderung der Wärmeverluste P_{WV} geschrieben werden als :

$$P_{WV} = \frac{100\cdot\Delta\dot{Q}_R}{\dot{Q}_R} = -\frac{100\cdot\Delta t_L}{t_A-t_L} = \frac{100\cdot\Delta t_L}{t_L-t_A} \quad (2\text{-}28)$$

Bei einer mittleren Außenlufttemperatur über die Heizperiode von t_A gleich 3,6°C (nach Jurksch /33/) ergibt sich in diesem Beispiel durch die Strahlungskompensation der Heizflächen eine Verminderung der Verluste nach Gleichung 2-28 um

$$P_{WV} = \frac{100\cdot 0{,}8}{20{,}8-3{,}6} \approx 4{,}7\,\%$$

Dem stehen die vermehrten Verluste durch die Erhöhung der Oberflächentemperatur der Außenwand hinter der Heizfläche gegenüber.

2.1.2 Grenzen der Substituierbarkeit der menschlichen Wärmeabgabe durch Strahlung und durch Konvektion

In Abb. 2-6 ist der Bereich von 18,5°C bis 21,5°C für die empfundene Temperatur eingetragen. Die Lufttemperatur ist hierbei auf den Bereich von 15°C bis 25°C und die Raumumschließungsflächentemperatur auf den Bereich von 12,5°C bis 27,5°C aus Gründen der Behaglichkeit beschränkt worden. Versuche haben gezeigt (Kast /12/, Kollmar /13/, McNall und Schlegel /7/), daß die konvektive Wärmeabgabe des Menschen nur bis zu einer bestimmten Größenordnung durch Wärmeabgabe infolge Strahlung ersetzt werden kann; hierbei wird der zulässige Bereich definiert als :

$$-5\,K \leq t_L - t_{Um} \leq +5\,K \quad (2\text{-}29)$$

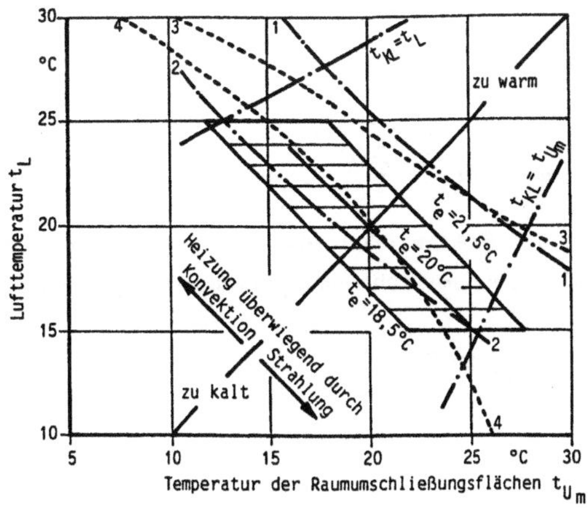

Abb. 2-6

Komplexwirkung aus der Temperatur der Luft und den Raumumschließungsflächen /11/

Wird dieser Bereich in Abb. 2-6 mit berücksichtigt, so ergibt sich die Darstellung des Behaglichkeitsfeldes nach Abb. 2-7.

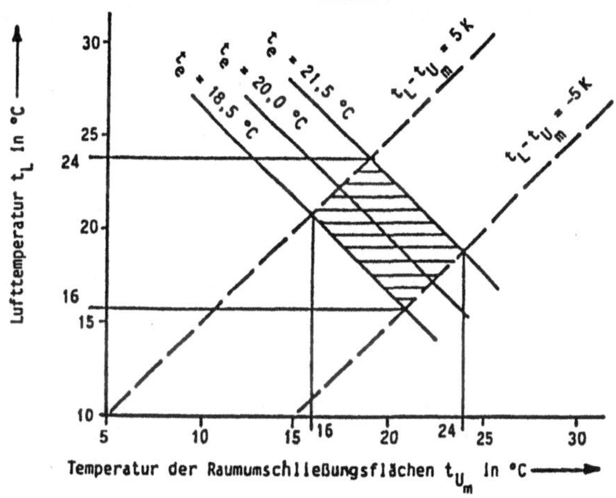

Abb. 2-7

Komplexwirkung aus der Temperatur der Luft und den Raumumschließungsflächen

Mit Hilfe von Ungleichung 2-29 und Gleichung 2-14 läßt sich schreiben.:

$$t_{L_{max}} = t_{E_{max}} + \frac{5}{2} \qquad (2\text{-}30)$$

bzw.

$$t_{U_{m_{max}}} = t_{E_{max}} + \frac{5}{2} \qquad (2\text{-}31)$$

bzw.

$$t_{L_{min}} = t_{E_{min}} - \frac{5}{2} \tag{2-32}$$

bzw.

$$t_{Um_{min}} = t_{E_{min}} - \frac{5}{2} \tag{2-33}$$

Mit den Grenzwerten gestalten sich daraus die zulässigen Bereiche für die Luft- und die Raumumschließungsflächentemperatur zu :

$$24°C \geq t_L \geq 16°C \tag{2-34}$$

und

$$24°C \geq t_{Um} \geq 16°C \tag{2-35}$$

Um annähernd thermische Behaglichkeit im Raum zu erzeugen, ist es somit notwendig, die Ungleichung 2-29 oder die Ungleichung 2-34 und die Ungleichung 2-35 in der Wahl von Luft- und Umschließungsflächentemperatur einzuhalten.

2.1.3 Asymmetrischer Wärmeentzug

Ein weiterer Behaglichkeitsfaktor, der durch ein Heizsystem kompensiert werden kann, ist der unsymmetrische Wärmeentzug des menschlichen Körpers durch Strahlung. Für eine im Raum sich aufhaltende Person ergibt sich durch die Differenz der inneren Oberflächentemperatur von Außenwänden zu Innenwänden ein ungleichmäßiger Wärmeentzug. Diese Differenz Δt_0 der für die Strahlungswärmeabgabe in entgegengesetzter Richtung maßgeblichen mittleren Oberflächentemperaturen (Halbraumstrahlungstemperatur) kann als weiteres Beurteilungskriterium herangezogen werden (Schlüter /5/; Olesen, Fanger, Jensen und Nielsen /6/; sowie McNall und Schlegel /7/).

$\lvert\Delta t_0\rvert$ [K]	asymmetrische Strahlung
<3.3	nicht wahrnehmbar
≥3.3 u. >5.0	wahrnehmbar
≥5.0	unbehaglich

Tab. 2-1 Grenzwerte der Differenz der Halbraumstrahlungstemperatur

Demnach ist - wie Tab. 2-1 zeigt - ein Betrag der Temperaturdifferenz von

$$\Delta t_0 < 3{,}3\ K$$

immer anzustreben. Das folgende Beispiel soll dies verdeutlichen.

Beispiel 2-3: Für den im Beispiel 2-1 beschriebenen und in Abb. 2-8 dargestellten Raum ist Δt_0 für einen Abstand von 2,5 m von der Außenwand (Raummitte) zu berechnen.

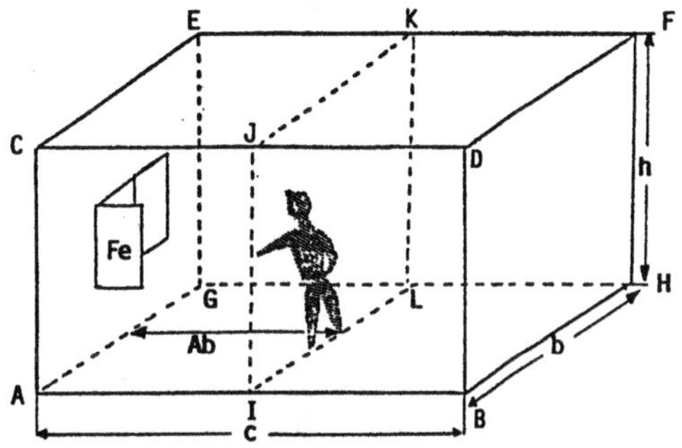

Abb. 2-8 Aufteilung der Strahlungshalbräume

Weiterhin sind die Abstände von der Außenwand zu ermitteln, bei denen asymmetrische Wärmeabgabe wahrnehmbar und Unbehaglichkeit zu befürchten ist. Für die Bewertung soll die Gleichung 2-15 als ausreichend genau angesehen werden.

Der Raum wird im Abstand Ab durch die Fläche IJKL in zwei Halbräume I. AIGLKECJ und II. IBDJKFHL getrennt /Abb. 2-8/. Damit bestimmt sich Δt_0 aus folgender Beziehung :

$$\Delta t_0 = t_{II} - t_I \qquad (2\text{-}36)$$

Die Temperatur t_{II} des zweiten Halbraumes kann hier gleich der Lufttemperatur gesetzt werden. Unter Beachtung der Abmessungen /Abb. 2-8/ wird aus Gleichung 2-36

$$\Delta t_0 = t_L - \frac{b \cdot h \cdot t_{AW} + 2(h+b) \cdot Ab \cdot t_L}{b \cdot h + 2(h+b) \cdot Ab} \qquad (2\text{-}37)$$

bzw.

$$\Delta t_0 = \left(1 + 2 \cdot Ab \cdot \frac{h+b}{h \cdot b}\right)^{-1} \cdot (t_L - t_{AW}) \tag{2-38}$$

Im Abstand von 2,5 m wird somit

$$\Delta t_0 = \left(1 + 2 \cdot 2{,}5 \cdot \frac{2{,}5 + 4}{2{,}5 \cdot 4}\right)^{-1} \cdot (20 - 13{,}1) \approx 1{,}6\ K$$

d.h. ein asymmetrischer Wärmeentzug ist in 2,5 m Entfernung von der Außenwand nicht mehr wahrnehmbar.

Gleichung 2-37 nach Ab aufgelöst, ergibt :

$$Ab = \frac{b \cdot h}{2(h+b)} \; \frac{t - (t_{AW} + \Delta t_0)}{\Delta t_0} = \left(\frac{t_L - t_{AW}}{\Delta t_0} - 1\right) \cdot \left(\frac{h \cdot b}{2(h+b)}\right) \tag{2-39}$$

Für Δt_0 = 3,3 K errechnet sich Ab zu

$$Ab = \frac{10}{13} \; \frac{20 - (13{,}1 + 3{,}3)}{3{,}3} \approx 0{,}8\ m \quad ,$$

d.h. in 0,8 m Entfernung von der Außenwand ist theoretisch eine Wahrnehmung der asymmetrischen Wärmeabgabe zu erwarten. Bei diesem geringen Abstand von der Außenwand können die Winkelverhältnisse (Einstrahlzahl) der strahlenden Flächen allerdings nicht mehr vernachlässigt werden /s. Abb. 2-9/. Der Aufwand für eine derartige Berechnungsweise ist sehr hoch, weshalb hier nur auf die Literatur und dort insbesondere auf die Arbeiten von Kollmar /1, 14, 15/ hingewiesen werden soll. In dem hier vorliegenden Fall kann nur abgeschätzt werden, daß schon bei Abständen größer als 0,8 m von der Außenwand asymmetrische Wärmeabgaben nicht wahrgenommen werden.

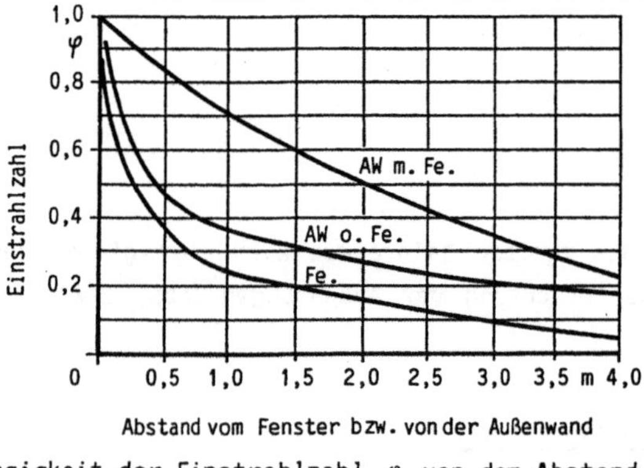

Abb. 2-9 Abhängigkeit der Einstrahlzahl φ von dem Abstand einer Person von einem Fenster (Fe) von 5m² Glasfläche, bzw. einer Außenwand (AW) von 11m², resp. einer Außenwand mit Fenster (AW m. Fe) von 15m² Strahlfläche (nach Kollmar) /1/

Wie bei der empfundenen Temperatur, so ist auch bei der asymmetrischen Wärmeabgabe die Installation eines Heizkörpers zur Kompensation der kalten Außenflächen eine sinnvolle Maßnahme für die Behaglichkeit. Wie Gleichung 2-37 zeigt, bringt die Erhöhung der Lufttemperatur und damit der Oberflächentemperatur der Innenwände genau den gegenteiligen Effekt, die Behaglichkeit sinkt, da Δt_0 mit t_L ansteigt. Auch hier ist also eine Erhöhung der Lufttemperatur nicht zu empfehlen. Verbesserungen der Oberflächentemperaturen an der Außenwand und den Fenstern (Isolation) dagegen wirken sich positiv auf die Behaglichkeit aus (gleichmäßige Oberflächentemperatur im Raum).

2.1.4 Luftfeuchtigkeit

Die Luftfeuchte im Raum ist eine Behaglichkeitsgröße, die vom Heizsystem nicht direkt beeinflußt werden kann. Indirekt jedoch wirkt das Heizsystem über die Lufttemperatur auf die Luftfeuchtigkeit ein. Es ist wichtig zu wissen, daß ein Absenken der Lufttemperatur eine Anhebung der relativen Luftfeuchte im Raum zur Folge hat. Das Anheben der Luftfeuchte stellt während der Heizzeit eine Behaglichkeitsverbesserung dar. Die energieeinsparende Maßnahme der Lufttemperatursenkung im Raum hat also gleichzeitig einen Komfortgewinn durch Erhöhung der Raumluftfeuchte zur Folge. Das gleiche trifft auch für die von der Gebäudequalität abhängigen Lüftungswärmeverluste zu, da diese in der Hauptsache von den durch Fugen von Fenstern und Türen ausgetauschten unkontrollierbaren Luftvolumenströmen beeinflußt werden. Eine energieeinsparende Maßnahme wie das Abdichten der Fenster verringert die Zufuhr von trockener Außenluft (trocken, da die absolute Feuchte der Außenluft im Winter geringer ist als die der Raumluft) und damit das Absinken der relativen Raumluftfeuchte im Inneren (Behaglichkeitsgewinn).

Nach DIN 1946 /17/ wird die obere Grenze der zulässigen Luftfeuchte mit einem absoluten Feuchtegehalt von 11,5 g/kg und einer relativen Luftfeuchte von 65% angegeben. Für die untere Grenze wird in der Literatur ohne Quellenangaben meist eine relative Luftfeuchte von 35% angegeben. Mit den in Kapitel 2.1.2 angegebenen Grenztemperaturen für die Luft /s. auch Abb. 2-7/ läßt sich der Behaglichkeitsbereich im Mollier-Diagramm für feuchte Luft, wie in Abb. 2-10 geschehen, darstellen.

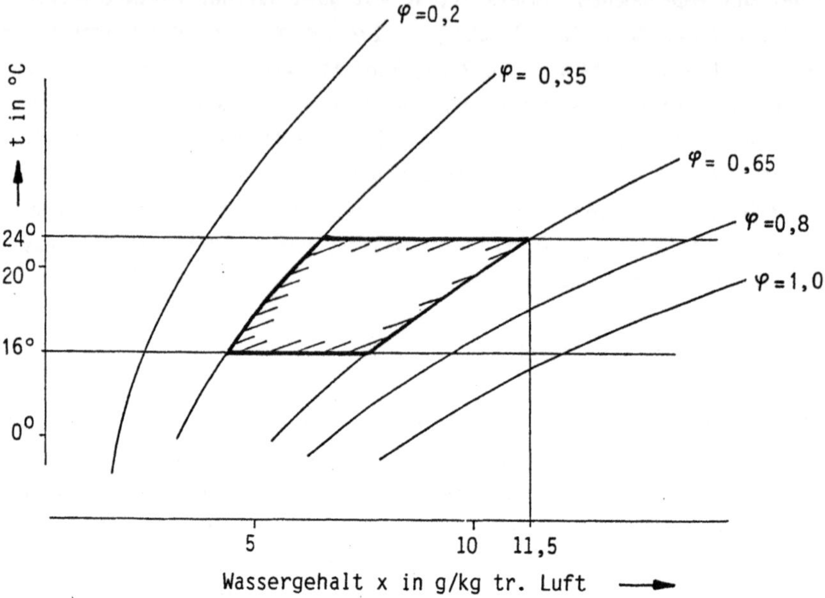

Abb. 2-10 Behaglichkeitsbereich im Mollier-Diagramm für feuchte Luft

Daß während der Wintermonate relative Luftfeuchten auftreten können, die noch niedriger als der untere Grenzwert sind, zeigt Abb. 2-11. Die dargestellten Daten beziehen sich auf im Winter durchgeführte Messungen eines zentralbeheizten Büroraumes in Berlin.

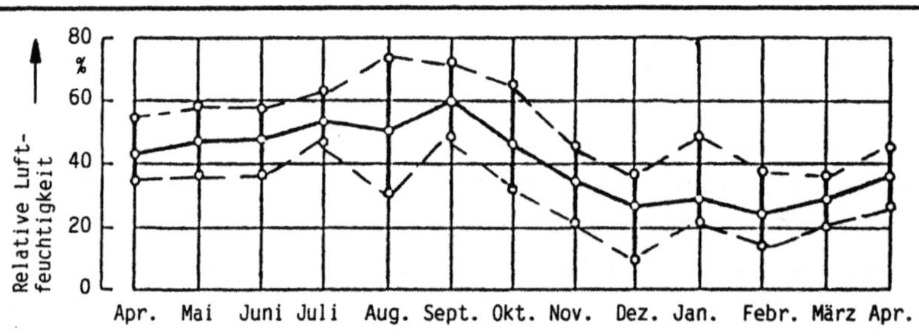

Abb. 2-11 Gang der relativen Luftfeuchtigkeit im Raum als Monatsmittel

Bei einer Raumlufttemperatur von 20°C und einer relativen Feuchte von 35% würde nach Abb. 2-10 gerade noch eine ausreichende Behaglichkeit sichergestellt sein. Wird der Raum aber überheizt auf z.B. 23°C Lufttemperatur, so stellt sich nach Abb. 2-12 ein neuer Raumluftzustand ein (Punkt 2), der sich aus dem Schnittpunkt der Senkrechten auf dem ursprünglichen Raumluftzustand (Punkt 1) und der neuen Lufttemperaturlinie ergibt (Senkrechte, da der absolute Wassergehalt der Luft bei der Erwärmung gleich bleibt). Die sich einstellende neue relative Feuchte ist $\varphi \approx 30\%$.

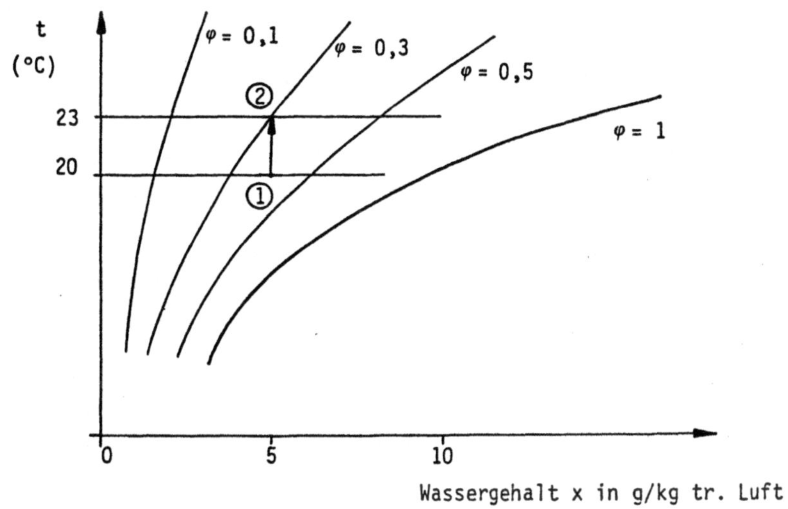

Abb. 2-12 Zustandsänderung (Raumlufttemperaturerhöhung) im Mollier-Diagramm für feuchte Luft (x=konst.)

Das gleiche Ergebnis läßt sich auch rechnerisch ermitteln. Die Zustandsgleichung für Gase lautet /s. Band III/:

$$p = \frac{R \cdot m \cdot T}{V} , \qquad (2\text{-}40)$$

wobei p der Druck, V das Volumen des Gesamtsystems, R die Gaskonstante, m die Masse und T die absolute Temperatur des Gases ist. Die relative Feuchte ist definiert als

$$\varphi = \frac{p_D}{p_S} \qquad (2\text{-}41)$$

dem Verhältnis aus dem Wasserdampfpartialdruck der Luft zum Wasserdampfpartialdruck der Luft im gesättigten Zustand ($\varphi = 100\ \%$). Gleichung 2-40 für den Wasserdampf der Luft geschrieben und in Gleichung 2-41 eingesetzt ergibt:

$$\varphi = \frac{R_D \cdot m_D \cdot T}{p_S \cdot V} \qquad (2\text{-}42)$$

Aus dem Verhältnis zweier Luftzustände nach Gleichung 2-42 ergibt sich somit die gesuchte neue Luftfeuchtigkeit zu :

$$\varphi_2 = \varphi_1 \cdot \frac{p_{S1} \cdot T_2}{p_{S2} \cdot T_1} \tag{2-43}$$

Im vorliegenden Beispiel wird mit Hilfe der Tab. 2-2 die neue relative Feuchte

$$\varphi_2 = 35 \cdot \frac{23{,}37 \cdot (273{,}16 + 23)}{28{,}08 \cdot (273{,}16 + 20)} \approx 35 \cdot 0{,}84 \approx 29\,\%$$

Ein "Überheizen" des Raumes um 3 Kelvin gegenüber der eigentlich benötigten Lufttemperatur hat in diesem Fall also eine Verringerung der relativen Luftfeuchte von 17% zur Folge.

Tab. 2-2
Dampfdruck p_S, Wassergehalt x_S und Dichte ϱ gesättigter Luft bei 1000 mbar

	t °C	p_S mbar	x_S g/kg	ϱ kg/m^3
	0	6,11	3,82	1,27
	15	17,04	10,78	1,20
t_{zul}	16	18,17	11,51	1,20
t_{zul}	17	19,36	12,28	1,19
t_{zul}	18	20,62	13,10	1,19
t_{zul}	19	21,96	13,97	1,18
t_{zul}	20	23,37	14,88	1,18
t_{zul}	21	24,85	15,85	1,17
t_{zul}	22	26,42	16,88	1,17
t_{zul}	23	28,03	17,97	1,16
t_{zul}	24	29,32	19,12	1,16
	25	31,67	20,34	1,15
	26	33,60	21,63	1,15

Eine weitere Möglichkeit, durch eine energieeinsparende Maßnahme die relative Luftfeuchtigkeit im Raum zu verbessern, besteht in der Verringerung der Lüftungswärmeverluste, da die relative Luftfeuchtigkeit im Raum wie der Lüftungswärmeverlust eine Funktion des Lüftungsvolumenstromes ist. Dieser Zusammenhang soll im folgenden nachgewiesen werden, wozu aber vorweg die Herleitung der Wechselbeziehung zwischen absoluter und relativer Feuchte notwendig ist.

Die absolute Feuchte ist das Verhältnis der Massen von Wasserdampf und Luft. Nach Gleichung 2-40 gilt dann (Index L = Luft) :

$$x = \frac{m_D}{m_L} = \frac{R_L}{R_D} \cdot \frac{p_D}{p_L} \tag{2-44}$$

Durch Einsetzen von Gleichung 2-41 wird hieraus :

$$x = \frac{R_L}{R_D} \cdot \varphi \cdot \frac{p_S}{p_L} \tag{2-45}$$

Bei einem Luftdruck von 1013 mbar nach /19/ (im Mollier-Diagramm für feuchte Luft üblich), einer Gaskonstante von 287,1 mbar m^3/kgK und für Wasserdampf von 4623 mbar m^3/kgK vereinfacht sich Gleichung 2-45 zu

$$x = 6{,}135 \cdot 10^{-4} \cdot \varphi \cdot P_S \quad \text{in kg/kg} , \tag{2-46}$$

wobei p_S in mbar einzusetzen ist. Um nun die Abhängigkeit der relativen Feuchte vom Lüftungsvolumenstrom herleiten zu können, ist es notwendig, eine Massenbilanz der Feuchten nach Abb. 2-13 aufzustellen.

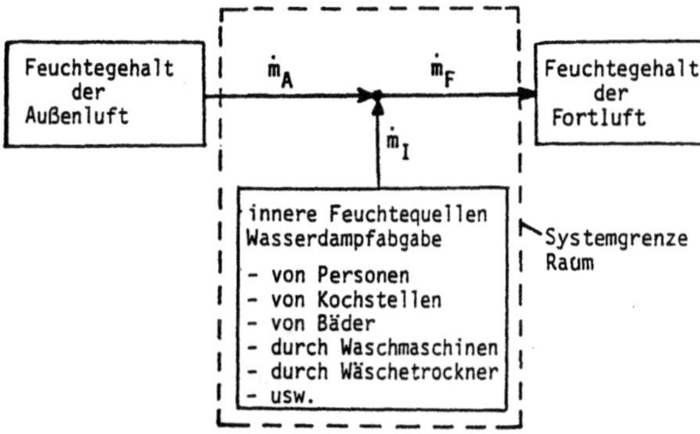

Abb. 2-13 Feuchtebilanz im Raum

Die Feuchte der Außenluft, die mit der durch die Undichtigkeiten des Gebäudes strömenden Luft in den Raum gelangt, plus der Feuchte, die durch innere Quellen erzeugt wird, ergibt die Feuchte, die aus dem Gebäude wiederum durch Undichtigkeiten abtransportiert wird. Somit lautet die Feuchtebilanz :

$$\dot{m}_F = \dot{m}_A + \dot{m}_I \tag{2-47}$$

Nun ist der Massenstrom der Feuchte aber laut Definition der absoluten Feuchte gemäß Gleichung 2-44 (hier auf die Zeit bezogen):

$$\dot{m}_D = x \cdot \dot{m}_L = x \cdot \dot{V}_L \cdot \rho_L \tag{2-48}$$

Damit wird Gleichung 2-47 zu :

$$x_F \cdot \dot{V}_L \cdot \rho_L = x_A \cdot \dot{V}_L \cdot \rho_L + \dot{m}_I \tag{2-49}$$

bzw.

$$x_F = x_A + \frac{\dot{m}_I}{\dot{V}_L \cdot \rho_L} \quad (2\text{-}50)$$

Durch Einsetzen von Gleichung 2-46 ergibt sich schließlich die gesuchte Beziehung zwischen der relativen Feuchte des Fortluftvolumenstroms (gleich dem Raumluftzustand) und dem ausgetauschten Luftvolumenstrom zu :

$$\varphi_F = \frac{x_A + \frac{\dot{m}_I}{\dot{V}_L \cdot \rho_L}}{6{,}135 \cdot 10^{-4} \cdot p_{S_F}} \quad (2\text{-}51)$$

oder

$$\varphi_F = \frac{\varphi_A \cdot p_{S_A} + \frac{\dot{m}_I}{\dot{V}_L \cdot \rho_L} \cdot 1630}{p_{S_F}} \quad (2\text{-}52)$$

Das folgende Beispiel soll diese Beziehung veranschaulichen.

Beispiel 2-4: Für den in der Abb. 2-5 dargestellten Raum (Büroraum 501) soll die relative Luftfeuchtigkeit ermittelt werden, die sich bei einer Außenlufttemperatur von 0°C, einer relativen Außenluftfeuchte von 80% und einem Mindestaußenluftstrom von 40 m³/h und Person (nach /17/) einstellt. Der Büroraum soll mit sechs Personen besetzt sein, die nach /20/ 35 g/h Wasserdampf pro Person an die Umgebung abgeben. Wie ändert sich die relative Luftfeuchte im Inneren, wenn sich der Luftvolumenstrom zwischen außen und innen verdoppelt?

Der Mindestaußenluftstrom beträgt

$$\dot{V}_L = 40 \cdot 6 = 240 \text{ m}^3/\text{h}$$

und die innere Wasserdampferzeugung hat die Größe

$$\dot{m}_I = \frac{35 \cdot 6}{1000} = 0{,}21 \text{ Kg/h}$$

Aus der Tab. 2-2 ergeben sich die Dampfdrücke im Sättigungszustand zu

$$p_{S_A} = 6{,}11 \text{ mbar}$$

und

$$p_{S_F} = 23{,}37 \text{ mbar}$$

Damit ergibt sich die gesuchte innere Luftfeuchte nach Gleichung 2-52 zu :

$$\varphi_F = \frac{0{,}8 \cdot 6{,}11 + \frac{0{,}21}{240 \cdot 1{,}2} \cdot 1630}{23{,}37} \approx 0{,}26$$

Bei einer Verdopplung des Luftvolumenstroms verändert sich die relative Luftfeuchte zu :

$$\varphi_F = \frac{0{,}8 \cdot 6{,}11 + \frac{0{,}21}{240 \cdot 2 \cdot 1{,}2} \cdot 1630}{23{,}37} \approx 0{,}23$$

In diesem Beispiel wird durch die Erhöhung des Luftaustausches die innere relative Luftfeuchte um 3% herabgesetzt.

Die Luftströmung in das Gebäude kann nicht nur durch die Undichtigkeiten des Gebäudes, sondern auch durch das Lüftungsverhalten (Fensterlüftung) der Benutzer erfolgen. Wie aus der Gleichung 2-52 zu ersehen ist, ist der ausgetauschte Luftvolumenstrom nur dann für die innere Luftfeuchtigkeit von Bedeutung, wenn innere Feuchtequellen vorhanden sind. Ist dies nicht der Fall, so reduziert sich Gleichung 2-52 zu :

$$\varphi_F = \varphi_A \cdot \frac{p_{S_A}}{p_{S_F}} \qquad (2\text{-}53)$$

und die innere relative Luftfeuchte ist nur noch eine Funktion der äußeren relativen Luftfeuchte und der Sattdampfdrücke. Für das Beispiel 2-4 würde sich demnach unabhängig von dem Luftaustausch eine innere relative Luftfeuchte von

$$\varphi_F = 0{,}8 \cdot \frac{6{,}11}{23{,}37} \approx 0{,}21$$

d.h. 21% ergeben. In diesem Beispiel hat somit die Wasserdampfabgabe der Personen eine Anhebung der relativen Luftfeuchte von 2% bis 5% zur Folge, je nachdem wie groß der Luftaustausch des Raumes ist. Zur Veranschaulichung kann dieser Zusammenhang auch im Mollier-Diagramm für feuchte Luft, wie in Abb. 2-14 geschehen, dargestellt werden.

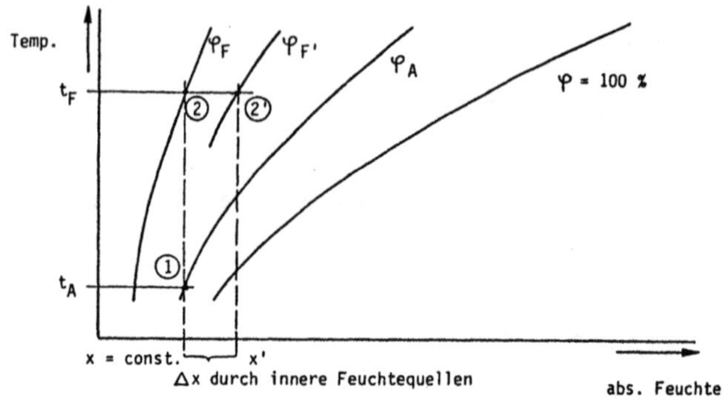

Abb. 2-14 Einfluß innerer Feuchtequellen auf den Raumluftzustand

Ist im Raum keine innere Feuchtequelle vorhanden, so ergibt sich der Raumzustandspunkt (2) aus dem Schnittpunkt der x = const Linie für den Außenluftzustand (1) mit der Linie t = const für die Innenlufttemperatur. Im Punkt (2) kann die gesamte relative Feuchte abgelesen werden. Sind im Raum innere Feuchtequellen vorhanden, so ist im Abstand Δx (verursacht durch die inneren Feuchtequellen) von Punkt (2) in Richtung höherer absoluter Feuchte auf der Linie t = const der neue Raumluftzustand (2') zu finden. Im Punkt (2') kann wiederum die gesuchte relative Feuchte $\varphi_{F'}$ abgelesen werden.

Zusammenfassend kann also festgestellt werden, daß die Überprüfung der Heizung dahingehend, ob sie denn dem eigentlichen Bedarf (nicht nur Wärmebedarf) angepaßt ist, wichtig für den rationellen Einsatz von Heizenergie ist. Die Beachtung der Zusammenhänge zwischen den einzelnen Oberflächentemperaturen im Raum und der Behaglichkeit ermöglichen es, die Lufttemperatur zu optimieren und damit Energie einzusparen. Eine Außenwand mit niedriger Oberflächentemperatur erzeugt Unbehaglichkeit, die durch eine höhere Lufttemperatur im Raum und damit einen höheren Energieeinsatz kompensiert werden muß. Weiterhin kann durch Abdichten von Fenstern und Fugen der Lüftungswärmebedarf reduziert werden, wobei gleichzeitig eine Erhöhung der Behaglichkeit erzielt wird. Es ist jedoch stets darauf zu achten, daß an keiner Oberfläche oder in Bauteilen Kondensation auftritt. Wichtig ist ferner die Einhaltung der Mindestaußenluftvolumenströme, die den problemlosen Aufenthalt von Personen im Raum ermöglichen.

2.2 Klimabeheizte und nicht bewohnte Räume

Unter beheizten Räumen, die nicht bewohnt werden, sollen hier Lagerhallen, Industrie- bzw. Fertigungshallen, Maschinenräume, Hauswirtschaftsräume in Krankenhäusern, Schwimmbädern usw. verstanden werden.

Der Tab. 2-3 ist zu entnehmen, daß die raumklimatischen Anforderungen je nach Art des Betriebes sehr verschieden sein können. Wegen der Vielfalt dieser Anforderungen kann auf die speziellen Probleme nicht weiter eingegangen werden.

Grundsätzlich aber gilt auch hier das Prinzip der Darstellung in der Abb. 2-3, wenn z.B. der Block "Mensch" durch einen Block "Anlagen", "Geräte" oder noch allgemeiner "Objekte" ersetzt wird. Wichtig bei der Neuwahl eines Heizsystems ist, daß die Wärmeübertragung im Raum so erfolgt, daß die Verluste über die Systemgrenzen des Raumes schon durch die Planung minimiert werden. So sollte z.B. in einer Fertigungshalle, die aufgrund der offenen Transportmöglichkeiten nach außen hin hohe Lüftungswärmeverluste besitzt (Ausnahme: besondere automatische Torkonstruktionen der Luftschleieranlagen), keine Warmluftheizung, sondern eine Strahlungsheizung installiert werden.

Industriezweig/Betriebsart		Temp.°C	rel.Feuchte %
1. Bäckereien, Konditoreien:	Mehllager	15...25	50...60
	Hefelager	2... 4,5	60...75
	Teigfertigung	22...25	60...70
	Gärraum	25...28	75...80
2. Brauereien:	Malztennen	10...15	80...85
	Gärraum	4... 8	50...70
3. Druckerei:	Papierlagerung	20...23	50...60
	Druckerei, Schwarzdruck	24...26	45...60
	Mehrfarbendruckerei	24...28	45...60
	Fotodruck	21...23	40...50
4. Elektroindustrie, Fertigung:	allgemein	20...22	50...55
	mit kleinen Toleranzen	24	50...55
	von Isolierung	24...25	65...70
	von Hydro- und Thermostaten	23...24	50...55
5. Filmindustrie (Fotografie):	Fertigung normaler Filme	23...24	40...65
	Fertigung von Sicherheitsfilmen	15...26	45...50
	Bearbeitung von Filmen	18...23	40...60
	Entwicklung von Filmen	20...22	60
	Trocknen von Filmen	22...25	45...60
	Schneiden	22...23	60...65
6. Gummiindustrie:	Lagerung, Rohmaterial	16...24	40...50
	Fertigung von Artikeln	30...33	30...35
	Vulkanisation	25...28	25...30
	Chirurgische Einzelteile	24...32	25...30
7. Pharmazeutische und Kosmetische Industrie:			
	Lagerung der Vor-/Rohprodukte	21...26	30...40
	Herstellung der Fertigprodukte	20...25	20...50
	Lagerung der Fertigprodukte	16...18	40...50
8. Keramische Industrie:	Lagerung des Roh-/Vormaterials	16...25	35...60
	Herstellung der Fertigprodukte	26...28	60...70
	Anbringen der Verzierungen	24...26	45...50
9. Mechanische Industrie (Maschinenbau):			
	Werkstätten allgemein	20...22	
	Montage allgemein	24...26	45...60
	Präzisionsmontage	22...24	35...40
	Kontrolle, Prüfung, Überwachung	20..(24)	40...50
	Feinmechanik, Meßgerätefertigung		45...50
10. Süßwarenindustrie:	Lagerung trockener Früchte	11...13	45...50
	Fertigung von Hartbonbons	24...26	30...40
	Fertigung von Schokolade	15...20	45...55
11. Tabakindustrie:	Lagerung von Rohtabak	30...32	85...88
	Zigaretten-, Zigarren-Fabrikation	21...24	55...70
	Anfeuchträume	22...24	92...94
	Lösereiräume	22...25	75...80
	Packräume (Verpackung)	23...24	60...65
	Lagerräume (Packungen)	18...22	60...65
12. Textilindustrie (Baumwolle):	Vorbereitung	22...25	50...60
	Batteur, Karderie	24...27	40...60
	Kämmerei	24...26	55...65
	Strecke, Flyer	25...27	50...60
	Spinnerei	22...25	55...70
	Spulerei, Zwirnerei, Scheren	24...26	60...70
	Webraum	24...27	70...85
	Geweberaum, Weberei	20...25	60...80
	Konditionieren (Garn, Gewebe)	24...27	90...95
13. Gießereien, Schmiedereien:	schwere Handarbeit	12	Selbstlüftung bzw. Luftwechsel
	leichtere Handarbeit	16	evtl. nach Maßgabe
	sitzende Beschäftigung	18...20	d. MAK-Werte
14. Lagerung:	Bier	0... 5	70...75
	Fleisch	0... 1,5	85...95
	Kartoffeln	3... 6	85...90
	Pelze	5...10	55...60 (65)
15. Sonstige Betriebsarten:	Färbereien	20...24	65...75
	Lackierereien	25...40	55...65
	Tischlereien	20...22	örtl. Absaugung
	Konservenherstellung	22...24	65...75
	Großgaragen	5...10	-
	Großküchen	15...18	-
	Großwäschereien	22...24	65...75
	Markthallen	5... 8	-
	Warenhäuser	18	60...65
	Spritzlackiererei	20...25	55...65

Tab. 2-3a Raumlufttemperatur und -feuchte für Produktions- und Lagerräume /21/

Gebäudeart		Temp. °C	rel.Feuchte %
1. Großräume für Publikumsverkehr		20	55...60
2. Archive, Bibliotheken, Museen		17...22	55...65
3. Krankenhäuser:	Krankensäle	20...22	50...60
	Operationssäle	22...25	40...65
	Operationsräume	24...27	40...65
4. Badeanstalten (2...3 grd über Wassertemperatur)		22...25	
	Schwimmhallen	20...22	
	Brauseräume	22	
	Umkleideräume	22...24	65...75
5. Turnhallen		15...18	60...65
6. Ausstellungshallen		10...16	50...60
7. Kirchen		12...15	50...65

Tab. 2-3b Raumlufttemperatur und -feuchte in öffentlichen Gebäuden /21/

Dadurch wird die Lufttemperatur und damit der Lüftungswärmeverlust verringert. Wird der Strahlungsaustausch mit den Umschließungsflächen /s. Abb. 2-3/ herabgesetzt, indem nur das zu beheizende Objekt angestrahlt wird, so sinken damit auch die Transmissionswärmeverluste. Die Zielsetzung sollte also die Anpassung des Heizsystems an die tatsächlichen Bedürfnisse des Betriebes sein.

2.3 Schutz der Gebäudesubstanz

Der Schutz der Gebäudesubstanz ist eine weitere Anforderung, die an ein Heizsystem gestellt wird. Analog wie bei der Sicherstellung der Behaglichkeit, so ist es auch in diesem Fall nicht immer möglich, durch reine bauliche Maßnahmen Wasserdampfkondensation an und in der Bausubstanz zu verhindern. Zwar verhindert die Beachtung der DIN 4108 /22/ /s. auch Band VI/ in der Regel die Tauwasserbildung in den Baustoffen, trotzdem sind in der Praxis immer wieder Fälle anzutreffen, bei denen Bauschäden infolge der Wasserdampfkondensierung zu verzeichnen sind. In /Band VI/ wird gezeigt, daß die Diffusionsvorgänge in den Baustoffen auf deren Temperaturverteilung zurückzuführen sind. Die Temperaturverteilung wiederum wird durch die innere Oberflächentemperatur bestimmt, die ihrerseits direkt durch die thermische Wirkung der Heizanlage verursacht wird, wie aus Abb. 2-3 zu ersehen ist.

Wird z.B. für ein Pelzlager nach Tab. 2-3 eine Lufttemperatur von 10°C und eine relative Feuchte von 60% gefordert, so dürfen die inneren Oberflächentemperaturen einen Wert von 2°C nicht unterschreiten, da ansonsten Kondensation auftreten würde. Im Mollier-Diagramm für feuchte Luft kann dieser Wert ermittelt werden als Schnittpunkt der x = const. Linie (absolute Feuchte) des Raumzustandes und der φ = 100% Linie /s. Abb. 2-15/.

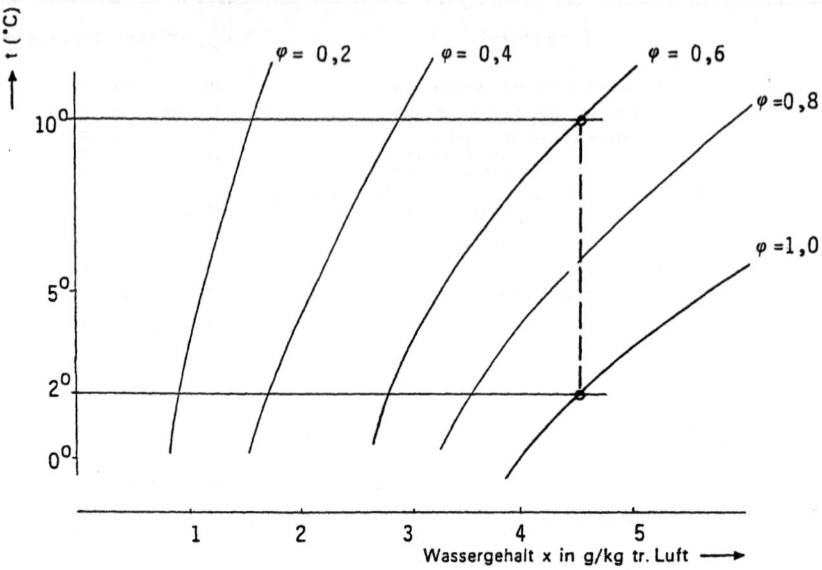

Abb. 2-15 Ermittlung der Taupunkttemperatur im Mollier-Diagramm für feuchte Luft

Dieser Vorgang findet auf der Linie konstanter absoluter Feuchte statt, da sich diese nicht ändert, wenn die Raumluft an den kühleren Oberflächen vorbeiströmt. Neben der sichtbaren Wasserdampfkondensation an Oberflächen kann es auch zur Kondensation innerhalb der Baustoffe kommen, welche man erst bei fortschreitender Durchfeuchtung bemerkt.

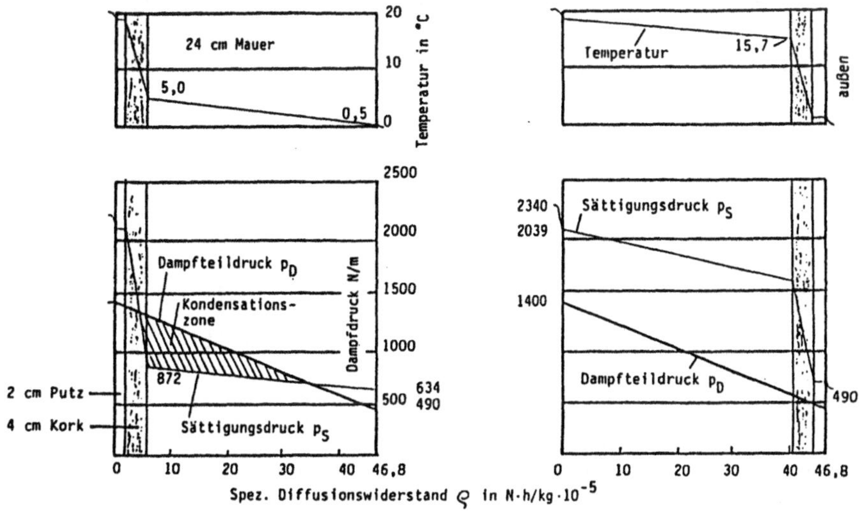

Abb. 2-16 Diffusionsdiagramm einer Ziegelmauer; links Wärmedämmung innen, rechts Wärmedämmung außen. I=innen: 20°C, 60% rel.F., A=außen: 0°C, 80% rel.F. /23/

Welche Bedeutung bei diesen Vorgängen der Raumlufttemperatur und -feuchte zukommt, soll mit Hilfe der Abb. 2-16 kurz erläutert werden. Eine 24 cm dicke Ziegelwand wird mit 4 cm Kork und 2 cm Putz einmal innen oder, wie in der Abb. 2-16 rechts dargestellt, außen isoliert. Der Abb. 2-16 liegen dabei folgende Daten zugrunde:

Innenlufttemperatur	20°C	
Innenfeuchte (relative)	60%	
Außenlufttemperatur	0°C	
Außenluftfeuchte (relative)	80%	
2 cm Putz mit einem Wärmeleitkoeffizienten		λ = 0,870 W/mK
4 cm Kork mit einem Wärmeleitkoeffizienten		λ = 0,047 W/mK
24 cm Ziegel mit einem Wärmeleitkoeffizienten		λ = 0,800 W/mk
Wärmeübergangskoeffizient innen		α_I = 8 W/m²K
Wärmeübergangskoeffizient außen		α_A = 25 W/m²K

Mit diesen Werten kann die Temperaturverteilung in der Wand ermittelt werden /s. auch Band VI/. Die Sättigungsdruckverteilung in der Wand wird über die einzelnen Temperaturen mit Hilfe der Tab. 2-2 ermittelt. Die Ergebnisse sind in der Tab. 2-4 zusammengefaßt und in Abb. 2-16 dargestellt worden.

Temperaturgefälle °C	Trennfugentemperatur °C	Sättigungsdruck p_S mbar
	20	23,37
1,8		
	18,2	20,89
0,4		
	17,8	20,10
12,8		
	5,0	8,72
4,5		
	0,5	6,34
0,5		
	0	6,11

Tab. 2-4 Sättigungsdruckverteilung in der Wand

Nach Gleichung 2-41 ergibt sich für den Dampfteildruck

$$p_D = \varphi \cdot p_S \tag{2-54}$$

und damit für innen und außen

$$p_{DI} = 0{,}6 \cdot 23{,}37 \approx 14{,}02 \text{ mbar}$$

$$p_{DA} = 0{,}8 \cdot 6{,}11 \approx 4{,}89 \text{ mbar}$$

Die Verbindung dieser beiden Punkte ist in Abb. 2-16 als Dampfteildrucklinie dargestellt. Das von Glaser /24/ beschriebene graphische Verfahren zur Kondensationszonenbestimmung besteht darin zu prüfen, ob die Dampfteildrucklinie die Sättigungsdrucklinie schneidet oder berührt. Ist dies der Fall /Abb. 2-16 Isolation innen/, so stellt die von den Dampfdrucklinien eingeschlossene Fläche die Kondensationszone dar /s. auch Band III/. Nach Abb. 2-16 ist die Außenisolation vorzuziehen, da dort keine Kondensation in der Wand auftritt. Würde sich im Raum eine relative Feuchte von φ = 35% anstelle von φ = 60% einstellen, so wäre auch bei der Innenisolation keine Wasserdampfkondensation zu befürchten. Denn nach Gleichung 2-54 würde

$$p_{DI} = 0{,}35 \cdot 23{,}37 \approx 8{,}18 \text{ mbar}$$

sein und die Dampfteildrucklinie schneidet die Sättigungsdrucklinie nicht mehr. Eine Erhöhung der Raumlufttemperatur derart, daß die Steigung der Sättigungsdrucklinie im Mauerwerk größer ist als die der Dampfteildruckkurve, ist zwar theoretisch denkbar, aber in diesem Fall zur Lösung des Kondensationsproblems aus energetischen Gründen ungeeignet. Eine konstruktive Maßnahme am Wandaufbau ist vorzuziehen, wie das Beispiel der Außenisolierung in Abb. 2-16 zeigt. Der umgekehrte Fall, daß Kondensation im Baustoff durch Herabsetzen der Raumtemperatur eintritt, ist jedoch von Fall zu Fall zu beachten. Für jede Wandkonstruktion gibt es eine bestimmte Grenze, bis zu der die Lufttemperatur im Raum abgesenkt werden kann, damit keine Wasserdampfkondensation in und an den Wänden entsteht.

Es ist also zu beachten, daß das Zusammenspiel von Raumklima, Außenklima und Baukonstruktion zu Wasserdampfkondensation und damit zu erheblichen Bauschäden führen kann. Dementsprechend sind also der Variation des Raumklimas Grenzen gesetzt.

Es ist notwendig zu wissen, welche Ziele das lufttechnische System erfüllen sollte, um damit die vorhandene Anlage besser beurteilen zu können. Eine Nichterfüllung der Zielsetzung bedeutet in jedem Fall einen Energie- oder Behaglichkeitsverlust, was zu vermeiden ist.

Für Räume, die ausschließlich dem Aufenthalt von Personen dienen, ist die Aufgabe der Lufttechnik darin zu sehen, eine ausreichende Behaglichkeit sicherzustellen. Auf die Behaglichkeitsanforderungen ist schon speziell eingegangen worden. Bei Räumen, die nicht dem oben genannten Zweck dienen, sind je nach Objekt andere Aufgaben an die Zielsetzung der Lufttechnik zu stellen.

3.1 Behaglichkeit und Komfort

Wie in der Heiztechnik, so sind auch hier Behaglichkeitsfaktoren wie Raumlufttemperatur, Umschließungsflächentemperatur usw. direkt vom lufttechnischen System beeinflußbar. Weiterhin sind aber auch Faktoren wie Luftfeuchte, Luftgeschwindigkeit und Luftreinheit direkt beeinflußbar. Nach /34/ ist der zulässige Bereich der empfundenen Temperatur in Abb. 3-1 dargestellt.

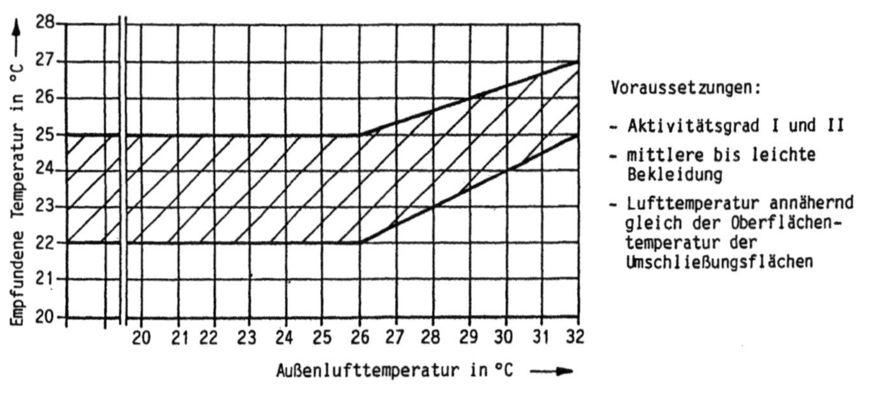

Abb. 3-1 Bereich behaglicher Raumlufttemperaturen /34/

Bei Außenlufttemperaturen über 26°C ist die empfundene Temperatur höher einzustellen. Damit wird beim Betreten oder Verlassen eines klimatisierten Gebäudes nicht nur ein extremer Temperaturunterschied (Hitze- oder Kälteschock), sondern auch ein erhöhter Energieverbrauch für die Kühlung des Gebäudes vermieden. Die in Abb. 3-1 geforderten Voraussetzungen bezüglich des Aktivitätsgrades und der Bekleidung sind in der Tab. 3-1 und Tab. 3-2 gesondert spezifiziert.

Aktivitätsgrad	Tätigkeitsbeispiel	Gesamtwärmeabgabe je Person (Anhaltswerte in W)
I	sitzende Tätigkeit wie Lesen und Schreiben	100
II	leichte Tätigkeit im Stehen, Labortätigkeit, Maschinenschreiben	150
III	mäßig schwere körperliche Tätigkeit	200
IV	schwere körperliche Tätigkeit	über 250

Tab. 3-1 Gesamtwärmeabgabe je Person in Abhängigkeit von der Tätigkeit /34/

Bekleidung	Wärmeleitwiderstand R in m^2 K/kW
ohne Bekleidung	0
leichte Sommerkleidung	80
mittlere Kleidung	160
warme Kleidung	240

Anmerkung:
Gelegentlich wird ein Wärmeleitwiderstand R von 160 m^2 K/kW = 1 clo bezeichnet.

Tab. 3-2 Wärmeleitwiderstand der Bekleidung /34/

Bei vorwiegend abweichender Bekleidung und Tätigkeit sind die geforderten empfundenen Temperaturen dementsprechend zu korrigieren.

Bei der mechanischen Belüftung von Räumen ist zu beachten, daß bei zu hohen Luftgeschwindigkeiten aufgrund der Körperauskühlung Zugerscheinungen und andere behaglichkeitsmindernde Effekte auftreten können. Deshalb ist in /34/ eine obere Zulässigkeitskurve für die Raumluftgeschwindigkeit als Empfehlung angegeben worden /s. Abb. 3-2/.

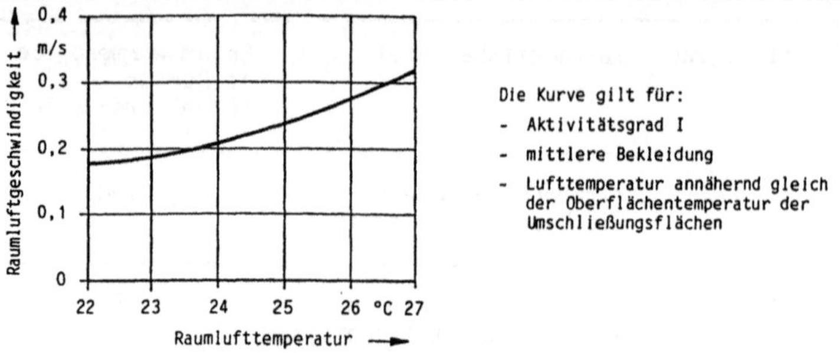

Abb. 3-2 Obere Zulässigkeitskurve für behagliche Raumluftgeschwindigkeiten /34/

Die Werte der Abb. 3-2 können bei abweichenden Voraussetzungen korrigiert werden /s. Beispiel in 34/.

Ein weiterer, durch raumlufttechnische Anlagen direkt beeinflußbarer Faktor ist die Reinheit der Raumluft. Um diese zu gewähren, ist nach /34/ die Wirkung von Außenluftstrom, Staub, Gasen, Dämpfen, Gerüchen und Mikroorganismen zu beachten. Für den Außenluftvolumenstrom sind je nach Raumart in Tab. 3-3 Mindestwerte angegeben, die aus Behaglichkeitsgründen (Sauerstoffgehalt der Raumluft usw.) notwendig sind.

Raumart	Mindestaußenluftstrom je Person in m^3/h
Einzelbüro	30
Großraumbüro	50
Theater, Konzertsaal	20
Kantine	30
Konferenzraum	30
Kino	20
Festsaal	20
Ruheraum	30
Pausenraum	30
Klassenraum	30
Lesesaal	20
Hörsaal	30
Messehalle	20
Verkaufsraum	20
Museum	20
Hotelzimmer	30
Gaststätte	40
Turn- und Sporthalle mit Zuschauerplätzen	20

Tab. 3-3 Mindestaußenluftstrom /34/

Da jeder m^3 zugeführter Außenluft im Sommer gekühlt bzw. im Winter aufgeheizt werden muß, ist die Einhaltung dieser Mindestaußenluftströme auch energetisch sehr sinnvoll. Nach /34/ ist es möglich, bei den Maximalwerten der Außenlufttemperatur mit 50% des notwendigen Mindestaußenluftstromes auszukommen. Für Staube, Gase und Dämpfe gibt es ebenfalls Grenzwerte, die eingehalten werden müssen. Der Feinststaubgehalt wird durch den MIK-Wert nach /35/ festgelegt. Der Gehalt an Gasen und Dämpfen wird durch die maximalen Arbeitsplatzkonzentrationen (MAK-Werte) oder durch die technische Richtkonzentration (TRK-Werte) begrenzt. Die Verschlechterung der Raumluft durch Gerüche wird nach Pettenkoffer über den Kohlendioxidgehalt der Luft ermittelt. Als oberer Grenzwert wird nach /34/ ein mittlerer Volumengehalt am Kohlendioxid von 0,15% angegeben.

Jede Konzentration, ob von Stauben, Gasen, Dämpfen oder Gerüchen, fordert für ihre Reduzierung Energie, da Außenluft vermehrt zugeführt oder eine Filterung vorgenommen werden muß. Eine unnötige Erhöhung der Grenzwerte der Konzentration ist demnach aus energetischen Gründen zu vermeiden.

Bei vorhandenen raumlufttechnischen Anlagen ist also zu überprüfen, ob der Außenluftanteil, der dem Gebäude zugeführt wird, und ob die Filter (ein Luftwäscher ist auch eine Art Filter), die die Luft aufbereiten sollen, dem Bedarf angepaßt sind. Das Gleiche gilt auch für die Überprüfung der benötigten Raumlufttemperatur und -feuchte. Die Istwertaufnahme der Klimadaten kann z.B. nach den Ausführungen in /34/ und /35/ erfolgen.

3.2 Sonstige Anforderungen

Die Vielzahl der verschiedenen Produktionsprozesse und die Lagerung der verschiedensten Güter erfordern jeweils spezielle raumklimatische Konditionen. Für mehrere Industriezweige wurden die von der raumlufttechnischen Anlage zu leistenden klimatischen Anforderungen bereits dargestellt. Tab. 3-4 zeigt nach /37/ die bei der Lagerung von Gütern auftretenden verschiedenen Anforderungen an das raumlufttechnische System.

Auch hier ist durch Anpassung an den Bedarf eine Einsparung an Energie bzw. eine Verbesserung der Lagerbedingungen gegeben.

Kühlgut	Temperatur °C	Luft-bewegung	Relative Feuchtigkeit %
Pflanzen und Blumen			
Flieder und Maiblumen	-4/-6	M.	80
Lilien und Gladiolen	-4	-	80
Rosen	-1/-3	-	90
Treibsträucher, Rhabarber	-1/-3	-	-
Funkia, Spirea	-4/-6	-	-
Hortensia	-2/-3	-	-
Tabak, gegen tier. Eindringlinge	-4/-10	-	-
Schnittblumen	+2	M.	85
Farnkräuter	-2	M.	-
Heckenrosen	0	M.	-
Pelz- und Wollwaren			
Seidenzucht-Kokons, lebend gelagert	0/+4	-	-
Seidenzucht-Kokons, abtöten	-15/-20	-	-
Schmuckfedern	+2/-2	-	-
Pelzwaren	+2/-2	-	90
Wollwaren	+2/+5	-	80
Häute	+1/+2	-	95
Brot, Mehl und andere			
Brot	+8/+10	-	-
Brot (Vermeid.v.Altbacken werd.)	-25/-30	-	-
Mehl	+2/+4	-	-
Honig	+7/+10	-	-
Teigwaren	+8/+10	-	-
Fertige Backwaren	+6/+8	-	-
Schokoladen-Lagerraum	+4/+6	-	-
Haferflocken, Reis	+6	-	-
Buchweizen	+6	-	-
Getreide, trocken	+7	-	-
Ahorn-Sirup	+7	-	-
Weine und Säfte			
Rhein- und Moselwein	+6/+10	-	-
Bordeaux- und Burgunderweine	+10/+14	-	-
Schwere Weine	+10/+18	-	-
Apfelwein	0/+1	-	-
Traubenmost	0/+1	M.	90
Sirup	+7	-	-
Schnäpse	+3	-	-

Tab. 3-4 Günstige Lagerbedingungen für verschiedene Güter (M. = mäßige Luftbewegung) /21/

Grundsätzlich läßt sich ein Heizsystem in drei Teilsysteme aufteilen /Abb. 4-1/.

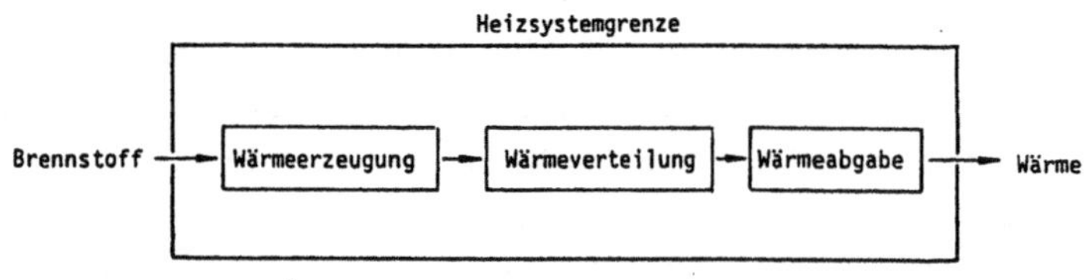

Abb. 4-1 Schematischer Aufbau einer Heizanlage

Das erste Teilsystem bildet der Wärmeerzeuger (z.B. Kessel oder Therme), der den Brennstoff in Wärme umwandelt und dann an den Wärmeträger weitergibt (z.B. Wasser oder Luft). Danach folgt das Wärmeverteilsystem, das die Wärme an die Orte transportiert, wo sie benötigt wird (z.B. Heizkörper, Fußbodenschlangen). Das dritte Teilsystem ist das Wärmeabgabesystem, welches die Wärme in der Form an den "Endverbraucher" weitergibt, wie es in Abb. 2-3 dargestellt wurde.

Die folgende Abb. 4-2 zeigt die drei Teilsysteme für eine Warmwasserheizung.

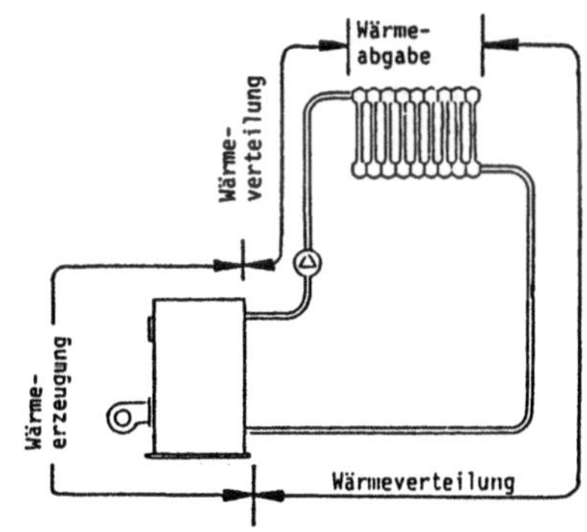

Abb. 4-2 Warmwasserheizung

Der Heizkessel mit dem Ölbrenner ist das Wärmeerzeugungssystem, die Rohrleitung mit der Umwälzpumpe das Wärmeverteilsystem und der Radiator (Heizkörper) das Wärmeabgabesystem. Diese Art der Systembeschreibung läßt sich auch auf einen Kachelofen anwenden.

In der Brennkammer, dem Wärmeerzeugungssystem, steigen die Rauchgase auf, die über die einzelnen Züge (Wärmeverteilsystem) ihre Wärme auf die Kacheln der Ofenoberfläche (Wärmeabgabesystem) übertragen.

In Abb. 4-3 wurde die Wirkungsweise einer Heizung systematisch dargestellt. Der einzige direkte Energieaustausch mit sich im Raum aufhaltenden Personen (oder Objekten) besteht im Strahlungsaustausch mit der Heizfläche. Darüber hinaus wirkt die Heizung nur indirekt auf den Menschen. Sie gibt einen Teil ihrer Energie durch Strahlung an die Umschließungsflächen ab. Dabei wird durch die Erhöhung der Oberflächentemperatur der Umschließungsflächen der Strahlungsaustausch mit der Person verändert. Der größte Teil jedoch wird durch die thermische Verbindung infolge der Wärmeleitung der Wände über die Systemgrenzen des Raumes hinaustransportiert (Transmissionswärmeverluste) oder durch Konvektion an die Raumluft abgegeben.

Je nach Lufttemperatur wird durch Konvektion die Wärmeabgabe des Menschen beeinflußt. Der weitaus größte Teil der von der Luft aufgenommenen Energie wird jedoch an die Umschließungsflächen konvektiv abgegeben (Transmissionswärmeverluste) oder geht durch Luftaustausch über die Grenzen des Raumes verloren (Lüftungswärmeverluste).

Je nach Ausführung der Heizung wird mehr oder weniger Wärme durch Strahlung von der Heizfläche abgegeben. So ist z.B. die Wärmestrahlung bei einem Radiator höher als bei einem Rippenrohrheizkörper. Weiterhin strahlt ein mit 90°C/70°C (Vorlauftemperatur/Rücklauftemperatur) betriebener Radiator unter ansonsten gleichen Bedingungen mehr Wärme ab als ein mit 50°C/30°C betriebener Radiator.

Bei einer zentralen Luftheizung verändert sich das Schema der Abb. 2-3 zu dem der Abb. 4-3, da die Heizfläche nicht mehr im Raum ist.

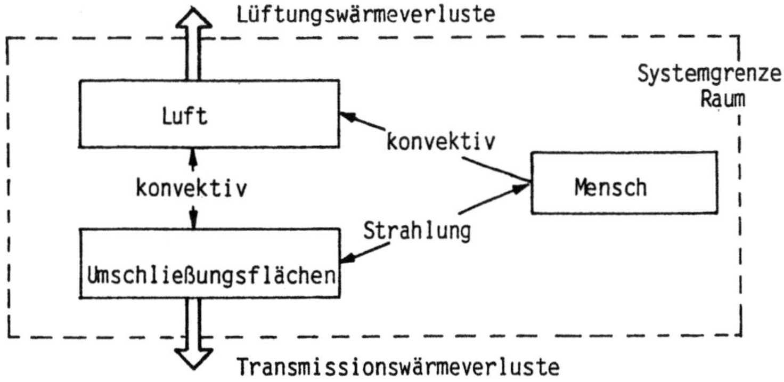

Abb. 4-3 Wirkungsschema einer Luftheizung im Raum

Wie die Darstellung zeigt, wird die Behaglichkeit bei einer zentralen Luftheizung nur noch über den konvektiven Wärmeaustausch zur Luft und durch den Strahlungsaustausch mit den Umschließungsflächen sichergestellt. Die gesamte dem Raum zugeführte Energie wird nur von der Luft übertragen.

Die Übertragung der Wärmemenge, die im Wärmeerzeuger (z.B. Kessel, Wärmepumpe) produziert wird, geschieht bei den üblichen Heizsystemen mit Hilfe von zwischengeschalteten Wärmeträgermedien; zumeist wird hierzu Wasser benutzt.

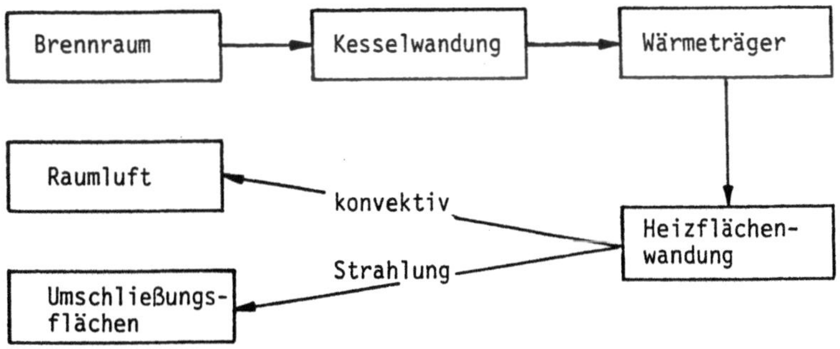

Abb.4-4 Energietransport in einer Heizanlage

Abb. 4-4 zeigt schematisch, wie die Wärmeübertragung bei einer Warmwasserheizung vor sich gehen kann. Im Brennraum des Kessels wird durch die Verbrennung Wärme frei, die an die Kesselwandung abgegeben wird. Durch Wärmeleitung in der Kesselwandung und anschließende Konvektion erfolgt der weitere Transport von Wärme zum

Wärmeträger. In diesem Fall ist das Wasser der Wärmeträger und verteilt die Energie an die einzelnen Raumheizflächen. Dort wird wiederum durch Konvektion und Leitung die Wärme an und durch die Heizflächenwandung transportiert. Zum Schluß wird dann, wie schon in Abb. 2-3 dargestellt, die Wärme mittels Konvektion und Strahlung an den Raum abgegeben. Abb. 4-5 zeigt den eben beschriebenen Vorgang nochmals in Form eines Temperaturgefälles, das sich in dem Übertragungsmedium einstellt.

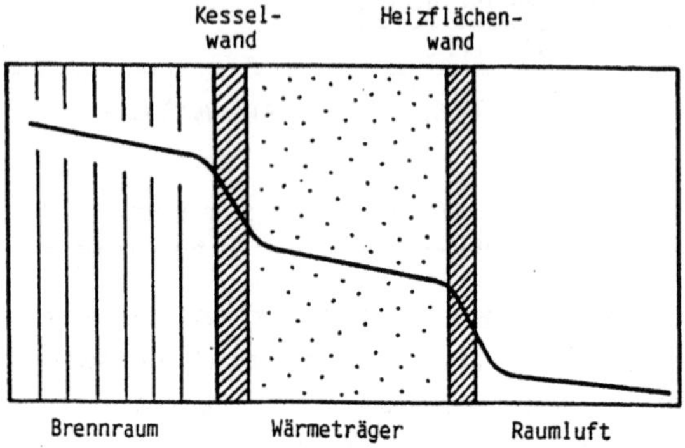

Abb. 4-5 Temperaturgefälle einer konventionellen Heizanlage

Wie die Darstellung zeigt, muß ein Gefälle von Brennraumtemperatur zu Raumlufttemperatur bestehen, damit überhaupt Wärme fließen kann. Der abfallende Temperaturverlauf im Wärmeträger entsteht durch die Leitungsverluste der Rohrwandung an die Umgebung.

Bei einer Luftheizung erfolgt der Energietransport wie in Abb. 4-6 dargestellt.

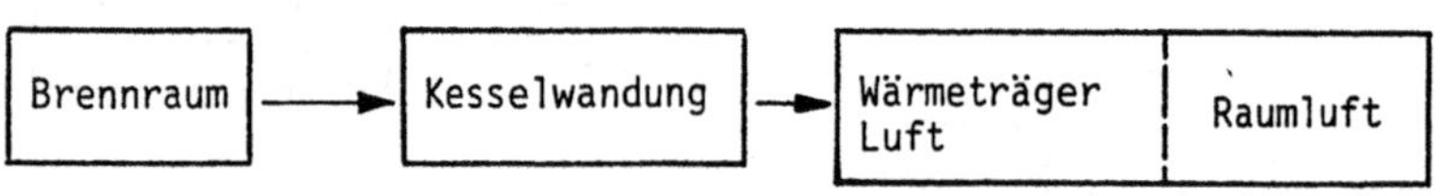

Abb. 4-6 Energietransport bei einer Luftheizung

Die Wärmeübertragung vom Brennraum zur Kesselwandung erfolgt in gleicher Weise wie bei der Warmwasserheizung. Von der Kesselwand zur Luft wird die Wärme konvektiv abgegeben. Ein weiterer Wärmeaustausch ist an dieser Stelle gegenüber einer Warmwasserheizung nicht mehr notwendig, da hier kein Wärmeträgermedium dazwischen geschaltet ist. Die Übertragung der Energie an die Raumluft geschieht durch Vermischung mit der zugeführten Warmluft. In Abb. 4-7 ist in Analogie zu Abb. 4-5 das Temperaturgefälle für eine Warmluftheizung dargestellt.

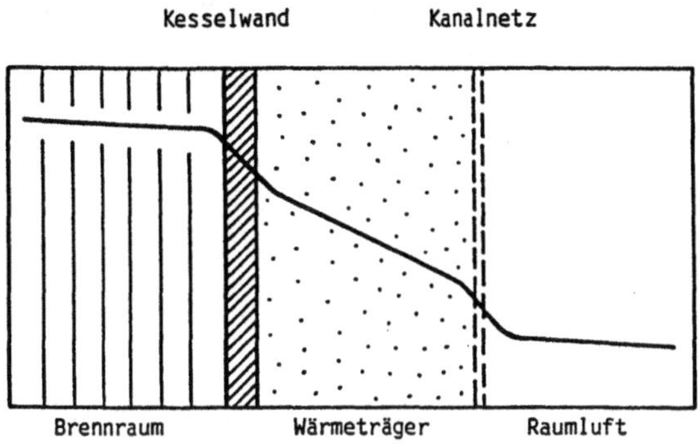

Abb. 4-7 Temperaturgefälle bei einer Luftheizung

Das Temperaturgefälle im Kanalnetz ist auf die dortigen Wärmeverluste zurückzuführen. Der Temperaturabfall der Warmluft zum Raum hin entsteht durch die Mischung mit der Raumluft. Um überhaupt dem Raum Wärme zuführen zu können, ist eine Übertemperatur der Warmlufttemperatur zur Raumlufttemperatur notwendig.

Es ist wichtig zu wissen, daß sowohl im Wärmeerzeugungssystem als auch im Wärmeverteilsystem sowie auch im Wärmeabgabesystem einer Heizanlage irreversible Prozesse ablaufen, welche schließlich Kosten verursachen. Im folgenden wird noch speziell darauf eingegangen werden, wie diese abzuschätzen und zu verringern sind.

Aus der Zielsetzung einer lufttechnischen Anlage, einen bestimmten Luftzustand zu garantieren, folgt indirekt auch die Funktion. Um eine bestimmte Temperatur zu erhalten, muß entweder geheizt oder gekühlt werden. Um eine bestimmte Luftfeuchtigkeit zu erhalten, muß be- oder entfeuchtet werden. Um eine bestimmte Reinheit der Luft zu erhalten, muß be- oder entlüftet und/oder gefiltert werden. Die dem Raum zugeführte Luft muß also aufbereitet werden, wozu in der Hauptsache folgende fünf Prozesse gehören:

Kühlen C (cool)
Heizen H (heat)
Befeuchten M (moisture)
Entfeuchten D (dehumidify)
Filtern F (filter)

Je nach Art der Anlage kommen alle Prozesse oder ein Teil zum Einsatz. Anhand des Beispiels einer Klimaanlage (CHMDF) nach Abb. 5-1 wird die Funktion einer raumlufttechnischen Anlage erklärt. Weiter unten werden häufig in der Praxis anzutreffende Anlagentypen beschrieben.

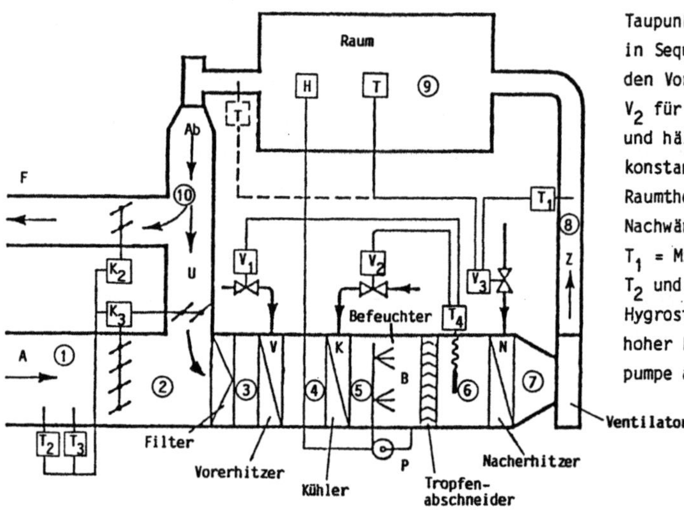

Taupunktthermostat T_4 steuert in Sequenz das Ventil V_1 für den Vorwärmer und das Ventil V_2 für den Oberflächenkühler und hält damit den Taupunkt konstant.
Raumthermostat T steuert das Nachwärmerventil V_3.
T_1 = Minimalbegrenzer
T_2 und T_3 = Außenthermostate
Hygrostat H schaltet bei zu hoher Feuchte die Wäscherpumpe ab.

Abb. 5-1 Klimaanlage mit Taupunktthermostatregelung /23/

Die Zustandsänderungen der Luft werden im Mollier-Diagramm für feuchte Luft /s. Band VI/ dargestellt.

Die Außenluft A wird mit der Umluft U gemischt. Die Außen-, Um- und Fortluftklappen sind so eingestellt, daß die gewünschte Außenluftrate dem Raum zugeführt wird. Die Mischluft aus Außen- und Umluft passiert den Filter, den Vorerhitzer, den Kühler, den Wäscher, den Tropfenabscheider und den Nacherhitzer und wird somit aufbereitet. Über einen Ventilator wird die Zuluft durch Kanäle und über Zuluftöffnungen in den Raum geleitet. Die Abluft wird über Abluftöffnungen und Kanäle durch den Abluftventilator abgesaugt. Der Abluftstrom teilt sich auf in den Umluft- und den Fortluftstrom. Der Fortluftvolumenstrom verläßt das Gebäude über Kanäle. Die Umluft wird wiederum mit der Außenluft gemischt und der obige Vorgang wiederholt sich. Die Zustandsänderungen der Luft sehen im Mollier-Diagramm für feuchte Luft wie folgt aus:

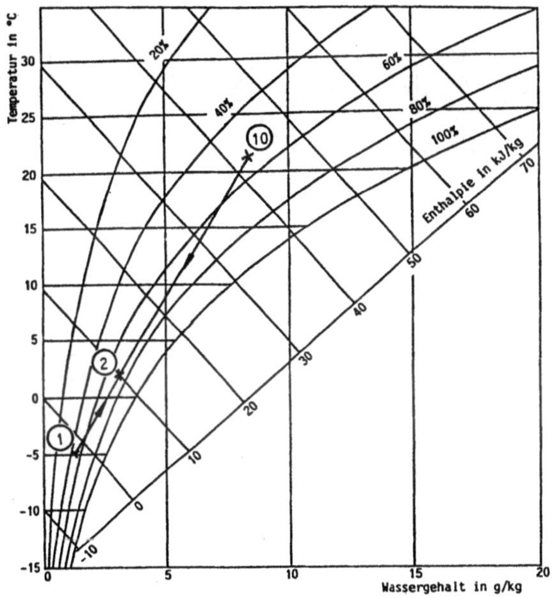

Abb. 5-2 Mischen der Außenluft mit der Umluft (Winter)

Der Mischpunkt 2 stellt sich auf der Geraden zwischen dem Außenluftzustand 1 und dem Umluftzustand 10 ein /Abb. 5-2/. Im Sommer entfällt dieser Mischvorgang, da die Anlage mit 100% Außenluft gefahren wird (die Umluftklappe ist geschlossen). Es ist im Sommer also der Zustand 1 gleich dem Zustand 2.

Filtern

Das Filtern bewirkt einen Druckabfall, der im Mollier-Diagramm für feuchte Luft nicht dargestellt werden kann. Es ist in diesem Fall der Zustand 2 gleich dem Zustand 3.

Vorerhitzer

Die Vorerhitzung ist nur für den Winterfall notwendig, eine Feuchteänderung findet nicht statt /Abb. 5-3/.

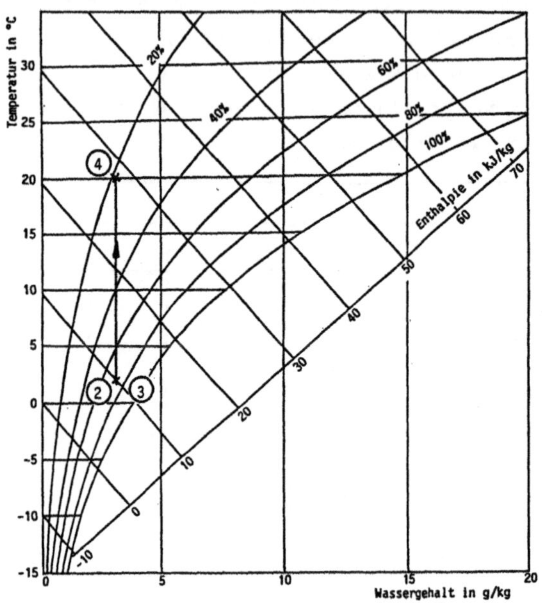

Abb. 5-3 Vorerhitzung der Mischluft (Winter)

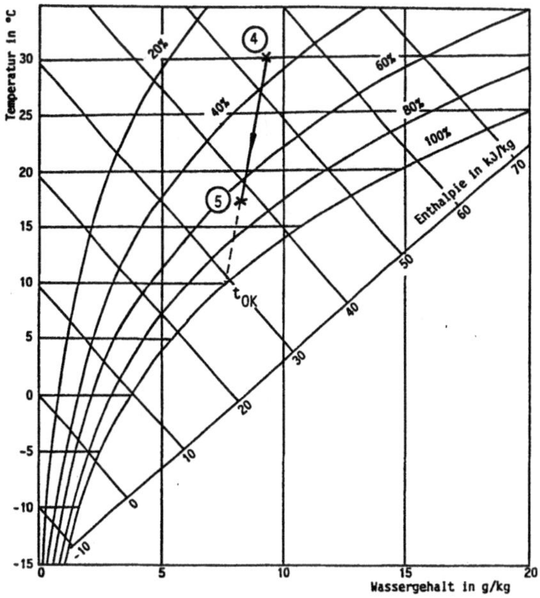

Abb. 5-4 Abkühlung der Luft ($t_{OK} < t_{TP}$)

Kühler

Hier sind zwei Fälle zu unterscheiden, die Oberflächentemperatur des Kühlers liegt über oder unter der Taupunkttemperatur des eintretenden Luftstroms. Ist die Oberflächentemperatur des Kühlers niedriger als die der eintretenden Luft, so ist der Austrittszustand 5 irgendwo (je nach Bauart und Leistung) auf der Geraden zwischen der Oberflächentemperatur t_{OK} und des Lufteintrittszustands 4 zu finden /Abb. 5-4/. Ein Abkühlen bis auf die Oberflächentemperatur des Kühlers ist nicht möglich, da dieser dann unendlich groß sein müßte bzw. der durchströmende Luftstrom gleich 0 sein müßte.

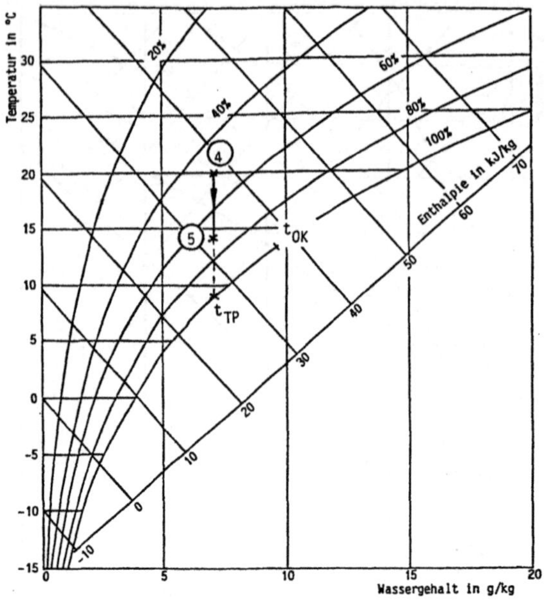

Abb. 5-5 Abkühlung der Luft ($t_{OK} > t_{TP}$)

Bei Oberflächentemperaturen des Kühlers oberhalb der Taupunkttemperatur der eintretenden Luft liegt der Austrittszustand 5 auf der Geraden zwischen dem Eintrittszustand 4 und der dazugehörigen Taupunkttemperatur t_{TP}, die nicht erreicht werden kann. Die Taupunkttemperatur t_{TP} ergibt sich aus dem Schnittpunkt zwischen der Linie gleicher absoluten Luftfeuchtigkeit (x = const.) vom Eintrittszustand und der Linie 100% relativer Luftfeuchtigkeit (φ = 1) /s. Abb. 5-5/.

Befeuchter

Die Befeuchtung der Luft kann mit Hilfe von Dampf oder Wasser geschehen. Die Befeuchtung mit Wasser verläuft annähernd auf der Linie gleicher Enthalpie vom Eintrittszustand. Maximal kann hierbei die Feuchtkugeltemperatur t_F erreicht werden, die auf dem Schnittpunkt zwischen der Linie gleicher Enthalpie und der Linie φ = 1 liegt /Abb. 5-6/.

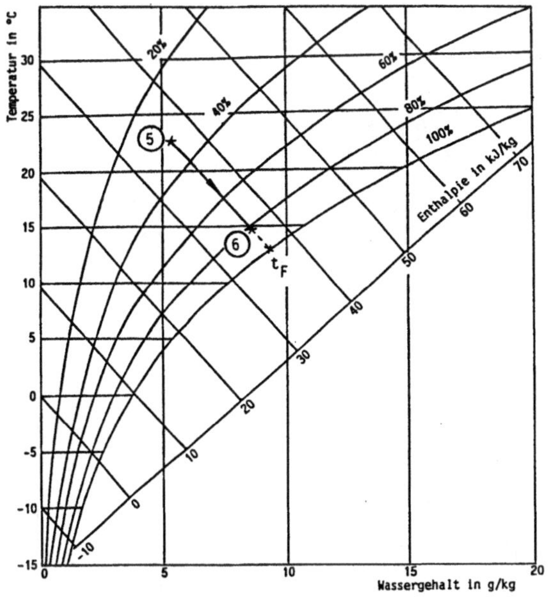

Abb. 5-6 Luftbefeuchtung mit Wasser

Wird das Wasser im Wäscher beheizt oder gekühlt, so ergibt sich ein abweichender Verlauf zur Linie gleicher Enthalpie.

Bei Dampfbefeuchtung mit Temperaturen um 100°C wird die Lufttemperatur nur um 0,5 bis 1 K erhöht, d.h. diese Art der Befeuchtung verläuft in etwa isotherm /Abb. 5-7/.

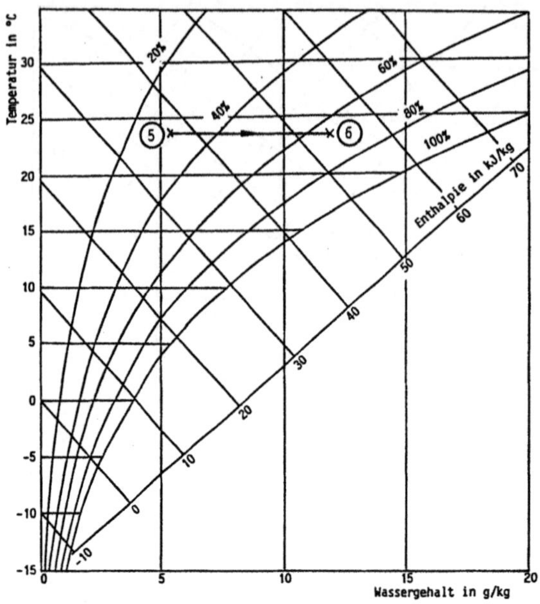

Abb. 5-7 Luftbefeuchtung mit Dampf

In diesem Beispiel wird die Befeuchtung mit Wasser vollzogen.

Tropfenabscheider

Der Tropfenabscheider bewirkt keine Zustandsänderung der Luft im Sinne des Mollier-Diagramms für feuchte Luft; er hält einzig und allein nur mitgerissene Wassertropfen auf, die sich ansonsten in den nachfolgenden Anlagenteilen niederschlagen würden.

Nacherhitzer

Der Nacherhitzer hat die gleiche Funktion wie der Vorerhitzer, er ist allerdings im Sommer wie auch im Winter in Betrieb /Abb. 5-8/.

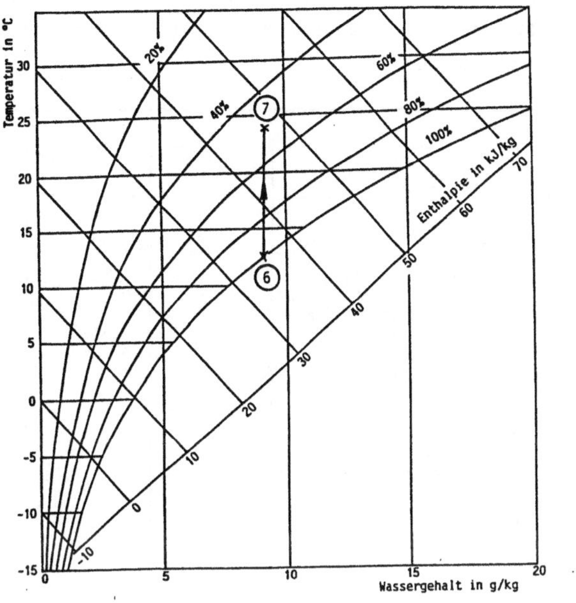

Abb. 5-8 Nacherhitzung der Luft

Zuluftventilator

Da Ventilatoren insbesondere bei größeren Anlagen eine hohe Leistungsaufnahme haben, wird die Lufttemperatur teilweise um mehrere Kelvin erwärmt, da ein Großteil der aufgenommenen Leistung in Wärme umgesetzt wird. Die Höhe der Erwärmung ist abhängig davon, ob der Ventilatormotor und -antrieb im Luftstrom oder außerhalb installiert ist. Auch hier handelt es sich um eine reine Erwärmung wie bei den Lufterhitzern /Abb. 5-9/.

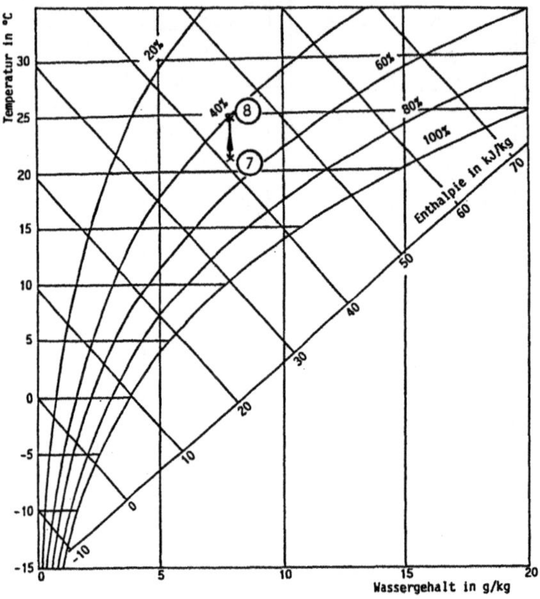

Abb. 5-9 Temperaturerhöhung durch den Zuluftventilator

Raum

Tritt die Zuluft in den Raum ein, so wird sie aufgrund der inneren Lasten in ihrer Temperatur und Feuchte beeinflußt, weil Personen, Maschinen, Geräte, Beleuchtung und Prozesse teilweise Feuchtigkeit und Wärme abgeben. Bei einer inneren Feuchtelast von Δx und einem durch thermische Last verursachten t verändert sich der Luftzustand wie in Abb. 5-10 dargestellt.

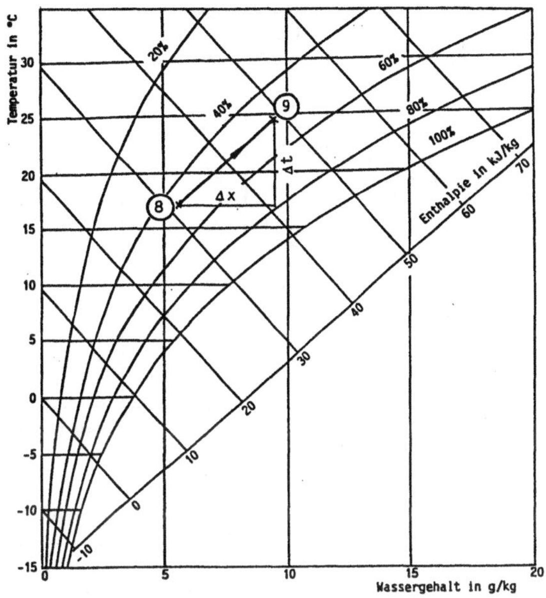

Abb. 5-10 Zustandsänderung der Zuluft im Raum aufgrund der feuchten und trockenen Lasten

Abluftventilator

Hier geschieht das gleiche wie im Zuluftventilator /Abb. 5-11/.

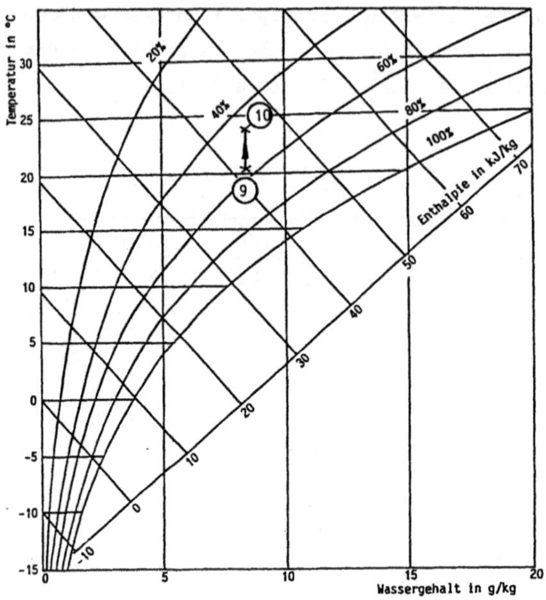

Abb. 5-11 Temperaturerhöhung durch den Abluftventilator

Zeichnet man all diese einzelnen Prozesse in ein Diagramm ein, so ergibt sich der klimatechnische Kreisprozeß für den Winter nach Abb. 5-12 und für den Sommer nach Abb. 5-13.

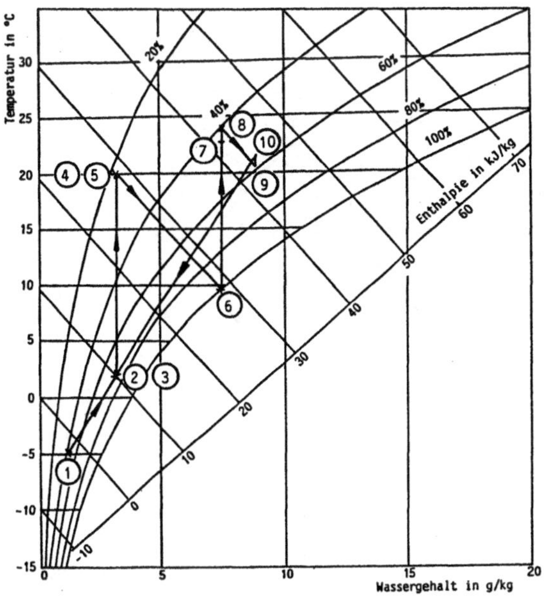

Abb. 5-12 Klimatischer Kreisprozeß für den Winter

Winterfall

Mischen der Außenluft 1 und Umluft 10 zum Zustand 2 bzw. 3. Vorerhitzen auf Zustand 4 bzw. 5, da Kühler außer Betrieb. Befeuchten bis auf den Taupunkt 6 und Nacherhitzen auf Zustand 7. Zuluftventilator erhöht die Temperatur auf Zuluftzustand 8. Feuchte und thermische Lasten verändern den Luftzustand zu 9 und der Abluftventilator erhöht die Ablufttemperatur auf den Zustand 10, welcher als Umluft wieder dem System zugeführt wird.

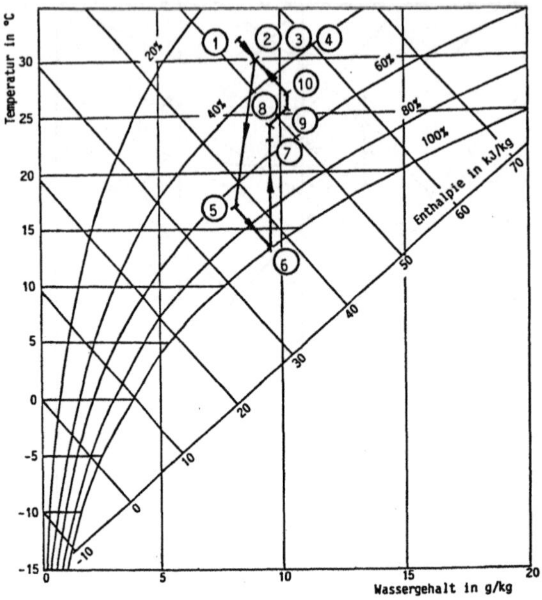

Abb. 5-13 Klimatischer Kreisprozeß für den Sommer

Sommerfall

Da im Sommer der Vorerhitzer abgeschaltet ist, ist auch Zustand 4 gleich 1. Durch Kühlen mit der Oberflächentemperatur t_{OK} wird der Zustand 5 erreicht, von dem aus durch Befeuchten der Taupunkt 6 angefahren wird. Durch Nacherhitzen ergibt sich der Zustand 7. Der Zuluftventilator, die Raumlasten und der Abluftventilator erzeugen wie im Winterfall die Zustände 8, 9 und 10.

Für andere raumlufttechnische Anlagen sind die Vorgänge ähnlich wie hier dargestellt. Die einzigen Unterschiede bestehen nur darin, daß entweder einige Prozesse, wie Kühlen oder Befeuchten usw., nicht durchgeführt werden oder daß z.B. der Nacherhitzerprozeß nicht zentral, sondern dezentral für den zu klimatisierenden Raum oder Zone erfolgt.

5.1 Beschreibung üblicher Anlagensysteme

Zum besseren Verständnis soll im folgenden auf die Funktionsweise üblicher Anlagensysteme eingegangen werden. Da die Beschreibung der Funktion aller in der Praxis anzutreffenden Luftbehandlungssysteme den Rahmen dieses Bandes weit überschreitet, werden hier nur einige Anlagen-Beispiele behandelt. Damit wird auch das Verständnis für hier nicht beschriebene Anlagen verbessert, da viele Teilfunktionen analog auf andere Anlagentypen übertragen werden können.

5.1.1 Niedergeschwindigkeitsanlage mit Beipaß

Niedergeschwindigkeitsanlagen werden mit Luftgeschwindigkeiten von maximal 6 bis 10 m/s im Kanalnetz betrieben. Gegenüber Hochgeschwindigkeitsanlagen sind die Luftförderkosten relativ gering, da die Ventilatoren bei den hier vorliegenden Luftgeschwindigkeiten geringere Widerstände in der Anlage zu überbrücken haben. Damit sind die Betriebskosten der Ventilatoren geringer, jedoch nicht die Investitionskosten für die Anlage. Denn aufgrund der geringeren Luftgeschwindigkeiten sind auch größere Kanaldimensionen notwendig als bei Hochgeschwindigkeitsanlagen. Je nach Anlagengröße (Kanalnetzausdehnung, Zuluftvolumenstrom etc.) sollte der wirtschaftlichste Anlagentyp (Hoch- oder Niedergeschwindigkeitsanlage) für ein bestimmtes Objekt ausgewählt werden.

Abb. 5-14 zeigt eine einfache Niedergeschwindigkeitsanlage mit Beipaß.

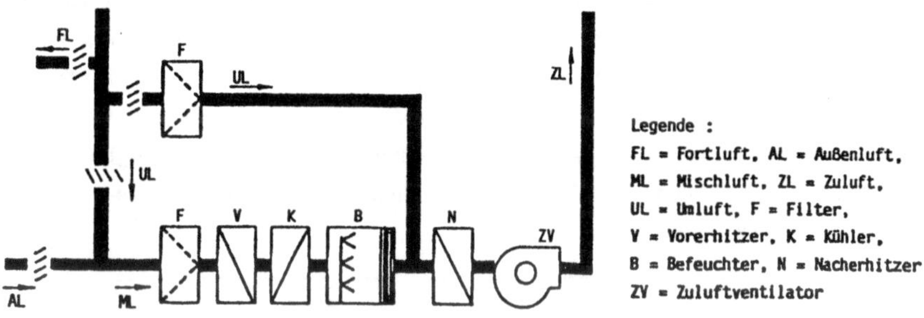

Abb. 5-14 Niedergeschwindigkeitsanlage mit Beipaß ohne Umluftaufbereitung /39/

Die Umluft kann bei dieser Schaltung ganz oder teilweise die Luftbehandlungen durch Vorerhitzer, Kühler und Befeuchter umgehen. Hierdurch wird zum einen Energie eingespart, da die Umluft nicht erneut aufbereitet werden muß. Zum anderen ist durch die Menge der beigemischten Umluft nach dem Befeuchten eine Feuchteregelung möglich. Die Feuchteregelung ist auch durch einen Beipaß, wie in der Schaltung von Abb. 5-15 dargestellt, variierbar.

Jedoch entfällt hier die Möglichkeit, aus energetischen Gründen nur die Außenluft allein lufttechnisch aufbereiten zu können.

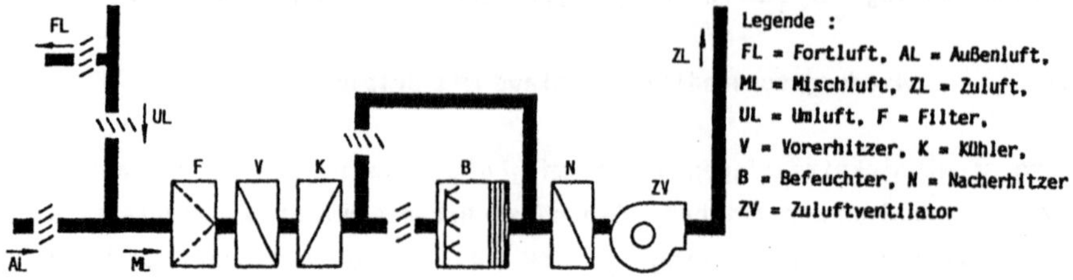

Abb. 5-15 Niedergeschwindigkeitsanlage mit Beipaß am Befeuchter /39/

5.1.2 Niedergeschwindigkeits-Zonenanlage mit zwei Zonen

Bei vielen Gebäuden lassen sich zwei typische Verbraucher im Sinne der Lufttechnik ausmachen, und zwar die Zone höherer bzw. niedrigerer Heiz- oder Kühllast. Wird von den Räumen auf der Südseite eines Gebäudes bereits eine Kühlung seitens der Klimaanlage gefordert, so muß dies bei den Räumen der Nordseite noch lange nicht der Fall sein. Besonders in den Übergangszeiten kann es passieren, daß auf der Nordseite geheizt, während auf der Südseite gekühlt werden muß. Hier ist durch eine zentrale Klimaanlage kein befriedigendes Ergebnis bezüglich des Raumklimas mehr möglich und der Einsatz von Zonen-Klimaanlagen, wie in Abb. 5-16 dargestellt, bietet sich an.

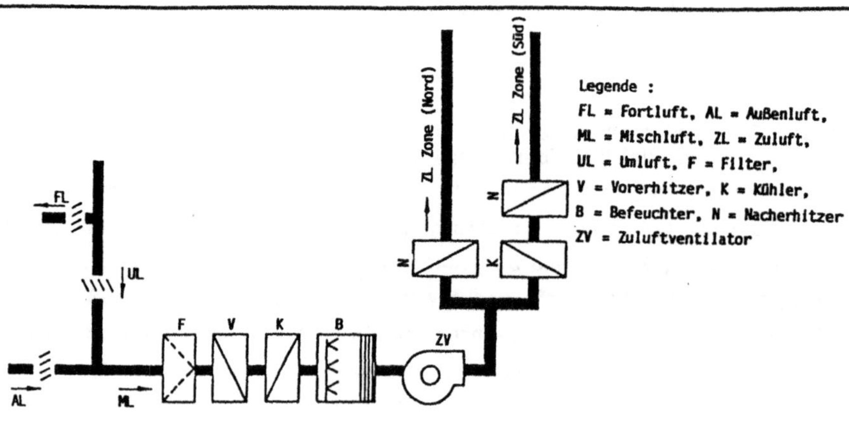

Abb. 5-16 Niedergeschwindigkeits-Zonenanlage mit zwei Zonen /39/

Wie zu erkennen ist, ist der Nacherhitzer aus der Zentrale zu den Bedarfsorten der Zonen hin verlagert worden. Der Zuluftzustand kann damit dem Bedarf der Zone angepaßt werden. Die Zone mit der höheren Kühllast erhält darüber hinaus einen zusätzlichen Kühler, um auch den unterschiedlichen Kältebedarf decken zu können. Die nachträgliche Kühlung des Zuluftteilstroms einer Zone stellt eine Einsparung an Kälteenergie dar, da der andere Zuluftteilstrom nicht mitgekühlt zu werden braucht. In Abb. 5-17 ist dargestellt, wie sich die Zuluftzustände einer Zweizonenanlage im Mollier-Diagramm für feuchte Luft darstellen (Zone 1 entspricht Zone Nord; Zone 2 entspricht Zone Süd).

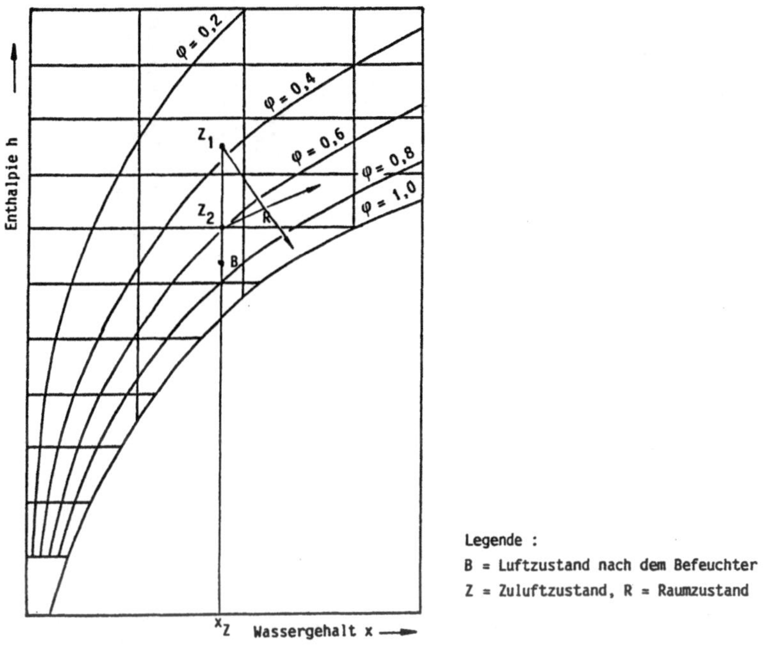

Abb. 5-17 Zuluftzustände einer Zweizonenanlage /39/

Entsprechend der Abb. 5-16 ist zu erkennen, daß der Nacherhitzer der Zone 2 die Luft vom Zustand B nach dem Befeuchten auf den Zustand Z_2 erhitzt. In der Zone 2 liegt eine Kühllast vor, da die Temperatur von Zustand Z_2 niedriger als die vom Raumzustand R ist. Der Nacherhitzer der Zone 1 dagegen muß die Luft wesentlich höher auf den Zuluftzustand Z_1 erwärmen, da in der Zone 1 offensichtlich Wärmelasten vorliegen. Der Kühler in Zone 2 ist hier nicht in Betrieb.

Die Zonierung ist eine erste grobe Bedarfsanpassung. Sie ist immer dann einsetzbar, wenn sich Räume wegen ihrer Wärme- und Kühllasten zu unterschiedlichen Zonen zusammenfassen lassen.

5.1.3 Zweikanalanlage

Zweikanalanlagen, wie in Abb. 5-18 dargestellt, sind Hochgeschwindigkeitsanlagen bzw. Hochdruckanlagen (ältere Bezeichnungsweise), die mit Luftgeschwindigkeiten von bis zu 30 m/s und Drücken am Ventilator von 1500 bis 2500 Pa betrieben werden.

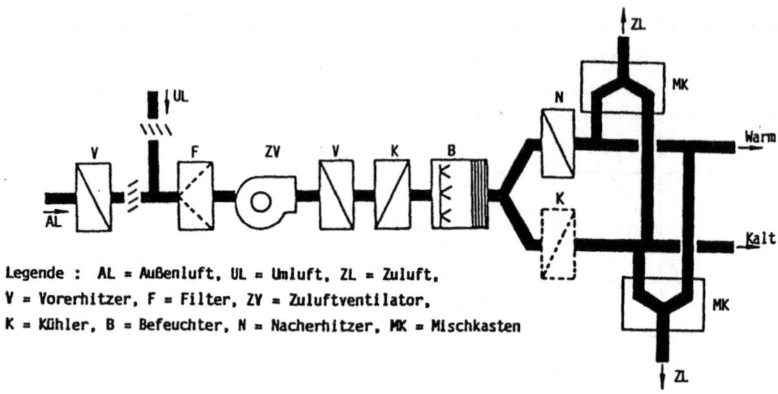

Abb. 5-18 Zweikanalanlage /39/

Durch die hohen Drücke ist es möglich, mit Düsen die Luft in den Raum "einzustrahlen". Wegen der Induktionswirkung vermischt sich die Zuluft sofort mit der Raumluft und es können höhere Temperaturdifferenzen zwischen Zu- und Raumluft von 12 bis 16 K zugelassen werden. Dies spart Energie am Ventilator ein, erhöht aber die Wärmeverluste über das Kanalnetz.

Nach Abb. 5-18 wird jedem Raum Kalt- und Warmluft zur Verfügung gestellt, aus der dann die jeweils geförderte Zuluft über Mischkästen gemischt wird. Der Warmluftkanal enthält den Nacherhitzer und im Kaltluftkanal ist zusätzlich der Einbau eines Kühlers möglich.

Betrachtet man die Vorgänge einer Zweikanalanlage im Mollier-Diagramm /s. Abb. 5-19/, so ist zu erkennen, daß durch Mischen jeder Zuluftzustand zwischen dem Luftzustand im Kalt- und Wärmeluftkanal möglich ist.

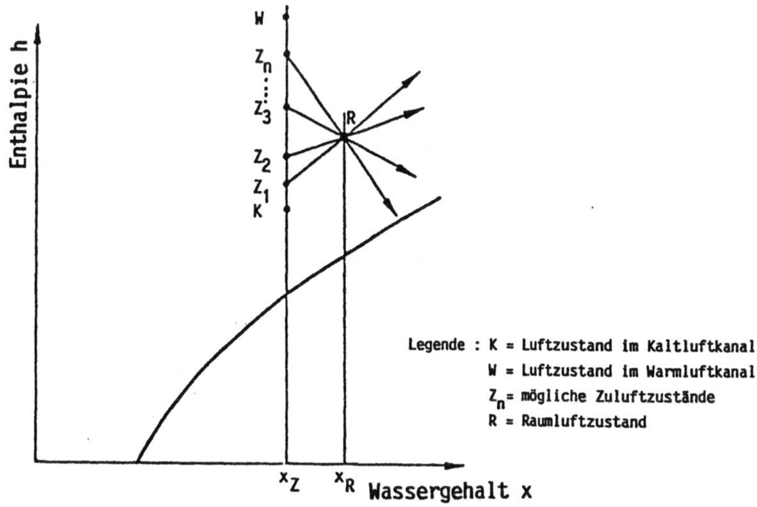

Abb. 5-19 Mögliche Zuluftzustände einer Zweikanalanlage /39/

Allerdings kann die Feuchte der Zuluft nicht gezielt beeinflußt werden, da diese sich je nach Feuchtegehalt von Warm- und Kaltluft und nach dem Mischungsverhältnis zwangsläufig ergibt. Dies ist insbesondere dann der Fall, wenn der Kaltluftkanal mit einem Kühler versehen ist, da dann durch den Kühlprozeß die Feuchte reduziert wird.

Zweikanalanlagen sind Klimaanlagen mit Einzelraumregelung, die allerdings durch höhere Energiekosten erkauft werden muß. Denn je nach gewünschter Zulufttemperatur wird Kalt- mit Warmluft gemischt, was bedeutet, daß z.B. Warmluft höher als gewünscht im Kanal vorliegt und durch teuer gekühlte Kaltluft heruntergemischt werden muß. Wegen dieser doch relativ hohen Mischungsverluste sollten Zweikanalanlagen in der Praxis sehr kritisch betrachtet werden.

Bei Gebäuden mit schwankendem Bedarf, wie z.B. Hotels, bietet es sich an, mit Mehrventilatoranlagen zu arbeiten /s. Abb. 5-20/.

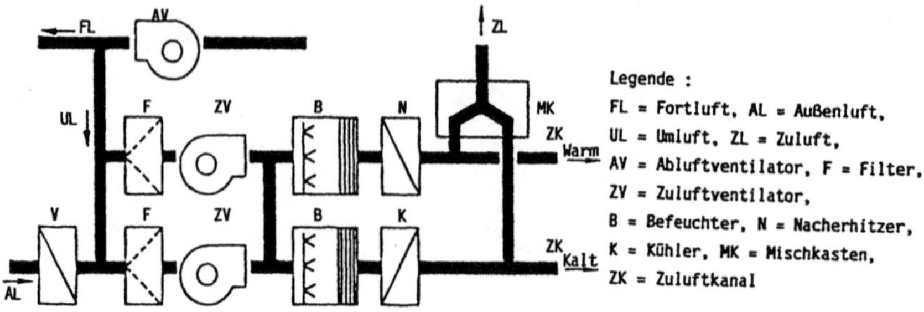

Abb. 5-20 Zweikanal-Zweiventilatoranlage /39/

Je nach Bedarf können hier Teile der Anlage völlig abgeschaltet werden, womit erhebliche Energiemengen eingespart werden können.

5.1.4 Wasser-Luft-Zonenanlage

Wasser-Luft-Zonenanlagen zählen wie die Zweikanal-Anlagen ebenfalls zu den Hochgeschwindigkeitsanlagen. Die Primärluft wird in der Klimazentrale aufbereitet und gelangt von dort aus zu den Unterzentralen der einzelnen Zonen /s. Abb. 5-21/.

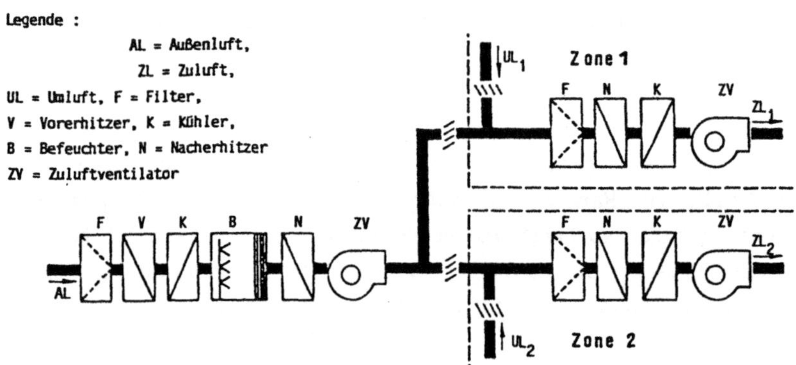

Abb. 5-21 Wasser-Luft-Zonenanlage /39/

Hier wird die Primärluft mit der Umluft der Zone gemischt und je nach den Bedürfnissen in der Unterzentrale aufbereitet. Diese Anlagen zählen zu den Wasser-Luft-Anlagen, da der Energietransport zum einen luftseitig über die Primärluft und zum anderen wasserseitig über die Kalt- und Warmwasserversorgung der Unterzentralen erfolgt. Gegenüber den im nachfolgenden Kapitel beschriebenen Induktionsanlagen haben Wasser-Luft-Zonenanlagen nur eine geringe Bedeutung.

5.1.5 Anlagen mit Induktionsgeräten

Anlagen mit Induktionsgeräten sind ebenfalls den Hochgeschwindigkeitsanlagen zuzuordnen. In Abb. 5-22 ist eine derartige Anlage schematisch dargestellt.

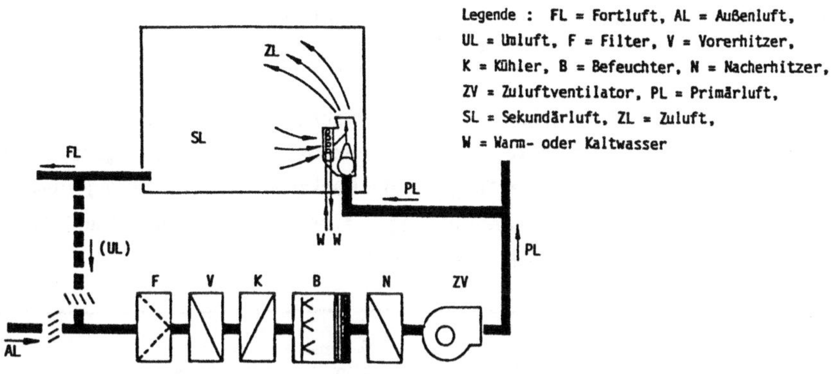

Abb. 5-22 Hochgeschwindigkeitsanlage mit Induktionsgeräten /39/

Außen- und Umluft werden gemischt und in der Zentrale in einer ersten Stufe lufttechnisch aufbereitet. Die Primärluft wird dann den einzelnen Induktionsgeräten in den zu klimatisierenden Räumen zugeführt. Diese werden je nach Ausführung mit Warm- und Kaltwasser versorgt, weshalb diese Anlagen auch mit zu den Wasser-Luft-Systemen gehören. Die hohen Luftgeschwindigkeiten in der Anlage ermöglichen es, daß in den Geräten durch Düsen die Primärluft im Strahl austritt. Dabei wird Sekundärluft (Raumluft) aufgrund der Induktionswirkung durch die örtlichen Wärmetauscher mitgerissen. Dies entspricht einer weiteren Umluftbeimischung im jeweiligen Raum. Mit den Induktionsgeräten ist eine echte Einzelraumregelung möglich, die wesentlich weniger Verluste aufweist als die weiter oben beschriebenen Zweikanalsysteme.

Die verschiedenen Ausführungsmöglichkeiten von Induktionsgeräten sind im Schema der Abb. 5-23 aufgelistet worden.

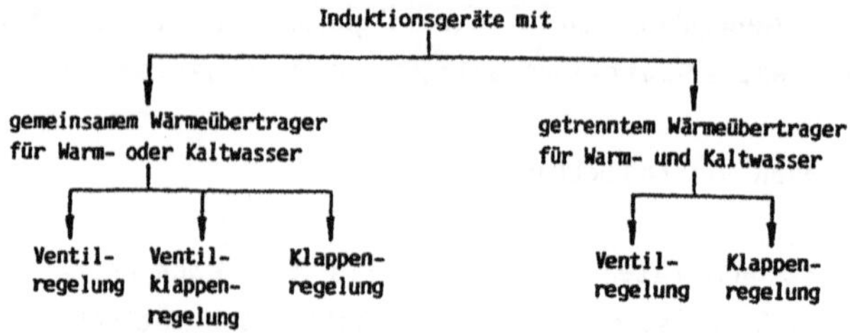

Abb. 5-23 Übersicht über die Ausführungsmöglichkeiten von Induktionsgeräten /39/

Hiernach besteht die Möglichkeit, im Induktionsgerät zum Heizen und Kühlen nur einen oder separate Wärmeaustauscher zu benutzen. Die Leistungsregelung kann über Ventile und/oder Klappen erfolgen. Die Funktion der Klappenregelung ist für eine Vierleiter-Induktionsklimaanlage (je eine Vor- und Rücklaufleitung für Heizen und Kühlen) in Abb. 5-24 dargestellt.

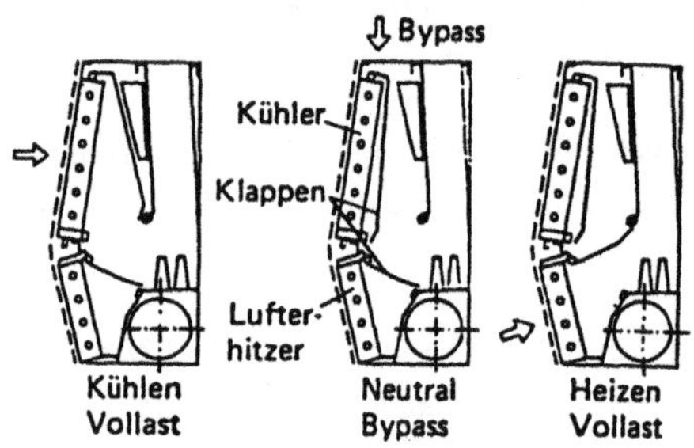

Abb. 5-24 Funktion der Klappenregelung bei einem Vierleiter-Induktionsgerät /23/

Die Funktionsweise der Leistungsregelung von Induktionsgeräten durch Sequenzventile wird im folgenden noch ausführlich beschrieben. Von allen Klimaanlagen-Typen sind die Anlagen mit Induktionsgeräten in bezug auf die Bedarfsanpassung durch Einzelraumregelung die geeignetsten.

5.1.6 Klimaanlagen mit Wärmeaustauscher

Für raumlufttechnische Anlagen ist der Einsatz von Wärmeaustauschern zur Energiereduzierung meist sinnvoll. Im /Band VI/ wird hierauf noch besonders eingegangen werden. Die übliche Vorgehensweise ist hierbei, daß der Wärmeaustauscher die Außenluft über die abgeführte Fortluft teilweise aufbereitet, wodurch in den nachgeschalteten Prozessen Heiz- bzw. Kälteenergie eingespart werden kann. In Abb. 5-25 und Abb. 5-26 sind beispielhaft derartige Schaltungen dargestellt.

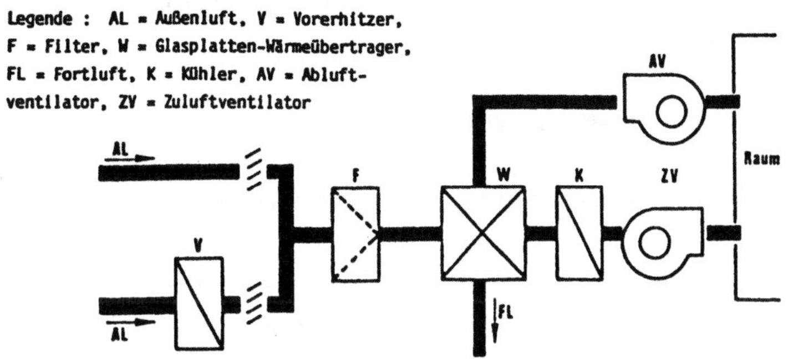

Abb. 5-25 Rekuperativer Wärmetauschereinsatz in einer RLT-Anlage /39/

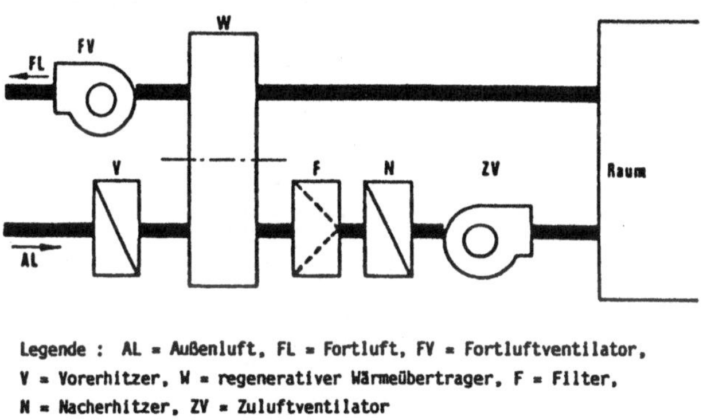

Abb. 5-26 Regenerativer Wärmetauschereinsatz in einer RLT-Anlage /39/

Der regenerative Wärmeaustauscher in Abb. 5-26 überträgt im Gegensatz zu dem in Abb. 5-25 dargestellten rekuperativen nicht nur Wärmeenergie, sondern auch Feuchte. Dadurch wird auch Energie für die Be- bzw. Entfeuchtungsprozesse eingespart. Allerdings ist aus verschiedenen Gründen (z.B. Geruchsbelästigung durch verschmutzte Fortluft) der Einsatz dieser regenerativen Wärmeaustauscher nicht immer möglich.

6 Klassifizierung von Heizanlagen

Eine Diskussion über Heizsysteme ist ohne Kenntnisse der Klassifizierungsschemata von Heizanlagen nicht denkbar, weshalb hier vorab darauf kurz eingegangen werden soll. Ein Überblick über die Vielfalt der angebotenen Systeme wird erst durch eine Klassifizierung möglich.

6.1 Heizsysteme unterschieden nach dem Versorgungsbereich

Abb. 6-1 zeigt das Ordnungsschema heiztechnischer Anlagen nach dem Versorgungsbereich.

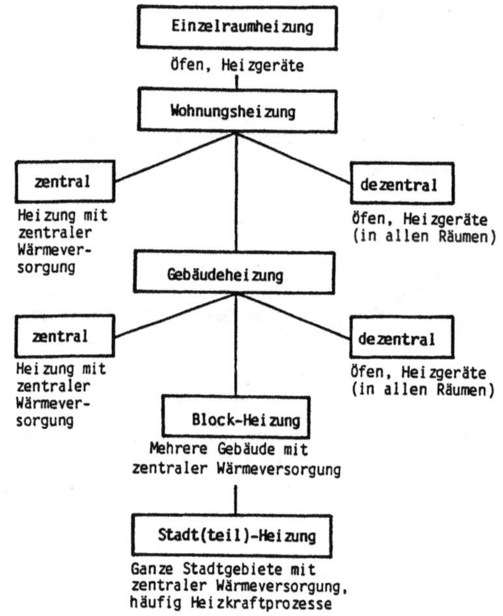

Abb. 6-1 Systeme heiztechnischer Anlagen; Ordnung nach Versorgungsbereich /26/

Einzelraumheizungen für die Beheizung eines Raumes können z.B. Kachelöfen, Durchbrandöfen /s. Abb. 6-2/, Gasöfen /s. Abb. 6-3/ und elektrische Speicherheizgeräte /s.Abb. 6-4/ sein.

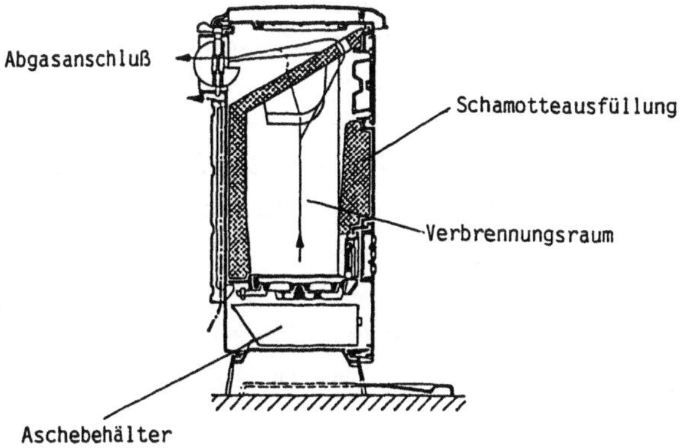

Abb. 6-2 Durchbrandofen mit Deckenzug

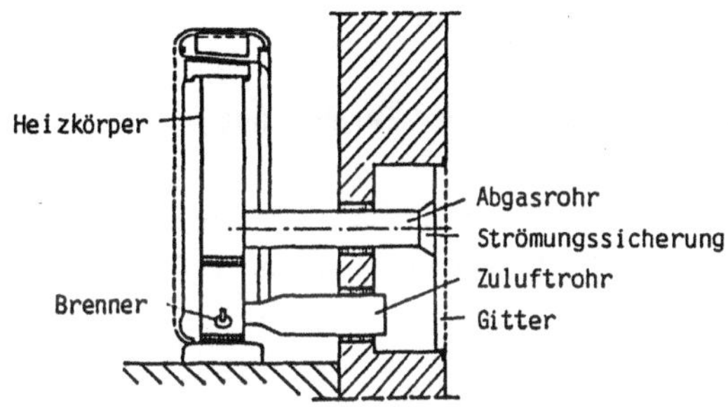

Abb. 6-3 Schornsteinfreier Ofen

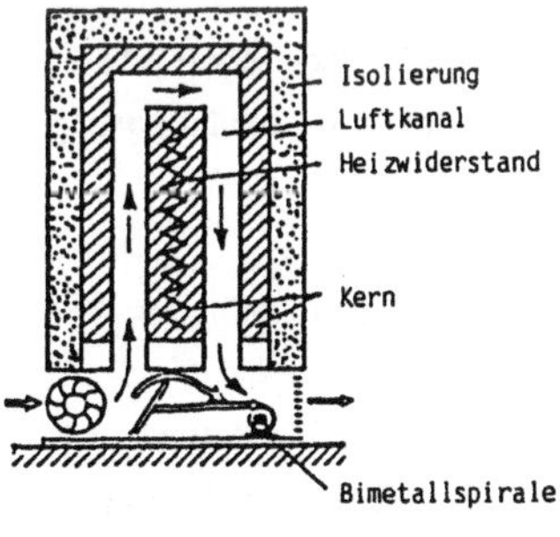

Abb. 6-4 Elektrisches Speicherheizgerät mit Ventilator

Die Beheizung mehrerer Räume einer geschlossenen Wohnung wird als Wohnungsheizung bezeichnet. Hierzu eignen sich die oben erwähnten dezentralen Heizungen genauso wie zentrale Heizsysteme. Wohnungsheizungen werden auch als Etagen- bzw.

Stockwerksheizungen bezeichnet. Dies ist aber nur dann richtig, wenn die Etage bzw. das Stockwerk aus einer Wohnung besteht, weshalb hier vorgeschlagen wird, einzig den Begriff Wohnungsheizung zu benutzen, um Mißverständnisse zu vermeiden.

Unter dem Begriff Gebäudeheizung ist die Beheizung kompletter Gebäude bzw. Häuser zu verstehen, was ebenfalls zentral bzw. dezentral geschehen kann.

Blockheizungen sind Heizsysteme, welche zur Wärmeversorgung mehrerer Gebäude dienen. Dies kann durch konventionelle Block-Heizwerke, aber auch durch die in jüngster Zeit mehr ins Gespräch gekommenen Blockheizkraftwerke /BHKW, s. Band V/ geschehen.

Letztlich ist die zentralisierte Form der Wärmeerzeugung, die Stadt- bzw. Stadtteil-Heizung, aufzuzählen, welche ganze Stadtteile zentral mit Wärme versorgt. Hier überwiegen in der Ausführung die Heizkraftwerke der öffentlichen Energieversorgungsunternehmen.

6.2 Einzel-, Zentral- oder Fernheizung

Die Einzelheizung entspricht der in Abb. 6-1 dargestellten Einzelraum-, dezentralen Wohnungs- oder Gebäudeheizung. Bei ihr befindet sich der Wärmeerzeuger jeweils in den zu beheizenden Räumen.

Eine Zentralheizung kann entweder eine zentrale Wohnungs- oder Gebäudeheizung sein. Hier dient ein zentraler Wärmeerzeuger zur Deckung der thermischen Bedürfnisse mehrerer Räume oder Wohnungen.

Die Fernheizung entspricht einer Block- oder Stadt(teil)-Heizung. Sie versorgt mit einer Heizzentrale mehrere Gebäude, Gebäudegruppen oder sogar Stadtteile mit Wärme.

6.3 Heizsysteme unterschieden nach der Art der Wärmeerzeugung

Die Wärmeerzeugung für die Raumbeheizung kann nicht nur durch die Verbrennung fester, flüssiger und gasförmiger Brennstoffe erfolgen, sondern auch z.B. durch die Nutzung der Umweltenergie mittels einer Wärmepumpe oder durch Nutzung anderer Energiequellen. In der nachfolgenden Zusammenstellung sind die geläufigsten Benennungen bezüglich der Wärmeerzeugung aufgezählt:

Ölheizung (schweres Heizöl, leichtes Heizöl usw.)
Gasheizung (Erdgas, Stadtgas usw.)
Festbrennstoffheizung (Koks, Kohle, Holz, Stroh, Torf usw.)
Elektroheizung
Wärmepumpenheizung
Fernheizung
Kraftwärmekopplung
Solarheizung
Abwärmeheizung
Kombination unterschiedlicher Wärmeerzeugungsarten (z.B. Umstellbrandkessel)
sonstige

6.4 Zentrale Heizsysteme unterschieden nach dem Wärmeträgermedium

Um die Wärme von dem Wärmeerzeugungssystem zum Wärmeabgabesystem (Heizflächen) zu transportieren, bedarf es des Wärmeträgermediums, was je nach Anlage nicht nur in der Substanz, sondern auch vom Temperaturniveau oder vom Druckniveau her zu unterscheiden ist. Bezüglich der verwendeten Medien ergeben sich dabei z.B. folgende Benennungsmöglichkeiten:

Wasserheizsysteme
Dampfheizsysteme
Luftheizsysteme
Thermoölheizsysteme
sonstige

Die Wasserheizsysteme wiederum können je nach dem Temperaturniveau als

Heißwasserheizung
Warmwasserheizung
Niedertemperatur-(Warmwasser-)Heizung

bezeichnet werden. Die Heißwasserheizungen besitzen nach DIN 4751 /27/ Heizmitteltemperaturen (Wassertemperaturen) von 110°C und mehr, während bei Warmwasserheizungen die Heizmitteltemperaturen unter 110°C liegen. Ebenfalls unter 110°C Heizmitteltemperatur liegen die Temperaturen von Niedertemperaturheizungen, wobei hier bisher noch kein Bereich der Heizmitteltemperatur einheitlich definiert wurde. Nach Recknagel/Sprenger /23/ z.B. sind Heizsysteme mit Heizmitteltemperaturen unter 55°C bis 60°C als Niedertemperaturheizungen anzusehen.

Bei Dampfheizsystemen kann eine Klassifizierung in

Vakuumdampfheizung
Niederdruckdampfheizung
Hochdruckdampfheizung

erfolgen. Die Dampfheizsysteme werden nach der Dampfkesselverordnung /28/ als Hochdruckdampfheizungen bezeichnet, wenn ihr Betriebsüberdruck größer als 1,0 bar ist. Dementsprechend sind Anlagen, deren Betriebsdruck gleich oder kleiner als 1,0 bar ist, als Niederdruckdampfheizsysteme zu bezeichnen. Als Vakuumdampfheizungen werden Anlagen bezeichnet, deren Betriebsdruck unterhalb des atmosphärischen Drucks liegt.

Die Luftheizsysteme letztlich lassen sich, je nachdem, ob durch die Anlage dem Raum Frischluft zugeführt wird oder nicht bzw. beides, unterteilen in

Frischluftheizung
Umluftheizung und
Mischluftheizung.

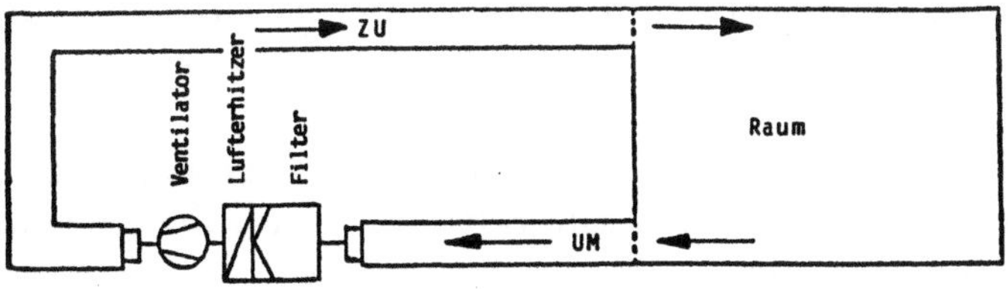

a) Reines Umluftheizsystem

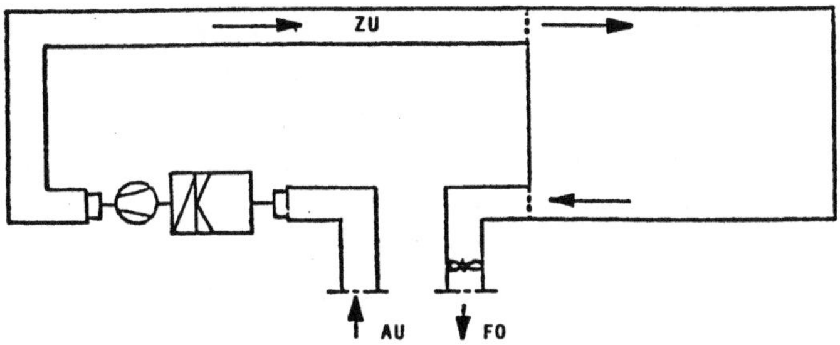

b) Reines Außenluftheizsystem
(Lüftungsanlage mit gleichzeitiger Heizfunktion)

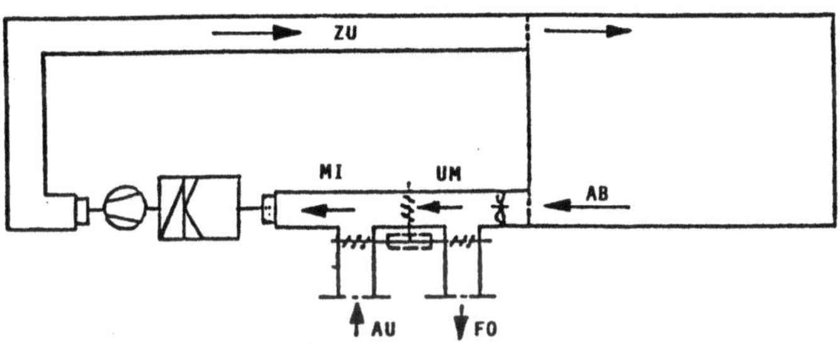

c 1) Mischluftheizsystem für große max. Außenluftanteile

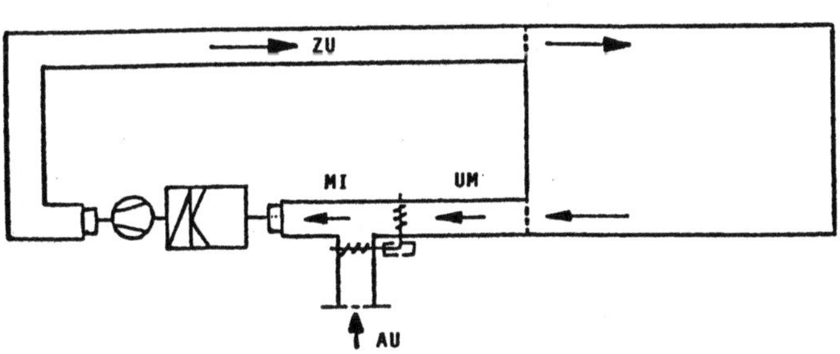

Legende

AU Außenluft
FO Fortluft
AB Abluft
UM Umluft
ZU Zuluft
MI Mischluft

c 2) Mischluftheizsystem für kleine max. Außenluftanteile

Abb. 6-5 Luftseitige Schaltung von Luftheizsystemen /26/

Abb. 6-5a zeigt ein reines Umluftheizsystem, bei dem die Luft durch einen Ventilator angesaugt, durch einen Filter geleitet und dann im Lufterhitzer aufgeheizt wird, um dann wieder dem Raum zugeführt zu werden.

Im Gegensatz dazu steht die reine Außenluftheizanlage nach Abb. 6-5b, bei der nur Außenluft angesaugt wird, um dann aufbereitet zu werden. Die dem Raum entzogene Luft wird nach außen abgeführt.

Eine Kombination der beiden vorgenannten Luftheizsysteme ist die in Abb. 6-5c (1 und 2) dargestellte Mischluftheizung. Hier wird sowohl Außenluft als auch Umluft der Aufbereitung (Filter und Lufterhitzer) zugeführt. Bei kleinen Außenluftanteilen ist es nicht notwendig, die Fortluft wie in Abb. 6-5c 1 extra nach außen zu leiten. Die kleinen Fortluftmengen werden über die Undichtigkeiten im Raum /Abb. 6-5c 2/ durch Überdruck abgeleitet.

6.5 Zentrale Heizsysteme unterschieden nach der Art des Rohrsystems

Bei den weitverbreiteten Wasserheizsystemen und bei den Thermoölheizsystemen gibt es zwei Formen der Rohrführung, das Einrohr- und das Zweirohrsystem. Hieraus leitet sich eine weitere Benennungsmöglichkeit ab, und zwar Einrohrheizung und Zweirohrheizung.

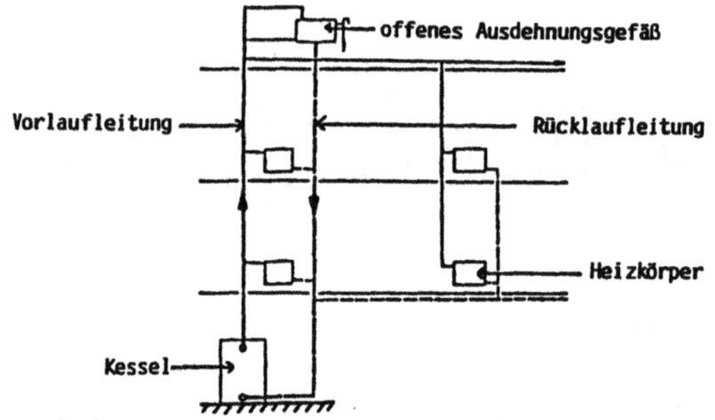

Abb. 6-6 Zweirohrheizung /11/

In Abb. 6-6 ist eine Heizanlage mit einem Zweirohrsystem dargestellt. Jedem Heizkörper steht hier die gleiche Vorlauftemperatur zur Verfügung.

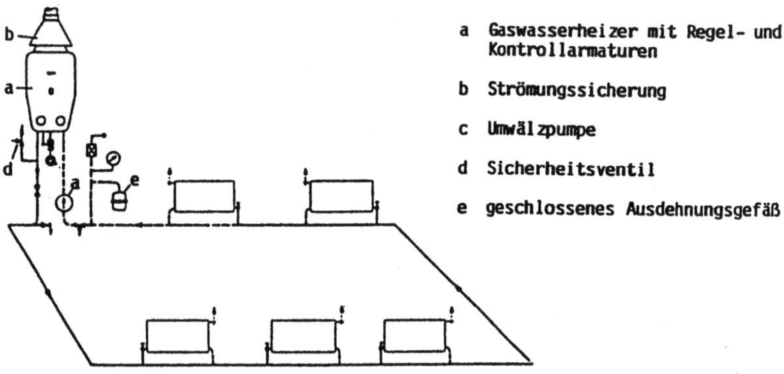

Abb. 6-7 Einrohrheizung /11/

Dies ist bei der in Abb. 6-7 gezeigten Einrohrheizung nicht der Fall. Hier erhält jeder Heizkörper eine andere Vorlauftemperatur, da das Rücklaufwasser der davorliegenden Heizkörper wieder in die Vorlaufleitung eingespeist wird und die ursprüngliche Vorlauftemperatur vom Wärmeerzeuger somit durch Mischen immer mehr abgesenkt wird. Die in Abb. 6-7 dargestellte Heizanlage kann nach den bisherigen Klassifizierungen außer als Einrohrheizung auch als zentrale Wohnungsheizung, Gasheizung und Warmwasserheizung bezeichnet werden.

6.6 Zentrale Heizsysteme unterschieden nach der Art der Verteilung

Ein weiteres Merkmal zur Unterscheidung von Warmwasserheizungen ist die Verteilungsart. Es gibt Anlagen mit oberer oder unterer Verteilung.

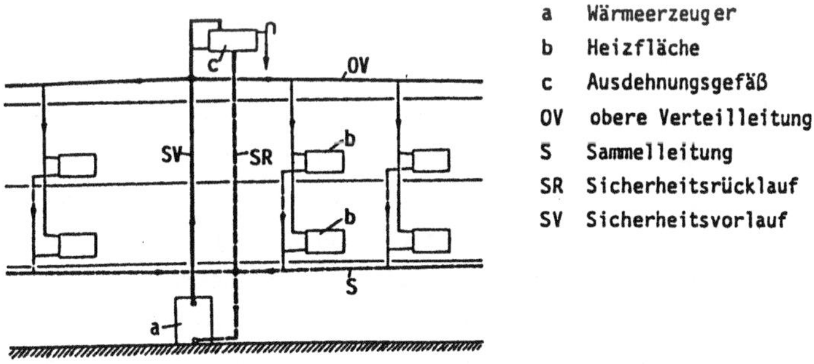

Abb. 6-8 Warmwasserheizung mit oberer Verteilung, Zweirohrsystem /11/

In Abb. 6-8 ist eine obere Verteilung für ein Zweirohrsystem und in Abb. 6-9 für ein Einrohrsystem dargestellt worden.

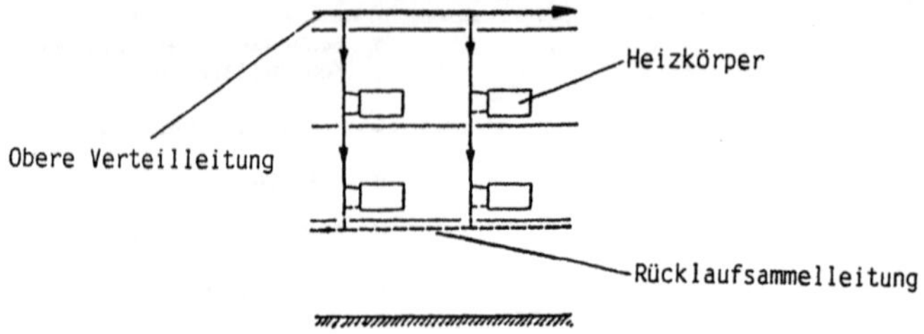

Abb. 6-9 Warmwasserheizung im senkrechten Einrohrsystem (waagerechte obere Verteilung) /11/

Bei der unteren Verteilung sind die Vorlauf- und Rücklaufverteilungsleitungen an der Kellerdecke verlegt und werden von dort mit Steigeleitungen zu den einzelnen Heizkörpern geführt.

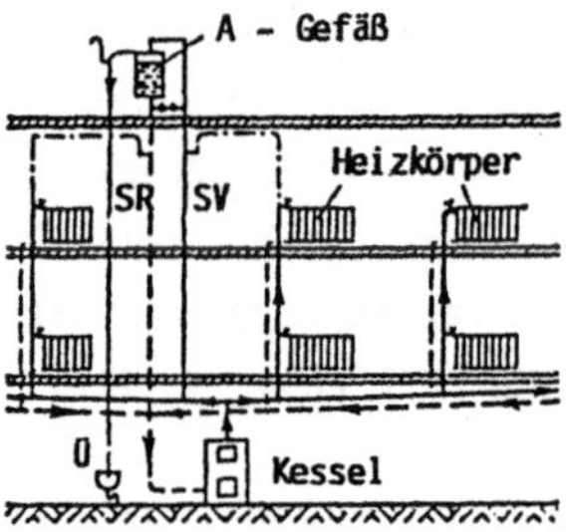

Abb. 6-10 Offene Schwerkraft-Warmwasserheizung mit unterer Verteilung (Zweirohrsystem) /11/

Abb. 6-10 zeigt zum Unterschied dazu eine untere Verteilung bei einem Zweirohrsystem.

Bei einem Heizsystem mit oberer Verteilung wird das Wärmeträgermedium zunächst in einer Hauptsteigeleitung zum Dachgeschoß geführt und hier durch die Verteilungsleitungen auf die verschiedenen Fallstränge mit den angeschlossenen Heizkörpern verteilt. Die Bauart der oberen Verteilung ist für Schwerkraftheizungen oft verwandt worden, da durch sie höhere Umtriebsdrücke erzielt werden können und außerdem das Anlaufverhalten besser ist als bei einer unteren Verteilung. Die untere Verteilung ist dagegen billiger, da weniger Rohr verlegt werden muß und damit auch die Wärmeverluste der Rohrleitungen geringer sind.

Weiterhin ist es möglich, die Verteilleitung senkrecht (vertikal) wie in Abb. 6-11 oder waagerecht (horizontal) wie in Abb. 6-12 zu verlegen. Derartige Anlagen können z.B. als Waagerechte- oder als Senkrechte-Warmwasser-Einrohrheizungen bezeichnet werden.

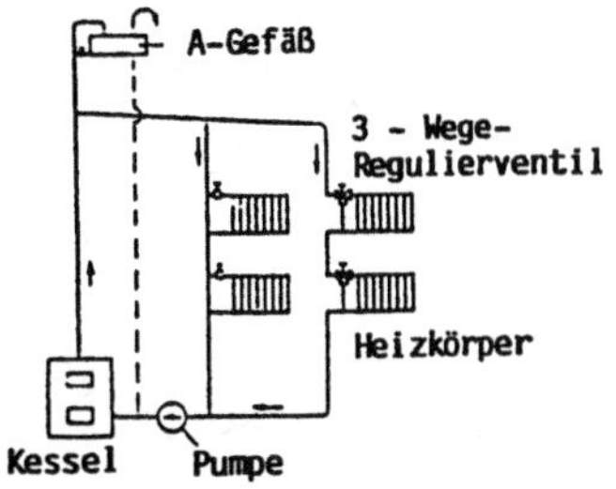

Abb. 6-11 Senkrechte Warmwasser-Einrohrheizung mit Nebenschlußschaltung der Heizkörper und mit Regulierventilen /11/

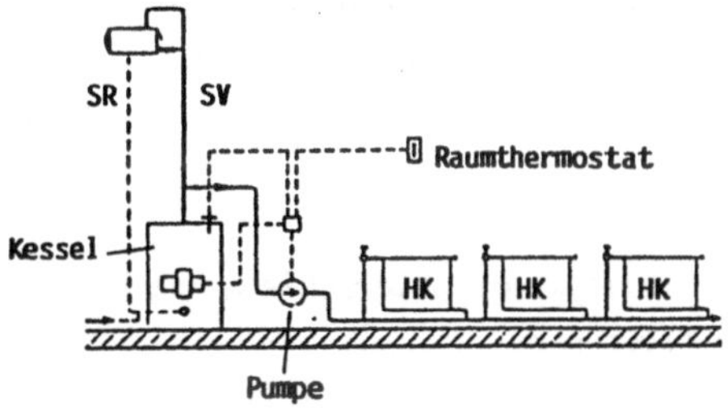

Abb. 6-12 Waagerechte Einrohrheizung mit Nebenschlußschaltung der Heizkörper /11/

Die waagerechte Rohrführung hat gegenüber der senkrechten Rohrführung die Vorteile, daß eine geschoßweise Absperrung und Regelung einfacher ist, daß weniger Deckendurchbrüche notwendig sind und daß ein späteres Aufstocken (z.B. durch einen Dachausbau) und eine Wärmemengenmessung leichter ist. Bei der senkrechten Rohrführung sind dagegen keine Wanddurchbrüche und Türunterführungen nötig.

6.8 Zentrale Heizsysteme unterschieden nach der Art der Heizflächenschaltung

Für Einrohrheizungen gibt es die Möglichkeit, die Heizkörper in Nebenschlußschaltung oder in Reihenschaltung zu installieren. In Abb. 6-7, Abb. 6-9, Abb. 6-11 und Abb. 6-12 sind die Heizkörper im Nebenschluß geschaltet, das Wasser in der Verteilleitung muß hierbei nur zum Teil den Heizkörper passieren.

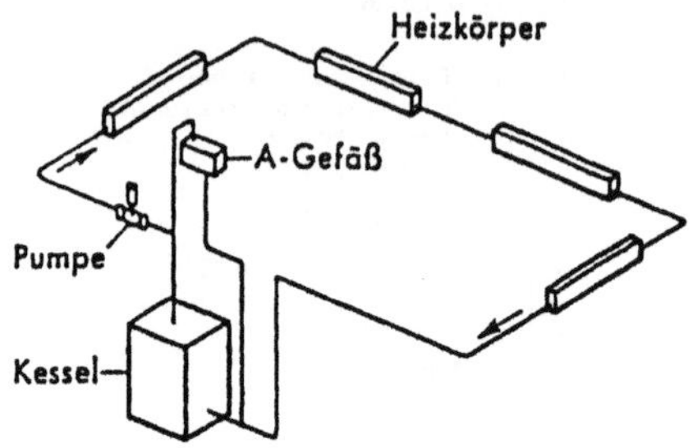

Abb. 6-13 Warmwasser-Einrohrheizung mit Reihenschaltung der Heizkörper

Im Gegensatz dazu steht die in Abb. 6-13 dargestellte Reihenschaltung, bei der das gesamte zirkulierende Wasser jeden Heizkörper durchströmen muß. Wegen der beschränkten Regelfähigkeit ist eine solche Schaltung zur Mehrraumheizung kaum noch gefragt.

6.9 Zentrale Heizsysteme unterschieden nach der Art der Verbindung mit der Atmosphäre

Je nachdem, ob das Wärmeträgermedium mit der Atmosphäre direkt in Verbindung steht, werden Heizsysteme unterschieden in offene und geschlossene Heizanlagen. Als offene Heizanlage wird eine Heizanlage bezeichnet, wenn sie über das offene Ausdehnungsgefäß mit der Atmosphäre in Verbindung steht.

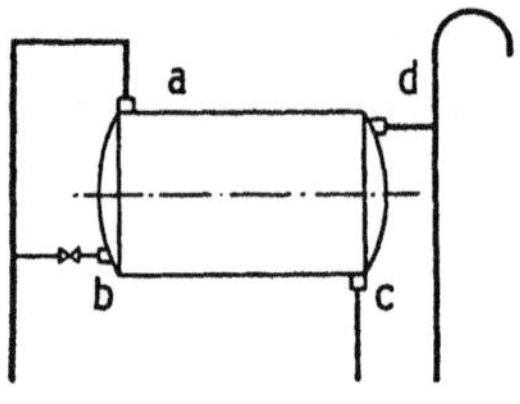

a Sicherheitsvorlauf
b Zirkulation
c Sicherheitsrücklauf
d Überlauf- und Luftleitung

Abb. 6-14 Offenes Ausdehnungsgefäß mit Anschlüssen

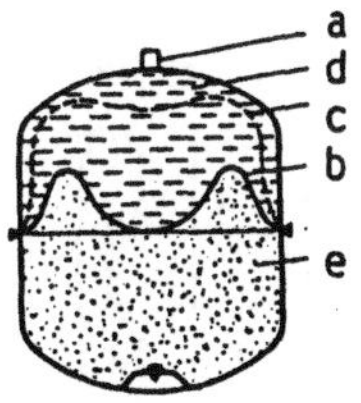

a Anschluß der Verbindungsleitung zum Kessel
b Gummimembran
c Membranstellung beim Anheizen
d Wasserraum
e Gasraum

Abb. 6-15 Geschlossenes Ausdehnungsgefäß mit Membran und Gaspolster

Abb. 6-14 zeigt ein zur Atmosphäre hin offenes und Abb. 6-15 ein geschlossenes Ausdehnungsgefäß. Eine **geschlossene Anlage** besitzt ein geschlossenes Ausdehnungsgefäß und ist nicht mit der Atmosphäre verbunden. Abb. 6-6, Abb. 6-8, Abb. 6-10, Abb. 6-11 und Abb. 6-13 zeigen eine offene Heizanlage, während in den Abb. 6-7 und Abb. 6-12 eine geschlossene Heizanlage zu sehen ist.

6.10 Zentrale Heizsysteme unterschieden nach der Art der Heizfläche

Es gibt die verschiedensten Möglichkeiten, das Wärmeabgabesystem (die Heizfläche) zu gestalten. In der Praxis werden sehr oft Radiatoren und Plattenheizkörper verwendet, weiterhin sind auch Konvektoren und Heizflächen (Fußboden, Dekkenheizflächen usw.) zur Wärmeabgabe üblich. Dementsprechend werden zur Benennung von Heizsystemen z.B. die Begriffe Radiatorenheizung, Konvektorheizung, Fußbodenheizung benutzt. Die üblichen Wärmeabgabesysteme sind:

Radiatoren
Plattenheizkörper
Konvektoren
Heizflächen.

In Abb. 6-16 ist der **Radiator** und in Abb. 6-17 der **Plattenheizkörper** dargestellt.

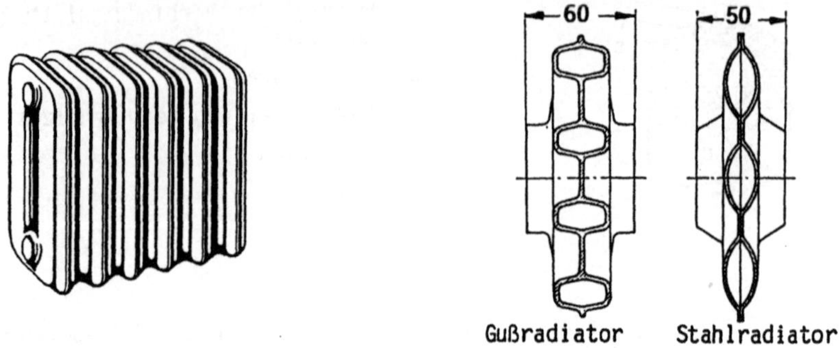

Abb. 6-16 Radiatoren

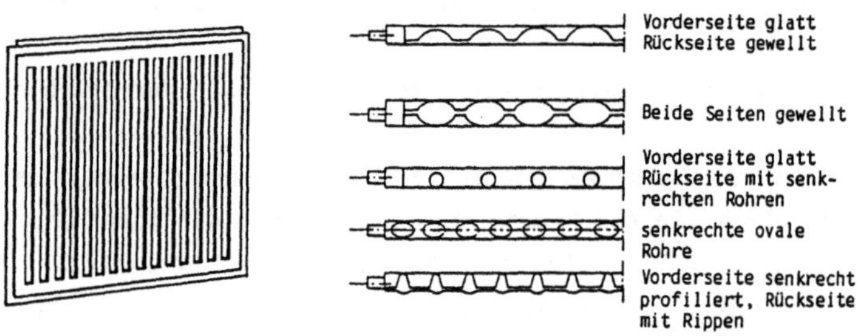

Stählerne Flachheizkörper verschiedener Bauart

Abb. 6-17 Plattenheizkörper

Als Beispiel sind in der Abb. 6-18 einige Möglichkeiten der Konvektor-Ausführungen dargestellt.

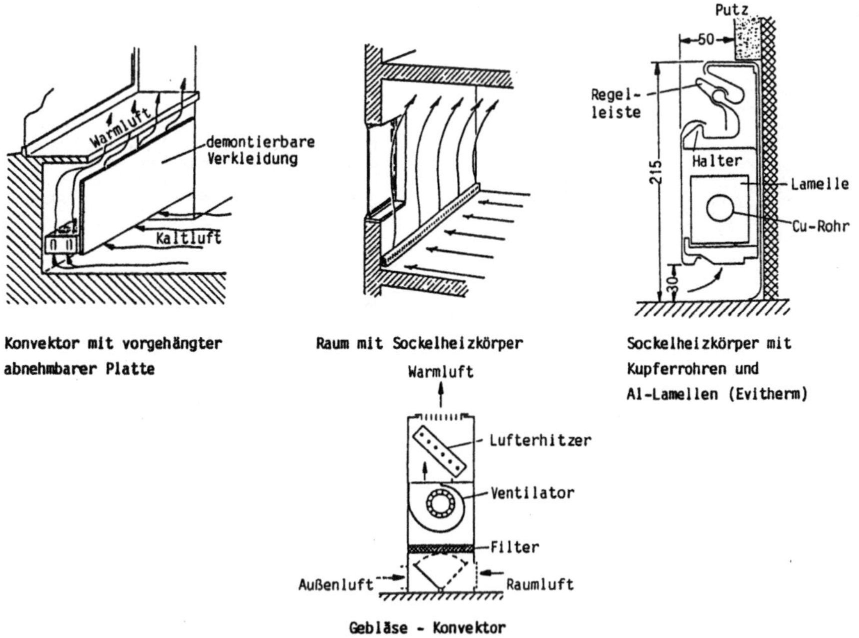

Abb. 6-18 Konvektoren /23/

Die Flächenheizungen werden je nachdem, welche Fläche beheizt wird, unterschieden in

Fußbodenheizung
Wandheizung
Brüstungsheizung
Deckenheizung
Fassadenheizung.

Einige Ausführungsbeispiele können der Abb. 6-19 entnommen werden.

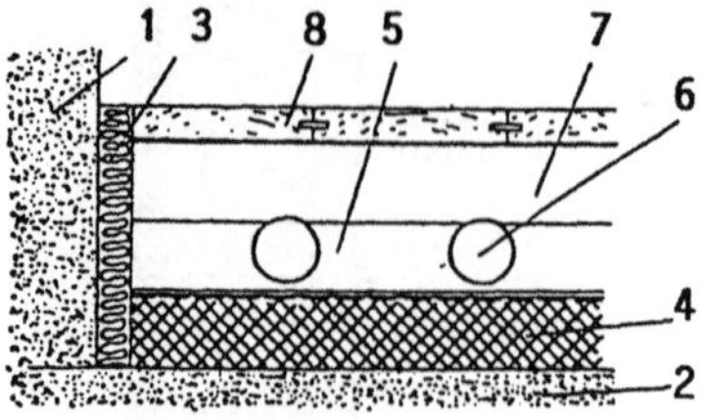

Fußbodenheizung

1 Mauerwerk, 2 Betondecke, 3 hero-Randdämmstreifen, 4 hero-Dämmrolle mit Aluverbundfolie und Wasserdampfsperre, 5 hero-Klemmschiene, 6 hero-Fußbodenheizungsrohr, 7 Estrich, 8 Parkett

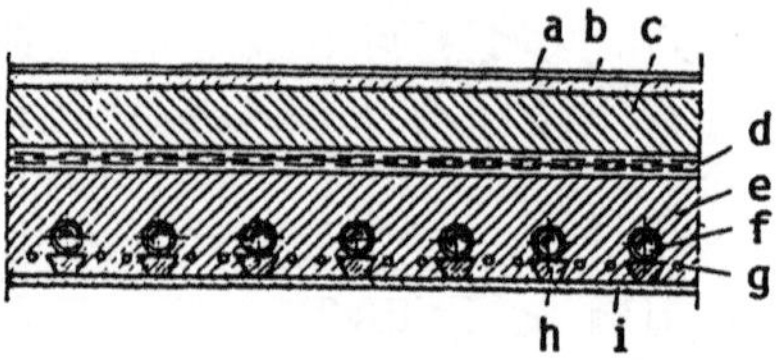

Betonheizdecke

a Linoleum, b Estrich, c Bimsbeton, d Isolierung, e Beton, f Rohrregister, g Bewehrung, h Betonklötzchen, i Putz

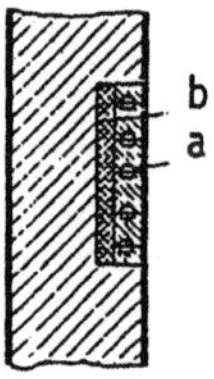

Wandflächenheizung

a Heizrohr, b Isolierung

Fußbodenheizung

a Lamelle, b Heizrohr, c Fußbodenbelag, d Hohlstein

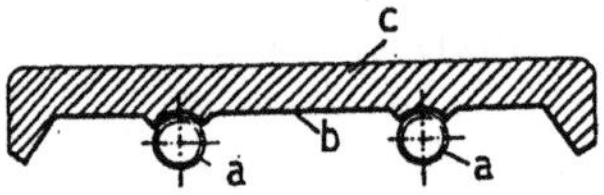

Strahlplatte

a Heizrohr, b Blechlamelle, c Isolierung

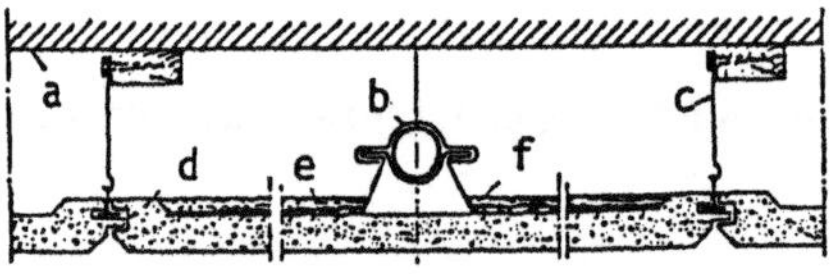

Vorgefertigte Gipsplatten-Heizdecke

a Decke, b Abdeckschieber, c Aufhängedraht, d Gipsplatte, e Aluminiumlamelle, f Steinwollisolierung

Abb. 6-19 Flächenheizungen /11/

Eine Kombination verschiedener Wärmeabgabesysteme innerhalb einer Heizanlage ist möglich. In Abb. 6-20 ist dies anhand der Kombination von Decken- und Radiatorenheizung dargestellt worden.

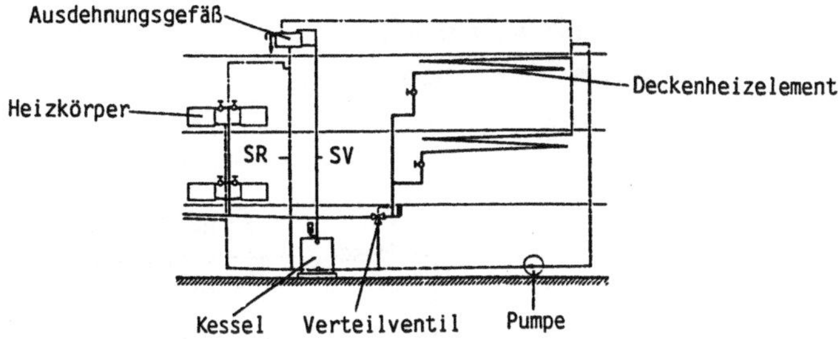

Abb. 6-20 Deckenheizung mit Radiatorheizung gekoppelt /11/

6.11 Übersicht über die einzelnen Klassifikationsmöglichkeiten von Heizsystemen

Die Übersicht über das Ordnungsschema von Heizsystemen bezüglich ihres Versorgungsbereichs wurde bereits in Form von Abb. 6-1 vorgestellt. Eine Übersicht über die weiteren Klassifikationsmöglichkeiten, wie sie oben beschrieben worden sind, gibt die Abb. 6-21.

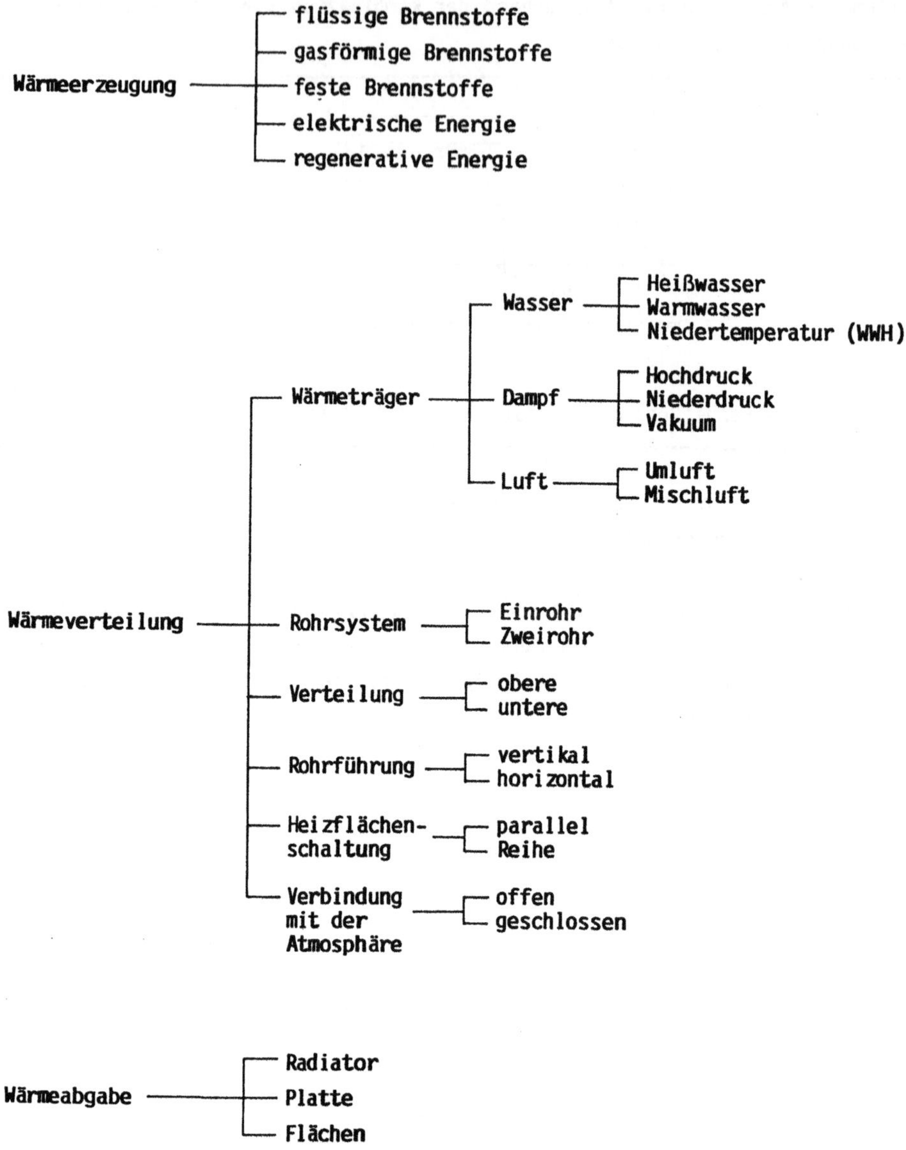

Abb. 6-21 Unterscheidungskriterien von Heizanlagen

7 Klassifizierung von lufttechnischen Anlagen

In der Praxis gibt es eine Vielzahl von verschiedenen Anlagen, die der Interessierte grob zu klassifizieren in der Lage sein muß, um eine erste Vorstellung von einer Anlage zu bekommen. Dazu ist notwendig, vor der eigentlichen Klassifikation die Gliederung der Lufttechnik vorzunehmen, damit der Bereich, dem die Anlage zugeordnet ist, identifiziert werden kann.

7.1 Gliederung der Lufttechnik

Die Lufttechnik gliedert sich auf in die Bereiche Prozeß- und Raumlufttechnik /s. Abb. 7-1/.

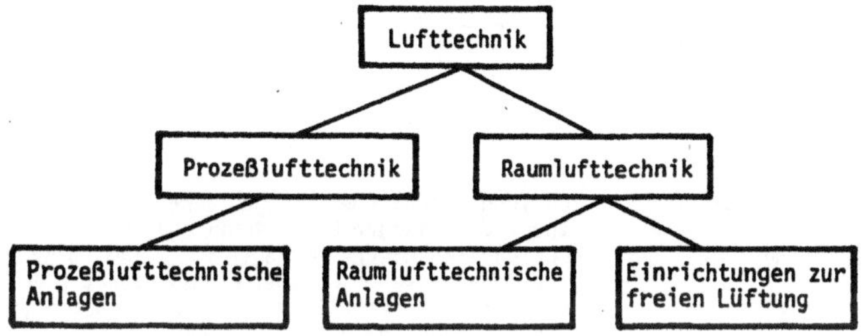

Abb. 7-1 Gliederung der Lufttechnik /34/

Die Prozeßlufttechnik behandelt Anlagen, die die Lufttechnik zur Durchführung technischer Prozesse benötigt, wie z.B. Absauganlagen bei span- oder stauberzeugenden Maschinen. Die Raumlufttechnik behandelt dagegen Anlagen, die zur Verbesserung der klimatischen Verhältnisse in Räumen eingesetzt werden. Die Anlagen in der Raumlufttechnik werden grundsätzlich unterschieden in Anlagen mit maschineller Förderung der Luft und mit freier Lüftung (ohne maschinellen Einsatz).

Eine Untergliederung der Prozeßlufttechnik wird nicht vorgenommen, da die Anlagen untereinander sehr verschieden sind. Die Raumlufttechnik läßt sich dagegen wie in Abb. 7-2 dargestellt untergliedern.

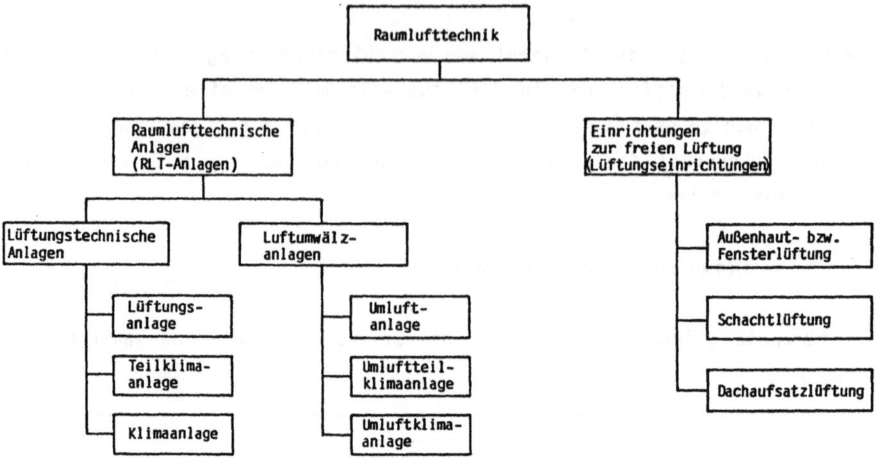

Hierin bedeutet:

Lüftungsanlage:	Lüftungstechnische Anlage ohne oder mit einer thermodynamischen Luftbehandlungsfunktion
Teilklimaanlage:	Lüftungstechnische Anlage mit zwei oder drei thermodynamischen Luftbehandlungsfunktionen
Klimaanlage:	Lüftungstechnische Anlage mit vier thermodynamischen Luftbehandlungsfunktionen
Umluftanlage:	Luftumwälzanlage ohne oder mit einer thermodynamischen Luftbehandlungsfunktion
Umluft-Teilklimaanlage:	Luftumwälzanlage mit zwei oder drei thermodynamischen Luftbehandlungsfunktionen
Umluft-Klimaanlage:	Luftumwälzanlage mit vier thermodynamischen Luftbehandlungsfunktionen
Außenhaut- bzw. Fensterlüftung:	Freie Lüftung über die Öffnungen der Gebäudeoberfläche
Schachtlüftung:	Freie Lüftung über definierte Öffnungen (wie z.B. Schächte)
Dachaufsatzlüftung:	Freie Lüftung über Dachaufsätze

Abb. 7-2 Gliederung der Raumlufttechnik /34/

7.2 Unterscheidungskriterien

Raumlufttechnische Anlagen werden nach folgenden sieben Kriterien unterschieden /1/:

Luftversorgung
Luftförderung
Umluftbehandlung
Luftgeschwindigkeit in den Leitungen
Druckabfall an den Versorgungsstellen
Luftvolumenstrom an den Versorgungsstellen
Energiezufuhr an den Versorgungsstellen

Die Zuordnung der raumlufttechnischen Systeme zum jeweiligen Unterscheidungskriterium kann der Zusammenstellung in Tab. 7-1 entnommen werden.

Alle üblichen raumlufttechnischen Systeme können den verfahrenstechnischen Unterscheidungskriterien eindeutig zugeordnet werden. Für eine Reihe häufig gebauter Anlagen ist dies in Tab. 7-2 dargestellt.

Unterscheidung		System-Benennung	System-Beschreibung
A Luftversorgung	A1	Einzelgeräte-System	Behandlung[1] und, mindestens teilweise, Förderung der Luft für den gesamten Versorgungsbereich mit Geräten an den Versorgungsstellen
	A2	Zentralanlagen-System	Zentrale Förderung und mindestens teilweise zentrale Behandlung[1] der Luft oder eines Teiles der Luft für den gesamten Versorgungsbereich
B Luftförderung	B1	Fortluft-System	System, bei dem nur Fortluft maschinell gefördert wird
	B2	Außenluft-System	System, bei dem nur Außenluft maschinell gefördert wird
	B3	Mischluft-System	System, bei dem nur Außenluft und Umluft maschinell gefördert wird
	B4	Umluft-System	System, bei dem nur Umluft maschinell gefördert wird
	B5	Außen- und Fortluftsystem	System, bei dem nur Außenluft und Fortluft maschinell gefördert werden
	B6	Misch- und Fortluftsystem	System, bei dem Außenluft, Umluft und Fortluft maschinell gefördert werden
C Umluftbehandlung	C1	Zentral-Umluft-System	System mit Umluftbehandlung zentral für den gesamten Versorgungsbereich
	C2	Zonen-Umluft-System	System mit Umluftbehandlung getrennt für einzelne Zonen des Versorgungsbereiches
	C3	Raum-Umluft-System	System mit Umluftbehandlung unmittelbar an den Versorgungsstellen
	C31	Induktions-System	Förderung der Raumumluft durch Induktion (z.B. Induktionskonvektoren-System)
	C32	Ventilator-System	Förderung der Raumumluft durch Ventilatoren (z.B. Ventilatorkonvektoren-System)
	C4	System ohne Umluft	
D Luftgeschwindigkeit in den Leitungen	D1	Niedergeschwindigkeits-System	System mit Luftgeschwindigkeiten bis 8 m/s in den Verteil- oder Sammelleitungen
	D2	Hochgeschwindigkeits-System	System mit Luftgeschwindigkeiten über 8 m/s in den Verteil- oder Sammelleitungen
	D3	System ohne Luftleitungen	
E Druckabfall an den Versorgungsstellen	E1	Niederdruck-System	System mit Druckabfall am Luftdurchlaß bis 100 Pa
	E2	Hochdruck-System	System mit Druckabfall am Luftdurchlaß und einem evtl. zugehörigen Entspannungsorgan über 100 Pa
F Luftvolumenstrom an den Versorgungsstellen	F1	Konstant-Volumenstrom-System	System mit ungeregeltem oder durch Regelung konstant gehaltenem Volumenstrom an den Versorgungsstellen
	F2	Variabel-Volumenstrom-System	System mit lastabhängig geregeltem Volumenstrom an den Versorgungsstellen

Tab. 7-1a Benennung der Systeme nach verfahrenstechnischen Merkmalen /34/

G Energiezufuhr an den Versorgungsstellen	G1	Nur-Luft-System[2]	Energiezufuhr an den Versorgungsstellen nur durch die Zuluft
	G11	Einkanal-System	System mit einer Zuluftleitung an den Versorgungsstellen
	G12	Zweikanal-System	System mit zwei Zuluftleitungen unterschiedlicher Lufttemperatur an den Versorgungsstellen
	G2	Luft-Wasser-System (Luft-Flüssigkeits-System)	Energiezufuhr an den Versorgungsstellen durch Zuluft und durch Wasser bzw. andere Flüssigkeiten
	G21	Einrohr-System	System mit einem gemeinsamen Vor- und Rücklaufrohr an den Versorgungsstellen
	G22	Zweirohr-System	System mit je einem Vor- und Rücklaufrohr an den Versorgungsstellen
	G23	Dreirohr-System	System mit zwei Vorlaufrohren unterschiedlicher Temperatur und einem gemeinsamen Rücklaufrohr an den Versorgungsstellen
	G24	Vierrohr-System	System mit zwei Vorlaufrohren unterschiedlicher Temperatur und zwei Rücklaufrohren an den Versorgungsstellen
	G3	Nur-Wasser-System (Nur-Flüssigkeits-System)	Energiezufuhr an den Versorgungsstellen nur durch Wasser bzw. andere Flüssigkeiten
	G31	Einrohr-System	wie G 21
	G32	Zweirohr-System	wie G 22
	G33	Dreirohr-System	wie G 23
	G34	Vierrohr-System	wie G 24
	G4	Direkt-Energie-System	Wärme- bzw. Kälte-Erzeugung direkt an den Versorgungsstellen
	G41	Direktluftheizer-System	Warmlufterzeugung mittels Brennstoffen, Strom oder Wärmepumpen an den Versorgungsstellen
	G42	Direktluftkühler-System	Kaltluft-Erzeugung durch Kältemaschinen an den Versorgungsstellen

1) auch für Anlagen ohne Luftbehandlung
2) auch in Verbindung mit Raumheizflächen

Tab. 7-1b Benennung der Systeme nach verfahrenstechnischen Merkmalen /34/

A Luftversorgung

B Luftförderung

C Umluftbehandlung

D Luftgeschwindigkeit in den Leitungen

E Druckabfall an den Versorgungsstellen

F Luftvolumenstrom an den Versorgungsstellen

G Energiezufuhr an den Versorgungsstellen

laufende Nr.	A		B						C					D			E		F		G												Verfahrenstechnische Merkmale
	A1	A2	B1	B2	B3	B4	B5	B6	C1	C2	C3		C4	D1	D2	D3	E1	E2	F1	F2	G1		G2				G3				G4		
											C31	C32									G 11	G 12	G21	G 22	G 23	G24	G 31	G 32	G 33	G 34	G 41	G 42	mögliche Benennungen
		○																																Zentralanlagen-System
1							○																									Außen- und Fortluft-System
										○																					Raumumluft-System
										○																					Induktions-System bzw.
										○																					Induktionsgeräte-System
														○																	Hochgeschwindigkeits-System
																	○														Hochdruck-System
																		○													Konstant-Volumenstrom-System
																									○						Luft-Wasser-System
																									○						Vierrohr-System
		○																														Zentralanlagen-System
2								○																								Misch- u. Fortluft-System
									○																							Zentral-Umluft-System
														○																	Hochgeschwindigkeits-System
																	○														Hochdruck-System
																		○													Konstant-Volumenstrom-System
																					○										Nur-Luft-System
																					○										Zweikanal-System
		○																														Zentralanlagen-System
3							○																									Außen- u. Fortluft-System
												○																			System ohne Umluft
														○																	Hochgeschwindigkeits-System
																	○														Hochdruck-System
																			○												Variabel-Volumenstrom-System
																				○											Nur-Luft-System
																				○											Einkanal-System
		○																														Zentralanlagen-System
4								○																								Misch- und Fortluft-System
										○																						Zonenumluft-System
													○																		Niedergeschwindigkeits-System
																																		Niederdruck-System
																		○													Konstant-Volumenstrom-System
																				○											Nur-Luft-System
																				○											Einkanal-System
	○																															Einzelgeräte-System
5						○																										Umluft-System
											○																				Raumumluft-System
											○																				Ventilator-System bzw.
											○																				Ventilatorkonvektor-System
															○																System ohne Luftleitungen
																○															Niederdruck-System
																		○													Konstant-Volumenstrom-System
																													○		Nur-Wasser-System
																													○		Vierrohr-System

Tab. 7-2 Beispiele für Systembenennungen /34/

Bevor überhaupt Überlegungen bezüglich der einzelnen, vom Heizsystem umgesetzten Energiemengen angestellt werden, sollte Klarheit darüber bestehen, wie groß der Anteil der vom Heizsystem benötigten Energie am Gesamtenergiehaushalt des Gebäudes ist. Weiterhin sollte ermittelt werden, in welcher Relation der Energieverbrauch der Heizanlage zu den Verbräuchen anderer Energiekonsumenten im Gebäude steht. Ausgehend von diesen Informationen läßt sich dann über die zu erwartenden Einsparpotentiale und die dafür benötigten Investitionen eine Entscheidung bezüglich einer oder mehrerer Maßnahmen zur Energieeinsparung vornehmen.

Voraussetzung hierfür ist das Aufstellen einer Energiebilanz am Gebäude. Die Grundlagen hierfür sind im /Band III/ mit den Hauptsätzen der Thermodynamik geschaffen worden.

Wird das Gebäude als ein offenes System stationär betrachtet, so ist die Differenz aller n ab- und k zugeführten Energien E gleich Null /s. Abb. 8-1/.

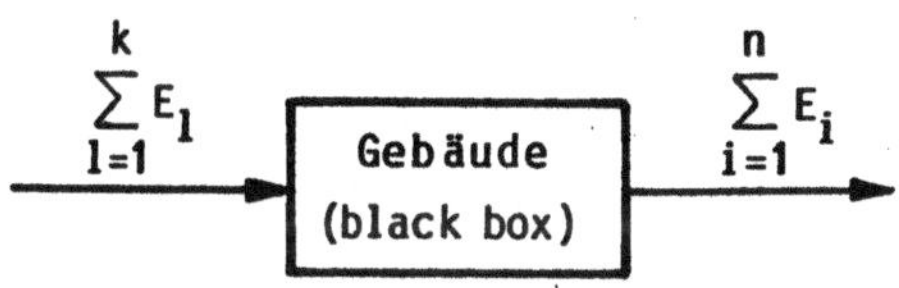

Abb. 8-1 Das Gebäude als offenes System

(8-1)

Die dem Gebäude zugeführten Energien können sein:

- Brennstoff zum Heizen
- Brennstoff zur Brauchwasserbereitung
- Brennstoff für gewerbliche und industrielle Prozesse
- Elektrischer Strom zur Beleuchtung
- Elektrischer Strom für Geräte und Maschinen
- Solare Einstrahlung
- Innere Energie von Trink- und Prozeßwasser
- Innere Energie von zugeführter Luft

- Innere Energie von zugeführten Gasen
- Innere Energie von zugeführten Stoffen (Werkstoffe, Produkte ...)
- Energieabgabe von dem System zugeführten Personen

  usw.

Die dem Gebäude entzogenen Energien können sein:

- Energieverluste infolge Transmission über die Gebäudeoberfläche
- Abstrahlung des Gebäudes an die Umgebung
- Innere Energie von Abwässern
- Innere Energie von abgeführter Luft (einschl. Lüftungswärmeverluste)
- Innere Energie von abgeführten Gasen
- Innere Energie von das Gebäude verlassenden Stoffen (Werkstoffe, Produkte)
- Energieabgabe von das System verlassenden Personen

  usw.

Für den Wohnbereich ist eine derartige Energiebilanz in /Band VI/ dargestellt und beschrieben worden, weshalb hier darauf verzichtet werden soll.

Die Voraussetzung, daß der Energieaustausch am Gebäude stationär abläuft, entspricht nicht der Realität. Die zu- und abgeführten Energiemengen verändern sich mit der Zeit (z.B. Sonneneinstrahlung) und im Gebäude selbst wird die Energie, z.B. aufgrund der Baumassen, gespeichert.

Die Darstellung der einzelnen Energiemengen als Funktion der Zeit ist in der Praxis so gut wie unmöglich. So hängt z.B. der Verbrauch von elektrischer Energie für die Beleuchtung und für Geräte sehr stark vom Nutzerverhalten ab und ist dementsprechend schwer abschätzbar. Somit ist also eine Beschreibung der instationären Energieflüsse entweder nur sehr grob oder gar nicht möglich.

Wie das Heizsystem energetisch im Energiehaushalt des Gebäudes eingebettet ist, versucht Abb. 8-2 zu verdeutlichen.

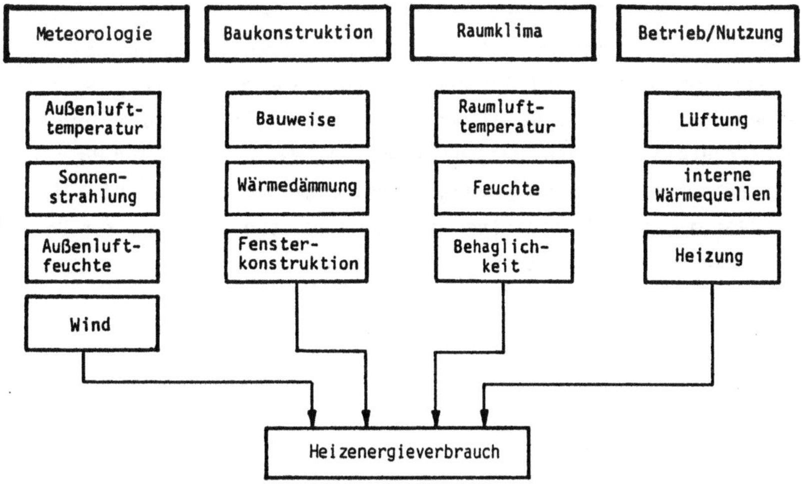

Abb. 8-2 Das Heizsystem im Energiehaushalt des Gebäudes

Wenn im folgenden die Begriffe 100% Heizenergieverbrauch, -bedarf usw. benutzt werden, so ist zu beachten, daß diese Größen in ihrem absoluten Wert veränderlich sind, je nachdem wie die in Abb. 8-2 dargestellten Einflußgrößen sich auswirken. Die Abbildung zeigt, daß die meteorologischen, die baukonstruktiven, die raumklimatischen sowie die betrieblichen Umstände auf die absolute Größe des Wärmebedarfs und des Energieverbrauchs einwirken. Die Summenhäufigkeit der Außenlufttemperatur, die Heizgrenztemperatur der Außenluft und die Heizgradtagzahl sind Werte, die unmittelbar im Zusammenspiel mit dem Wärmebedarf nach DIN 4701 /4/ der Berechnung des Heizenergieverbrauchs dienen. In ihnen ist z.B. das dynamische Verhalten der Außenlufttemperatur in Form der Summenhäufigkeit enthalten.

Maßnahmen wie Wärmedämmung, Verbesserung der Fensterkonstruktion, Veränderung der Lüftungsgewohnheiten wirken sich ebenso auf den Heizenergieverbrauch aus wie die Berücksichtigungen interner Wärmequellen (Maschinen, Geräte, Personen) oder die Veränderung der Bedürfnisse (Absenken der Raumlufttemperatur), ohne daß es eines direkten Eingriffs in das Heizsystem bedarf. Es muß also im Sinne der eigentlichen Zielsetzung, der kostengünstigen Herabsetzung des Heizenergieverbrauchs, immer wieder im einzelnen geprüft werden, durch welche Einflußgrößen Energie eingespart werden kann. Der Einfluß des Heizsystems ist dabei nur einer von vielen, wie Abb. 8-2 zeigt. Eine Wärmedämmung von 30 cm Styropor ist da genauso unangebracht wie eine Jahreswirkungsgradverbesserung des Heizsystems auf z.B. 98%, denn die hohen Investitionen für den immer kleiner werdenden Nutzen sind besser für die Fensterkonstruktion (Fugendichtung) im Zusammenhang mit 10 cm Styropor Wärmedämmung und 80% Jahreswirkungsgradverbesserung des Heizsystems zu verwenden als nur für eine dieser Maßnahmen allein. Nur die richtige Bewertung der einzelnen Einflußgrößen und deren Zusammenspiel auf den Heizenergieverbrauch bringt erst die kostengünstige Senkung der Verbräuche. Dies ist zu beachten, bevor man sich im einzelnen mit den Verlusten und damit den Verbesserungen von Heizsystemen beschäftigt.

Wie weiter oben bereits erklärt wurde, läßt sich ein Heizsystem in die Bereiche Wärmeerzeugung, Wärmeverteilung und Wärmeabgabe aufgliedern. Der Energiegehalt des eingesetzten Energieträgers (Brennstoff) entspricht nicht dem der abgegebenen Wärme, da in allen drei Bereichen der Heizanlage irreversible Prozesse und damit Verluste auftreten. Abb. 9-1 zeigt die in den jeweiligen Bereichen auftretenden Verluste.

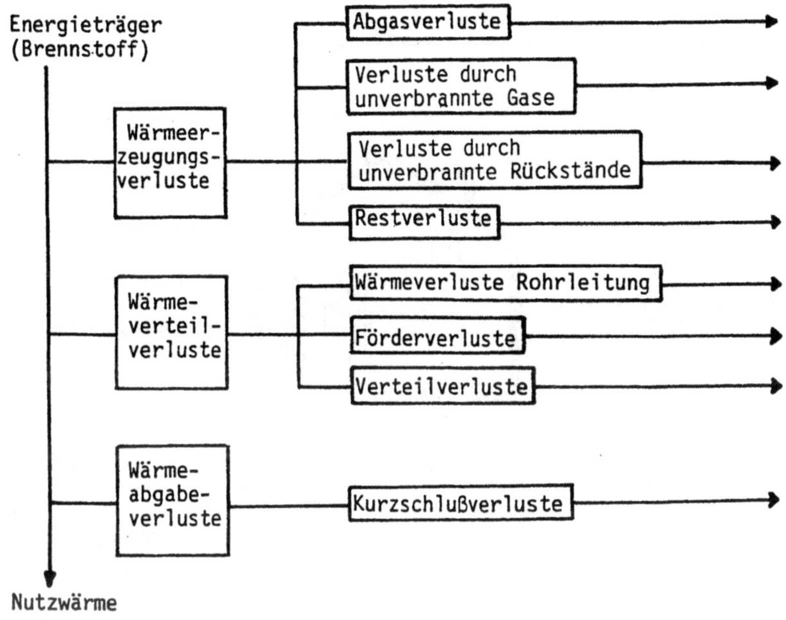

Abb. 9-1 Verluste vom Energieträger zur Nutzwärme

Die einzelnen Verluste werden im nachfolgenden Abschnitt ausführlich behandelt, wobei auch Verfahren zur groben und genaueren Bestimmung dieser Verluste dort angegeben werden. Abb. 9-2 zeigt, wie die Verluste in einem Beispiel aussehen können und Abb. 9-3 verdeutlicht, wie sich hierbei energiesparende Maßnahmen auswirken.

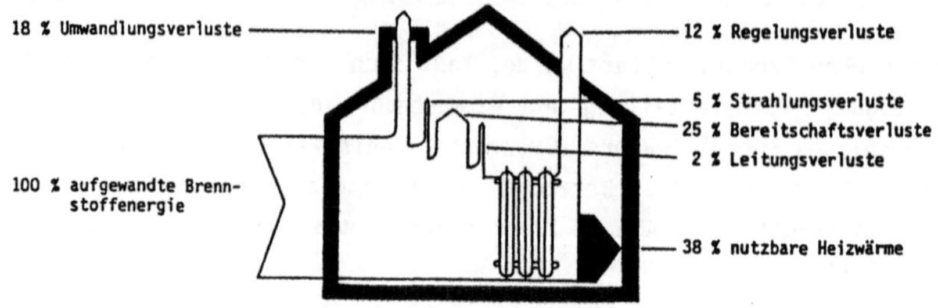

Abb. 9-2 Energieflußbild einer aus heutiger Sicht unzureichenden Anlage

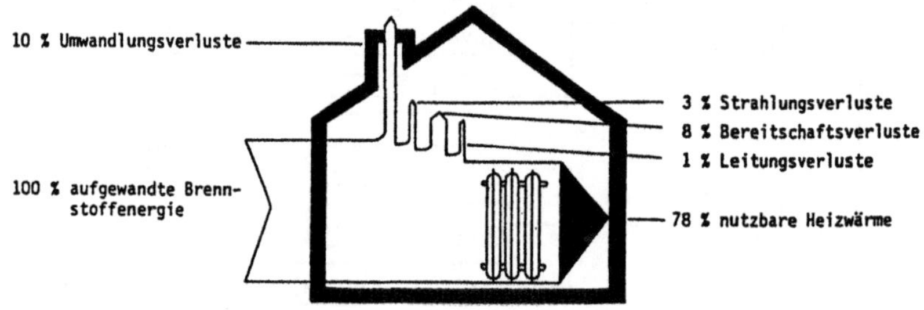

Abb. 9-3 Energieflußbild einer dem heutigen Stand der Technik entsprechenden Anlage

In diesem Fall sind die Wärmeerzeugungsverluste die Umwandlungsverluste, die Strahlungsverluste und die Bereitschaftsverluste. Die Wärmeverteilungsverluste setzen sich aus den Leitungsverlusten und einem Teil der Regelungsverlusten zusammen. Der andere Teil der Regelungsverluste ist den Wärmeabgabeverluste zuzurechnen.

Formelzeichen

a_o	Azimut der Sonne
a_W	Azimut der Fläche
b	Raumbreite
c_{pL}	spezifische Wärmekapazität der Luft
h	Raumhöhe
h	Sonnenhöhe
k_m	mittlerer Wärmedurchgangskoeffizient
m	Masse des Gases
$\dot{m}_A$	Wasserdampfmassenstrom aufgrund des Außenluftzustandes
m_D	Masse des Wasserdampfes
$\dot{m}_D$	Wasserdampfmassenstrom
$\dot{m}_F$	Wasserdampfmassenstrom der Fortluft
$\dot{m}_I$	Wasserdampfmassenstrom durch innere Feuchtequellen
m_L	Masse der Luft
$\dot{m}_L$	Massenstrom der Luft
p	Druck des Gases
p_D	Wasserdampfpartialdruck
p_{D_A}	Wasserdampfpartialdruck der Außenluft
p_{D_F}	Wasserdampfpartialdruck der Innenluft
p_L	Partialdruck der Luft
p_S	Wasserdampfpartialdruck im Sättigungszustand
p_{SA}	Wasserdampfpartialdruck im Sättigungszustand der Außenluft
p_{SF}	Wasserdampfpartialdruck im Sättigungszustand der Fortluft
p_{S1}	Wasserdampfpartialdruck im Sättigungszustand im Zustand 1
p_{S2}	Wasserdampfpartialdruck im Sättigungszustand im Zustand 2
q	Wärmebedarf pro Tag und Gradtemperaturdifferenz
$\dot{q}$	durch Sonnenstrahlung einfallende Wärmemenge
t	Temperatur in Grad Celsius
$t_{a,m}$	mittlere Außentemperatur
t_i	Raumtemperatur
t_j	mittlere Oberflächentemperatur der Umschließungsfläche j
t_A	Temperatur der Außenluft
t_{AW}	mittlere Oberflächentemperatur der Außenwand (ohne Fenster)
t_{AW+Fe}	mittlere Oberflächentemperatur von Außenwand und Fenster
t_E	empfundene Temperatur
$t_{E_{max}}$	oberer Grenzwert der empfundenen Temperatur
$t_{E_{min}}$	unterer Grenzwert der empfundenen Temperatur
t_{Fe}	mittlere Oberflächentemperatur des Fensters
t_{HF}	mittlere Oberflächentemperatur der Heizfläche
t_{IW}	mittlere Oberflächentemperatur der Innenwände
t_K	Oberflächentemperatur des Körpers
t_L	Lufttemperatur
$t_{L_{max}}$	obere Grenze der behaglichen Lufttemperatur
$t_{L_{min}}$	untere Grenze der behaglichen Lufttemperatur
t_{Um}	mittlere Oberflächentemperatur der Umschließungsflächen
$t_{Um_{AW+Fe}}$	gleich t_{AW+Fe}
$t_{Um_{max}}$	obere Grenze der behaglichen, mittleren Oberflächentemperatur der Umschließungsflächen
$t_{Um_{min}}$	untere Grenze der behaglichen, mittleren Oberflächentemperatur der Umschließungsflächen
t_I	mittlere Temperatur des Strahlungshalbraumes I
t_{II}	mittlere Temperatur des Strahlungshalbraumes II
w_o	mittlere Anströmgeschwindigkeit in m/s
x	absolute Feuchte
x_A	absolute Feuchte der Außenluft
x_F	absolute Feuchte der Fortluft
A	Konstante
Ab	Abstand Person zur Referenzfläche
A_j	Fläche j
A_{AF}	Außenfläche (Außenwand, Fenster und Heizkörper)
A_{AW}	Fläche der Außenwand
A_{AW+Fe}	Fläche von Außenwand und Fenster
A_{Fe}	Fläche des Fensters
A_{HF}	Fläche der Heizfläche
A_{IW}	Fläche der Innenwände
A_K	Körperoberfläche
C_S	Strahlungsaustauschzahl des schwarzen Körpers
C_1	Strahlungsaustauschzahl von Fläche 1
C_2	Strahlungsaustauschzahl von Fläche 2
C_{12}	Strahlungsaustauschzahl zwischen den Flächen 1 und 2
E_i	Energie i
E_1	Energie 1
Gt	Gradtagzahl
I	Sonnenstrahlung
P_{WV}	Wärmeverlust
Q	Jahreswärmeverbrauch eines Gebäudes
$\dot{Q}$	Wärmestrom
$\dot{Q}_{Atm}$	Wärmestrom durch Atmung
$\dot{Q}_{Ex}$	Wärmestrom durch Exkremente
$\dot{Q}_K$	Wärmestrom durch Konvektion
$\dot{Q}_L$	Wärmestrom durch Lüftung
$\dot{Q}_{Leit}$	Wärmestrom durch Leitung
$\dot{Q}_{Na}$	Wärmestrom durch Nahrungsaufnahme
$\dot{Q}_R$	Wärmestrom des Raumes
$\dot{Q}_S$	Wärmestrom durch Strahlung
$\dot{Q}_T$	Wärmestrom durch Transmission
$\dot{Q}_V$	Wärmestrom durch Verdunstung
R	Gaskonstante

R_D	Gaskonstante für Wasserdampf
R_L	Gaskonstante für Luft
T	absolute Temperatur in Kelvin
T_K	mittlere Oberflächentemperatur des Körpers
T_{Um}	mittlere Oberflächentemperatur der Umschließungsflächen
T_1	Temperatur des Zustandes 1
T_2	Temperatur des Zustandes 2
V	Volumen
$\dot{V}_L$	Volumenstrom der Luft
Z	Zahl der Heiztage
α_K	Wärmeübergangskoeffizient durch Konvektion
α_S	Wärmeübergangskoeffizient durch Strahlung
$\Delta\dot{Q}_R$	Differenz der Raumwärmeverluste
Δt_L	Differenz der Raumlufttemperaturen
Δt_o	Differenz der Halbraumstrahlungstemperaturen
ϵ	Einfallswinkel der Sonnenstrahlen
ρ_L	Dichte von Luft
φ	relative Luftfeuchte
φ_A	relative Luftfeuchte der Außenluft
φ_F	relative Luftfeuchte der Fortluft
φ_1	relative Luftfeuchte vom Zustand 1
φ_2	relative Luftfeuchte vom Zustand 2
φ_{12}	Raumwinkelverhältnis zwischen den Flächen 1 und 2

Literaturverzeichnis

1. Kollmar, A.:
Wärmephysiologische Abschirmung des Fensters und der Außenwand; HLH 21 (1970), Nr. 1, Januar, S. 16 - 19

2. Arbeitskreis der Dozenten für Klimatechnik:
Lehrbuch der Klimatechnik, Band 1: Grundlagen, 3. Auflg., Verlag C.F.Müller, 1980

3. Winslow, C.E. u.a.:
The influence of air movement upon heat losses from the clothed human body: J. Physiol. 127, 1939

4. DIN 4701:
Regeln für die Berechnung des Wärmebedarfs von Gebäuden, Beuth-Vertrieb

5. Scnlüter, G.:
Die Wahrnehmungsschwelle des Menschen beim Strahlungsaustausch mit unterschiedlich temperierten Wandflächen; Ges.-Ing. 90 (1969), Nr. 6, S. 165 - 171

6. Olesen, S.; Fanger, P.O.; Jensen, P.B. und Nielsen, O.J.:
Comfort Limits for Men Exposed to Asymmetric Thermal Radiation. Proc. of CIB Symp. of Thermal Comfort (1972) Building Research Station, London

7. McNall, P.E. und Schlegel, J.E.:
The Relative Effects of Convection and Radiation Heat Transfer on Thermal Comfort (Thermal Neutrality) for Sedentary and Active Human Subjects, ASHRAE-Trans. 74 (1969), Pt. II, S. 131 - 143

8. Frank, W.:
Kalorische Oberflächenbelastung, Gesamtentwärmung und thermisches Behaglichkeitsempfinden, Ges.-Ing. 83 (1962), Nr. 2, S. 29 - 35

9. Fanger, P.O.:
Thermal Comfort - Analysis and Application in Environmental Engineering, McGraw, New York (1970)

10. Roedler, F. und Schlüter, G.:
Das Wohn- und Arbeitsklima in Häusern mit großen Glasflächen, Ges.-Ing. (1963), Nr. 7, Seite 193 - 203 und Nr. 8, Seite 235 - 240

11. Rietschel/Raiß:
Heiz- und Klimatechnik, Band I, Springer Verlag Berlin, Heidelberg, New York 1968

12. Kast, W.:
Behaglichkeits-Wärmeschutz-Heizsystem, WKT (1973), Nr. 5, S. 182-185

13. Kollmar, A.:
DIN 4701: Zuschlag Z_A - Ausgleich kalter Außenflächen, Ges.-Ing. 91 (1970), Nr. 2, S. 33 - 41

14. Kollmar, A.:
Die Strahlungsverhältnisse im beheizten Wohnraum; München 1950, R. Oldenbourg Verlag

15. Kollmar, A. und Liese, W.:
Die Strahlungsheizung, München 1952, R. Oldenbourg Verlag

16. Renders, H.:
Mensch und Klima, VDI-Verlag GmbH, Düsseldorf 1969

17. DIN 1946 (Entwurf):
Raumlufttechnik, Juni 1979

18. Bauen und Energiesparen:
Ein Handbuch zur rationellen Energieverwendung im Hochbau, für Bauherren, Architekten und Ingenieure;
Herausgeber: Der Bundesminister für Forschung und Technologie;
Verlag TÜV Rheinland GmbH Köln, 1979

19. DIN 5450:
Norm-Atmosphäre, Nov. 1968, Norm ist zurückgezogen worden

20. VDI 2078:
Berechnung der Kühllast klimatisierter Räume (VDI-Kühllastregeln), Februar 1972, VDI-Verlag GmbH, Düsseldorf

21. Krist, Th.:
Formeln und Tabellen der Heizungs-, Lüftungs- und Klimatechnik; Technik-Tabellen-Verlag, Fihentscher u. Co., Darmstadt 1970

22. DIN 4108:
Wärmeschutz im Hochbau, November 1975, Beuth Verlag Berlin

23. Recknagel/Sprenger:
Taschenbuch für Heizung- und Klimatechnik, 81/82, R. Oldenbourg Verlag, München

24. Glaser, H.:
Kältetechnik, 1959, S. 345/9

25. Samson Apparatebau AG:
Regelungstechnische Informationen, Frankfurt/Main, 1967

26. Esdorn:
Vorlesungsskript des Hermann-Rietschel-Instituts für Heiz- und Klimatechnik der TU Berlin

27. DIN 4751:
Bl. 1: Sicherheitstechnische Ausrüstung von Warmwasserheizungen mit Vorlauftemperaturen bis 110 °C, (1962);
Bl. 2: Anlagen bis 300000 kW (1980);
Bl. 3: Umlaufgaswasserheizer (1976);
Bl. 4: Kessel 350 kW (1980);
Beuth-Verlag Berlin

28. Verordnung über die Errichtung und den Betrieb von Dampfkesselanlagen (Dampfkesselverordnung) vom 1. 7. 1980

29. Ruhrkohle AG:
Informationsmappe: Architekten, Ingenieure, Heizungsbauer: Energieberater; Ruhrkohle-Verkauf GmbH

30. Herotherm:
Firmendarstellung

31. Werner, H.:
Bauphysikalische Einflüsse auf den Heizenergieverbrauch, Erich Schmidt Verlag, Berlin 1980

32. Stadtplanungsamt Freiburg:
Energiesparen, Hinweise und Maßnahmen zum Energiesparen bei Wohnhäusern, Merkblatt 1

33. Jurksch, G.:
Berechnung der Gradtagzahlen für die VDI-Richtlinie 2067, Blatt 1, HLH 26 (1975)

34. DIN 1946:
Raumlufttechnik

35. VDI 2310:
Maximale Immissionswerte

36. DIN 33403:
Klima am Arbeitsplatz und in der Arbeitsumgebung

37. Pohlmann:
Taschenbuch für Kältetechniker; Müller-Verlag, Karlsruhe

38. Krist, Th.:
Formeln und Tabellen der Heizungs-, Lüftungs- und Klimatechnik; Technik-Tabellen-Verlag, Fihentscher u. Co., Darmstadt 1970

39. Arbeitskreis der Dozenten für Klimatechnik:
Lehrbuch der Klimatechnik, Band 3: Bauelemente, 3. Auflg., Verlag C.F. Müller, Karlsruhe, 1977

40. Hillmann, Nagel, Schreck:
Klimagerechtes Bauen
Karlsruhe 1981

41. Gertis, K. und Hauser, G.:
Klima-Kälte-Ingenieur Nr. 12 (1979)

Heiztechnik

Klaus Endrullat

INHALTSVERZEICHNIS

10 Wärmeerzeugungsverluste

Den Wärmeerzeugungsverlusten wird in der Heiztechnik besondere Aufmerksamkeit gewidmet, da die Wärmeerzeugungsverluste den größten Teil der Gesamtverluste des Heizsystems ausmachen. Sowohl die Istwert-Aufnahme und die Methoden zur Verlustbestimmung als auch die Maßnahmen zur Energieverbrauchsminderung sind gegenüber den Wärmeverteil- und Wärmeabgabeverlusten in der Literatur gut beschrieben. Die Wärmeerzeugungsverluste werden in die nachfolgend beschriebenen Verbrennungs- und Restverluste aufgeteilt. Beide Verluste werden durch die Wärmeerzeugerwirkungsgrade dargestellt.

10.1 Verbrennungsverluste

Die Verbrennungsverluste setzen sich zusammen aus den Abgasverlusten und den Verlusten durch unverbrannte Gase und unverbrannte Feststoffe. Schon durch einfache Einstellungen am Wärmeerzeuger lassen sich diese Verluste oftmals erheblich reduzieren, bevor überhaupt andere Maßnahmen (Kesselaustausch usw.) in Erwägung gezogen werden müssen.

10.1.1 Abgasverluste

Die bei der Verbrennung erzeugten Rauchgase haben gegenüber der angesaugten Verbrennungsluft aufgrund ihrer höheren Temperatur einen dementsprechend höheren Wärmeinhalt, den sie dem Brenstoff entzogen haben und der ungenutzt das Heizsystem verläßt /s. Abb. 10-1/. Weiterhin ist durch die im Abgas enthaltenen unverbrannten Gase Energie gebunden, die ebenfalls ungenutzt entweicht.

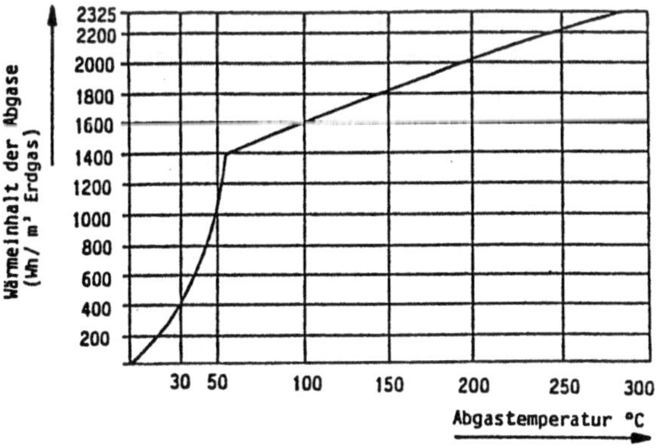

Abb. 10-1 Wärmeinhalt der Abgase in Abhängigkeit von der Temperatur /4/

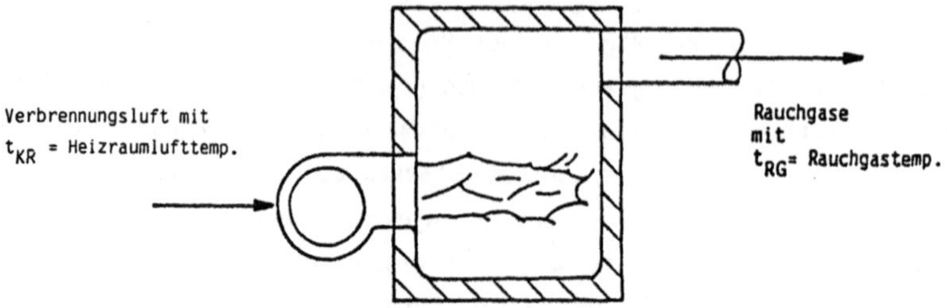

Abb. 10-2 Verbrennungssystem Wärmeerzeuger

Der Abgasverlust kann in erster Näherung mit Hilfe der Siegertschen Formel bestimmt werden /s. hierzu auch Abb. 10-2/:

$$q_{Abg} = f \frac{t_{RG} - t_{KR}}{CO_2} \text{ in \%,} \tag{10-1}$$

wobei t_{RG} die Rauchgastemperatur in °C, t_{KR} die Heizraumlufttemperatur bzw. die Temperatur der angesaugten Luft, CO_2 der Kohlendioxidgehalt der Abgase in % und f ein Beiwert bzw. Faktor für den jeweils eingesetzten Brennstoff /s. Tab. 10-1/ ist.

Koks	f ≈ 0,75
Steinkohlen	f ≈ 0,67...0,68
Heizöl EL	f ≈ 0,59
Stadtgas mit Gebläsebrenner	f ≈ 0,38
Stadtgas mit atmosphärischen Brennern	f ≈ 0,35
Erdgas mit Gebläsebrennern	f ≈ 0,46
Erdgas mit atmosphärischen Brennern	f ≈ 0,42
Propan und Butan	f ≈ 0,50

Tab. 10-1 Beiwerte zur Siegertschen Formel /1/

Beispiel 10-1: Bei der regelmäßigen und vom Gesetzgeber vorgeschriebenen Überprüfung von Feuerungsanlagen durch den Schornsteinfeger wurden bei einer mit Heizöl EL (Extra leicht) betriebenen Anlage folgende Betriebsdaten gemessen:

Abgastemperatur	240 °C
Kohlendioxidgehalt	10 %
Ansauglufttemperatur	21 °C

Für Heizöl mit f = 0,59 nach Tab. 10-1 ergibt sich nach Gleichung 10-1 ein Abgasverlust von

$$q_{Abg} = 0{,}59 \frac{240-21}{10} \approx 13\ \%.$$

Nach der 2. Heizanlagenverordnung vom 24.02.1981 sollen je nach Erstellungsdatum und Leistung der Anlage folgende Abgasverluste nicht überschritten werden /s. auch Abb. 10-3/.

Nennwärmeleistung	Abgasverluste von Feuerungsanlagen für den Einsatz flüssiger und gasförmiger Brennstoffe in Abhängigkeit vom Zeitpunkt ihrer Errichtung oder Aufstellung in %		
	bis 31.12.78	ab 1.1.79	ab 1.1.83
über 4 kW bis 25 kW	18	16	14
über 25 kW bis 50 kW	17	15	13
über 50 kW bis 120 kW	16	14	12
über 120 kW	15	13	11

Tab. 10-2 Abgasverluste von Feuerungsanlagen /2/

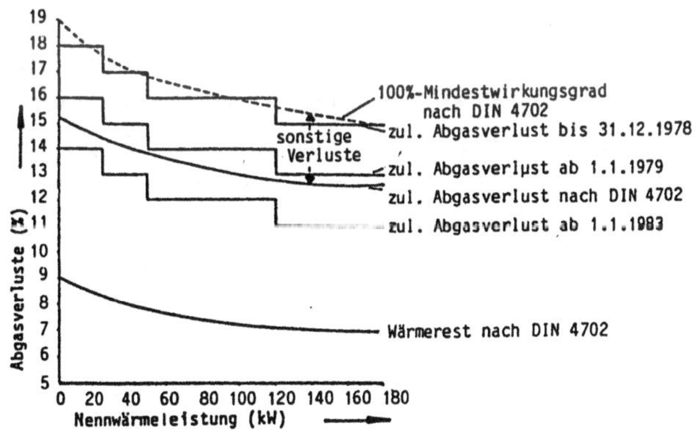

Abb. 10-3 Zulässige Abgasverluste nach geltenden Vorschriften /11/

Abgastemperaturen von 200°C bis 250°C können je nach den thermischen Gegebenheiten des Abgasweges als normal angesehen werden /1/. Bei Brennwertkesseln wird die Enthalpie der Abgase durch nachgeschaltete Wärmeaustauscher im Rauchgaskanal genutzt. Abb. 10-4 zeigt einen derartigen Brennwertkessel, mit dem Rauchgastemperaturen unterhalb 40°C möglich sein sollen /3/.

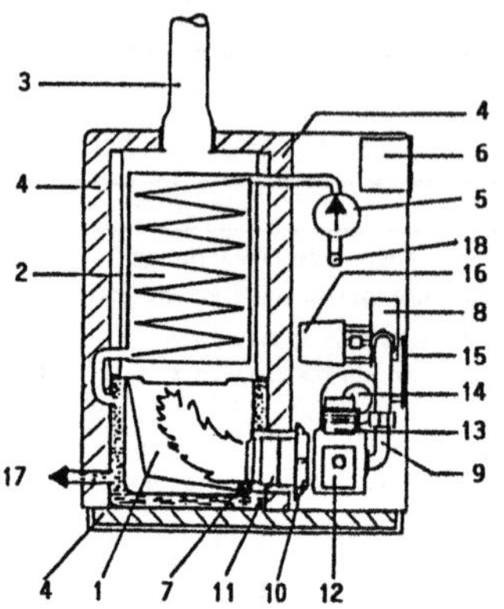

1 Feuerraum
2 Wärmeübertrager
3 Abgasrohr
4 Wärmedämmung
5 Heizungspumpe
6 Kesselschaltfeld mit modulierender witterungsgeführter Brennerregelung
7 Kondensatablauf mit Geruchverschluß
8 Gasgebläsebrenner mit Motorventil, Gasdruckwächter und Gasdruckregler
9 Gaszuleitung zum Brennerblock
10 Anschlußflansch
11 Edelstahlflammrohr
12 Gasfeuerungsautomat
13 Zündtrafo
14 Verbrennungsluftgebläse mit Luftklappe
15 Gas - Luft - Verbundregelung
16 Stellmotor mit Gasklappe
17 Heizungsvorlauf
18 Heizungsrücklauf

Abb. 10-4 Brennwertkessel mit modulierendem Gasgebläsebrenner /3/

Mit den Werten aus Beispiel 10-1 würde sich bei einer Abgastemperatur von 35°C der folgende Abgasverlust ergeben:

$$q_{Abg} = 0{,}59 \frac{35-21}{10} \approx 1\ \%$$

Der Verbesserung der Abgasverluste um 12% stehen der Kondensatanfall und die Rauchgaszugverminderung gegenüber. Bei Unterschreitung bestimmter Taupunkttemperaturen innerhalb der Rauchgasanlage (Schornstein und Züge) kommt es je nach dem benutzten Brennstoff zu Wasser-, Schwefeldioxid- und Schwefeltrioxidausscheidungen. Aus Abb. 10-5 können für Koks, Heizöl EL, Erdgas und Stadtgas je nach CO_2-Gehalt der Abgase die Taupunkttemperatur und die ausgeschiedene Wassermenge abgelesen werden. Da über den Verbrennungsprozeß Luftüberschuß und CO_2-Gehalt des Abgases unmittelbar in Zusammenhang stehen, läßt sich die Taupunkttemperatur auch über den Luftüberschuß ermitteln /s. Abb. 10-6/.

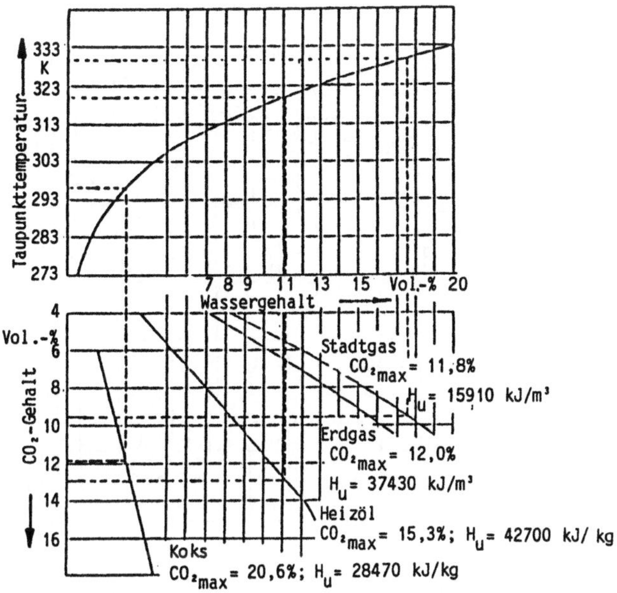

Abb. 10-5 Taupunkttemperatur und Wassergehalt von Abgasen /5/

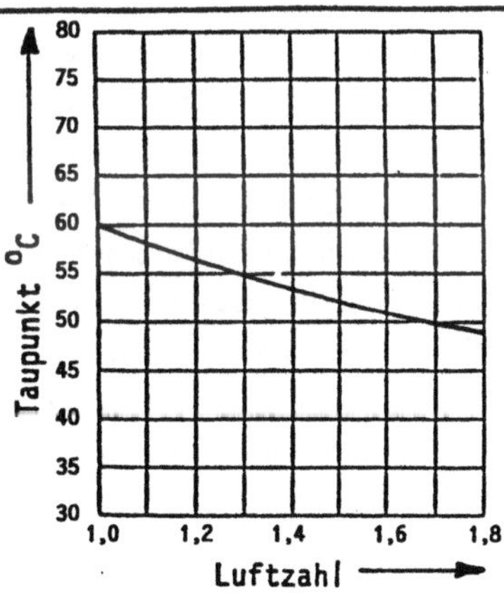

Abb. 10-6 Zusammenhang von Luftzahl und Taupunkttemperatur für den Brennstoff Gas /10/

In ähnlicher Weise kann aus Abb. 10-7 die Taupunkttemperatur und die ausgeschiedene Menge für anfallendes Schwefeldioxid und Schwefeltrioxid je nach CO_2- und H_2O-Gehalt der Abgase und je nach Schwefelgehalt des Brennstoffs ermittelt werden.

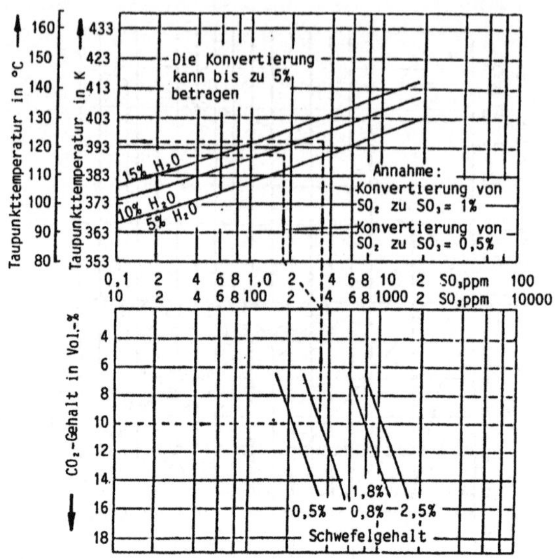

Abb. 10-7 Säuretaupunkt als Funktion von Wassergehalt und Schwefeltrioxidgehalt des Abgases (oben) sowie Schwefeldioxid als Funktion vom Kohlendioxidgehalt der Abgase und vom Schwefelgehalt des Heizöles (unten) /5/

Die üblichen, in vorhandenen Heizanlagen betriebenen Schornsteine sind für Wasser- und Schwefelausscheidungen in der Mehrzahl der Fälle nicht geeignet, bei ihnen würden erhebliche Bauschäden auftreten. Nur der nachträgliche Einbau spezieller Rauchgaszüge, die auch in "nasser Betriebsweise" gefahren werden können, macht erst eine Brennwertnutzung möglich. (Die einschlägigen Bestimmungen sind zu beachten). Die dabei entstehenden Investitionskosten sind den Energieeinsparungen gegenüberzustellen, um eine Wirtschaftlichkeit erzielen zu können. Bei der Erstellung von neuen Gebäuden sind Kosten für eine spezielle Schornsteinanlage in der Regel geringer als beim nachträglichen Einbau, weshalb hier der größere Einsatzbereich liegen wird. Ob Neu- oder Altbau, das Problem der Entsorgung des Kondensats allerdings bleibt. Als Eckwerte für Abgastemperaturen bei herkömmlichen Schornsteinanlagen kann die Mindestabgastemperatur von 160°C nach DIN 4702 /7/, die Mindestabgastemperatur von 80°C (hinter der Strömungssicherung gemessen) bei gasbefeuerten Anlagen ohne Gebläse, das Nichterreichen des Wassertaupunktes an der Innenseite der Schornsteinmündung nach DIN 4705 bei Öl- und Gasfeuerungen und das Nichterreichen des Säuretaupunktes bei Ölfeuerungen angesehen werden /5/. Eine weitere Abschätzung der unteren Abgastemperatur für Heizöl EL kann nach der folgenden Gleichung vorgenommen werden /19/:

$$t_{RG} = 80 + 4 \cdot L \quad \text{in °C} \qquad (10\text{-}2)$$

L ist hierbei die gestreckte Länge des Rauchgasweges zwischen Kesselabgang und Schornsteinmündung in Meter.

Ein weiterer Faktor, der bei der Brennwertnutzung zu beachten ist, ist der Zugbedarf, den die Heizung hat. Durch den Brenner wird Verbrennungsluft von außen in die Brennkammer geleitet und das bei der Verbrennung entstandene Rauchgas passiert die Züge im Kessel und den Schornstein, bis es ins Freie gelangt. Dabei treten Druckverluste auf, die insgesamt als z_s bezeichnet werden sollen. Die Dichteunterschiede von Rauchgas und Außenluft bewirken die statische Zugstärke z_h, die diese Druckverluste überwinden soll. Die eigentliche Zugstärke z_z des Schornsteins ergibt sich dann aus der Beziehung:

$$z_z = z_h - z_s \qquad (10\text{-}3)$$

Das Problem bei der Brennwertnutzung liegt nun darin, daß die statische Zugstärke eine Funktion der Rauchgastemperatur ist, wie die folgende Näherungsgleichung von Seufert /6/ zeigt:

$$z_H = H \frac{9{,}81}{0{,}8} \left(1 - \frac{273 + t_A}{273 + t_{RG}}\right) - 3 \quad \text{in Pa} \qquad (10\text{-}4)$$

Für das Beispiel 10-1 ergibt sich bei einer angenommenen Schornsteinhöhe von H = 10 m und einer Außenlufttemperatur von +5°C z_h zu

$$z_h = 10 \cdot 12{,}26 \left(1 - \frac{273 + 5}{273 + 240}\right) - 3 \approx 53 \text{ Pa}$$

Bei der Brennwertnutzung mit beispielsweise 35°C Abgastemperatur würde sich bei ansonsten gleichen Bedindungen wie oben die statische Zugstärke verringern auf

$$z_h = 10 \cdot 12{,}26 \left(1 - \frac{273 + 5}{273 + 35}\right) - 3 \approx 9 \text{ Pa}$$

Wenn die Zugstärke nicht ausreicht, sind als Maßnahme Brenner mit eigenem Gebläse (Gebläsebrenner), Abgasventilatoren oder geeignete Schornsteinkonstruktionen vorzusehen.

Der Vollständigkeit halber sei hier noch kurz der Unterschied zwischen Brennwert- und Heizwertnutzung erklärt. Der Brennwert entspricht dem oberen und der Heizwert dem unteren Heizwert eines Brennstoffes /9/. Bei jeder Verbrennung entsteht - insbesondere, wenn die Brennstoffe wasserstoffhaltige Verbindungen enthalten - Wasserdampf. Der Unterschied zwischen Heizwert und Brennwert besteht darin, daß beim Brennwert der Verdampfungswärmeanteil des bei der Verbrennung entstandenen Wasserdampfes als eingebrachte bzw. gewinnbare Wärme mitgezählt wird.

Der Faktor f in Gleichung 10-1 der Siegertschen Formel läßt sich für jeden nichttabellierten Brennstoff nach folgender Beziehung /11/ ermitteln:

$$f = \frac{CO_2 \cdot c_{pA}}{H_u} \left[V_{min,f} + \left(\frac{CO_{2max}}{CO_2} - 1 \right) \cdot V_{min,tr} \right] \cdot 100 \quad \text{in } K^{-1} \qquad (10\text{-}5)$$

$V_{min,f}$ ist dabei das feuchte (wasserdampfhaltige), $V_{min,tr}$ das trockene spezifische Abgasvolumen (jeweils in m^3/m^3), c_{pA} die spezifische Wärmekapazität des Rauchgases, H_u der untere Heizwert, CO_{2max} der maximale Kohlendioxidgehalt und CO_2 der Kohlendioxidgehalt des Rauchgases (in Vol.%). Die Werte können zum Teil den Tab. 10-3, 10-4 und 10-5 entnommen werden.

Brennstoff	C	H_2	O_2	N_2	S	H_2O	Asche	flücht. Best.	H_o	H_u	L_{min}	V_{tr}	V_{H_2O}		CO_2 max
Bezeichnung	Gew. - %								kJ/kg		m_n^3/kg				Vol.-%
GRUNDSUBSTANZEN :															
Reiner Kohlenstoff															
verbrannt zu CO_2	100	-	-	-	-	-	-	-	33936	33936	8,93	8,93	-	8,93	20,95
verbrannt zu CO	100	-	-	-	-	-	-	-	10206	10206	4,46	4,46	-	4,46	-
Reiner Wasserstoff H_2	-	100	-	-	-	-	-	100	143220	123060	2,66	-	2.66	2,66	-
Reiner Schwefel S	-	-	-	-	100	-	-	-	9282	9282	3,44	3,44	-	3,44	-
FESTE BRENNSTOFFE :															
Anthrazit	85,4	3,8	3,6	1,1	1,2	1,0	3,9	8,5	34062	33390	8,56	8,38	0,43	8,81	19,02
Braunkohle	52,0	4,2	11,6	1,4	1,0	24	5,8	53	21462	19992	5,41	5,26	0,77	6,03	18,43
Braunkohlenbriketts	54,5	4,2	20,2	0,8	0,4	15	5,0	55	21546	20202	5,03	5,01	0,65	5,66	20,32
Eßkohle	79,9	3,9	2,6	1,2	0,9	2,5	9,0	16	32298	31332	8,12	7,93	0,46	8,39	18,81
Fettkohle	78,3	5,0	6,1	1,0	0,6	4,0	5,0	35	32676	31458	8,14	7,91	0,61	8,52	18,47
Gasflammkohle	76,2	4,9	6,5	1,4	1,0	4,0	6,0	35	31710	30534	7,92	7,71	0,59	8,30	18,45
Gaskoks	84,0	0,6	0,4	0,9	0,6	5,0	8,5	1,0	29400	29106	7,67	7,64	0,12	7,77	20,51
Holz, trocken	42,4	5,1	37,2	0,1	-	≈15	0,2	>70	17178	15666	3,90	3,87	0,75	4,63	20,43
Magerkohle	83,4	3,7	2,3	1,3	0,8	2,5	6,0	11	33306	32466	8,38	8,20	0,44	8,64	18,98
Pechkohle, oberbayrische	57,8	4,3	10,1	1,2	5,6	10	11	51	23688	22554	3,03	2,96	0,60	3,56	18,25
Torf, trocken	36,3	3,5	22,3	2,2	0,7	25	10	60	15162	13692	3,45	3,43	0,70	4,13	19,76
Zechenkoks	86,3	0,4	0,5	0,9	0,9	3,0	8,0	1,0	29778	29652	7,83	7,81	0,08	7,90	20,61
FLÜSSIGE BRENNSTOFFE :															
Benzin (handelsüblich) ρ = 0,763	80,7	14,2	4,1	1,0	-	-	-	-	45360	42168	10,75	9,99	1,58	11,57	15,01
Benzol (handelsüblich) ρ = 0,875	91,7	7,8	-	-	0,5	-	-	-	42420	40530	10,22	9,78	0,87	10,65	17,45
Gasöl (Diesel) ρ = 0,85....0,89	86,6	12,9	0,2	-	0,3				44856	41958	11,10	10,38	1,43	11,81	15,52
Heizöl EL .... ρ = 0,84	85,4	12,3	0,6	0,1	1,6	-	-	-	44940	43050	10,89	10,22	1,38	11,59	15,59
Heizöl S .... ρ = 0,94	85,0	11,7	1,0	0,2	2,1	-	-	-	43260	41160	10,67	10,02	1,30	11,32	15,90
Steinkohlenteeröl .... ρ = 1,08	89,5	6,5	2,2	1,2	0,6	-	-	-	39270	37800	9,57	9,23	0,72	9,95	18,06

Tab. 10-3 Zahlentafel für feste und flüssige Brennstoffe /12/

Brennstoff		H_2	CH_4	C_2H_4	C_2H_6	CO	CO_2	O_2	N_2	H_2O	H_o	H_u	L_{min}	V_{tr}	V_{H_2O}	$V_A = V_{tr} + V_{H_2O}$	CO_2 max.
Bezeichnung		Vol.-%									W/m³		m³/m³				Vol-%
Reingase:																	
Äthan	C_2H_6	-	-	-	100	-	-	-	-		22272	20961	16,75	15,25	3,00	18,25	13,11
Äthylen	C_2H_4	-	-	100	-	-	-	-	-	-	17736	16611	14,35	13,35	2,00	15,35	14,98
Azethylen	C_2H_2	-	-	-	-	-	-	-	-	-	16344	15766	11,96	11,46	1,00	12,46	17,45
Benzoldampf	C_6H_6	-	-	-	-	-	-	-	-	-	40600	38860	35,88	34,38	3,00	37,38	17,45
Butan	C_4H_{10}	-	-	-	-	-	-	-	-	-	36552	33756	32,25	29,75	5,00	34,75	13,45
Kohlenmonoxid	CO	-	-	-	-	100	-	-	-	-	3503	3503	2,38	2,88	-	2,88	34,72
Methan	CH_4	-	100	-	-	-	-	-	-	-	11043	9918	9,57	8,57	2,00	10,58	11,66
Propan	C_3H_8	-	-	-	-	-	-	-	-	-	28211	25961	24,23	22,23	4,00	26,23	13,50
Propylen	C_3H_6	-	-	-	-	-	-	-	-	-	26146	24441	21,53	20,03	3,00	23,03	14,98
Wasserstoff	H_2	100	-	-	-	-	-	-	-	-	3538	2981	2,39	1,89	1,00	2,89	-
Mischgase:																	
Erdgas, BRD, Bayern		-	98,6	-	0,7	-	0,1	-	0,6	-	11055	9872	9,52	8,53	2,00	10,43	11,75
BRD, Emsland		-	89,6	-	1,5	-	2,8	-	6,1	-	10289	9199	8,92	8,07	1,86	9,93	12,03
BRD, Niedersachs.		-	82,2	-	0,6	-	10,0	-	7,2	-	9060	8143	7,93	7,27	1,66	8,93	12,85
Niederlande		-	81,9	-	3,9	-	0,8	-	13,4	-	9744	8839	8,48	7,74	1,76	9,50	11,74
Sowjetunion		-	93,0	-	4,3	-	2,2	-	0,5	-	11090	9802	9,65	8,68	2,00	10,67	12,08
Algerien		-	79,6	-	11,5	-	0,2	-	5,1	3,6	12830	11762	9,89	8,95	2,03	10,98	12,10
Ferngas (Ruhrgas)		53,1	25,0	0,2	1,7	6,2	2,1	0,2	11,3	0,2	5406	4791	4,24	3,86	1,09	4,95	10,27
Generatorgas aus Koks		10,9	0,3	0,1	-	29,0	5,0	0,3	54,4	-	1612	1369	0,95	1,91	0,17	2,08	18,06
Gichtgas (Hochofengas)		2,4	-	-	-	28,8	7,5	3,6	57,4	0,3	1102	1090	0,58	1,53	0,02	1,55	23,66
Stadtgas (Normgas)		51,5	17,0	1,9	0,1	21,5	4,0	0,2	3,6	0,2	4802	4304	3,65	3,40	0,90	4,30	13,62
Wassergas (Koksgas)		49,4	0,2	-	-	38,4	6,8	0,1	5,4	0,2	3132	2854	2,11	2,19	0,49	2,68	20,73

Tab. 10-4 Zahlentafel für gasförmige Brennstoffe /12/

Kohlefeuerung	$c_{pA} = 1,37\ kJ/m_n^3\ K$
Gasfeuerung	$c_{pA} = 1,38\ kJ/m_n^3\ K$
Heizölfeuerung	$c_{pA} = 1,39\ kJ/m_n^3\ K$

Tab. 10-5 Richtwerte für c_{pA} bei Temperaturen zwischen 100°C und 300°C /1/

Wird anstelle des CO_2-Gehalts der O_2-Gehalt (in %) des Abgases gemessen, so ist mit der folgenden modifizierten Siegertschen Gleichung zu rechnen:

$$q_{Abg} = f\ \frac{t_{RG} - t_{KR}}{O_2} \quad , \qquad (10\text{-}6)$$

wobei

$$f = \frac{O_2 \cdot c_{pA}}{H_u} \left[V_{min,f} + \frac{1}{\frac{21}{O_2} - 1} \cdot V_{min,tr} \right] \quad \text{in } K^{-1} \tag{10-7}$$

ist.

Beispiel 10-2: Für die im Beispiel 10-1 aufgeführte Anlage ist der Faktor f zu ermitteln. Nach Gleichung 10-5 wird somit

$$f = \frac{11{,}59 \cdot 1{,}39 \cdot 10}{43050} \cdot 100 \cdot \left[1 + \left(\frac{15{,}59}{10} - 1\right) \cdot \frac{10{,}22}{11{,}59} \right] \approx 0{,}559 \; K^{-1}$$

In Gleichung 10-1 eingesetzt ergibt dies einen Abgasverlust von ca. 12%. Die Differenz von 1% zu dem q_{Abg}-Wert aus dem Beispiel 10-1 ist für eine Überschlagsrechnung ausreichend gut. Bei Brennstoffen, die nicht tabelliert sind, ist es jedoch sehr hilfreich, die Gleichung 10-5 oder Gleichung 10-6 und Gleichung 10-7 zu benutzen, wenn die entsprechenden Daten durch eine Brennstoffanalyse ermittelt wurden.

Teilweise wird in der Literatur /13/ eine verkürzte Form der Gleichung 10-5 benutzt, und zwar

$$f = \frac{V_{min,f} \cdot c_{pA} \cdot CO_{2max}}{H_u} \cdot 100 \quad \text{in } K^{-1} \tag{10-8}$$

Das rechte Korrekturglied von Gleichung 10-5 entfällt und CO_2 wird im ersten Glied durch CO_{2max} ersetzt und für das Beispiel 10-2 würde sich

$$f = \frac{11{,}59 \cdot 1{,}39 \cdot 15{,}59}{43050} \cdot 100 \approx 0{,}583 \; K^{-1}$$

ergeben. Der Abgasverlust nach dem Beispiel 10-1 ist dann mit etwa 13% zu beziffern.

Die spezifische Wärmekapazität der Abgase kann etwas genauer bestimmt werden, wobei die folgende Beziehung Anwendung findet /14/:

$$c_{pA} = \sum_{i=1}^{n} r_i \cdot c_{pi} \tag{10-9}$$

Hierbei bedeutet c_{pi} die jeweilige spezifische Wärmekapazität der n im Rauchgas enthaltenen Gaskomponenten. r_i sind die Gewichtungsfaktoren für die jeweiligen Gaskomponenten, sie berechnen sich wie folgt:

$$r_i = \frac{V_i}{V_a} \tag{10-10}$$

V_i ist dabei der spezifische Teilvolumenstrom einer Gaskomponente am gesamten Abgasvolumenstrom V_a. Die einzelnen spezifischen Wärmekapazitäten c_{pi} sind temperaturabhängig und können entweder der Abb. 10-8 entnommen

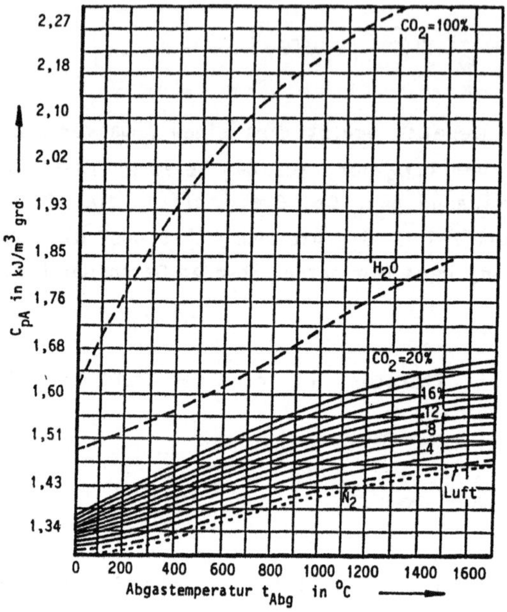

Abb. 10-8 Spezifische Wärmekapazitäten in Abhängigkeit von der Abgastemperatur /12/

oder mit hinreichender Genauigkeit nach den für den Temperaturbereich 0°C bis 1500°C aufgestellten folgenden Gleichungen /14/ jeweils errechnet werden.

$$N_2 : c_{P_{N_2}} = 0{,}308 + 4{,}77 \cdot 10^{-5}\,\vartheta \tag{10-11}$$

$$CO_2 : c_{P_{CO_2}} = 0{,}433 + 18{,}95 \cdot 10^{-5}\,\vartheta \tag{10-12}$$

$$H_2O : c_{P_{H_2O}} = 0{,}351 + 12{,}15 \cdot 10^{-5}\,\vartheta \tag{10-13}$$

$$O_2 : c_{P_{O_2}} = 0{,}32 + 5{,}85 \cdot 10^{-5}\,\vartheta \tag{10-14}$$

$$H_2 : c_{P_{H_2}} = 0{,}3 + 3{,}23 \cdot 10^{-5}\,\vartheta \tag{10-15}$$

$$CO : c_{P_{CO}} = 0{,}31 + 5{,}36 \cdot 10^{-5}\,\vartheta \tag{10-16}$$

$$SO_2 : c_{P_{SO_2}} = 0{,}45 + 13{,}74 \cdot 10^{-5} \vartheta \qquad (10\text{-}17)$$

$$H_u : c_{P_{H_u}} = 0{,}3 + 4{,}64 \cdot 10^{-5} \vartheta \qquad (10\text{-}18)$$

Für die Temperaturabhängigkeit mittlerer Abgaszusammensetzung gibt /1/ die folgende Beziehung an:

$$c_{pA} = 1{,}35 + 0{,}00015 \cdot t_{RG} \quad \text{in } kJ/m_N^3K \qquad (10\text{-}19)$$

<u>Beispiel 10-3</u>: Für eine Abgastemperatur von 240°C aus Beispiel 10-1 ergibt sich ein c_{pA}-Wert nach Gleichung 10-19 von

$$c_{pA} = 1{,}35 + 0{,}00015 \cdot 240 = 1{,}39 \quad kJ/m_N^3K$$

Nach /15/ bezieht sich der bisher betrachtete Abgasverlust nur auf den eingefahrenen Verbrennungsvorgang. Der durchschnittliche Abgasverlust, der für die Berechnung von Wirkungsgraden über längere Zeitabschnitte benötigt wird, ist von der Brennraumgestaltung, der Anfälligkeit der Kesselkonstruktion für Verschmutzung und von der Schalthäufigkeit der Verbrennungseinrichtung abhängig. So werden z.B. beim Anfahrvorgang Restgase im Verbrennungsraum durch Luftzuführung der Sicherheit wegen ausgespült, bevor überhaupt die Zündung erfolgt (Zeitdauer ca. 12-15 Sekunden pro Zündung, wobei eine Auskühlung des Wärmeerzeugers stattfindet). Weiterhin werden in der Anfahrphase Ruß und CO_2 erzeugt, was zum einen die wärmeübertragenden Teile verschmutzt und damit den Wärmeübergang verschlechtert und zum anderen ein Indiz für eine kurzzeitige unvollkommene Verbrennung ist. Hierdurch verschlechtert sich ebenfalls der Wirkungsgrad. Erst nach etwa einer halben bis einer Minute nach der Zündung hat sich die Verbrennung soweit stabilisiert, daß von einer befriedigenden Verbrennungsqualität gesprochen werden kann. Bei durchschnittlich 8000 - 12000 angenommenen Schaltzyklen pro Jahr ist es notwendig, den Abgasverlust q_{Abg} dementsprechend zu korrigieren. Nach /15/ wird die Einführung eines Korrekturfaktors f_K empfohlen, so daß der Abgasverlust sich wie folgt berechnet:

$$q'_{Abg} = q_{Abg} \cdot f_K^{-1} \qquad (10\text{-}20)$$

Die Korrekturen liegen in der Größenordnung von 1% bis 3% und sind der nachfolgenden Tab. 10-6 zu entnehmen.

Spezifische Angaben	Kennwert f_K
Spezial - Ölkessel, mit turbulenzerhöhenden Einbauten, Brennkammer ohne Einbauten	0,97
Spezial - Öl- oder - Gaskessel, mit dünnwandigen Einbauten im Feuerraum, isolierter Chromstahlkamin	0,98
Spezial - Öl- oder - Gaskessel, mit Mehrstufenbrennerbetrieb	0,99

Zur Beurteilung eines Wärmeerzeugers sind folgende Kriterien zu berücksichtigen :

- Speichermaße der Einbauten im Feuerraum
- Speichermaße der Feuerraumtüren
- Speichermaße der Einbauten im Konvektionsteil
- Anordnung der Rauchgaswege
- Speichermaße des Kamins

Tab. 10-6 Faktor f_K zur Korrektur der Abgasverluste infolge von instationärem Brennerbetrieb

Beispiel 10-4: Der im Beispiel 10-2 ermittelte Abgasverlust soll für einen Spezial-Ölkessel mit dünnwandigen Einbauten im Feuerraum und mit isoliertem Chromstahlkamin korrigiert werden. Gleichung 10-20 und Tab. 10-6 werden

$$q'_{Abg} = 100 - 0{,}98\,(100-12) = 13{,}8\ \%$$

10.1.1.1 Istwertaufnahme

Die Abgastemperatur wird durch Temperaturmeßgeräte (Quecksilberthermometer, digitales-elektronisches Temperaturmeßgerät usw.) im Abstand des 2-fachen Rauchrohrdurchmessers vom Kesselende gerechnet gemessen. Ist das Rauchrohr zwischen Meßstelle und Kessel nicht oder nur unzureichend isoliert, so wird die gemessene Abgastemperatur nach oben hin, der Wärmeverluste wegen, korrigiert.

Mit einem CO_2-Meßgerät kann an der gleichen Stelle wie für die Abgastemperaturmessung der CO_2-Gehalt bestimmt werden. Sind die CO_2-Werte zu gering, so sollte überprüft werden, ob durch Undichtigkeiten im Kessel Nebenluft angesaugt wird.

Abgastemperatur- und CO_2-Wert-Messung sollten immer durch eine Rußzahlbestimmung (entfällt bei Gaskesseln) mit Hilfe z.B. einer Rußpumpe (gleiche Meßstelle) abgesichert werden. Bei einer Rußzahl von 0 bis 1 nach der Bacharach-Skala /16/ (bei 5 bis 6 erst im Rauch sichtbar) können die Messungen für eine Abgasverlustberechnung verwendet werden. Bei schlechteren Rußzahlen liegen nicht befriedigende Verbrennungsprozesse vor, die durch Funktionsstörungen und Verstellungen an der Verbrennungseinrichtung verursacht werden können und die für einen wirtschaftlichen Betrieb unbedingt beseitigt werden müssen. Ebenfalls zur Kontrolle der Ergebnisse ist eine Messung der Zugstärke zwischen Kesselraum und Rauchgasmeßstelle notwendig. Denn, wie Tab. 10-7 für Gasfeuerstätten /11/ eindeutig zeigt, der Abgasverlust ist stark vom Schornsteinzug abhängig.

Schornsteinzug [mbar]	Mittlerer Abgasverlust q_A [%]	
	Gasverbrauchseinrichtung	
	Gaswasserheizer	Heizkessel
0,05	10,0	12,0
0,15	10,6	13,4
0,25	11,2	15,0

Tab. 10-7 Einfluß des Schornsteinzuges auf den Abgasverlust /11/

Der Schornsteinzug sollte nicht über 0,1 mbar liegen /20/. Bei zu hohem Zug sind Gegenmaßnahmen notwendig.

Weiterhin ist bei den Messungen zu beachten, daß sich der Wärmeerzeuger im durchschnittlichen Betriebszustand befindet, d.h. die wärmeübertragenden Teile sollten durchschnittlich verschmutzt sein (Sichtprüfung), bei gerade gesäuberten oder stark verschmutzten Heizflächen ist eine entsprechende Korrektur (siehe Gleichung 10-21) der Abgasverluste sinnvoll, da nach Abb. 10-9 der Zustand der Heizflächenverschmutzung sich direkt auf die Abgasverluste und damit auf deren Verbrauch /s. Abb. 10-10/ auswirkt.

Beispiel :

1. 1 mm Rußdicke = Anstieg d. Abgastemp. um 56 K
   = Abgastemp. total 306 K
   = Abgasverl. total 13,0 %
   = Anstieg d. Abgasverl. um 2,6 %

2. 2 mm Rußdicke = Anstieg d. Abgastemp. um 112 K
   = Abgastemp. total 362 K
   = Abgasverl. total 15,5 %
   = Anstieg d. Abgasverl. um 5,1 %

Anmerkung: Abgasverluste nach EnEG für Heizöl EL
Beiwert der Siegertschen Formel f = 0,59

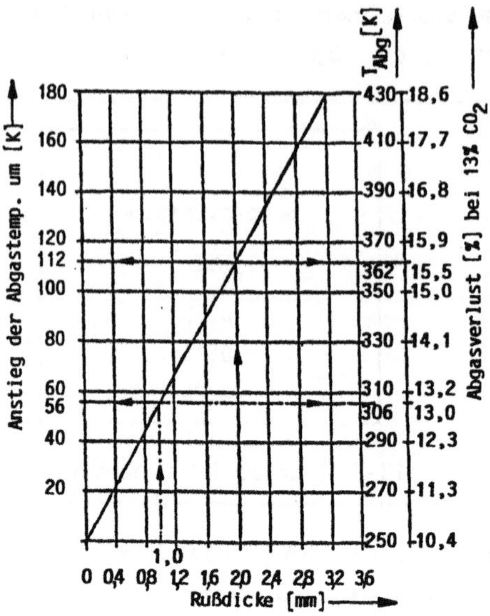

Abb. 10-9 Einfluß der Rußdicke auf die Abgasverluste /17/

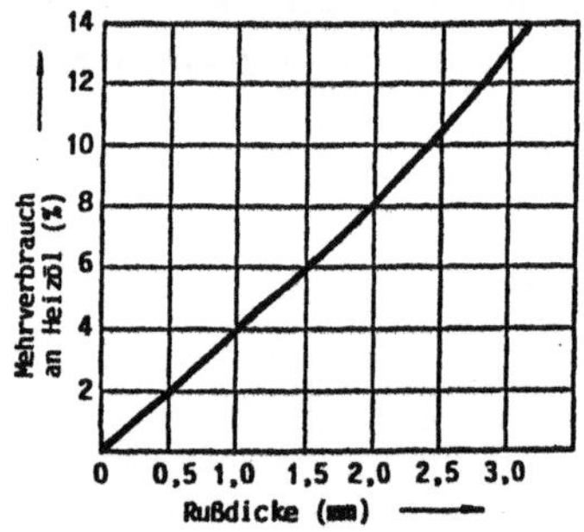

Abb. 10-10 Einfluß der Rußdicke auf den Ölverbrauch /18/

Um wirklich den stationären Verbrennungsprozeß messen zu können, sollte ein Zeitraum von 3 bis 5 Minuten nach der Zündung abgewartet werden.

Für eine überschlägliche Ermittlung der Abgasverluste genügen in der Regel die Angaben nach dem Schornsteinfeger-Protokoll. Sind jedoch genaue Werte erforderlich, so ist in der vorgenannten Weise vorzugehen und evtl. bei abweichenden Brennstoffen eine Brennstoffanalyse notwendig.

Ist die Anlage mit mehrstufigen oder mit modulierenden Brennern versehen, so sollte die Lastaufteilung festgestellt werden. Dies geschieht angenähert über die beim zuständigen Wetteramt erfragten Außentemperaturdaten oder noch besser über die zeitliche Aufzeichnung der gemessenen Vorlauftemperatur. Im nachfolgenden wird hierauf eingegangen.

10.1.1.2 Maßnahmen

Die Abgasverluste bei Wärmeerzeugungsanlagen können durch eine Vielzahl von Maßnahmen reduziert werden, wobei hier eine Auswahl der Möglichkeiten dargestellt wird.

Kesselreinigung

Durch die Reinigung der wärmeaustauschenden Flächen des Wärmeerzeugers wird, wie in Abb. 10-9 gezeigt wurde, der Abgasverlust reduziert. Wird davon ausgegangen, daß durch die Rußablagerung sich weder f noch CO_2 der Siegertschen Formel ändern, so gilt für den neuen Abgasverlust die Beziehung

$$q_{Abg,Neu} = q_{Abg} + 2{,}56 \cdot d \quad \text{in } \% \tag{10-21}$$

mit d der Dicke der Rußschicht in mm. Die Steigung von 56 Kelvin Abgastemperaturerhöhung pro mm Rußdicke aus Abb. 10-9 ist in obiger Gleichung eingearbeitet worden.

Beispiel 10-5: Wie verändert sich der im Beispiel 10-2 festgestellte Abgasverlust von 12% bei einer zusätzlichen Rußdicke von 2 mm? Nach Gleichung 10-21 ist der neue Abgasverlust:

$$q_{Abg,Neu} = 12 + 2{,}56 \cdot 2 \approx 17{,}1\ \%$$

Dies bedeutet, daß die 2 mm dicke Rußschicht eine erhebliche Verschlechterung des Abgasverlustes bewirkt.

Zugregelung

In Tab. 10-7 wurde aufgezeigt, daß mit größer werdendem Schornsteinzug auch der Abgasverlust ansteigt. Der Einbau von Zugreglern oder Abgasklappen schafft hier Abhilfe.

Kessel abdichten

Ein weiterer Grund für eine Abgasverlusterhöhung können Luftundichtigkeiten im Kessel sein. Hierdurch wird der Verbrennung mehr Sauerstoff als benötigt zugeführt und die Verbrennung verläuft nicht mehr ideal (stöchiometrisch). In jedem Fall sollte hier die Kesselanlage, wenn es sich noch lohnt, abgedichtet werden.

Brennwert-, Heizwertnutzung

Auf den Unterschied von Brennwert- zu Heizwertnutzung ist bereits weiter oben kurz eingegangen worden. Auch sind die Probleme der Rauchgaskondensation und des Schornsteinzuges infolge der Abkühlung der Rauchgase schon erläutert worden, weshalb hier nur auf die Einsparung näher eingegangen werden soll. Die neue Abgastemperatur infolge der Brennwertnutzung in Gleichung 10-1 eingesetzt ergibt den neuen Abgasverlust. Die Reduzierung der Abgasverluste wird nach Gleichung 10-1 mit der folgenden Beziehung ermittelt

$$k_{Abg} = (1 - \frac{t_{RG,N} - t_{KR}}{t_{RG,A} - t_{KR}}) \cdot 100 \quad \text{in\,\%}\,, \qquad (10\text{-}22)$$

wobei k_{Abg} die prozentuale Veränderung des Abgasverlustes, $t_{RG,A}$ die alte und $t_{RG,N}$ die neue Rauchgastemperatur darstellt. Damit berechnet sich der neue Abgasverlust $q_{Abg,N}$ aus dem alten $q_{Abg,A}$ wie folgt:

$$q_{Abg,N} = q_{Abg,A} (1 - \frac{k_{Abg}}{100}) \quad \text{in\,\%} \qquad (10\text{-}23)$$

Beispiel 10-6: Durch die Brennwertnutzung mit einem Rauchgaskühler wird die Abgastemperatur von 240°C /Beispiel 10-1/ auf 35°C reduziert. Wie groß ist die prozentuale Abgasverlustreduzierung und der neue Abgasverlust?

Mit den Werten aus Beispiel 10-1 wird

$$k_{Abg} = (1 - \frac{35-21}{240-21}) \cdot 100 \approx 93{,}6\ \%$$

und somit

$$q_{Abg,N} = 12{,}2 \cdot (1 - \frac{93{,}6}{100}) \approx 0{,}78\ \%$$

Durch die Brennwertnutzung wird der alte Abgasverlust damit um 93,6% auf 0,78% reduziert. Die Abgase können durch nachgeschaltete Wärmeaustauscher, die im

Kessel integriert /s. Abb. 10-11/ oder nachträglich installiert sind, abgekühlt werden.

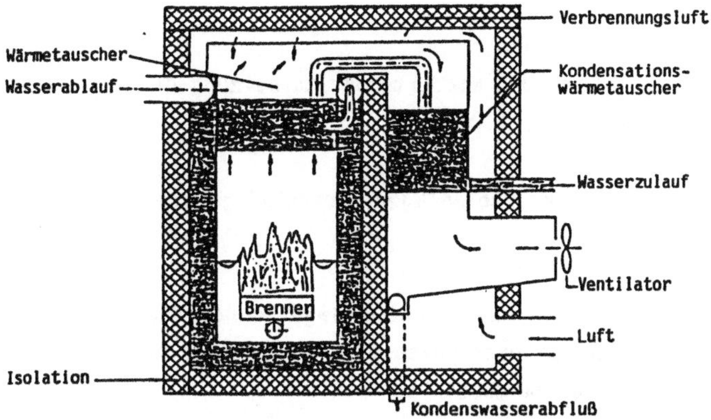

Abb. 10-11 Schematische Schnittzeichnung eines Brennwertkessels (VEG - Prototyp) /4/

Die zurückgewonnene Rauchgaswärme ist für die verschiedensten Zwecke wie Heizen, Warmwassererwärmung, Lufterhitzer usw. einsetzbar. Bei Gaskesseln ist die Brennwertnutzung einfacher als bei Ölkesseln, da die Abgase und damit das anfallende Kondensat nicht schwefelhaltig sind und nur auf den ph-Wert im Kondensat geachtet werden muß, um dieses in die öffentlichen Abwassernetze einspeisen zu können.

Nieder- oder Tieftemperaturkessel

Nieder- bzw. Tieftemperaturkessel sind Wärmeerzeuger, die mit Kesselwassertemperaturen bis zu ca. 30°C betrieben werden können (auf die Nieder- und Tieftemperaturkessel wird im folgenden noch ausführlicher eingegangen). Da mit sinkender Kesselwassertemperatur auch die Abgastemperaturen sinken (größerer Wärmeübergang an den Wärmeaustauschflächen des Kessels), eignen sich auch Nieder- und Tieftemperaturkessel zur Verringerung der Abgasverluste.

Beispiel 10-7: Der Wärmeerzeuger des Beispiels 10-1 wird durch einen Niedertemperaturkessel (mit entsprechendem Heizsystem) ausgetauscht. Es wird die neue Rauchgastemperatur von 150°C gemessen, wie groß sind die Abgasverlustreduzierung und der neue Abgasverlust?

Mit Gleichung 10-22 und Gleichung 10-23 wird

$$k_{Abg} = \left(1 - \frac{150-21}{240-21}\right) \cdot 100 \approx 41{,}1\ \%$$

und

$$q_{Abg,N} = 12,2 \cdot (1 - \frac{41,1}{100}) \approx 7,19\,\%$$

Demnach haben sich durch die Niedertemperaturheizung die Abgasverluste von 12,2% um 41,1% auf 7,19% reduziert.

Lastanpassung durch Mehrkesselanlagen, mehrstufige Brenner, modulierenden Brennerbetrieb usw.

Durch lastabhängigen Betrieb der Heizanlage können die Abgasverluste reduziert werden. In Abb. 10-12 ist dies beispielhaft für einen mehrstufigen und für einen modulierenden Ölbrenner dargestellt.

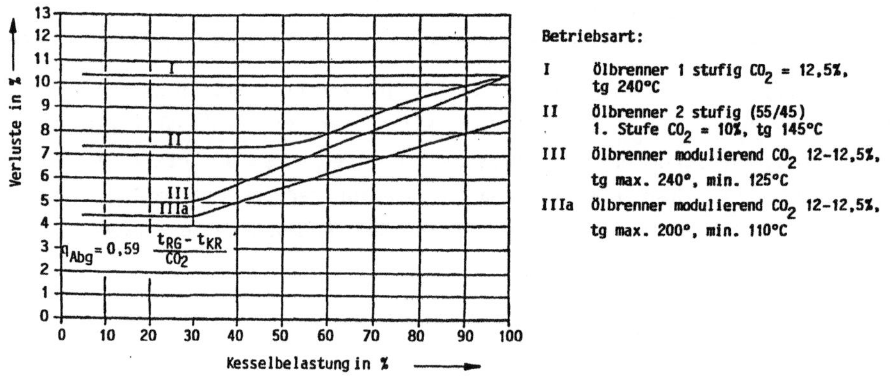

Abb. 10-12 Abgasverluste für verschiedene Brennerbauarten /26/

In allen Fällen ist der Abgasverlust durch die geringeren Abgastemperaturen niedriger. Der sich ergebende mittlere Abgasverlust kann durch "Gewichtung" über die Jahresbelastungslinie ermittelt werden. Drei Beispiele für eine Anlage mit mehrstufigem Brenner, mit modulierendem Brenner und mit einer Mehrkesselanlage sollen dies verdeutlichen.

Beispiel 10-6: Für den in Abb. 10-13 dargestellten Belastungsfall sollen bei einem Kessel mit zweistufigem Brenner die mittleren Abgasverluste ermittelt werden.

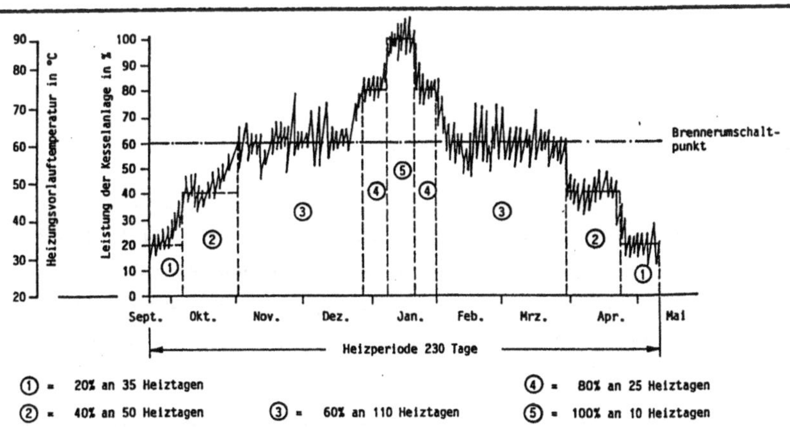

Abb. 10-13 Gemittelter Verlauf des Wärmebedarfs während einer Heizperiode /27/

Die erste Brennerstufe läuft bis 60% Auslastung, danach wird die zweite Brennerstufe dazugeschaltet /s. Abb. 10-13/. Die "Gewichtung" der ersten Brennerstufe erfolgt nun derart, daß die Anzahl der Tage d_{0-60} ermittelt wird, die notwendig ist, um den gesamten Wärmebedarf, der unter 60% Auslastung liegt, mit 60% Leistung zu decken.

$$d_{0-60} = \frac{110\,d \cdot 60\% + 50\,d \cdot 40\% + 35\,d \cdot 20\%}{60\%} = 155\,d$$

Analog dazu die Tage d_{60-100}, die bei 100% Leistung den restlichen Wärmebedarf erbringen.

$$d_{60-100} = \frac{25\,d \cdot 80\% + 10\,d \cdot 100\%}{100\%} = 30\,d$$

Mit den "Tagesgewichten" d_{0-60} und d_{60-100} ergibt sich die mittlere Abgastemperatur, aus der Abgastemperatur der ersten Brennerstufe von 180°C und der zweiten von 225°C, zu

$$t_{RG,m} = \frac{155\,d \cdot 180\,°C + 30\,d \cdot 225\,°C}{185\,d} \approx 187{,}3\,°C$$

Bei einem gemessenen CO_2-Gehalt von 11% und f = 0,59 für Heizöl sowie einer Verbrennungslufttemperatur von 20°C ergibt sich aus der mittleren Abgastemperatur der mittlere Abgasverlust

$$q_{Abg,m} = 0{,}59\,\frac{187{,}3 - 20}{11} \approx 9\,\%$$

Würde die Anlage nur mit der 2. Stufe betrieben werden, so ergäbe sich der höhere Abgasverlust von

$$q_{Abg} = 0{,}59 \, \frac{225 - 20}{11} \approx 11\ \%$$

<u>Beispiel 10-9:</u> Eine Anlage mit drei verschiedenen Heizkesseln wird derart betrieben, daß der zweite Kessel sich ab 40% Last und der dritte Kessel ab 60% Last dazuschaltet /s. Abb. 10-14/. Die Abgaswerte von Kessel eins wurden mit 180°C und 14%, die von Kessel eins und zwei zusammen mit 220°C und 11% und die aller drei Kessel mit 240°C und 10% gemessen (jeweils Abgastemperatur und CO_2-Gehalt).

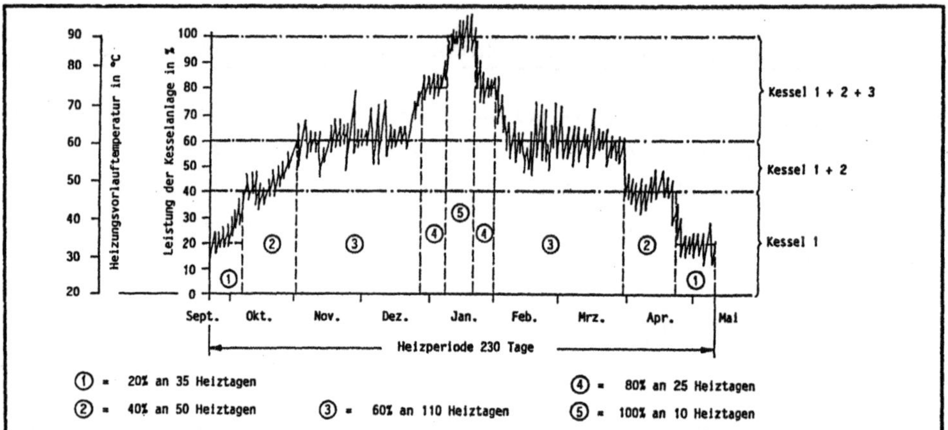

Abb. 10-14 Gemittelter Verlauf des Wärmebedarfs während einer Heizperiode /27/

Die "Tagesgewichte" berechnen sich wieder nach Abb. 10-14 wie folgt

$$d_{0\text{-}40} = \frac{35\,d \cdot 20\ \% + 50\,d \cdot 40\ \%}{40\ \%} = 67{,}5\,d$$

$$d_{40\text{-}60} = 110\,d$$

$$d_{60\text{-}100} = \frac{25\,d \cdot 80\ \% + 10\,d \cdot 100\ \%}{100\ \%} = 30\,d$$

Hiermit wird die mittlere Abgastemperatur und der mittlere CO_2-Gehalt zu

$$t_{RG,m} = \frac{67{,}5\,d \cdot 180\,°C + 110\,d \cdot 220\,°C + 30\,d \cdot 240\,°C}{207{,}5\,d} = 209{,}9\,°C$$

und

$$CO_{2,m} = \frac{67{,}5d \cdot 14\% + 110d \cdot 11\% + 30d \cdot 10\%}{207{,}5d} \approx 11{,}8\,\%$$

Für f = 0,59 (Heizöl) und 20°C Verbrennungslufttemperatur ergibt sich ein mittlerer Abgasverlust von

$$q_{Abg,m} = 0{,}59\ \frac{209{,}9-20}{11{,}8} \approx 9{,}5\,\%$$

Beispiel 10-10: Bei einer Heizanlage mit modulierendem Brennerbetrieb (Regelbereich bis 40%) sind folgende Abgaswerte gemessen worden

$t_{RG,min} = 125°C$ $\quad$ $CO_{2,max} = 12{,}5\,\%$

$t_{RG,max} = 240°C$ $\quad$ $CO_{2,min} = 12\,\%$

Mit diesen Werten ergibt sich der in der Abb. 10-15 dargestellte Verlauf für die Rauchgastemperatur nach dem CO_2-Gehalt.

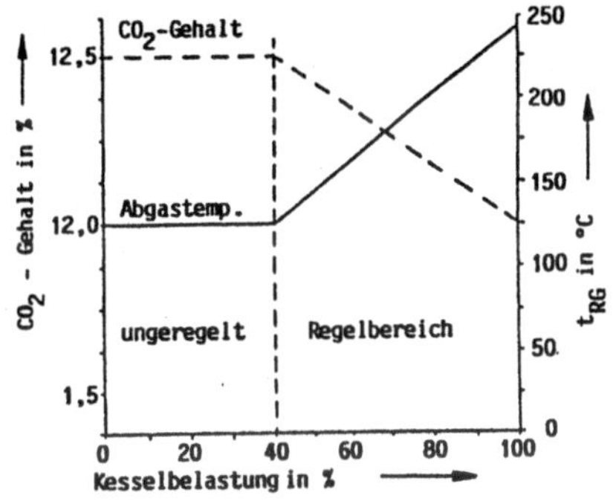

Abb. 10-15
Verlauf von Rauchgastemperatur und CO_2- Gehalt bei modulierendem Brennerbetrieb

Der Anstieg der Abgastemperatur ist

$$\frac{240°C - 125°C}{100\,\% - 40\,\%} \approx 1{,}92\ \frac{°C}{\%}$$

und der des CO_2-Gehalts

$$\frac{12\,\% - 12{,}5\,\%}{100\,\% - 40\,\%} \approx -0{,}008\ \frac{\%}{\%}$$

Bei gleicher Belastungslinie wie im Beispiel 10-9 /s. Abb. 10-14/ berechnet sich die mittlere (gewichtete) Abgastemperatur zu

$$t_{Abg,m} = \frac{35d \cdot 125°C + 50d \cdot 125°C + 110d \cdot (125°C + 20\% \cdot 1{,}92 \frac{°C}{\%}) + 25d (125°C + 40\% \cdot 1{,}92 \frac{°C}{\%}) + 10d \cdot 240°C}{230 d}$$

$$\approx 156{,}7 °C$$

Analog dazu ist der mittlere CO_2-Gehalt der Abgase

$$CO_{2,m} = \frac{35d \cdot 12{,}5\% + 50d \cdot 12{,}5\% + 110d \cdot [12{,}5\% + 20\% \cdot (-0{,}008 \frac{\%}{\%})] + 25d \cdot [12{,}5\% + 40\% \cdot (-0{,}008 \frac{\%}{\%})] + 10d \cdot 12\%}{230 d}$$

$$\approx 12{,}4\ \%$$

Der mittlere Abgasverlust ist dann wie in den vorangegangenen Beispielen

$$q_{Abg,m} = 0{,}59\ \frac{156{,}7 - 20}{12{,}4} = 6{,}5\%$$

Blauflammenbrenner

Blauflammenbrenner sind Vergasungsbrenner mit nichtstrahlender Flamme. Durch Zirkulation heißer Abgase am Flammenanfang werden die eingespritzten Öltröpfchen vergast, bevor sie verbrennen. Als Effekt stellen sich bei dieser Brennerart hohe CO_2-Werte im Abgas und fast keine Rußbildung ein. Der Einfluß der Rußbildung auf den Abgasverlust ist bereits in Kapitel 10.1.1.1 erläutert worden /s. Abb. 10-9/. Der Einfluß des CO_2-Wertes ist durch die Gleichung 10-1 abschätzbar, wonach ein zu hoher CO_2-Wert einen zu niedrigen Abgasverlust bewirkt, da er als Quotient in die Rechnung mit eingeht.

Heizöl-Additive

Heizöl-Additive sind Zusätze zum Öl, die unter anderem die Rußbildung reduzieren und dadurch, wie oben beschrieben, den Abgasverlust verringern. Sie sollten nur zur Verminderung der normalen Rußbildung benutzt werden. Vermehrte Rußbildung, die durch Brennerverstellung usw. entsteht, sollte durch andere Maßnahmen als durch Heizöl-Additive reduziert werden. In Abb. 10-16 sind die Ergebnisse eines Heizöl-Zusätze-Herstellers zur Verdeutlichung der Zusammenhänge dargestellt worden /28/. Generell ist zu empfehlen, bei der Übernahme von Zahlenwerten aus Herstellerangaben sehr kritisch zu sein, und wenn möglich, die Werte zu hinterfragen.

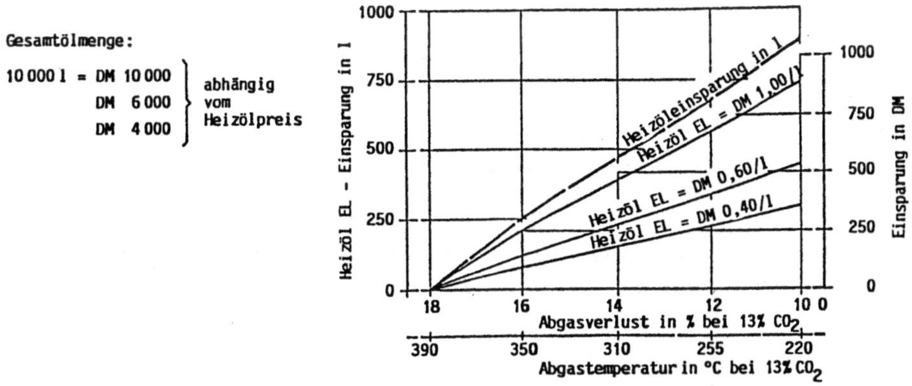

Abb. 10-16 Einsparungen durch Heizöladditive (Herstellerangaben) /28/

10.1.2 Verluste durch unverbrannte Gase und durch brennbare Rückstände

Stöchiometrische Verbrennung - Verbrennungsoptimierung

Unter stöchiometrischer Verbrennung ist die Verbrennung ohne Luftüberschuß zu verstehen. Es gibt eine theoretisch minimale Luftmenge L_{min}, die für die stöchiometrische Verbrennung benötigt wird. Die Luftzahl stellt sich dar als

$$\lambda = \frac{L}{L_{min}} \qquad (10\text{-}24)$$

das Verhältnis von wirklicher Luftmenge zur minimalen Luftmenge. Eine vollkommene Verbrennung (nur Anteile von CO_2, O_2 und N_2 im Rauchgas), die nicht zu verwechseln ist mit der stöchiometrischen Verbrennung, ist durch folgende Beziehung darstellbar:

$$\lambda = 1 + \left(\frac{CO_{2\,max}}{CO_2} - 1\right) \frac{V_{min,tr}}{L_{min}} \qquad (10\text{-}25)$$

Da bei der stöchiometrischen Verbrennung

$$L = L_{min} \qquad (10\text{-}26)$$

ist, und nach Gleichung 10-24 damit $\lambda = 1$ ist, ergibt sich die stöchiometrische Verbrennung bei der vollkommenen Verbrennung nur, wenn

$$CO_2 = CO_{2\,max} \qquad (10\text{-}27)$$

ist, da $V_{min,tr}$ und L_{min} ungleich 0 sind und bei der Bedingung der Gleichung 10-26 die Gleichung 10-25 zu $\lambda = 1$ wird.

Gleichung 10-5 in die Siegertsche Formel 10-1 eingesetzt, ergibt

$$q_{Abg} = \frac{c_{pA}}{H_u}(t_{RG} - t_{KR}) \cdot [V_{min,f} + (\frac{CO_{2\,max}}{CO_2} - 1) V_{min,t}] \,. \tag{10-28}$$

Die Bedingung der Gleichung 10-27 hierbei berücksichtigt, bringt den Abgasverlust bei stöchiometrischer und vollkommener Verbrennung von

$$q_{Abg} = \frac{c_{pA} \cdot V_{min,f}}{H_u} (t_{RG} - t_{KR}) \cdot 100 \text{ in } \% \tag{10-29}$$

Nun ist die stöchiometrische Verbrennung schwer realisierbar, da die Verbrennung in der Praxis nach kurzer Zeit instabil wird. Mehrere Randparameter fordern durch ihre Schwankungen einen Luftüberschuß, wie dies der Tab. 10-8 entnommen werden kann.

Äußerliche und variable Faktoren	Vollbelastung in %	Teilbelastung in %
A. Gasdruck	5	5
B. Gaszusammensetzung	8	8
C. Klimaverhältnisse	6	6
D. Feuerungsdruckvariationen	2	7
E. variable Netzspannung	1	1
F. Variation in der Regelcharakteristik	5	20
G. konstruktiver minimaler Luftüberschuß am Brenner η min.	5	10
$\sqrt{A^2 + B^2 + C^2 + D^2 + E^2 + F^2}$	12,5	24
+		
η min. Brenner (G)	5	10
=		
Total	17,5	34
praktische Werte		
minimal	5	10
durchschnittlich	30	35
maximal	56	61

Tab. 10-8 Luftüberschußwerte in Prozent für bestimmte Randbedingungen. Treffen alle Randbedingungen zusammen, muß mit max. 56% Luftüberschuß gefahren werden. /21/

Nach /1/ ergeben sich deshalb die in der Tab. 10-8 zusammengestellten günstigsten Luftzahlen für die verschiedenen Wärmeerzeuger.

Gasgebläsefeuerungen	λ = 1,10 ... 1,30
atmosphärische Gasbrenner	λ = 1,25 ... 1,50
Ölfeuerungen	λ = 1,20 ... 1,50
Kohlenstaubfeuerungen	λ = 1,20 ... 1,30
mechanische Kohlefeuerungen	λ = 1,30 ... 1,50
handbeschickte Kohlefeuerungen	λ = 1,50 ... 2,00

Tab. 10-9 Günstige Luftzahl λ für Wärmeerzeuger /1/

Eine mögliche Reduzierung des Luftüberschusses auf die obigen Bereiche ist sehr zu empfehlen, da, wie das Beispiel für Erdgas L in Abb. 10-17 zeigt, hierdurch Brennstoff in jedem Falle eingespart wird.

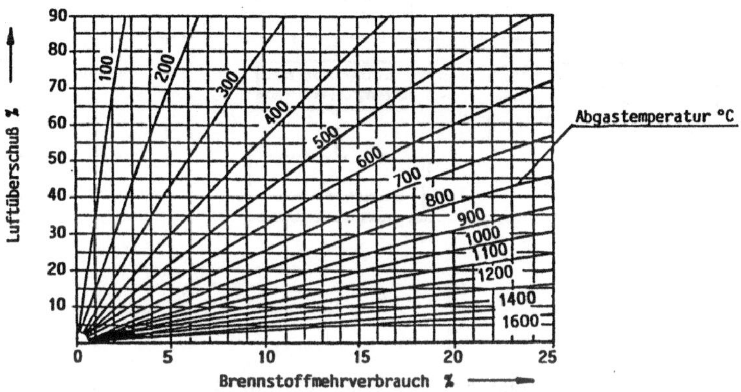

Abb. 10-17 Brennstoffmehrverbrauch für Erdgas L infolge von Luftüberschuß /22/

Weiterhin kann bei größeren Kesselanlagen durch stetige Messungen im Rauchgas (Rauchgassensoren) und mit Hilfe von Mikroprozessoren die Verbrennung überwacht und geregelt werden. Wie sich eine derartige Luftüberschußregelung auf die Feuerungsanlage im einzelnen auswirkt, zeigt die Abb. 10-18.

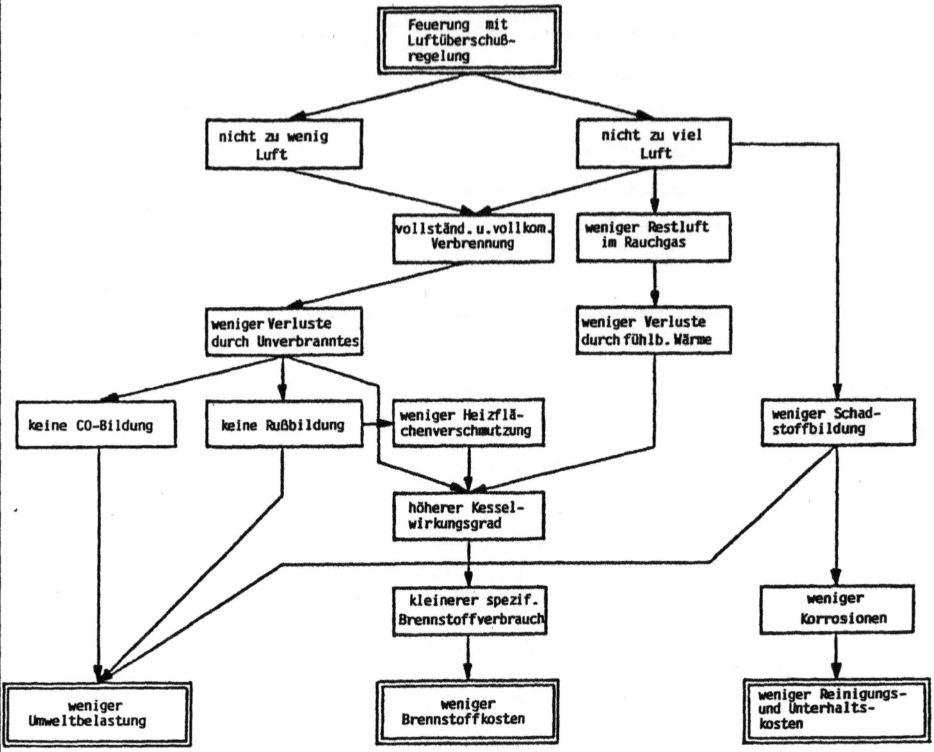

Abb. 10-18 Hauptsächliche Auswirkungen der Luftüberschußregelung bei Ölfeuerung (ähnlich bei gasförmigen und festen Brennstoffen) /25/

Außer einer Verbesserung des Wirkungsgrades und damit Verringerung der Brennstoffkosten werden die Gesamtkosten der Anlage noch durch die eingesparten Reinigungs- und Unterhaltungskosten reduziert. Nicht zu vergessen die geringere Umweltbelastung, die zwar schwer bewertbar ist, aber irgendwo (in der Regel allerdings nicht beim Anlagenbetreiber) sicherlich auch Kosten einspart.

Die thermischen Verluste des Rauchgases q_{Abg} verhalten sich gegenläufig zu den Verlusten durch unverbrannte Materialien /s. Abb. 10-19/.

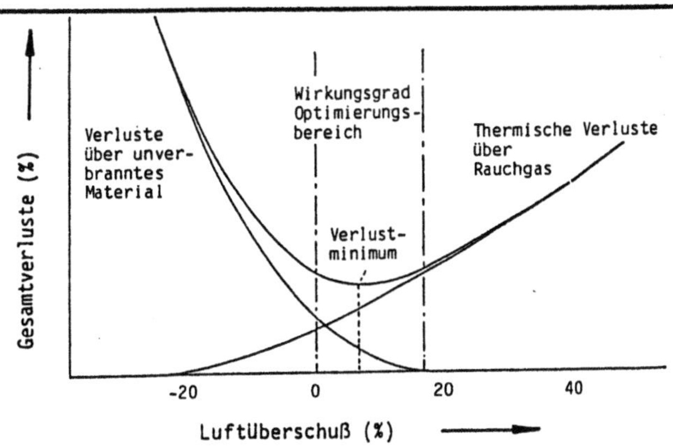

Abb. 10-19 Kesselverluste in Abhängigkeit vom Luftüberschuß /23/

Das Verlustminimum ist hierbei nur mit Luftüberschuß zu erreichen. Die Bestimmung von λ bei unvollkommener Verbrennung erfolgt nach der Beziehung

$$\lambda = 1 + \frac{CO_{2max} - \dfrac{(CO_2 + CO) \cdot 100}{100 - 0{,}5\,CO - 1{,}5\,H_2}}{\dfrac{(CO_2 + CO) \cdot 100}{100 - 0{,}5\,CO - 1{,}5\,H_2}} \cdot \frac{V_{min,tr}}{L_{min}} \qquad (10\text{-}30)$$

Für CO und H_2 gleich Null geht Gleichung 10-30 in die Gleichung 10-25 für die vollkommene Verbrennung über. Durch zusätzliche Messung des CO- und H_2-Gehaltes im Abgas kann die Luftzahl und damit die Güte der Verbrennung nach Gleichung 10-30 berechnet werden. Grundsätzlich ist jedoch wegen des hohen Heizwertes von CO der CO-Gehalt im Abgas zu minimieren. Nach /1/ bringt 1% CO-Gehalt im Abgas überschläglich einen Verlust von 5% bis 7%, wobei der zulässige Wert unter 0,1% liegen sollte. Die Verluste durch unverbrannte Gase lassen sich wie folgt berechnen ($V_{min,tr}$ in m^3_N/kg):

$$q_{unv} = \frac{V_{min,tr} \cdot 12640 \cdot CO}{H_u} \text{ (in \%)} \qquad (10\text{-}31)$$

Angenähert gibt Brauss /1/ die Gleichung

$$q_{unv} = \frac{b \cdot CO}{CO + CO_2} = \frac{b}{1 + \dfrac{CO_2}{CO}} \qquad (10\text{-}32)$$

an, wobei der Faktor b für Koks gleich 69 und für Heizöl gleich 52 zu setzen ist. Auch der O_2-Gehalt des Abgases läßt sich anstelle von CO_2 als Indikator für die Güte der Verbrennung benutzen, da sich die Luftzahl darstellen läßt (vollkommene Verbrennung) als Funktion des O_2-Gehalts /s. auch Abb. 10-20/.

$$\lambda = 1 + \frac{O_2}{21 - O_2} \cdot \frac{V_{min,tr}}{L_{min}} \tag{10-33}$$

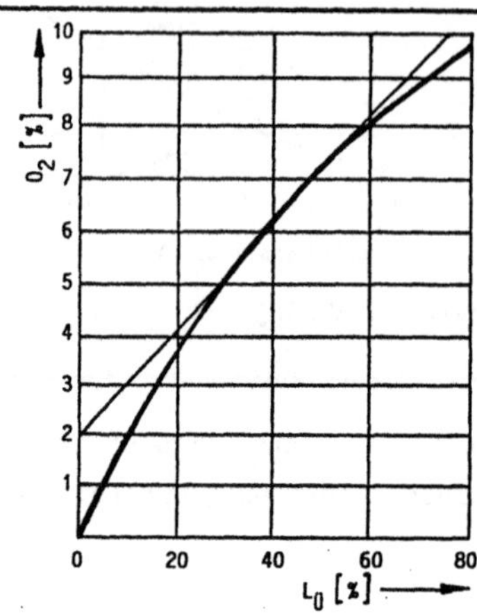

Abb. 10-20 Sauerstoffgehalt der Abgase in Abhängigkeit vom Luftüberschuß /24/

Wird diese Beziehung in Gleichung 10-25 eingesetzt, so entsteht der folgende Zusammenhang zwischen dem CO_2- und dem O_2-Gehalt des Rauchgases (bei vollkommener Verbrennung):

$$O_2 = 21\left(1 - \frac{CO_2}{CO_{2max}}\right) \tag{10-34}$$

Die richtige Einstellung der Verbrennungseinrichtung (Brenneinstellung, Brenneranpassung usw.) nach den oben genannten Indikatoren trägt erheblich zur Energieeinsparung bei.

Die ungefähre Höhe der Einsparung in % läßt sich aus dem Nomogramm /24/ der Abb. 10-21 ermitteln, wie das nachfolgende Beispiel zeigen soll.

$\Delta t = t_{RG} - t_{KR}$

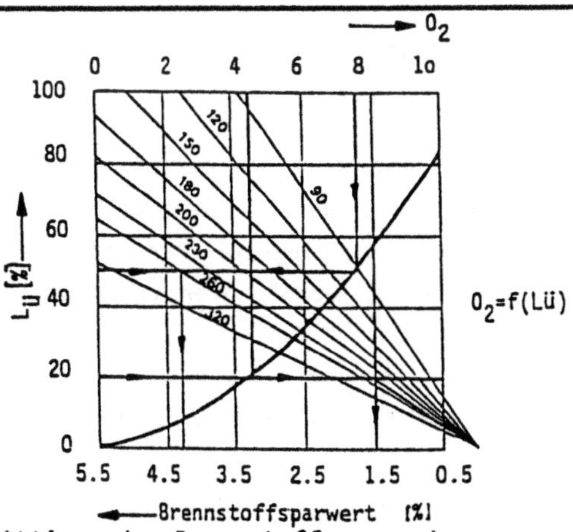

Abb. 10-21 Nomogramm zur Ermittlung der Brennstofferspamis

Beispiel 10-11: Durch die Abgasmessung wurde eine Luftzahl von

$$\lambda = 1,5$$

ermittelt, was einem Luftüberschuß $L_ü$ von 50% nach folgender Beziehung entspricht

$$L_ü = (\lambda - 1) \cdot 100 \quad \text{in}\,\% \tag{10-35}$$

Wie hoch ist die Brennstoffersparnis in %, wenn der Luftüberschuß durch Verbrennungsregelung auf 20% reduziert werden kann? Die Abgastemperatur wurde mit 280°C und die angesaugte Luft mit 20°C gemessen.

Aus Abb. 10-21 ist für $L_ü$ gleich 50% und einer Temperaturdifferenz von

$$\Delta t = 280 - 20 = 260 \text{ K}$$

ein Brennstoffsparwert von ca. 3,75% abzulesen.

Für 20% Luftüberschuß ist bei ansonsten gleicher Temperaturdifferenz für den Brennstoffsparwert 1,5% abzulesen. Die Differenz der beiden Sparwerte ergibt die gesuchte prozentuale Brennstoffersparnis von

$$3,75\% - 1,5\% = 2,25\%$$

Ist der O_2-Gehalt der Abgase bekannt, so kann über die Kennlinie des Sauerstoffgehalts der Luftüberschuß ermittelt werden und dann wie in der oben beschriebenen Weise weiter vorgegangen werden.

Eine weitere Verlustquelle bei der Wärmeerzeugung sind die bei der unvollkommenen Verbrennung vorkommenden unverbrannten Gase und brennbaren Rückstände. Bei einer vorschriftsmäßig eingestellten und betriebenen Heizanlage sind diese Verluste relativ gering, weshalb hier auf diese nur kurz eingegangen wird.

Die Bestimmung des bei festen Brennstoffen auftretenden Verlustes durch brennbare Rückstände ermittelt sich nach /1/ aus folgender Beziehung

$$q_{bRV} = \frac{\dot{R} \cdot c \cdot 32000}{\dot{B} \cdot H_u} \cdot 100 \quad \text{in } \% \tag{10-36}$$

$\dot{R}$ sind hierbei die anfallenden Rückstände in kg/s, c der Kohlenstoffgehalt der Rückstände in kg/kg, $\dot{B}$ die verbrauchte Brennstoffmenge in kg/s und H_u der untere Heizwert des Brennstoffes in kJ/kg, wobei die Zahl 32000 auf den Heizwert für Kohle in kJ/kg bezogen worden ist.

Die Berechnungen der Verluste durch unverbrannte Gase können nach den bereits angegebenen Gleichungen 10-29 und 10-30 vollzogen werden.

Als Indikator für die hier genannten Verluste kann der CO-Gehalt im Abgas benutzt werden, wobei CO-Gehalte > 0,1% möglichst vermieden werden sollten. Denn je % CO-Gehalt des Abgases ergibt sich ein Wärmeverlust von etwa 5% bis 7% /1/. Maßnahmen zur Verminderung der Verluste durch unverbrannte Gase und durch brennbare Rückstände sind alle Verbesserungen des Verbrennungsprozesses bis hin zur vollkommenen und stöchiometrischen Verbrennung. Diese Maßnahmen sind in der Palette der Maßnahmen für die Senkung der Abgasverluste bereits enthalten.

10.2 Restverluste

Als Restverluste werden alle Verluste des Wärmeerzeugers bezeichnet, die außer den Abgasverlusten und den Verlusten durch unverbrannte Gase sowie brennbarer Rückstände noch anfallen. In der Abb. 10-22 sind für einen Wärmeerzeuger alle während des Betriebs auftretenden Verluste dargestellt (bis auf die Verluste durch unverbrannte Gase und brennbare Rückstände, da diese von vernachlässigbarer Größenordnung sind).

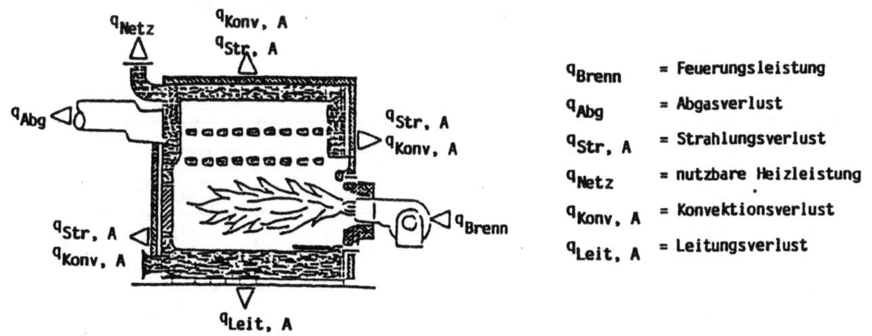

Abb. 10-22 Darstellung der Wärmeerzeugerverluste (Restverluste) /29/

Diese weiteren Verluste sind die Strahlungs-, Konvektions- und Leitungsverluste über die Wärmeerzeugeroberfläche. Die Energiebilanz für den Wärmeerzeuger lautet dann :

$$q_{Brenn} = q_{Netz} + q_{Abg} + q_{Str,A} + q_{Konv,A} + q_{Leit,A} , \tag{10-37}$$

wobei q_{Brenn} = 100% der Energiegehalt des eingesetzten Brennstoffs und q_{Netz} der auf den Brennstoff bezogene Energieanteil, der in das Heizungsnetz geht, ist. Die Strahlungs-, Konvektions- und Leitungsverluste über die Kesseloberfläche werden in der Literatur oft nur unter dem Begriff "Strahlungsverluste" q_{Str} zusammengefaßt:

$$q_{Str} = q_{Str,A} + q_{Konv,A} + q_{Leit,A} \tag{10-38}$$

Strahlungsverluste

Die Strahlungsverluste eines Wärmeerzeugers werden annähernd (unter Vernachlässigung der Strahlung) über die Beziehung

$$q_{Str} = \frac{A_{KO} \cdot \alpha_{KO} \cdot (t_{KOm} - t_{KR})}{\dot{Q}_{Brenn}} \cdot 100 \text{ in } \% \tag{10-39}$$

ermittelt. A_{KO} und α_{KO} sind die Fläche und der Wärmeübergangskoeffizient der Kesseloberfläche, t_{KOm} ist die mittlere Wärmeerzeugeroberflächentemperatur, t_{KR} die Kesselraumlufttemperatur und $\dot{Q}_{Brenn}$ der eingesetzte Brennstoffenergiestrom. Nach /1/ liegt der Wärmeübergangskoeffizient im Bereich von 10 bis 12 W/m^2K und nach /15/ wird in Abhängigkeit von der mittleren Oberflächentemperatur des Wärmeerzeugers die folgende Tabelle für den Wärmeübergangskoeffizienten angegeben, die in Abb. 10-23 graphisch wiedergegeben wurde.

Mittlere Oberflächentemperatur	α_{KO}-Wert
30°C	9 W/m²K
80°C	13 W/m²K
150°C	15 W/m²K

Tab. 10-10 Wärmeübergangskoeffizienten von Wärmeerzeugeroberflächen /15/

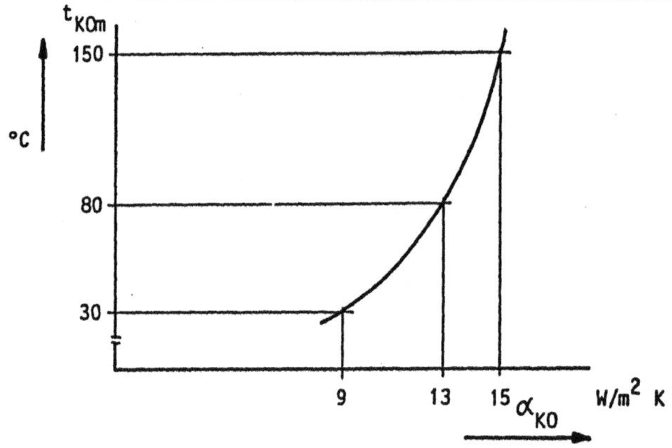

Abb. 10-23 Wärmeübergangskoeffizienten von Wärmeerzeugeroberflächen

Die Temperaturen t_{KOm} und t_{KR} werden durch Messungen ermittelt. In der DIN 1942 /30/ /s. Abb. 10-24/ sind Werte für q_{Str} von Heizkesseln zur Raumwärmeerzeugung, die bis 1978 und ab 1979 gebaut worden sind, angegeben.

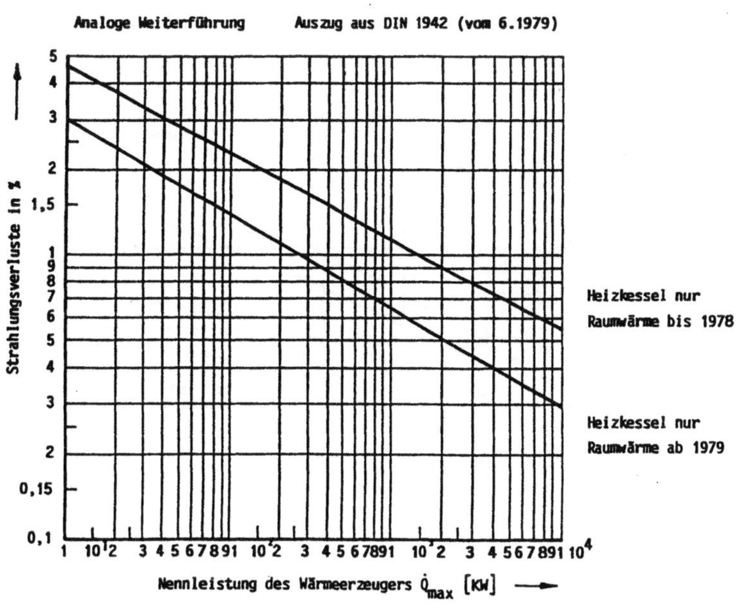

Abb. 10-24 Strahlungsverluste /30/

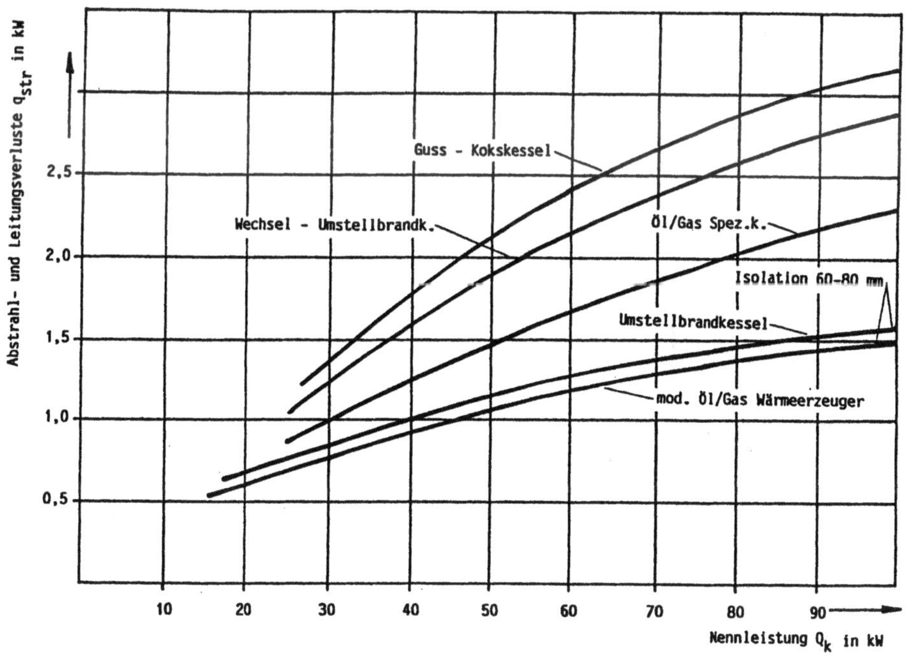

Abb. 10-25 Abstrahl- und Leitungsverluste /31/

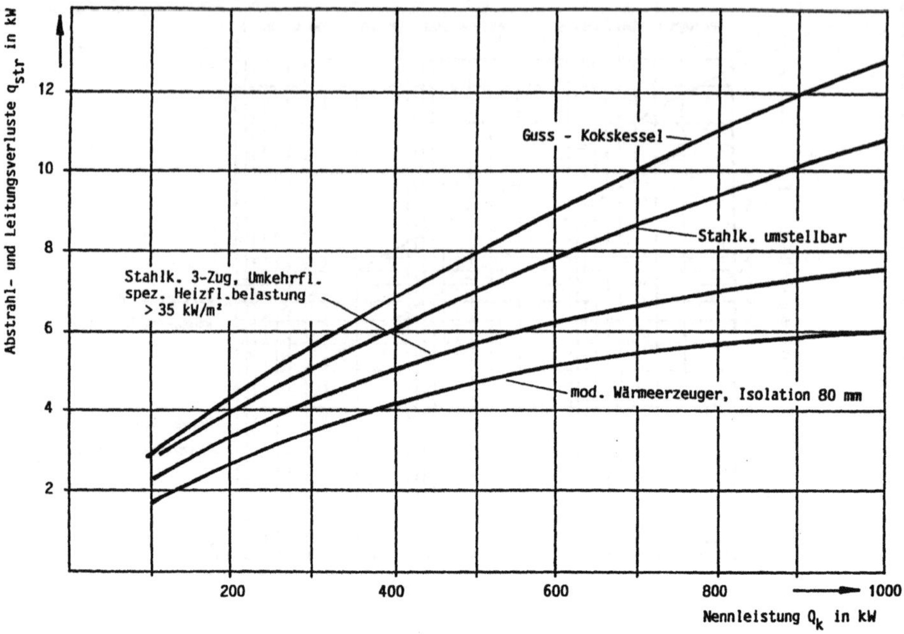

Abb. 10-26 Abstrahl- und Leitungsverluste /31/

Ebenfalls über die Nennleistung, jedoch für verschiedene Wärmeerzeuger, sind nach /31/ die in den Abb. 10-25 und Abb. 10-26 dargestellten Werte für die überschlägliche Ermittlung von q_{Str} verwendbar.

Gleichfalls über die Kesselnennleistung und für verschiedene Wärmeerzeuger sind die Strahlungsverluste q_{Str} gleich in % /29/ der Abb. 10-27 zu entnehmen.

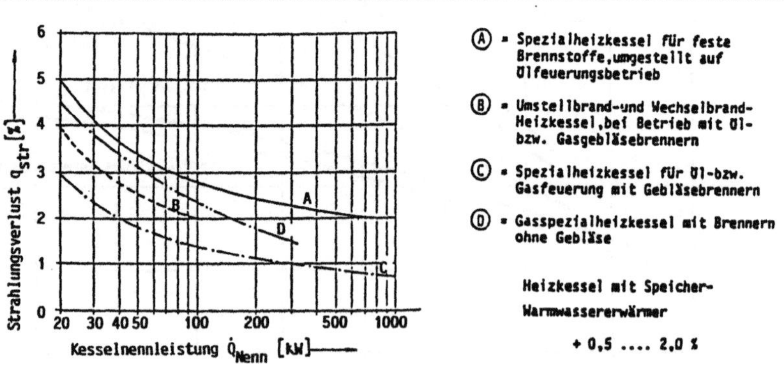

Abb. 10-27 Strahlungsverluste verschiedener Heizkesselbauarten bei t_K = 18°C /29/

Rechnerisch kann der Strahlungsverlust auch mit Hilfe von Gleichung 10-37 und Gleichung 10-38 ermittelt werden, denn es gilt :

$$q_{Str} = q_{Brenn} - q_{Netz} - q_{Abg.} \tag{10-40}$$

bzw. da

$$q_{Brenn} = 100\,\%, \text{ ist}$$

$$q_{Str} = 100 - q_{Netz} - q_{Abg.} \text{ in } \% \tag{10-41}$$

Dabei ist

$$q_{Netz} = \frac{\dot{Q}_{Netz}}{\dot{Q}_{Brenn}} \cdot 100 \text{ in } \% \tag{10-42}$$

der Quotient aus dem Wärmestrom $\dot{Q}_{Netz}$ in das Heizungsnetz und dem Energiestrom des eingesetzten Brennstoffs $\dot{Q}_{Brenn}$. $\dot{Q}_{Netz}$ ist durch die Beziehung

$$\dot{Q}_{Netz} = \dot{m}_{Netz} \cdot c_p \cdot (t_V - t_R) \tag{10-43}$$

und $\dot{Q}_{Brenn}$ durch die Gleichung

$$\dot{Q}_{Brenn} = \dot{m}_{Brenn} \cdot H_u \tag{10-44}$$

bestimmt. t_V und t_R sind die Vor- und Rücklauftemperaturen des Heizwassers, c_p und $\dot{m}_{Netz}$ die spezifische Wärmekapazität und der Massenstrom des Heizwassers, $\dot{m}_{Brenn}$ der Massenstrom und H_u der untere Heizwert des Brennstoffs. Ist $\dot{m}_{Netz}$ bekannt, so läßt sich der Strahlungsverlust einfach berechnen. Überschläglich kann auch für $\dot{Q}_{Netz}$ die Nennleistung des Kessels eingesetzt werden. Wenn der statische Kesselwirkungsgrad (statisch steht hier für Dauerbetrieb ohne Stillstand = Brenner immer in Betrieb) bekannt ist (Herstellerangaben), kann mit Hilfe der folgenden Gleichung

$$\eta_K = \frac{q_{Netz}}{q_{Brenn}}\,, \tag{10-45}$$

die in Gleichung 10-38 eingesetzt wird und somit zu

$$q_{Str} = q_{Brenn} - q_{Brenn} \cdot \eta_K - q_{Abg} \tag{10-46}$$

bzw.

$$q_{Str} = 100 - (100 \cdot \eta_K) - q_{Abg} \text{ [in \%]} \tag{10-47}$$

wird, der Strahlungsverlust berechnet werden.

Eine weitere Möglichkeit, den Abstrahlungsverlust zu bestimmen, besteht in der Errechnung aus dem Zusammenhang zwischen dem Betriebsbereitschaftsverlust q_{Bb} (Erklärung erfolgt weiter unten) /29/. Denn es gelten die Beziehungen

$$q_{Str} = \frac{3}{2} q_{Bb} \tag{10-48}$$

für Spezialheizkessel mit wenigen Türen und Beschlägen und

$$q_{Str} = \frac{4}{3} \cdot q_{Bb} \tag{10-49}$$

für andere Wärmeerzeuger mit großen Türanteilen. Bei kombinierten Heizkesseln ist ein Zuschlag von etwa 0,5% notwendig. Nach /31/ ergibt sich der gleiche Zusammenhang nur mit anderen Faktoren und anderen Kriterien, und zwar für Wärmeerzeuger horizontaler Bauweise

$$q_{Str} = 1{,}4 \cdot q_{Bb} \tag{10-50}$$

und für vertikale Bauweise des Wärmeerzeugers

$$q_{Str} = 1{,}6 \cdot q_{Bb} \tag{10-51}$$

Innere Auskühlverluste

Bisher ist immer davon ausgegangen worden, daß der Wärmeerzeuger ständig in Betrieb ist. Dies ist in der Realität nicht der Fall (bis auf den Auslegungsfall), da insbesondere im Teillastbetrieb die Kessel bis zum nächsten Einschalten des Brenners eine Zeit lang außer Betrieb sind. In dieser sogenannten "Betriebsbereitschaftszeit" kühlen die wärmespeichernden Massen (Kesselwasser und Kesselmaterial wie Gußglieder und Schamottauskleidung) mehr oder weniger je nach Länge der Betriebspause aus. Um beim erneuten Brennerstart den Kessel wieder auf Betriebstemperatur zu bringen, ist zusätzliche Energie notwendig, die den Verlusten während der Betriebsbereitschaftszeit entsprechen. Diese Verluste werden "Betriebsbereitschaftsverluste" genannt, sie setzen sich aus den inneren Auskühlverlusten $q_{AK,i}$ und den äußeren Strahlungsverlusten q_{Str} zusammen.

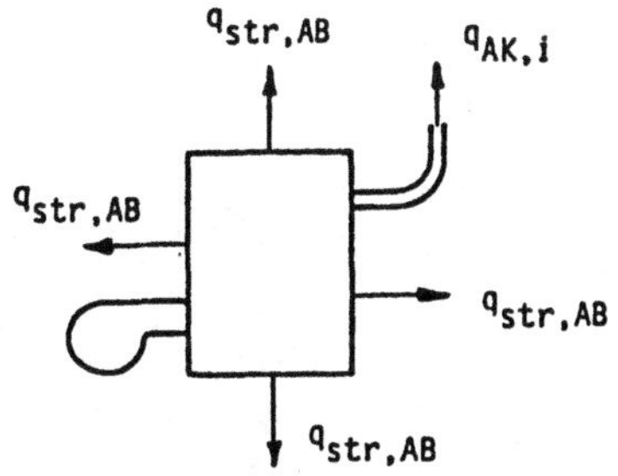

Abb. 10-28 Darstellung der Betriebsbereitschaftsverluste

Die inneren Auskühlverluste entstehen durch die auch während der Betriebsphasen auftretende Durchströmung von Luft, die durch den Brenner und andere Undichtigkeiten in den Kessel eindringt und durch konvektive Wärmeübertragung Energie über die Rauchgasabzüge nach außen hin abführt. Die Berechnung der inneren Auskühlverluste erfolgt nach folgender Gleichung

$$q_{AK,i} = \frac{\dot{V}_L \cdot c_{pL} \cdot \rho_L \cdot (t_{AK,B} - t_{KR})}{\dot{Q}_{Brenn}} \cdot 100 \quad \text{in } \% \tag{10-52}$$

$\dot{V}_L$ ist der Volumenstrom der durchströmenden Luft, c_{pL} und ρ_L die spezifische Wärmekapazität und die Dichte der Luft und $t_{AK,B}$ die mittlere Temperatur im Abgaskanal während der Betriebspausen des Brenners. Für eine überschlägliche Bestimmung der inneren Auskühlverluste können die Werte der Abb. 10-29 und Abb. 10-30 nach /31/ entnommen werden.

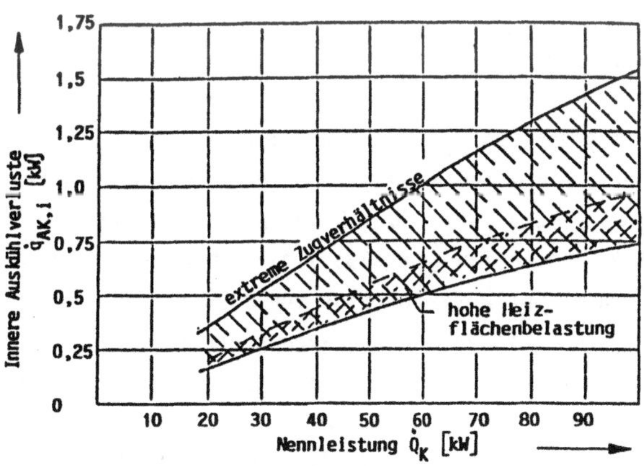

Abb. 10-29 Innere Auskühlverluste /31/

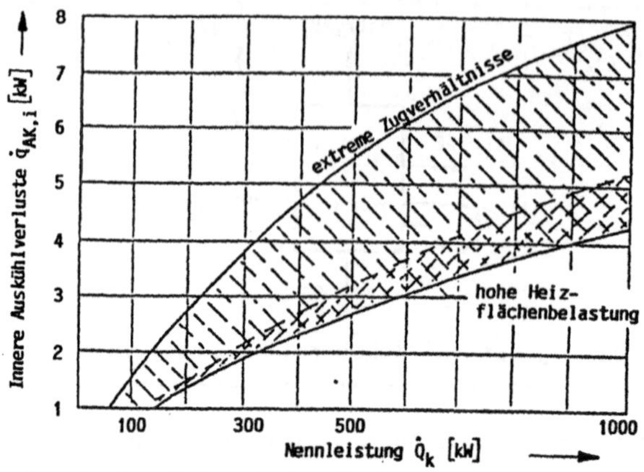

Abb. 10-30 Innere Auskühlverluste /31/

Je nach Auslastung und Schornsteinzug ergeben sich hierbei verschiedene Werte.

Strahlungsverluste während der Betriebsbereitschaft

Die Strahlungsverluste während der Betriebsbereitschaft entsprechen im Prinzip den Strahlungsverlusten, die während des Betriebs des Wärmeerzeugers auftreten. Zu beachten ist nur, daß hier je nach Dauer der Schaltpause zwischen zwei Betriebszuständen die mittlere Oberflächentemperatur des Wärmeerzeugers mehr oder weniger absinkt. Insbesondere im Sommerbetrieb, wo der Wärmeerzeuger nur für die Warmwasserbereitung in Betrieb ist, sinkt die Oberflächentemperatur wegen der langen Schaltpausen stark ab.

Betriebsbereitschaftsverlust

Der Betriebsbereitschaftsverlust q_{Bb} ist die Summe aus den inneren Auskühlverlusten und den Strahlungsverlusten während der Betriebsbereitschaftszeit. Oder nach Definition der VDI - 2067 /32/: "Der Betriebsbereitschaftsverlust ist - dimensionslos ausgedrückt - die Feuerungslaufzeit mit Nennlast während der Einschaltdauer bei konstanter Vorlauftemperatur von 80°C ohne jegliche Nutzwärmeabgabe". Wegen der unterschiedlichen Wärmeerzeugung eines Kessels in der Heizperiode und den Sommermonaten wird nach /15/ der q_{Bb} in den Betriebsbereitschaftsverlust q_{BbH} und q_{BbS} während und außerhalb der Heizperiode aufgespalten. Der gesamte Betriebsbereitschaftsverlust läßt sich nach folgender Gleichung aus den gewichteten Teilbetriebsbereitschaftsverlusten ermitteln

$$q_{Bb} = \frac{q_{BbH} \cdot z_H + q_{BbS} \cdot z_S}{z_{ges}} \qquad (10\text{-}53)$$

wobei

$$z_{ges} = z_H + z_S \quad (10\text{-}54)$$

ist. z_{ges} ist hierbei die gesamte Einschaltdauer des Wärmeerzeugers, die sich zusammensetzt aus der Einschaltdauer während der Heizzeit und außerhalb der Heizzeit. Unter Sommerzeit ist hier das Heizen außerhalb der Heizperiode zu verstehen, nicht jedoch die Warmwasserbereitung. q_{BbH} und q_{BbS} werden meßtechnisch erfaßt (siehe Istwertaufnahme) oder überschläglich aus den Strahlungsverlusten und inneren Auskühlverlusten wie folgt ermittelt /31/:

$$q_{BbH} = 0{,}9 \cdot [q_{Str} + q_{AK,i} \cdot (1 - \frac{q_{Str}}{100})] \quad \text{in } \% \quad (10\text{-}55)$$

und

$$q_{BbS} = q_{BbH} \cdot 0{,}5 \quad \text{in } \% \quad (10\text{-}56)$$

Der Betriebsbereitschaftsverlust außerhalb der Heizzeit wird demnach halb so groß angesetzt wie der in der Heizzeit, was sich aus den längeren Betriebspausen ergibt. In der Heizzeit werden die Strahlungsverluste $q_{Str,AB}$ bei ausgeschaltetem Brenner den Strahlungsverlusten q_{Str} bei eingeschaltetem Brenner gleichgesetzt, da in der Regel die Betriebspausen so kurz sind, daß sich die nominale Temperaturabnahme kaum auf den Verlust auswirkt, weshalb in Gleichung 10-51 anstelle $q_{Str,AB}$ q_{Str} eingesetzt wird. Eckwerte für die Betriebsbereitschaftsverluste können auch der VDI - 2067 /32/ entnommen werden /s. Tab. 10-11/.

Kesselbauart	Leistung des einzelnen Kessels	Baujahr des Heizkessels bis einschl. 1978		ab 1979 *)			
		Bertieb ohne gleitende Kesseltemperatur				Betrieb mit gleitender Kesseltemp.	
	kW	Öl und/oder Gas q_B *)	q_B **)	Öl und/oder Gas q_B *)	q_B **)	Öl und/oder Gas q_B *)	q_B **)
Umlauf-Gas-Wassererheizer	< 37	0,02	-	0,01	-	0,01	-
Gas-Spezialkessel mit Brenner ohne Gebläse	< 50	0,04	0,05	0,02	0,03	0,015	0,02
automatischer Spezialkessel mit Gebläse		0,04	0,05	0,02	0,03	0,015	0,02
Umstell-und Wechselbrandkessel		0,05	0,06	0,03	0,04	0,02	0,03
Gas-Spezialheizkessel mit Brenner ohne Gebläse	50 bis 120	0,03	0,04	0,015	0,025	0,01	0,013
Automatischer Spezialkessel mit Gebläse		0,03	0,04	0,015	0,025	0,01	0,013
Umstellbrand-und Wechselbrand-kessel		0,03	0,035	0,015	0,025	-	-
Gas-Spezialkessel mit Brenner ohne Gebläse	ab 120 bis 350	0,02	-	0,01	-	-	-
automatischer Spezialkessel mit Gebläse		0,02	-	0,01	-	-	-
Umstellbrand-und Wechselbrand-kessel		0,025	0,035	-	-	-	-
Gas-Spezialkessel mit Brenner ohne Gebläse	ab 350 bis 1200	0,013	0,018	0,01	-	-	-
automatischer Spezialkessel mit Gebläse		0,015	0,02	0,01	-	-	-
mechanischer oder automatischer Spezialkessel für feste Brennstoffe	1200 bis 4600	-	-	-	-	-	-
	ab 4600 bis 12000	-	-	-	-	-	-
Flammrohr-Rauchrohr-Kessel mit Unterschubfeuerung	1200 bis 4600	-	-	-	-	-	-
	ab 4600 bis 12000	-	-	-	-	-	-
Flammrohr-Rauchrohr-Kessel mit Zonenwander- oder Schüttelrost	1200 bis 4600	-	-	-	-	-	-
	ab 4600 bis 12000	-	-	-	-	-	-
Mehrzugkessel Öl/Gas	1200 bis 4600	0,01	-	0,01	-	-	-
	ab 4600 bis 12000	0,01	-	0,01	-	-	-
	> 12000	0,01	-	0,01	-	-	-
Wasserrohr-Kessel	4600 bis 12000	0,01	-	0,01	-	-	-
	> 12000	0,01	-	0,01	-	-	-

*) Durch den Erlaß der ersten Heizungs-Anlagen-Verordnung im Sept. 1978 wurde die bereits durch die vorangegangene Ölpreissteigerung bewirkte technische Weiterentwicklung der Wärmeerzeuger beschleunigt. Erkennbar waren die Ergebnisse dieser Entwicklung durch das Angebot neuer Wärmeerzeuger auf der Internationalen Sanitär- und Heizungsmesse in Frankfurt im März 1979. Hierauf beruht die gewählte zeitliche Unterscheidung in dieser Tabelle.

*) Werte gelten für Heizkessel und Heizkessel mit speicherlosem Durchlauferhitzer.

**) Werte gelten für Heizkessel mit Speicherwassererwärmer.

Tab. 10-11 Betriebsbereitschaftsverluste

10.2.1 Istwert-Aufnahme

Für die Berechnung des Strahlungsverlustes im Betriebszustand nach Gleichung 10-38 ist die meßtechnische Bestimmung der mittleren Kesseloberflächentemperatur t_{KOm} notwendig. Die gesamte Fläche wird in die folgenden, etwa temperaturgleichen Flächen unterteilt, wo dann mit Hilfe eines Oberflächentemperaturmeßgerätes die Temperatur bestimmt wird /31/.

- Türen, Putzdeckel, Brenneranschlußplatten
- isolierte Blechverkleidung
- Standfläche des Wärmeerzeugers
- Verbindungsrohre und Ladepumpen, die integrierende Bestandteile des Wärmeerzeugers darstellen
- großflächige Abgaskammern bzw. -stutzen

Der gesamte Strahlungsverlust der n Teilflächen wird berechnet nach der Gleichung 10-39

$$q_{Str} = \frac{\sum_{j=1}^{n} A_j \cdot \alpha_j \cdot (t_{KO_j} - t_{KR})}{\dot{Q}_{Brenn}} \cdot 100 \text{ in } \% \qquad (10\text{-}57)$$

Die einzelnen Werte für α_j sind wiederum der Tab. 10-10 bzw. der Abb. 10-23 zu entnehmen. Nach Gleichung 10-41 ist die Berechnung des Strahlungsverlustes ebenfalls möglich, wenn durch Temperaturmessung die Vor- und Rücklauftemperatur des Heizwassers, durch Volumenstrommessung (über Differenzdruck oder Schwebekörper) der Massenstrom des Heizwassers und durch "Auslitern" der Brennstoffdurchsatz (bei Gas durch Gaszähler) bestimmt wird. Ist der Kesselwirkungsgrad bekannt (z.B. Herstellerangaben) kann nach Gleichung 10-47 ebenfalls der Strahlungsverlust berechnet werden. Eine weitere Abschätzung des Strahlungsverlustes ergibt sich aus den Gleichungen 10-48, 10-49, 10-50 bzw. 10-51, indem durch Messen der Betriebsbereitschaftsverlust ermittelt wird, was weiter unten noch beschrieben wird.

Die inneren Auskühlverluste während der Betriebsphasen können nach Gleichung 10-52 bestimmt werden, indem die Menge der durchströmenden Luft $\dot{V}_L$ durch z.B. Abdecken des Brenners mit einem Plastiksack /15/ /31/ bestimmt wird. In dem Sack wird ein Meßrohr eingeklebt, in welchem z.B. mit einem Anemometer der Volumenstrom $\dot{V}_L$ gemessen wird. Durch die Temperaturmessung der eintretenden Luft und der am Abgasrohr abströmenden Luft ist der innere Auskühlverlust nach Gleichung 10-52 bestimmt. Die Volumenstrombestimmung ist auch über eine Differenzdruckmessung möglich, denn mit Hilfe der Kontinuitätsgleichung und der Bernoullischen Gleichung /s. Band III/

$$\dot{V}_L = A_{BR} \cdot w_{BR} \tag{10-58}$$

und

$$\Delta p_{BR} = \frac{\rho_L}{2} \cdot w_{BR}^2 \, f_{sK} \tag{10-59}$$

wird

$$\dot{V}_L = A_{BR} \cdot \sqrt{\frac{\Delta p_{BR} \cdot 2}{\rho_L}} \tag{10-60}$$

A_{BR} ist die Fläche der Brenneransaugöffnung, w_{BR} die Geschwindigkeit der Luft in der Brenneransaugöffnung und Δp_{BR} der gemessene Unterdruck in der Brenneransaugöffnung.

Der Betriebsbereitschaftsverlust ist nach der Definition der VDI - 2062 ebenfalls meßbar /33/, indem der absolute Brennstoffverbrauch $\dot{m}_{Brenn}$ (z.B. durch Auslitern) oder die Brennerlaufzeit z.B. während einer ausreichend großen Prüfzeit z_{Pr} ermittelt wird, innerhalb der keinerlei Nutzwärmeabgabe stattfindet. Es gilt dann

$$q_{Bb} = \frac{z_B}{z_{Pr}} \cdot 100 \quad \text{in } \% \tag{10-61}$$

bzw. anstelle der Zeitermittlung die Brennstoffmassenermittlung über die Prüfzeit $\dot{m}_{Brenn,Pr}$ und im Nennlastfall $\dot{m}_{Brenn}$

$$q_{Bb} = \frac{\dot{m}_{Brenn} \cdot H_u \cdot z_B}{z_{Pr} \cdot \dot{Q}_{Brenn}} \cdot 100 \; [\text{in } \%] \tag{10-62}$$

$\dot{m}_{Brenn}$, der Brennstoffmassenstrom, wird wie gehabt durch Auslitern ermittelt. Über die Messung von q_{Str}, den Strahlungsverlusten, ist ebenfalls die Bestimmung des Betriebsbereitschaftsverlustes möglich, wie der Zusammenhang in den Gleichung 10-55, 10-56 und 10-48, 10-49, 10-50 und 10-51 zeigt.

10.2.2 Maßnahmen

Zugregler, Abgasklappen, Abgasventilatoren usw.

Die inneren Auskühlverluste während der Stillstandszeiten des Wärmeerzeugers können durch Verbesserung der Zugverhältnisse der Abgaseinrichtung verringert werden, wie dies der Zusammenhang in Gleichung 10-60 zeigt. Abb. 10-31 stellt dar, daß die Zugreduzierung insbesondere bei hohen Kesselwassertemperaturen große Einsparungen der Stillstandsverluste bringt (hier bezogen auf die Kesselnennbelastung).

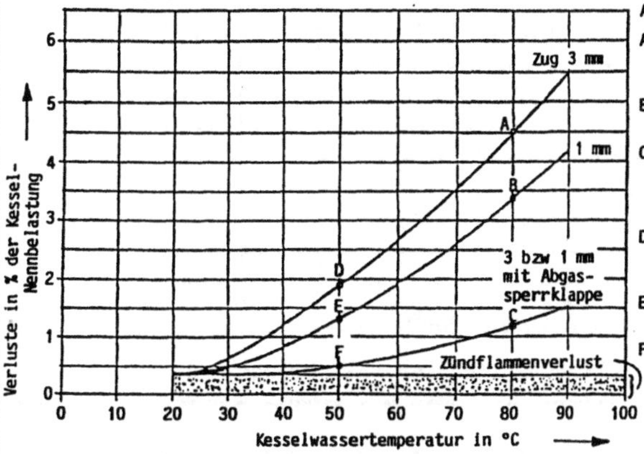

Ablesebeispiele:

A Kesselwassertemp. konstant durch Mischeranbau 80°C
Schornsteinzug 3 mm WS, Verlust 4,5%

B dto. wie vor
Schornsteinzug 1 mm WS, Verlust 3,4%

C dto. wie vor, jedoch mit Abgassperrklappe
Schornsteinzug 1 bzw. 3 mm WS, Verlust 1,2%

D Kesselwassertemp. gleitend im Jahresmittel 50°C
Schornsteinzug 3 mm WS, Verlust 1,8%

E dto. wie vor
Schornsteinzug 1 mm WS, Verlust 1,3%

F dto. wie vor, jedoch mit Abgassperrklappe
Schornsteinzug 1 bzw. 3 mm WS, Verlust 0,5%

Abb. 10-31 Stillstandsverluste in Abhängigkeit von Kesselwassertemperatur und Schornsteinzug /19/

Bei einer mittleren Kesselwassertemperatur von 80°C ist hiernach eine Reduzierung des Betriebsbereitschaftsverlustes durch eine Abgasklappe von 4,5% auf 1,2%, also um 3,3% der Nennleistung, möglich. Ähnlich wirken sich alle anderen Maßnahmen, die den Zug während der Stillstandszeiten reduzieren (Zugregler, Abgasventilatoren, Gebläsebrenner, Luftdichtigkeit des Kessels usw.) auf den Betriebsbereitschaftsverlust aus.

Wärmedämmaßnahmen am Kessel, Speichermassenreduzierung

Maßnahmen zur Betriebsbereitschaftsverlustsenkung, die in der Regel nur von den Kesselherstellern durch Anbieten neuer Kesseltypen realisiert werden können, sind die Wärmedämmung der äußeren Kesselflächen und die Reduzierung der Speicherfähigkeit des Kessels. Je nach Oberflächentemperatur ergibt sich nach Abb. 10-32 ein als Verlust zu bezeichnender Wärmestrom.

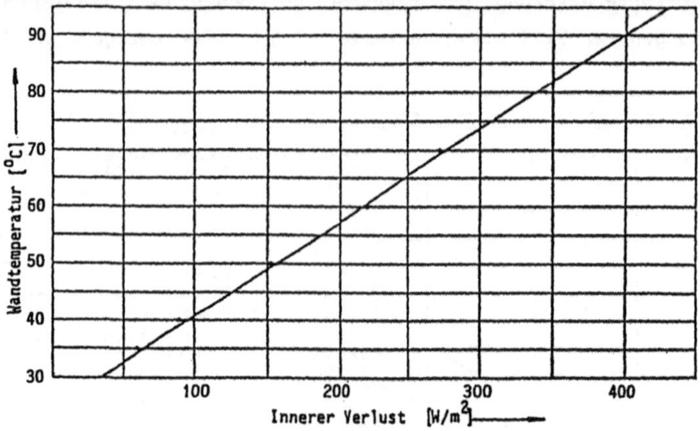

Abb. 10-32 Wärmeverluste durch Konvektion (innerer Verlust) /34/

Die Verluste sind dabei zum einen durch Isolationsmaßnahmen an den Kesseloberflächen, zum anderen aber auch durch die Reduzierung der Kesselwassertemperatur (dadurch sinkt die Oberflächentemperatur) minimierbar. Ebenso ist auch die bei modernen Kesseln vorgenommene Verkleinerung der Speichermassen (Kesselglieder, Wasserinhalt usw.) zur Verlustreduzierung sinnvoll, da sich hierdurch die zur Verfügung stehende Wärmequelle für die Stillstandsverluste erheblich reduziert.

Anpassung der Kesselleistung an den tatsächlichen Bedarf

Jede Maßnahme an der Wärmeerzeugungseinrichtung, die zur Anpassung an den tatsächlichen Wärmebedarf dient, bringt in der Regel eine Verringerung der Betriebsbereitschaftsverluste mit sich. Hierzu gehören Nieder- bzw. Tieftemperaturkessel mit gleitender Kesselwassertemperatur, mehrstufige Brenner, modulierende Brenner, Mehr-Kesselanlagen, Brenneranpassung an den Kessel usw..

Durch die Bedarfsanpassung werden die Brennerlaufzeit erhöht und damit die Brennerstillstandszeit reduziert und dadurch schließlich die Betriebsbereitschaftsverluste reduziert /s. Abb. 10-33/.

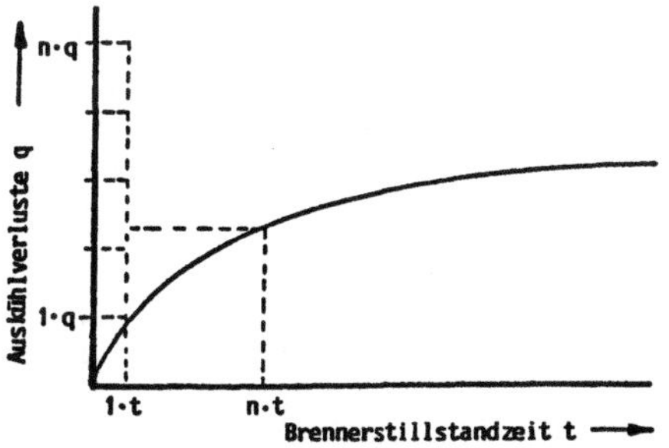

Abb. 10-33 Verlauf der Auskühlverluste in Abhängigkeit von der Brennerstillstandsdauer /35/

Dies läßt sich auch anhand von Abb. 10-34 erklären, wonach für einen bestimmten Kesseltyp bei einer Stillstandszeit von 1,25 Stunden die mittlere Kesselwassertemperatur nur auf ca. 67°C absinkt, währenddessen sie bei 2,5 Stunden Stillstandszeit schon auf 52°C abgesunken ist und der Kessel je nach Speichermasse dementsprechend mehr Energie aufwenden muß, um wieder auf die Betriebstemperatur von 90°C kommen zu können.

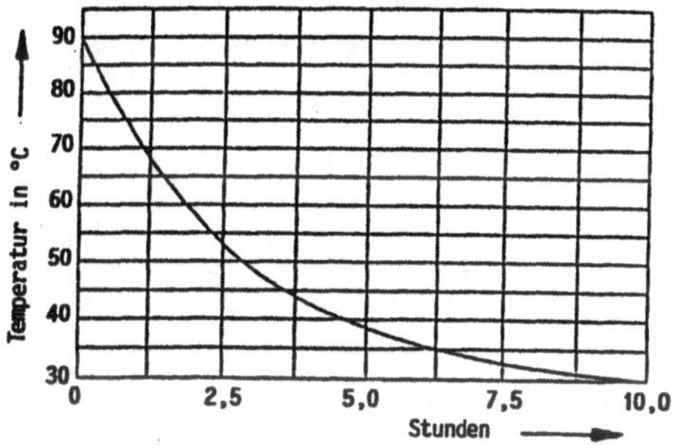

Abb. 10-34 Auskühlzeit durch Konvektion bei 0,1 hPa Zug /34/

Bei einem Temperaturabfall von 10K von 90°C auf 80°C beträgt die Auskühlzeit ca. 0,5 Stunden, während eine Abkühlung von 40°C auf 30°C erst in 5,5 Stunden möglich ist, dies zeigt den Vorteil von Kesselanlagen mit gleitender Kesselwassertemperatur. Wie sich die Maßnahmen, Einbau eines 2-stufigen oder modulierenden Brenners gegenüber einem einstufigen Brenner bezüglich der Betriebsbereitschaftsverluste tendenziell auswirken, soll Abb. 10-35 darstellen.

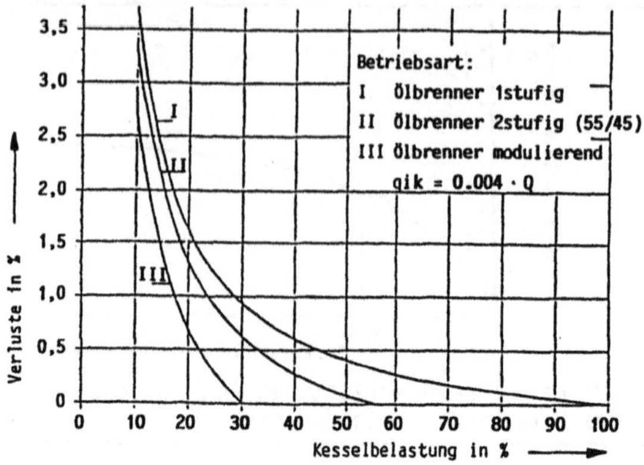

Abb. 10-35 Stillstandsverlust durch innere Auskühlung /26/

Daß auch der Einbau eines modernen Brenners (wiederum Leistungsanpassung) die Betriebsbereitschaftsverluste verringern kann, zeigt in Abhängigkeit von der Kesselleistung die Abb. 10-36.

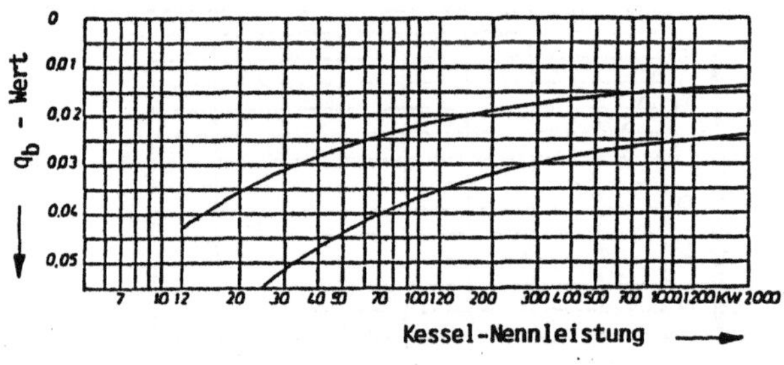

Abb. 10-36 Kesselbereitschaftsverluste als grobe Näherungswerte für veraltete Kessel. Die obere Kurve gilt für veraltete Kessel mit modernen Brennern /36/

10.3 Wärmeerzeugungswirkungsgrad

Es ist bei Wärmeerzeugern zu unterscheiden zwischen dem Kessel- oder Gerätewirkungsgrad η_K und dem Jahresbetriebswirkungsgrad des Wärmeerzeugers η_a. η_K ist laut /32/ der Wirkungsgrad eines Wärmeerzeugers bei Nennwärmeleistung im Beharrungszustand und der mittlere Betriebswirkungsgrad einer Wärmeerzeugungsanlage über das Jahr einschließlich der Betriebsbereitschaftsverluste. Beide Wirkungsgrade sind für die Betriebskostenbestimmung wichtig, weshalb im folgenden hierauf besonders eingegangen wird.

10.3.1 Kessel- oder Gerätewirkungsgrad

Anhaltswerte für η_K zur überschläglichen Kostenermittlung können der Tab. 10-12 nach /32/ entnommen werden.

Kesselbauart	Leistung des einzelnen Kessels kW	Baujahr des Heizkessels bis einschl. 1978 – Betrieb ohne gleitende Kesseltemperatur – feste Br.st.	Öl	Gas	ab 1979 – Betrieb ohne gleitende Kesseltemperatur – feste Br.st.	Öl	Gas	ab 1979 – Betrieb mit gleitender Kesseltemperatur – feste Br.st.	Öl	Gas
Umlauf-Gas-Wasserheizer	< 37	-	-	0,82	-	-	0,86	-	-	0,87
Gas-Spezialkessel mit Brenner ohne Gebläse	< 50	-	-	0,82	-	-	0,86	-	-	0,87
automatischer Spezialkessel mit Gebläse	< 50	0,78	0,84	0,84	0,82	0,87	0,87	0,84	0,88	0,88
Umstell- und Wechselbrandkessel	< 50	0,76	0,81	0,81	0,79	0,85	0,85	0,80	0,86	0,86
Gas-Spezialkessel mit Brenner ohne Gebläse	50 bis 120	-	-	0,84	-	-	0,88	-	-	0,89
automatischer Spezialkessel mit Gebläse	50 bis 120	0,80	0,86	0,86	0,85	0,89	0,89	0,86	0,90	0,90
Umstell- und Wechselbrandkessel	50 bis 120	0,78	0,82	0,82	0,82	0,86	0,86	-	-	-
Gas-Spezialkessel mit Brenner ohne Gebläse	ab 120 bis 350	-	-	0,86	-	-	0,89	-	-	-
automatischer Spezialkessel mit Gebläse	ab 120 bis 350	0,82	0,88	0,88	0,86	0,90	0,90	-	-	-
Umstell- und Wechselbrandkessel	ab 120 bis 350	0,80	0,84	0,84	-	-	-	-	-	-
Gas-Spezialkessel mit Brenner ohne Gebläse	ab 350 bis 1200	-	-	0,88	-	-	0,89	-	-	-
automatischer Spezialkessel mit Gebläse	ab 350 bis 1200	0,85	0,89	0,89	0,86	0,90	0,90	-	-	-
mechanischer oder automatischer Spezialkessel für feste Brennstoffe	ab 1200 bis 4600	0,87	-	-	0,87	-	-	-	-	-
	ab 4600 bis 12000	0,88	-	-	0,88	-	-	-	-	-
Flammrohr-Rauchrohr-Kessel mit Unterschubfeuerung	ab 1200 bis 4600	0,85	-	-	0,85	-	-	-	-	-
	ab 4600 bis 12000	0,86	-	-	0,86	-	-	-	-	-
Flammrohr-Rauchrohr-Kessel mit Zonenwander- oder Schüttelrost	ab 1200 bis 4600	0,87	-	-	0,87	-	-	-	-	-
	ab 4600 bis 12000	0,88	-	-	0,88	-	-	-	-	-
Mehrzugkessel Öl / Gas	ab 1200 bis 4600	-	0,90	0,90	-	0,90	0,90	-	-	-
	ab 4600 bis 12000	-	0,91	0,91	-	0,91	0,91	-	-	-
	> 12000	-	0,92	0,92	-	0,92	0,92	-	-	-
Wasserrohrkessel	ab 4600 bis 12000	0,89	0,92	0,92	0,89	0,92	0,92	-	-	-
	> 12000	0,90	0,92	0,92	0,90	0,92	0,92	-	-	-

*) Durch den Erlaß der ersten Heizungs-Anlagen-Verordnung im Sept. 1978 wurde die bereits durch die vorangegangene Ölpreissteigerung bewirkte technische Weiterentwicklung der Wärmeerzeuger beschleunigt. Erkennbar waren die Ergebnisse dieser Entwicklung durch das Angebot neuer Wärmeerzeuger auf der internationalen Sanitär- und Heizungsmesse in Frankfurt im März 1979. Hierauf beruht die gewählte zeitliche Unterscheidung in dieser Tabelle.

*) Werte gelten für Heizkessel mit speicherlosem Durchlauferhitzer.

Tab. 10-12 Übliche Kesselwirkungsgrade η_K *) für Öl- und Gasfeuerung /32/

Der momentane Kesselwirkungsgrad wird rechnerisch über die bereits beschriebenen Strahlungsverluste und aus den Abgasverlusten während der Nennbelastung ermittelt:

$$\eta_K = 100 - (q_{Abg} + q_{Str}) \tag{10-63}$$

Die Verluste durch unverbrannte und brennbare Rückstände könnten zwar theoretisch (durch Addition) in Gleichung 10-63 mit berücksichtigt werden, sie sind aber in der Praxis von untergeordneter Größenordnung, weshalb sie hier unberücksichtigt bleiben.

Auf die Beschreibung der Istwertaufnahme zur Bestimmung von η_K und Maßnahmen zur Verbesserung von η_K kann verzichtet werden, da dies durch die Istwertaufnahme und die Maßnahmen von q_{Abg} und q_{Str} bereits geschehen ist. Zu bemerken ist nur, daß die Messungen bei Nennleistung erfolgen müssen. Oftmals ist der Kesselwirkungsgrad durch Herstellerangaben bekannt.

10.3.2 Feuerungstechnischer Wirkungsgrad

Teilweise taucht in der Literatur der Begriff des feuerungstechnischen Wirkungsgrades auf, weshalb hier kurz darauf eingegangen wird. Er stellt sich aus den Abgasverlusten wie folgt dar:

$$\eta_F = 100 - q_{Abg} , \tag{10-64}$$

womit Gleichung 10-63 zu

$$\eta_K = \eta_F - q_{Str} \tag{10-65}$$

wird. Istwertaufnahme und Maßnahmen ergeben sich auch hier aus dem, was bei den Abgasverlusten erörtert wurde.

10.3.3 Jahresbetriebswirkungsgrad

Der Jahresbetriebswirkungsgrad η_a kann der Tab. 10-13 für überschlägliche Berechnungen entnommen werden, wenn folgende Voraussetzungen zutreffen /32/:

a) Kessel nach DIN 4702 bzw. Warmwasserkessel mit konstanter Kesseltemperatur von 80°C, Wirkungsgrad η_K mindestens und Luftüberschuß höchstens nach DIN 4702 Teil 1 bzw. 3;
b) automatisch geregelte Anlagen;

c) eine den Bedienungsanweisungen entsprechende Bedienung, Pflege und Wartung der Anlage (Durchführung eines Kundendienstes);

d) regelmäßige abgasseitige Kesselreinigung je nach Kesselverschmutzung;

e) Verwendung des empfohlenen Brennstoffes (z.B. richtige Körnung bei festen Brennstoffen);

f) bei Heizölfeuerung

Brenner für Kesseleinheit	Brenner-Regelung
bis etwa 0,35 MW (0,3 Gcal/h)	Ein-Aus-Betrieb
über etwa 0,35 MW bis 1,75 MW (1,5 Gcal/h)	Zwei-Stufen-Betrieb

Bei größeren Einheiten kann auch eine stufenlose (vollmodulierende) Regelung angewandt werden.

g) bei Gasfeuerung

Brenner für Kesseleinheit	Brenner-Regelung
bis etwa 0,3 MW (0,25 Gcal/h)	Ein-Aus-Betrieb
über etwa 0,3 MW bis 1,2 MW (1 Gcal/h)	Zwei-Stufen-Betrieb
über etwa 1,2 MW (1 Gcal/h)	stufenloser Betrieb

h) bei Zweistoffbrennern für Gas und Öl (bei Verträgen für unterbrechbare Gaslieferung) über 0,6 MW (0,5 Gcal/h) je Kesseleinheit mit Zwei-Stufen-Betrieb

i) Die Kesselbauart wird nach dem jeweiligen technischen Stand vorgesehen. Die Kesselanzahl sollte etwa ab 0,6 MW (0,5 Gcal/h) Anlagenleistung aufgeteilt werden in zwei Kesseleinheiten und etwa ab 2,3 MW (2 Gcal/h) in drei Kesseleinheiten, soweit nicht aus betrieblichen Gründen eine weitere Aufteilung nötig ist.

j) Der oder die nicht in Betrieb befindlichen Kessel werden mindestens wasserseitig vom Heizsystem und evtl. auch abgasseitig vom Schornstein getrennt. Anderenfalls ist mit einer wesentlichen Wirkungsgradabsenkung zu rechnen.

k) Bei Beheizung mittels Strom sind die Verluste durch Zuleitung und hochspannungsseitige Transformatoren nicht erfaßt.

l) Die in der Tab. 10-13 für ölbefeuerte Kesselanlagen angesetzten geringfügig niedrigeren Wirkungsgrade gegenüber gasbefeuerten Anlagen sind auf die im Jahresdurchschnitt bei Ölkesseln stärkere Verschmutzung der Kesselheizflächen zurückzuführen.

Bei einem Kesselbetrieb nur während der Heizzeit oder bei besonders ausgelegter Kesselregelung, d.h. Abschalten der Kessel in den Zeiten, in denen keine Nutzwärme angefordert wird, sowie bei Neuanlagen in den Fällen, in denen alle betrieblichen und technischen Möglichkeiten bei der Aufteilung der Kesselanlage und ihrer Steuerung und Regelung für den Kesselbetrieb ausgeschöpft werden, können die Werte der Tab. 10-13 für Kesselanlagen mit einer Gesamtkesselleistung bis 35 MW um 1 bis 2% höher angesetzt werden. Hierzu gehört u.a. eine bis auf etwa 40°C Kesselvorlauftemperatur gleitende Regelung bei Spezialgaskesseln mit atmosphärischen Brennern.

Gesamt-Kesselleistung der Anlage kW	Baujahr des Heizkessels: bis einschl. 1978				ab 1979									
	Betrieb ohne gleitende Kesseltemperatur				Betrieb ohne gleitende Kesseltemperatur				Betrieb mit gleitender Kesseltemperatur				Elektro-zentral-speicher	Elektro-Kessel
	Fest-brennstoff	Öl	Gas mit Brenner ohne Gebl.	Gas mit Brenner mit Gebl.	Fest-brennstoff	Öl	Gas mit Brenner ohne Gebl.	Gas mit Brenner mit Gebl.	Fest-brennstoff	Öl	Gas mit Brenner ohne Gebl.	Gas mit Brenner ohne Gebl.		
Umlauf - Gas - Wasserheizer < 37	-	-	0,75	-	-	-	0,84	-	-	-	0,85	-	-	-
Kessel < 50	0,64	0,69	0,69	0,71	0,74	0,81	0,82	0,83	0,76	0,83	0,84	0,85	0,93	0,96
ab 50 bis 120	0,70	0,76	0,76	0,78	0,78	0,84	0,85	0,86	0,79	0,86	0,87	0,88	0,94	0,97
ab 120 bis 350	0,74	0,80	0,80	0,82	0,82	0,86	0,87	0,88	-	-	-	-	0,94	0,97
ab 350 bis 1200	0,77	0,83	0,84	0,84	0,82	0,86	0,87	0,88	-	-	-	-	0,95	0,98

Die Berechnung des Jahresnutzungsgrades η_a wurde mit der Gleichung 2-67 durchgeführt. Hierbei getroffene Voraussetzungen für **Neuanlagen** (ab 1979) :

- Vollbenutzungsstundenzahl b_{VH} = 1700 h/a
- Betriebsbereitschaftszeit b_a = 6000 h/a (Einschaltdauer nur während der Winter-Heizzeit Z_z)

Sind bei älteren Anlagen die Heizkessel wesentlich größer bemessen als es dem Normwärmebedarf nach DIN 4701 (Fassung 01.59) entspricht, so ergeben sich um etwa **4 bis 6% niedrigere Prozentpunkte des Jahres-Nutzungsgrades**. Das gleiche gilt für den Fall, wenn bei vorhandenen Gebäuden bei nachträglicher Verbesserung des baulichen Wärmeschutzes die Heizkessel nicht dem verminderten Wärmebedarf angepaßt werden.

Getroffene Voraussetzungen für ältere Anlagen (vor 1979) in vorstehender Tafel :

- Kesselleistung $\dot{Q}_K$ = 1,6 $\dot{Q}_N$ im Leistungsbereich bis 50 kW (b_{VH} = 1700/1,6 = 1062 h/a)
- = 1,3 $\dot{Q}_N$ im Leistungsbereich ab 50 bis 1200 kW (b_{VH} = 1700/1,3 = 1308 h/a)

mit $\dot{Q}_N$ = Normwärmebedarf des Gebäudes nach DIN 4701.

Bei den mit festen Brennstoffen gefeuerten Kesseln wurde mit fiktiven q-Werten gerechnet, um zu Vergleichswerten zu den Öl- und Gaskesseln, für die die angegebene Gleichung 2-68 entwickelt wurde, zu kommen.

Tab. 10-13 .Mittlerer Jahresbetriebswirkungsgrad (Jahresnutzungsgrad) von Kesselanlagen /32/

Rechnerisch läßt sich der Jahresbetriebswirkungsgrad nach der folgenden Beziehung ermitteln /33/

$$\eta_a = \eta_K \cdot \eta_B \qquad (10\text{-}66)$$

Der Bereitschaftswirkungsgrad η_B wird hierbei wie nachstehend berechnet

$$\eta_B = \frac{1 - q_{Bb} \cdot \left(\frac{b_a}{b_B}\right)}{1 - q_{Bb}} \qquad (10\text{-}67)$$

q_{Bb} ist wiederum der Betriebsbereitschaftsverlust, b_a ist die Betriebsbereitschaftszeit und b_B die Brennerlaufzeit. Abb. 10-37 zeigt schematisch die auftretenden Verluste und Laufzeiten.

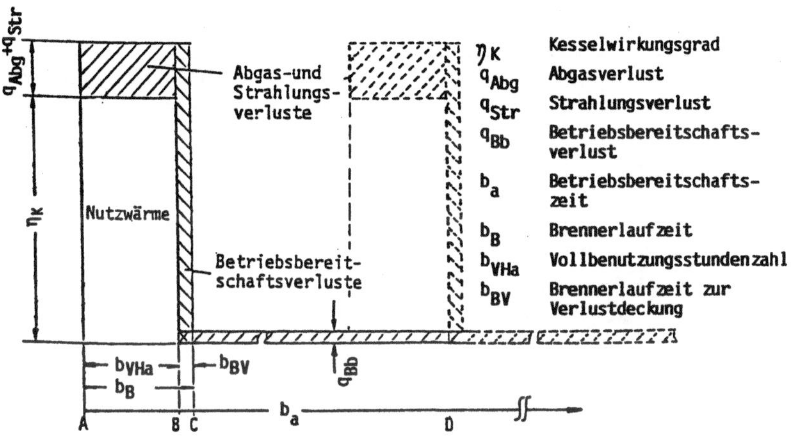

Abb. 10-37 Schematische Darstellung der Betriebsverhältnisse von Heizkesseln mit einstufigen Brennern /33/

Im Punkt A schaltet sich der Brenner ein und läuft die Vollbenutzungszeit b_{VHa} bis zum Punkt B, um die Nutzwärme und die dabei auftretenden Verluste (Abgasverlust und Strahlungsverlust während des Betriebes) decken zu können. Die in der Brennerbetriebspause vor dem Einschalten verlorengegangene Energie durch die Betriebsbereitschaftsverluste wird durch die zusätzliche Brennerlaufzeit b_{BV} (Brennerlaufzeit zur Deckung der Betriebsbereitschaftsverluste) gedeckt. Der Brenner schaltet im Punkt C ab. In der Brennerstillstandszeit CD bzw. b_a-b_B

fallen wiederum die Betriebsbereitschaftsverluste an, die beim nächsten Lauf des Brenners durch die erhöhte Laufzeit b_{BV} dem System zugeführt werden müssen. Die graphische Darstellung der Abb. 10-38 der Gleichung 10-66 und 10-67 ist das Bestimmungsdiagramm /33/ für den Jahresbetriebswirkungsgrad.

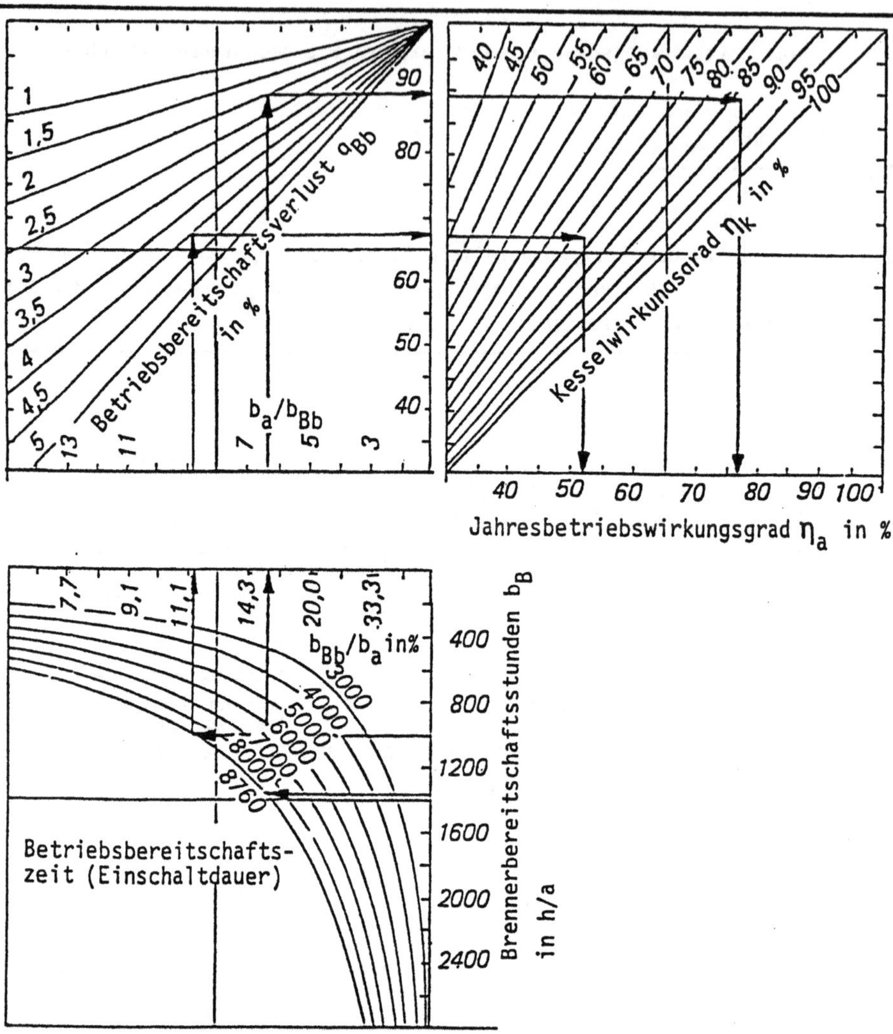

Abb. 10-38 Diagramm zur Bestimmung des Bereitschafts- und Jahreswirkungsgrades von Wärmeerzeugern mit konstanter Kesselwassertemperatur und einstufigen Brennern /33/

Rein formal lassen sich Gleichung 10-66 und Gleichung 10-67 auf die in /32/ angegebene Form

$$\eta_a = \frac{\eta_K \cdot f_s}{\left(\frac{b_a}{b_{VHa}} - 1\right) \cdot q_{Bb} + 1} \qquad (10\text{-}68)$$

bringen, wenn berücksichtigt wird, daß

$$b_{VHa} = \frac{b_B - q_{Bb} \cdot b_a}{1 - q_{Bb}} \qquad (10\text{-}69)$$

ist /33/. Der Faktor f_s wurde hier für die Berücksichtigung der Verschmutzung innerhalb der Wartungsperiode eingeführt. Demnach gelten auch die in /32/ gestellten Annahmen für die Jahreswirkungsgradbestimmung, daß nur ein Wärmeerzeuger gewählt wird, der mit Ein/Aus-Regelung arbeitet und mit einer konstanten Kesseltemperatur von 80°C über die gesamte Heizzeit oder das gesamte Jahr betrieben wird. Wird der Wärmeerzeuger mit gleitender Kesselvorlauftemperatur (Niedertemperaturkessel usw.) gefahren, oder handelt es sich um eine Mehrkesselanlage, so kann der Jahreswirkungsgrad nach /32/ mit einem Faktor f_r korrigiert werden /s. Tab. 10-14/.

Anteil möglicher Kleinlast in % an der installierten Gesamtanlagenleistung	Kesselvorlauftemperatur	
	konstant	gleitend
11 bis 25	1,015	1,022
26 bis 40	1,013	1,020
41 bis 66	1,010	1,015
67 bis 100	1,000	1,010

Tab. 10-14 Faktor f_r zur Korrektur des Jahresbetriebswirkungsgrades

Wurde jedoch der Abgasverlust für eine Mehrkesselanlage, für Kessel mit mehreren Brennerstufen und für Kessel mit modulierendem Brenner bestimmt, so entfällt die obige Korrektur.

10.3.3.1 Istwert-Aufnahme

Die Bestimmung des Jahresbetriebswirkungsgrades von Wärmeerzeugern ist in erster Näherung aus Herstellerangaben oder nach Tab. 10-13 möglich. Eine weitere Möglichkeit besteht in der Berechnung nach folgender aus den Gleichungen 10-66, 10-67 und 10-63 gebildeten Beziehung:

$$\eta_a = \frac{[1-(q_{Abg}+q_{Str})]-[1-q_{Bb}\cdot(\frac{b_a}{b_B})]}{1-q_{Bb}} \qquad (10\text{-}70)$$

Die Bestimmung der Verluste q_{Abg}, q_{Str} und q_{Bb} wurde bereits beschrieben, die Brennerlaufzeit und die Betriebsbereitschaftszeit können durch Betriebsstundenzähler (geringer Investitionsaufwand) dokumentiert werden. Bei reinem Heizbetrieb ist z.B. auch eine Abschätzung der Betriebsbereitschaftszeit aus den Heiztagen möglich.

10.3.3.2 Maßnahmen

Wie Gleichung 10-70 aufzeigt, dienen die bereits beschriebenen Maßnahmen zur Senkung der Verluste q_{Abg}, q_{Str} und q_{Bb} auch der Verbesserung des Jahresbetriebswirkungsgrades. Weiterhin ist aus Gleichung 10-70 ersichtlich, daß sich mit größer werdenden Brennerlaufzeiten bei gleicher Betriebsbereitschaftszeit ebenfalls eine Verbesserung des Wirkungsgrades ergibt. Dies kann z.B. durch richtige Dimensionierung der Kesselanlage erreicht werden, da sich durch überdimensionierte Wärmeerzeuger die Brennerlaufzeiten stark verkürzen. Die Abschätzung der Überdimensionierung wird weiter unten noch ausführlicher beschrieben werden.

10.3.4 Überdimensionierung und Belastung

Für die Energieanalyse ist es wichtig, insbesondere bei Wärmeerzeugern, die Belastung und die Überdimensionierung zu kennen. Eine Möglichkeit hierzu bietet das Verfahren nach /15/ und /31/, das hier vorgestellt wird.

Der Überdimensionierungsfaktor $f_{ü}$ ist definiert als

$$f_{ü} = \frac{\dot{Q}_{K,Nenn}}{\dot{Q}_{H,max}} \qquad (10\text{-}71)$$

wobei $\dot{Q}_{K,Nenn}$ die Nennwärmeleistung des Wärmeerzeugers (Herstellerangaben, Typenschild oder Messung) und $\dot{Q}_{H,max}$ der maximale stündliche Wärmebedarf (nicht zu verwechseln mit dem DIN-Wärmebedarf nach DIN 4701 /37/ für noch nicht erstellte Gebäude) des Gebäudes ist. Die Anlage ist richtig dimensioniert, wenn $f_{ü}$ gleich 1 ist. Die Bestimmung des maximalen stündlichen Wärmebedarfs wird weiter unten vorgestellt.

Da der Wärmebedarf eines Gebäudes in der Hauptsache von der Außenlufttemperatur abhängt, kann hieraus die Referenzbelastung einer Heizanlage wie folgt abgeleitet werden:

$$\psi = \frac{t_i - t_a}{t_i - t_{a,min}} = \frac{1 - \frac{t_a}{t_i}}{1 - \frac{t_{a,min}}{t_i}} \quad (10\text{-}72)$$

Beispiel 10-12: Für eine minimale Außentemperatur von -12°C (Klimazone nach /37/) und eine mittlere Lufttemperatur von 20°C der inneren Räume ist die Referenzbelastung bei 5°C Außenlufttemperatur zu ermitteln.

Nach Gleichung 10-72 wird

$$\psi = \frac{20 - 5}{20 - (-12)} \approx 0{,}47$$

Dies bedeutet z.B., daß der Wärmebedarf bei 5°C Außenlufttemperatur 0,47mal so "groß" ist wie der Wärmebedarf bei -12°C Außenlufttemperatur.

Als aktuelle Außenlufttemperatur sollte der Tagesmittelwert benutzt werden, um Tagesschwankungen zu kompensieren. Er kann beim zuständigen Wetteramt erfragt oder nach folgender Gleichung ermittelt werden

$$t_{a,mittel} = \frac{t_{a,7} + t_{a,14} + 2 \cdot t_{a,21}}{4} \quad (10\text{-}73)$$

wozu die Außenlufttemperaturen um 7^{00} ($t_{a,7}$), 14^{00} ($t_{a,14}$) und 21^{00} Uhr ($t_{a,21}$) gemessen werden müssen.

10.4 Maximaler stündlicher Wärmebedarf

Der maximale stündliche Wärmebedarf $\dot{Q}_{H,max}$ wird nach /31/ mit Hilfe der Sollbrennzeit SBZ ermittelt. Die Sollbrennzeit ist der errechnete Zeitanteil einer Betriebsstunde, in der der Brenner läuft, die Restzeit ist die Stillstandszeit STZ /s. Abb. 10-39/.

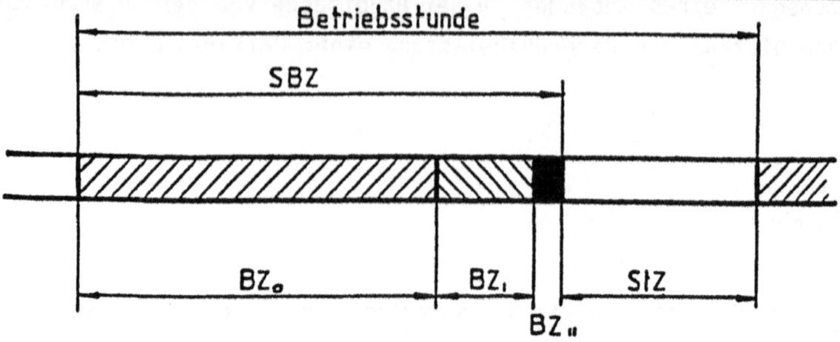

Abb. 10-39 Darstellung der Brenn- und Stillstandszeiten /31/

Die Sollbrennzeit teilt sich auf in die Brennzeit BZ_0 (zur Deckung von Wärmebedarf und Wärmeerzeugerverluste im Betrieb), in die Brennzeit BZ_I (zur Deckung der äußeren Abstrahl-, Leitungs- und Konvektionsverluste während der Stillstandszeit) und in die Brennzeit BZ_{II} (zur Deckung der inneren Auskühlverluste während der Stillstandszeit). Es gilt demnach

$$SBZ = BZ_0 + BZ_I + BZ_{II} \tag{10-74}$$

Die einzelnen Brennzeiten sind aus der Referenzbelastung und den jeweiligen Verlusten wie folgt zu ermitteln:

$$BZ_0 = \Psi \cdot 60 \quad \text{in Min/h} \tag{10-75}$$

$$BZ_I = \frac{q_{Str}}{100} \cdot (1-\Psi) \cdot 60 \quad \text{in Min/h} \tag{10-76}$$

$$BZ_{II} = \frac{q_{AK,i}}{100} \cdot [1-\Psi \cdot \frac{q_{Str}}{100}(1-\Psi)] \text{ in Min/h} \tag{10-77}$$

Gleichung 10-77 kann unter Berücksichtigung von Gleichung 10-76 geschrieben werden als

$$BZ_{II} = \frac{q_{AK,i}}{100} \cdot [(1-\Psi) \cdot 60 + BZ_I] \tag{10-78}$$

Unter Einbeziehung von Gleichung 10-75 wird schließlich

$$BZ_I = \frac{q_{Str}}{100} \cdot (60 - BZ_0) \tag{10-79}$$

und

$$BZ_{II} = \frac{q_{AK,i}}{100} \cdot (60 - BZ_0 + BZ_I) \tag{10-80}$$

Der gesuchte maximale stündliche Wärmebedarf berechnet sich nach der Beziehung

$$\dot{Q}_{H,max} = \frac{BZ - BZFU}{SBZ - BZFU} \cdot \dot{Q}_{K,eff} \tag{10-81}$$

$\dot{Q}_{K,eff}$ ist die effektive Wärmeleistung des Wärmeerzeugers, die wie folgt aus dem Brennstoffdurchsatz ermittelt wird:

$$\dot{Q}_{K,eff} = \dot{m}_{Brenn} \cdot H_u : \eta_K \tag{10-82}$$

BZFU, die Brennzeit zur Deckung der Stillstandverluste, ist als

$$BZFU = 60 - \left(\frac{60 - SBZ}{60 - BZ_0} \cdot 60\right) \text{ in Min/h} \tag{10-83}$$

definiert. BZ letztlich ist die gemessene Brennzeit in min/h, womit Gleichung 10-81 bestimmt ist.

10.4.1 Istwert-Aufnahme

Um den maximalen stündlichen Wärmebedarf meßtechnisch ermitteln zu können, sind folgende Größen zu bestimmen:

t_i	die Innenlufttemperatur
t_a	die Außenlufttemperatur
$t_{a,min}$	minimale Außenlufttemperatur (Klimazone nach /37/)
q_{Str}	Strahlungsverluste (Istwertaufnahme siehe weiter oben)
$q_{AK,i}$	die inneren Auskühlverluste (Istwertaufnahme siehe weiter oben)
BZ	Brennzeit (effektiv) pro Stunde

Da die Ableitung des Wärmebedarfs von der Voraussetzung ausging, daß die Außenlufttemperatur die eigentliche Einflußgröße ist, sind alle anderen Störgrößen während der Messung möglichst zu vermeiden. Demnach sollte die Außenlufttemperatur am Meßtag nicht stark schwanken, der Himmel bedeckt und windstill sein. Die Heizungsanlage sollte raum- oder außentemperaturgeregelt sein, keine Warmwasserentnahme und keine Stoßbelüftung erfolgen. Weiterhin sollte der Baukörper keine extreme Speicherfähigkeit aufweisen und die Bauaustrocknung (ca. 2 Jahre nach Fertigstellung) beendet sein.

Innen- und Außenlufttemperaturen sind mit geeigneten Temperaturmeßgeräten einfach bestimmbar. Das gleiche gilt auch für die Brennzeit BZ, die über ca. 3-stündiger Messung mit einer Stoppuhr ermittelt wird.

Das Beispiel soll die Bestimmung des Wärmebedarfs nochmals verdeutlichen.

Beispiel 10-13: Bei einer Wärmeerzeugermessung wurden folgende Daten ermittelt:

mittlere Innenlufttemperatur	20°C
aktuelle Außenlufttemperatur	3°C
minimale Außenlufttemperatur	-12°C
Strahlungsverlust	4%
innerer Auskühlverlust	1%
Brennzeit pro Stunde	10 Min/h
Heizwert von Öl	10.000 Wh/l
Brennstoffdurchsatz	3,6 l/h
Kesselwirkungsgrad	81%

Nach Gleichung 10-72 wird

$$\Psi = \frac{20-3}{20-(-12)} \approx 0{,}53$$

und damit aus Gleichung 10-75, Gleichung 10-76 und Gleichung 10-77

$$BZ_0 = 0{,}53 \cdot 60 \approx 31{,}8 \ \text{Min/h}$$

$$BZ_I = \frac{4}{100} \cdot (1-0{,}53) \cdot 60 \approx 1{,}1 \ \text{Min/h}$$

$$BZ_{II} = \frac{1}{100} \cdot [1-0{,}53 + \frac{4}{100}(1-0{,}53)] \cdot 60 \approx 0{,}3 \ \text{Min/h}$$

Die Sollbrennzeit ist dann gemäß Gleichung 10-74

$$SBZ = 31{,}8 + 1{,}1 + 0{,}3 = 33{,}2 \ \text{Min/h}$$

Weiterhin wird durch Gleichung 10-80 bestimmt, daß

$$BZFU = 60 - \left(\frac{60 - 33{,}2}{60 - 31{,}8} \cdot 60\right) \approx 3 \text{ Min/h}$$

ist. Nach Gleichung 10-82 wird die Kesselleistung zu

$$\dot{Q}_{K,eff} = \frac{3{,}6 \cdot 10000 \cdot 81}{100 \cdot 1000} \approx 29{,}2 \text{ kW}$$

Der maximale stündliche Wärmebedarf nach Gleichung 10-81 ist demnach dann

$$\dot{Q}_{H,max} = \frac{10 - 3}{33{,}2 - 3} \cdot 29{,}2 \approx 0{,}23 \cdot 29{,}2 \approx 6{,}8 \text{ kW}$$

Bei einer Kesselnennleistung von 30 kW ergibt sich nach Gleichung 10-71 ein Überdimensionierungsfaktor von

$$f_{Ü} = \frac{30}{6{,}8} \approx 4{,}4$$

Da der Kessel in etwa 4-fach überdimensioniert ist und hierdurch der Wirkungsgrad entsprechend verkleinert ist, bietet sich ein Auswechseln des Kessels an, wobei jedoch die Wirtschaftlichkeit in die Überlegung miteinbezogen werden muß.

11 Wärmeverteilungsverluste

In dem Wärmeverteilsystem einer Heizanlage treten drei verschiedene Verluste auf, der Wärmeverlust über das Verteilsystem, die Förderverluste und die Verteil- bzw. Regelungsverluste. Bei der Bestimmung der Verluste im Wärmeverteilsystem muß in der Regel auf grobe Eckwerte zurückgegriffen werden, da kein Wärmeverteilsystem einer Gebäudeheizung dem anderer Gebäudeheizungen entspricht und da eine detaillierte Bestimmung in vielen Fällen zwar theoretisch möglich ist, aber der Aufwand hierfür nicht im Verhältnis zu dem zu erwartenden Nutzen steht. Dies spiegelt sich auch in der Literatur wider, wo wesentlich mehr Information über Wärmeerzeugungsverluste zur Verfügung stehen als über Wärmeverteilungsverluste.

11.1 Wärmeverluste über das Wärmeverteilsystem

Wärmeverluste über das Wärmeverteilsystem entstehen durch die Wärmeabgabe von Rohrleitungen, Armaturen und Apparaten an eine Umgebung, die nicht zu den gewollt zu beheizenden Bereichen gehört. In /32/ werden die Verluste durch den Verteilungswirkungsgrad (auch Verteilungsnutzungsgrad genannt) η_V ausgedrückt, der wie folgt beschrieben ist als: "Der Verteilungswirkungsgrad η_V berücksichtigt die unterschiedlichen Verteilungsverluste durch Wärmeabgabe der wärmeführenden Rohrleitungen außerhalb beheizter Räume bedingt durch unterschiedliche Wärmeverteilsysteme". Je nach Anlagentyp werden in /32/ dem Verteilungswirkungsgrad η_V folgende Werte zugewiesen /s. Tab. 11-1/.

Für den Verteilungsnutzungsgrad gelten folgende Erfahrungswerte:

- Bei Stockwerksheizung mit Wärmeerzeugern in den Räumen $\eta_V = 1{,}00$
- Bei Stockwerksheizung mit einem Wärmeerzeuger innerhalb der Wohnung $\eta_V = 0{,}98$
- Bei Wärmeerzeugung im Gebäude und bei Fernwärmeversorgung mit Messung der Wärme in der Hausübergabestation $\eta_V = 0{,}96$

Bei Wärmeerzeugung als Blockheizung für mehrere Gebäude sind bei nicht zu langen Transportleitungen die Wärmeverluste der Verbindungsleitungen einschließlich der Verteilungen des Hausheizungssystems je nach den örtlichen Gegebenheiten zu berechnen oder anzusetzten mit:

$$\eta_V = 0{,}92 \text{ bis } 0{,}94$$

Die jährlichen Wärmeverluste eines Fernwärmenetzes zwischen Erzeugung und Hausübergabestation liegen erfahrungsgemäß für das gesamte Netz zwischen 10 und 12%.

Deshalb sollte die Bezugsstelle für Messung und Abrechnung nur die Hausübergabestation sein.

Tab. 11-1 Verteilungswirkungsgrad /32/

Streng genommen gehören zu den Wärmeverlusten des Wärmeverteilsystems entgegen der Definition nach /32/ auch Teile der Wärme, die vom Verteilsystem in beheizten Räumen an diese abgegeben werden. Ist keine geeignete Regelung im Raum vorhanden, so führt die zusätzliche Wärmezufuhr des Verteilsystems zu einer Überheizung des Raumes, was keinen Nutzen, sondern nur einen Verlust darstellt. Bei geregelten Räumen (z.B. Thermostatventil) dagegen führt die erhöhte Wärmezufuhr dazu, daß die Wärmezufuhr des eigentlichen Heizsystems gemindert wird. Wegen der Trägheit von Regelung, Heizsystem und Gebäude sind aber auch hier Verluste zu vermuten, die sich allerdings schwer bestimmen lassen (instationäre Vorgänge).

11.1.1 Istwert-Aufnahme

Rohrleitungen

Für den Wärmedurchgang bei mehrschichtigen Rohrleitungen gelten folgende Beziehungen /s. auch Band III/:

$$\dot{Q} = l \cdot k \cdot (t_i - t_a) \tag{11-1}$$

$$k = [(\frac{1}{\alpha_i \cdot d_i} + \frac{1}{2} \sum_{k=1}^{n} \frac{1}{\lambda} \cdot \ln \frac{d_{k+1}}{d_k} + \frac{1}{\alpha_a \cdot d_a}) \frac{1}{\pi}]^{-1} \quad \text{in W/mk} , \tag{11-2}$$

wobei in Gleichung 11-2 innerhalb der Summe für $d_{k=1}$ gleich d_i und für $d_{k=n}$ gleich d_a zu setzen ist. Bei größeren Rohrlängen kühlt sich das Medium aufgrund der Wärmeverluste ab, weshalb hier bei der Rechnung anstelle der einfachen Temperaturdifferenz die logarithmische Temperaturdifferenz Δt_{log} benutzt werden muß, damit wird :

$$\dot{Q} = l \cdot k \cdot \Delta t_{log} \tag{11-3}$$

Nach /Band III/ ist t_{log} definiert als :

$$\Delta t_{log} = \frac{\Delta t_g - \Delta t_k}{\ln \frac{\Delta t_g}{\Delta t_k}} , \tag{11-4}$$

wobei Δt_g die größte und Δt_k die kleinste Temperaturdifferenz ist.

<u>Beispiel 11-1:</u> Eine 1000 m lange Stahlrohrleitung mit einem äußeren Durchmesser von 416 mm und einem inneren Durchmesser von 200 mm hat eine 100 mm dicke Kieselgur-Isolation. Die Rohrleitung ist einer Umgebungstemperatur von +10°C ausgesetzt. Am Anfang ergab sich durch Messungen die Oberflächentemperatur von

30,8°C und am Ende die Oberflächentemperatur von 29,6°C. Wie groß ist der Wärmeverlust über die Rohrleitung?

Für den äußeren Wärmeübergang gilt (waagerechte Rohrleitung entsprechend /1/) :

$$\alpha = 5{,}0 \sqrt[4]{\frac{T_1 - T_2}{T_2 \cdot d_a}} \quad \text{in W/m}^2\text{K} \tag{11-5}$$

Die Temperaturen sind in Kelvin so einzusetzen, daß $T_1 - T_2 > 0$ wird. In Zahlen wird dann aus Gleichung 11-5 :

$$\alpha = 5{,}0 \cdot \sqrt{\frac{30{,}2 - 10}{(273{,}16 + 10) \cdot 0{,}416}} \approx 3{,}22 \text{ W/m}^2\text{K}$$

(Für T_1 wurde der Mittelwert aus 30,8°C und 29,6°C benutzt). Da die Oberflächentemperatur gemessen wurde, verbleibt für die k-Zahl-Berechnung nur der folgende Term :

$$k = \left(\frac{1}{\alpha_a \cdot d_a}\right)^{-1} \cdot \pi = \alpha_a \cdot d_a \cdot \pi \tag{11-6}$$

oder in Zahlen

$$k = 3{,}2 \cdot 0{,}416 \cdot \pi = 4{,}18 \text{ Wm/K}$$

Nach Abb. 11-1 und Gleichung 11-4 ergibt sich die logarithmische Temperaturdifferenz zu :

$$\Delta t_{log} = \frac{20{,}8 - 19{,}6}{\ln \frac{20{,}8}{19{,}6}} \approx 20{,}2 \text{ K}$$

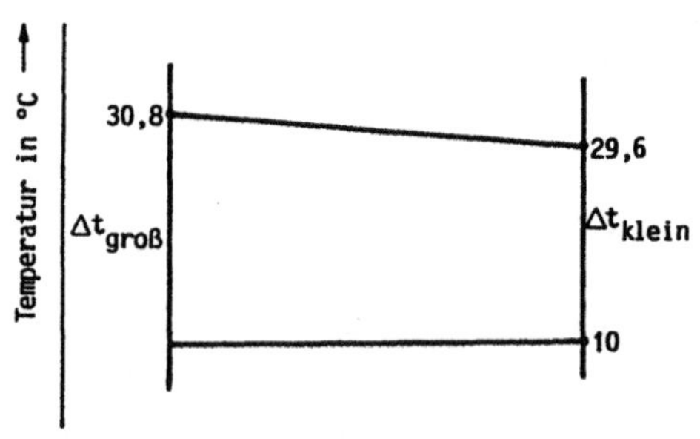

Abb. 11-1 Temperaturgefälle

Mit der Rohrlänge l wird dann der Wärmeverlust nach Gleichung 11-3 zu :

$$\dot{Q} = 1000 \cdot 4{,}18 \cdot 20{,}2 \approx 84{,}4 \text{ kW}$$

Eine weitere Möglichkeit, den Wärmeverlust einer gedämmten Rohrleitung zu bestimmen, besteht im Ansatz nach /38/ :

$$\dot{Q} = K_e \cdot f_d \cdot (t_{Med} - t_L) \quad \text{in W/m}^2, \tag{11-7}$$

t_{Med} ist die Temperatur des durchströmenden Mediums, t_L die Lufttemperatur der Umgebung, k_e der Wärmedurchgangskoeffizient nach Abb. 11-2 und f_d der Durchmesserfaktor zur Korrektur von k_e bei Rohrleitungen nach Abb. 11-3.

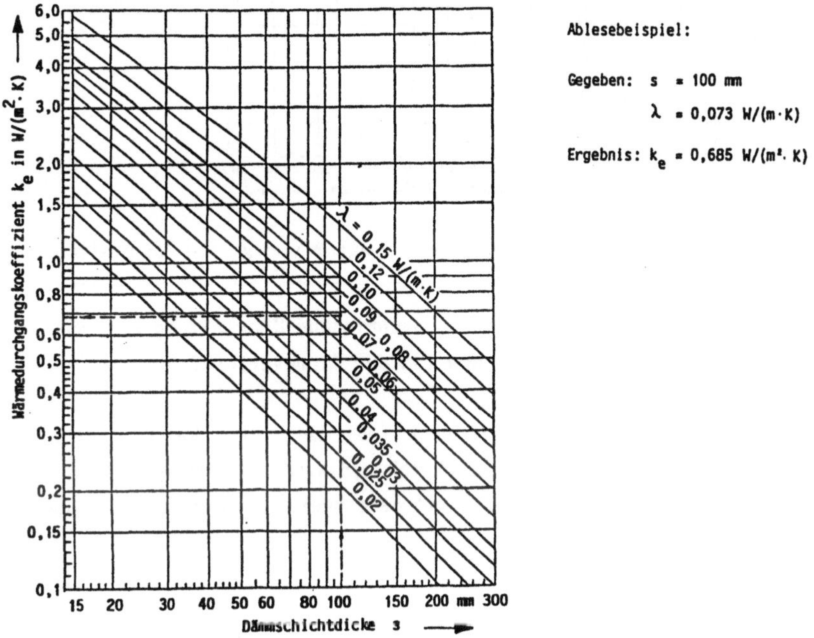

Abb. 11-2 Wärmedurchgangskoeffizient k_e für ebene Wände und eine Temperaturdifferenz $\theta_M - \theta_L \approx 200$ K /38/

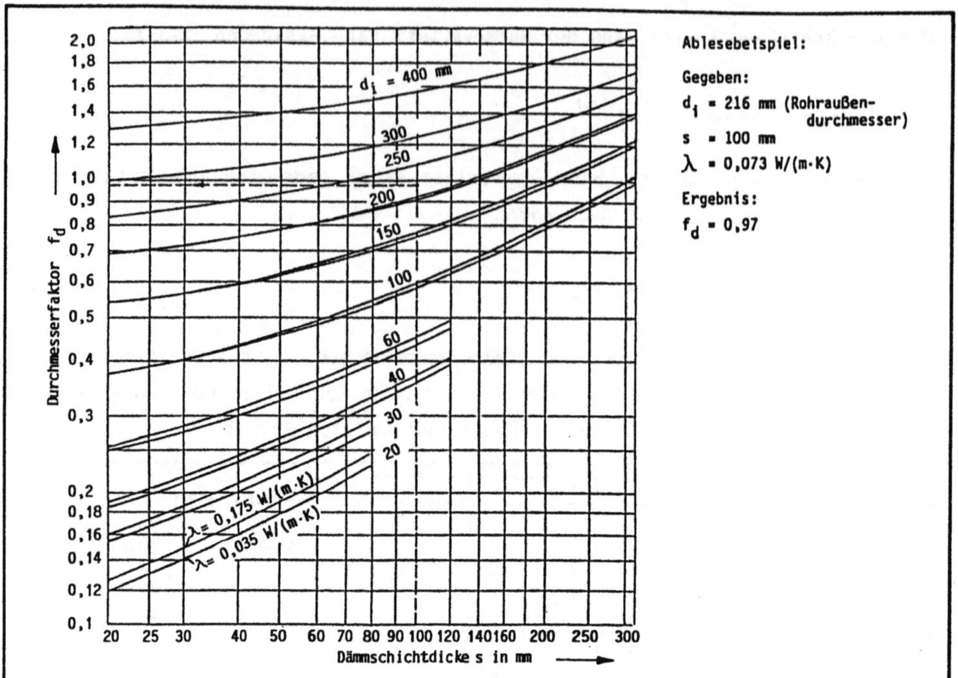

Abb. 11-3 Durchmesserfaktor f_d zur Korrektur von k_e bei Rohrleitungen /38/

Beispiel 11-2: Die im Beispiel 11-1 beschriebene Rohrleitung wird mit Heißwasser von ca. 157°C durchströmt, wie hoch ist der Wärmeverlust?

Kieselgur (plastische Masse) hat nach Tab. 11-2 eine Wärmeleitzahl von 0,091 W/mK, womit aus Abb. 11-2 für k_e gleich 0,8 W/m²K abzulesen ist. Aus Abb. 11-3 ist f_d der Wert 0,91 zuzuweisen. Damit berechnet sich der Verlust nach Gleichung 11-7 zu

$$\dot{Q} = 0{,}8 \cdot 0{,}91 \cdot (157-10) \approx 107 \text{ W/m}^2$$

und bei 1000 m Rohrlänge somit zu absolut 44,5 kW.

Wie zu erkennen ist, kann durch einfache Temperaturmessungen über die entsprechenden Beziehungen der Wärmeverlust einer Rohrleitung ermittelt werden.

Dämmstoffe	A	B	Wärmeleitzahl in W/mK bei einer mittleren Temp. von °C					
			0	50	100	150	200	300
Alfol-Knitterverfahren bei Rohrleitungen	500	3	0.046	0.055	0.062	0.066	0.007	0.091
Asbest, lose	500	300	-	0.062	0.070	0.078	0.086	0.102
		400	-	0.099	0.105	0.111	0.117	0.130
		500	-	0.144	0.149	0.153	0.158	0.167
		600	-	0.199	.203	0.208	0.214	0.224
Asbestmatratzen	500	300	0.042	0.076	0.081	0.087	0.093	0.015
Foamglas	430	135	0.053	0.060	0.070	0.079	0.087	0.105
Glaswatte (auf Draht-gefl. usw. versteppt)	500	1091	0.034	0.039	0.048	0.056	0.066	0.091
Glaswatte-Schalen	400	123	-	0.041	0.049	0.060	0.073	0.091[2]
Glaswolle (auf Draht-gefl. usw. versteppt)	600	119	0.033	0.039	0.048	0.057	0.067	0.091
Kieselgurschalen, gebrannt	900	200	-	0.074	0.083	0.091	0.098	0.116
		300	-	0.083	0.091	0.099	0.107	0.123
		400	-	0.092	0.100	0.108	0.116	0.133
		500	-	0.101	0.112	0.120	0.128	0.144
		600	-	0.121	0.129	0.137	0.145	0.162
Korkschalen,	150	100	0.037	0.045	0.053	-	-	-
imprägniert und		200	0.046	0.055	0.063	-	-	-
expandiert		300	0.056	0.064	0.072	-	-	-
Magnesiaformstücke		200	-	0.060	0.065	0.070	0.074	0.085
Kieselgurformstücke		300	-	0.072	0.077	0.081	0.085	0.094
Leichtgipsformstücke		400	-	0.087	0.091	0.094	0.098	0.106
Mineralwolle								
Stopfverfahren	800	225	0.040	0.048	0.053	0.060	0.067	0.081
Moltopren, hart	80	45	0.023	0.026	-	-	-	-
Plastische Massen	500	200	-	0.049	0.055	0.060	0.066	0.078
Kieselgur und		300	-	0.058	0.063	0.067	0.073	0.083
Magnesia[1]		400	-	0.069	0.073	0.078	0.083	0.090
		500	-	0.084	0.087	0.091	0.094	0.101
		600	-	0.102	0.106	0.108	0.112	0.117
		700	-	-	0.129	-	-	-

Dämmstoffe	A	B	Wärmeleitzahl in W/mK bei einer mittleren Temp. von °C					
			0	50	100	150	200	300
Gichtstaub	900	400	-	0.063	0.066	0.070	0.074	0.083
		500	-	0.069	0.072	0.076	0.079	0.086
		600	-	0.077	0.080	0.084	0.087	0.094
Microtherm	950	240	0.017	0.019	0.020	0.021	0.023	0.026
Polystyrol-Schaumstoff	70	20	0.033	0.041	-	-	-	-
Pulverförmige Stoffe								
Kieselgur, Magnesia	900	100	-	0.043	0.050	0.057	0.065	0.079
und Gichtstaub		200	-	0.052	0.058	0.064	0.071	0.083
		300	-	0.060	0.066	0.072	0.078	0.088
		400	-	0.071	0.076	0.081	0.086	0.096
		500	-	0.080	0.085	0.090	0.095	0.106
		600	-	0.092	0.096	0.101	0.106	0.128
Schnüre mit Hartmantel								
Korkfüllung	100	220	0.051	0.066	0.073	-	-	-
Kieselgurfüllung	100	475	0.076	0.081	0.087	-	-	-
Asbestfüllung	500	400	0.099	0.107	0.122	0.140	-	-
Steinwolle	250[3]							
Platten		100	0.035	0.043	0.052	0.064	0.078	-
Matten		120	0.035	0.041	0.048	0.056	0.066	-
Zellenbeton								
Porengips, Aerokret		300	-	0.072	0.081	0.091	0.111	0.117
		400	-	0.085	0.093	0.101	0.110	0.127
		600	-	0.120	0.128	0.136	0.144	0.126
		800	-	0.178	0.186	0.194	0.120	0.220

1 Magnesia hat nur eine Temperaturbeständigkeit bis 30C °C
2 Bei 250 °C Mitteltemperatur
3 Ohne Bindemittel bis 700 °C
A: Temperaturbeständigkeit in °C
B: Dichte in kg/m^3

Tab. 11-2 Mittlere Wärmeleitzahlen von Dämmstoffen /1/

Armaturen

Die Bestimmung der Wärmeverluste von Armaturen ist in der Regel sehr schwierig. Für die überschlägige Bestimmung ist die Tab. 11-3 zu benutzen, in der die gleichwertige Rohrlänge ausgewiesen wird, für die dann die Verlustbestimmung - wie oben gezeigt - vorzunehmen ist.

Gegenstand	Gleichwertige Länge eines isolierten Rohres bei 100 °C	400 °C
1 Flanschenpaar, ungedämmt	2 bis 3 m	5 bis 9 m
1 Flanschenpaar mit Flanschenklappen	1m	1 m
1 Ventil oder Schieber, ungedämmt	6 bis 9 m	16 bis 26 m
1 Ventil oder Schieber, gedämmt	2,5 bis 3 m	5 bis 7.5 m
Rohraufhängungen	15%	15%

Im Freien sind etwa doppelt so große Werte anzusetzen

Tab. 11-3 Verluste durch Armaturen in Rohrleitungen in Innenräumen /1/

Apparate

Bei Apparaten wie Wärmeaustauschern, Warmwasserspeichern usw. sind jeweils die Oberflächentemperatur oder Medientemperatur zu messen und die Oberflächen zu ermitteln, um dann endgültig über die Gesetzmäßigkeiten der Wärmeübertragung /s. Band III/ die Wärmeverluste bestimmen zu können.

11.1.2 Maßnahmen

Als Maßnahmen zur Verringerung der Wärmverteilverluste können z.B. gelten

- Verbesserung der Wärmedämmung (Isolation)
- Minderung der Medientemperaturen (Niedertemperaturheizung)
- Verlegung der Rohrleitungen im Gebäude
- Strömungsgeschwindigkeit und Massenstrom auf den Bedarf reduzieren
- teilweise Betriebseinschränkungen (Nachtabsenkung bzw. -abschaltung)

Bei der Minderung der Medientemperatur durch eine Niedertemperaturheizung ist zu beachten, daß die Temperaturabsenkung zwar den Wärmeverlust reduziert, jedoch der Massenstrom und damit die Strömungsgeschwindigkeit oder die Rohrdimension sich vergrößert (da die gleiche Wärmemenge bei niederer Temperaturdifferenz transportiert werden muß), wodurch die Wärmeverluste sich wiederum erhöhen.

Die Wärmedämmung von Rohrleitungen, Armaturen und Geräten sollte nach /38/ unter Berücksichtigung der Wirtschaftlichkeit erfolgen. Wie Abb. 11-4 und Abb. 11-5 zeigen, ist das Optimum zwischen Wärmeschutz- und Wärmeverlustkosten zu suchen.

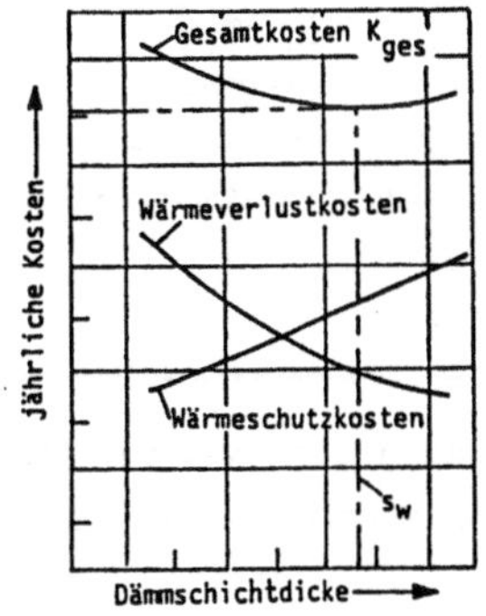

Abb. 11-4 Darstellung der wirtschaftlichen Dämmschichtdicke einer einlagigen Wärmedämmung /38/

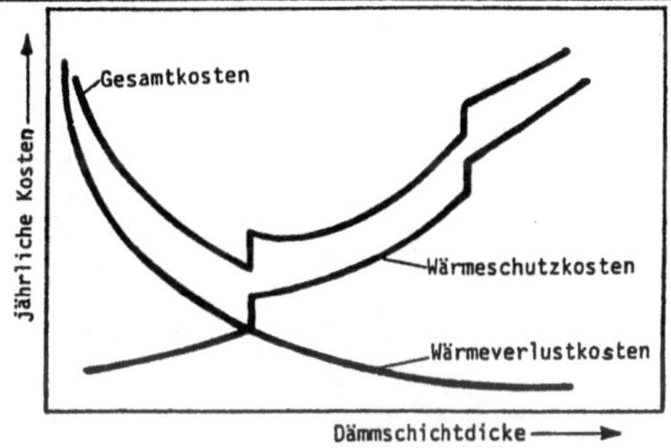

Abb. 11-5 Darstellung der wirtschaftlichen Dämmschichtdicke bei mehrlagiger Wärmedämmung /38/

Unabhängig von der Wirtschaftlichkeit sind aber in jedem Fall die Mindestdämmschichtdicken nach der 2. Heizanlagenverordnung vom 24.02.1982 einzuhalten, die dort /s. auch Band I/ festgelegt sind /Tab. 11-4/.

Die Dämmschichtdicke muß, bezogen auf eine Wärmeleitfähigkeit von λ = 0,035 W/mK, mindestens betragen:

bis NW 20	20 mm
NW 22 bis NW 35	30 mm
NW 40 bis NW 100	NW
über NW 100	100 mm

Für Anschlußleitungen bis 8 m Länge genügt die Hälfte der angegebenen Dicken. Falls Dämmstoffe mit anderen λ-Werten verwendet werden, ist eine Umrechnung erforderlich, wofür Tabellen zur Verfügung stehen.

Tab. 11-4 Mindestdämmschichten

Die wirtschaftlichste Wärmedämmung kann aus der Abb. 11-6 direkt abgelesen werden, wenn zuvor der Faktor F nach folgender Beziehung ermittelt wurde /38/ :

$$F = 3{,}6 \cdot \lambda \cdot (t_i - t_a) \cdot \beta \cdot W \cdot 10^{-5} \, , \tag{11-8}$$

t_i ist die innere und t_a die äußere Oberflächentemperatur der Rohrleitung, λ die Betriebswärmeleitfähigkeit, W der Wärmepreis und β die Benutzungsdauer im Jahr.

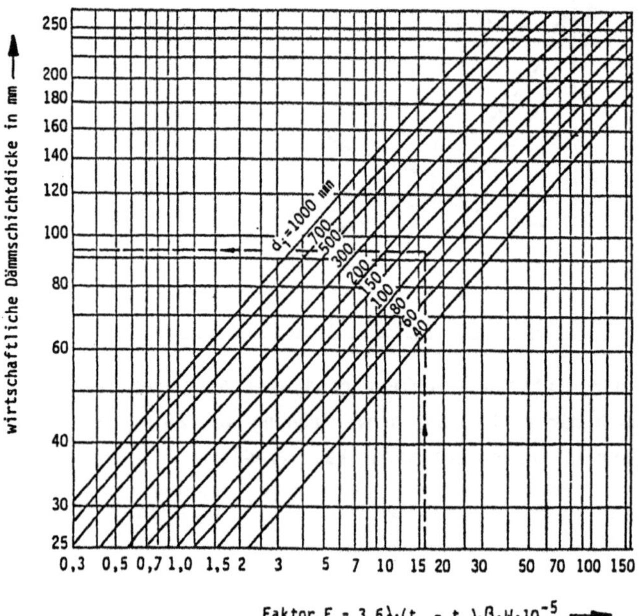

Abb. 11-6 Näherungswerte für die wirtschaftliche Dämmschichtdicke für Rohrleitungen

11.2 Förderverluste

In jedem Heizsystem wird der Wärmeträger durch das Heizsystem transportiert, wozu Energie benötigt wird. Bei der Schwerkraft- und der Dampfheizung wird die Transportenergie durch den Wärmeerzeuger aufgebracht. Die weitverbreiteten Pumpenheizungen beziehen ihre Transportenergie dagegen nicht vom Wärmeerzeuger, sondern gesondert aus dem elektrischen Leitungsnetz. Die von der Pumpe aufgenommene elektrische Leistung wird im Antriebsteil verlustbehaftet in mechanische Energie umgewandelt. Die Antriebsverluste, die in Form von Wärme über das Pumpengehäuse an die Umgebung abgegeben werden, gehen dem Heizsystem verloren. Die hydraulische Leistung dagegen wird dem Heizsystem zugeführt. Gegenüber den umgesetzten Wärmemengen des Heizsystems sind die Förderverluste relativ gering.

11.2.1 Istwert-Aufnahme

Der Leistungsbedarf P einer Pumpe berechnet sich nach der Beziehung :

$$P = \frac{F_L}{\eta_P} , \qquad (11\text{-}9)$$

η_P ist der Wirkungsgrad der Pumpe, der nach /1/ bei kleinen Pumpen zwischen 0,4 und 0,6, bei mittleren Pumpen zwischen 0,6 und 0,75 und bei großen Pumpen zwischen 0,75 und 0,85 liegt. Je nach Belastung kann der Wirkungsgrad der Pumpe stark schwanken /s. Band III/. Die Förderleistung F_L wird durch die folgende Gleichung bestimmt :

$$F_L = \dot{V} \cdot \Delta p , \qquad (11\text{-}10)$$

$\dot{V}$ ist die umlaufende Wassermenge und Δp der Druckunterschied. Δp kann durch Manometer vor und hinter der Pumpe abgelesen werden. $\dot{V}$ wird aus dem Wärmestrom und aus der Vor- und Rücklauftemperatur wie folgt bestimmt :

$$\dot{V} = \frac{\dot{Q}}{c_p \cdot (t_V - t_R) \cdot g} \qquad (11\text{-}11)$$

Die Vor- und Rücklauftemperaturen können an in den Heizzentralen installierten Thermometern abgelesen werden. Der nicht genutzte Förderverlust P_{FV} berechnet sich zu :

$$P_{FV} = P - F_L \qquad (11\text{-}12)$$

bzw. unter Berücksichtigung von Gleichung 11-9 und Gleichung 11-10 zu

$$P_{FV} = F_L \left(\frac{1}{\eta_p} - 1\right) = \dot{V}\, \Delta p \left(\frac{1}{\eta_p} - 1\right) \qquad (11\text{-}13)$$

Beispiel 11-3: In einer Heizanlage wird durch Ablesen eine Vorlauftemperatur von 80°C, eine Rücklauftemperatur von 65°C und ein Differenzdruck an der Pumpe von 196,2 kPa festgestellt. Aus der Wärmeerzeugermessung ergab sich eine an das Verteilsystem abgegebene Wärmemenge von 17,6 kW. Wie groß ist der nicht genutzte Förderverlust, wenn ein mittlerer Pumpenwirkungsgrad von 0,6 angenommen wird? Aus Gleichung 11-11 ergibt sich

$$\dot{V} = \frac{17{,}6 \cdot 1000}{4{,}19 \cdot (80-65) \cdot 1000 \cdot 0{,}28} \approx 1\ \mathrm{m^3/h}$$

und damit nach Gleichung 11-13

$$P_{FV} = \frac{1 \cdot 196{,}2 \cdot 1000 \cdot \left(\frac{1}{0{,}6} - 1\right)}{3600} \approx 36\ \mathrm{W}$$

11.2.2 Maßnahmen

Die einfachste und von den Investitionskosten her billigste Maßnahme zur Senkung der Förderverluste ist die zeitweise Abschaltung der Pumpe (Nachtbetrieb). Jede Verkleinerung der benötigten Pumpenleistung bringt ebenfalls eine Förderverlustreduzierung. Insbesondere bei der Neuerstellung von Heizanlagen sollte darauf geachtet werden, daß zum einen die Rohrnetzdimensionierung so ausfällt, daß die Betriebsverluste sich minimieren, und zum anderen die Rohrnetze nicht so groß dimensioniert werden, daß die Investitionskosten hierfür zu sehr ins Gewicht fallen würden. Eine weitere Möglichkeit, Förderverluste zu senken, besteht in dem Betrieb mit stufenlos geregelten, mehrstufigen und in mehrere Pumpen aufgeteilten Anlagen. Die Pumpenleistung soll hierbei jeweils dem Bedarf angepaßt sein. Zu bedenken ist in jedem Fall, daß ein Eingriff in die Hydraulik eines Heizsystems zugleich ein Eingriff in den Wärmehaushalt ist, der in seiner Zielsetzung nicht beeinflußt werden darf.

11.3 Verteil- oder Regelungsverluste

Es gibt zu jeder Zeit und an jedem Ort eines Gebäudes einen bestimmten Wärmebedarf, den das Heizsystem decken muß. Wird zur falschen Zeit oder am falschen Ort zuviel Wärme geliefert, so ist dieses Zuviel an Wärme als Verteil- oder Regelungsverlust zu bezeichnen (Ausnahme: der Teil an Wärme, der durch thermische Speicherung später genutzt werden kann). Die Bestimmung dieser Verluste ist insbesondere wegen der instationären Prozesse in Heizung und Gebäude sehr schwierig. Es werden deshalb im folgenden keine Methoden zur Abschätzung dieser Verluste angegeben, sondern die physikalischen Ursachen, wie sie entstehen, um damit annähernd Maßnahmen zur Senkung der Verteil- oder Regelungsverluste beurteilen zu können.

Da es sich hier um die Verteil- und Regelungsverluste im Verteilsystem handelt, ist die allgemeine Definition der Verluste wie folgt zu präzisieren:

Aus der grundsätzlichen Beziehung

$$\dot{Q} = \dot{m} \cdot c_p \cdot (t_V - t_R) \tag{11-14}$$

folgt, da c_p die spezifische Wärmekapazität und t_R die Rücklauftemperatur nicht direkt beeinflußbar sind, daß der Wärmestrom $\dot{Q}$ nur über den Massenstrom $\dot{m}$ und/oder die Vorlauftemperatur t_V regelbar ist. Es gibt demnach drei prinzipielle Möglichkeiten, ein Heizsystem zu regeln, und zwar

- durch reine Massenstromregelung,
- durch reine Vorlauftemperaturregelung und
- durch Kombination von Massen- und Vorlauftemperaturregelung.

Eine weitere Möglichkeit, die nicht direkt aus Gleichung 11-14 hergeleitet werden kann, ist die zeitliche Regelung. Das Wärmeverteilsystem bietet hierbei immer die gleiche Wärmemenge $\dot{Q}$ an ($\dot{m}$ und t_V sind somit konstant), aber je nach Bedarf in kürzeren oder längeren Zeitintervallen. Diese Art der Regelung kann allerdings nur zu befriedigenden raumklimatischen Verhältnissen führen, wenn die Speichermassen des Raumes an diese Bedingungen angepaßt sind. Bei der Wärmeerzeugerregelung findet diese Regelung breite Anwendung (Ein-Aus-Brennerbetrieb).

Die Massenstromregelung (genaugenommen ist die Bezeichnung falsch, da es sich nur um eine Massenstromverstellung handelt - aber in der Praxis leider geläufig) hat bei der Thermostatventilanwendung ihre starke Verbreitung. Hier wird durch raumweise Einzelraumregelung der Massenstrom verändert. Durch die Veränderung des Massenstroms über eine veränderliche Drossel wird ständig ein Eingriff in das hydraulische System vollzogen. Diese Rückwirkungen auf den Hauptstrom als auch über die Differenzdruckveränderung auf die anderen Thermostatventile müssen durch Anwendung dezentraler Differenzdruckregler (in den Strängen) und zentraler Pumpensteuerung verringert werden (gemeint sind Großanlagen - im Einfamilienhaus haben derartige Vorgänge keine große Bedeutung). Für die in Abb. 11-7 dargestellte Anlage setzt sich der gesamte Druckverlust wie folgt zusammen:

$$\Delta p_{ges} = \Delta p_K + \Delta p_{HK1} \tag{11-15}$$

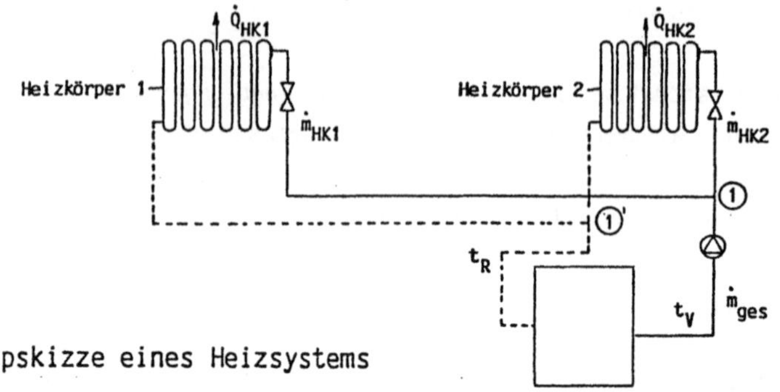

Abb. 11-7 Prinzipskizze eines Heizsystems

Δp_K ist der Druckverlust im Kesselkreislauf (von Punkt 1 nach 1' über den Kessel) und Δp_{HK1} ist der Druckverlust im Kreislauf des Heizkörpers 1 (von Punkt 1 nach 1' über den Heizkörper 1). Voraussetzung für den Ansatz nach Gleichung 11-15 ist, daß der Druckverlust im Kreislauf von Heizkörper 1 größer ist als der Druckverlust im Kreislauf des Heizkörpers 2 (von Punkt 1 nach 1' über den Heizkörper 2), es gilt also

$$\Delta p_{HK1} > \Delta p_{HK2} \qquad (11\text{-}16)$$

Wird das Heizkörperventil vom Heizkörper 1 gedrosselt, so reduziert sich der Massenstrom $\dot{m}_{HK1}$ durch den Heizkörper 1, womit dann auch der abgegebene Wärmestrom $\dot{Q}_{HK1}$ sich verändert, was Ziel der Maßnahme ist. Weiterhin stellt sich ein neuer Druckverlust Δp^*_{HK1} ein, für den gilt

$$\Delta p^*_{HK1} > \Delta p_{HK1} \qquad (11\text{-}17)$$

Der gesamte Druckverlust ist jetzt

$$\Delta p^*_{ges} = \Delta p^*_K + \Delta p^*_{HK1} > \Delta p_{ges} \qquad (11\text{-}18)$$

Ein neuer Druckverlust für den Kessel wird aufgrund des neuen Massen- oder Volumenstroms erzeugt. Abb. 11-8 zeigt den Drosselvorgang anhand der Pumpen- und Netzkennlinie.

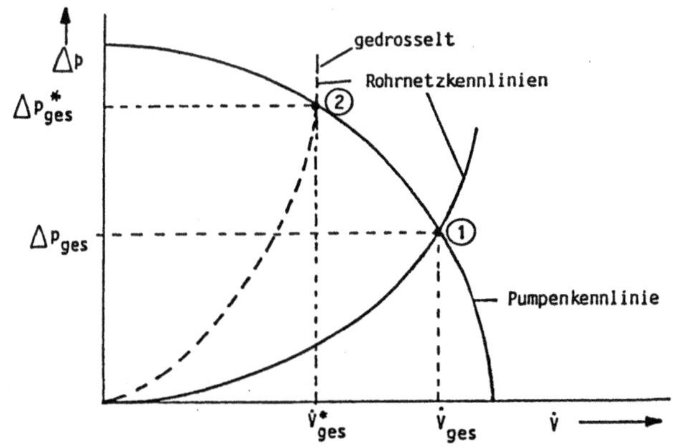

Abb.11-8 Pumpen- und Rohrnetzkennlinien

Die neue Rohrnetzkennlinie (gestrichelt) ergibt sich aufgrund des erhöhten Druckverlustes. Der alte Betriebspunkt (Schnittpunkt von Rohrnetz- und Pumpenkennlinie) verlagert sich wegen der Drosselung von 1 nach 2, wodurch sich ein neuer Volumenstrom $\dot{V}^*_{ges}$ (damit auch neuer Massenstrom $\dot{m}^*_{ges}$) ergibt.

Dieser Volumenstrom kann je nach Pumpenkennlinie (jede Pumpe hat ihre eigene Pumpenkennlinie) verschieden groß sein. Ein anderer Volumenstrom bewirkt aber zum einen, daß sich die Druckverluste im Kesselkreislauf ändern, und zum anderen, daß der zwischen den Punkten 1 und 1' anliegende zur Verfügung stehende Druck /Abb. 11-7/ sich ebenfalls verändert, wodurch der Volumenstrom bzw. Massenstrom $\dot{m}_{HK2}$ des Heizkörpers 2 sich verändert; d.h. also, daß durch die Drosselung am Heizkörper 1 die Wärmeabgabe von Heizkörper 2 ungewollt mitbeeinflußt wird. Wird anstelle des in Abb. 11-7 dargestellten Zweirohrsystems ein Einrohrsystem benutzt, fallen die Beeinflussungen noch wesentlich stärker aus. Durch dieses ungewollte Überheizen wird ein Teil der Verteil- oder Regelungsverluste erzeugt. Auch Thermostatventile können derartige Beinflussungen verursachen. Schlägt jedoch das Überheizen auf die gemessene Lufttemperatur durch, so wirkt das Thermostatventil dem entgegen. Verluste können dabei aber trotzdem entstehen, da die Lufttemperatur aufgrund der Speichermassen verzögert ansteigt.

Ein Beispiel für eine Temperaturregelung ist die Regelung der Vorlauftemperatur im Heizsystem nach der Außenlufttemperatur /s. Abb. 11-9/. Die Außenlufttemperatur als wichtigster Einflußfaktor auf den Wärmebedarf dient zur zentralen Anpassung der Wärmezufuhr an die einzelnen Verbraucher. Dort werden dann individuell durch z.B. Thermostatventile die anderen Störgrößenwirkungen ausgeregelt.

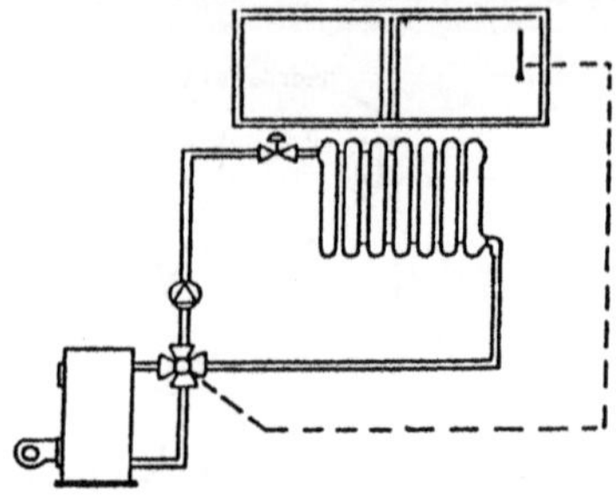

Abb. 11-9 Verstellung eines Mischers nach der Außentemperatur

Nach /40/ läßt sich die Vorlauftemperatur t_V explizit als Funktion der Außenlufttemperatur t_a darstellen

$$t_V = f(t_a) \tag{11-19}$$

Es gilt

$$t_V = t_{im} + \frac{A \cdot (t_{im} - t_a)}{F \cdot \{1 - [e^{\frac{E \cdot (t_{im} - t_a)^C}{F}}]^{-1}\}} \tag{11-20}$$

t_{im} ist die mittlere Innenlufttemperatur. Die Konstanten A, C, E und F berechnen sich wie folgt

$$A = \frac{(t_V - t_R)_N}{t_{im} - t_{a,N}} \tag{11-21}$$

$$C = 1 - \frac{1}{n} \tag{11-22}$$

$$E = \frac{B}{D} \tag{11-23}$$

$$B = \ln \left(\frac{t_V - t_{im}}{t_R - t_{im}} \right)_N \tag{11-24}$$

$$D = (t_{im} - t_{a,N})^C \tag{11-25}$$

$$F = \frac{\dot{m}}{\dot{m}_N} \qquad (11\text{-}26)$$

der Index N steht hier für Nennauslegung und n ist der Heizflächenexponent, der je nach Art der Heizfläche der unterschiedlich groß ist, wie die folgende Tabelle zeigt.

Der Exponent n beträgt:

	n
Gliederheizkörper aus Gußeisen oder Stahl bei normalem Anschluß	1,30
Gliederheizkörper aus Gußeisen oder Stahl bei nur unterem (reitendem) Anschluß, sofern die Temperaturspreizung ≧ 5 grd ist und das Heizwasser im ersten Glied nicht zwangsläufig hochgeführt wird	1,27
Wandplattenheizkörper und Flachgliederheizkörper	1,29
Konvektoren (je nach Angaben des Herstellers)	1,3...1,6
Glattrohrheizkörper und Rippenrohre	1,25

Tab. 11-5 Heizflächenexponenten /12/

Beispiel 11-4: Für eine Heizanlage ist rechnerisch die Vorlauftemperatur zu ermitteln, um festzustellen, ob die tatsächlich gemessene Vorlauftemperatur von 63°C in etwa dem entspricht oder aufgrund falscher Bedienung oder eines Defektes in der Anlage die Heizkurve verstellt wurde. Folgende Daten liegen vor:

Betriebsdaten:

Außenlufttemperatur	4°C
Innenlufttemperatur	20°C

Auslegungsdaten:

Außenlufttemperatur	-12°C
Vorlauftemperatur	90°C
Rücklauftemperatur	70°C

Die Anlage wird mit konstanten Wasserströmen gefahren und die Wärmeabgabe erfolgt über Gliederheizkörper mit normalem Anschluß.

Da die Wassermengen konstant sind, ist F gleich 1, weiterhin wird n mit 1,3 nach Tab. 11-5 ermittelt. Durch Einsetzen der Daten in die Gleichungen 11-20 bis 11-25 wird

$$A = \frac{(90-70)}{20-(-12)} \approx 0{,}63$$

$$C = 1 - \frac{1}{1{,}3} \approx 0{,}23$$

$$B = \ln\left(\frac{90-20}{70-20}\right) \approx 0{,}34$$

$$D = [20-(-12)]^{0{,}23} \approx 2{,}22$$

$$E = \frac{0{,}34}{2{,}22} \approx 0{,}15$$

und somit

$$t_V = 20 + \frac{0{,}63 \cdot (20-4)}{1 \cdot \{1-[e^{\frac{0{,}15 \cdot (20-4)^{0{,}23}}{1}}]^{-1}\}} \approx 61\,^{\circ}C$$

Die Vorlauftemperatur entspricht damit in etwa der gemessenen Temperatur. Die Regelung scheint demnach funktionsfähig zu sein.

Näherungsweise läßt sich die Funktion von Vorlauf- und Außenlufttemperatur auch als Gerade darstellen /s. Abb. 11-10/.

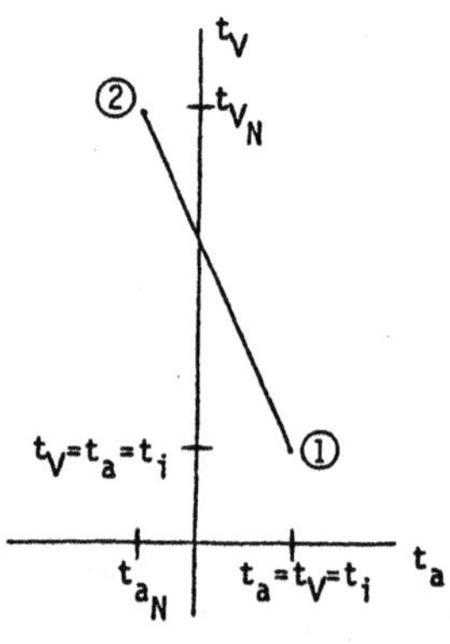

Abb. 11-10 Näherungsweise Darstellung der Heizkurve als Gerade

Der Anfangspunkt der Heizgeraden ist bei der Außenlufttemperatur und der dazugehörigen Auslegungstemperatur zu sehen. Die niedrigste Vorlauftemperatur ist theoretisch im Punkt gleicher Außenluft-, Vorlauf- und Innentemperatur (Wärmeabgabe gleich Null) zu sehen. Mit Hilfe der Zweipunktgleichung einer Geraden ergibt sich sodann der folgende funktionale Zusammenhang zwischen Vorlauftemperatur und Außenlufttemperatur :

$$\frac{t_V - t_i}{t_a - t_i} = \frac{t_{V,N} - t_i}{t_{a,N} - t_i} \qquad (11\text{-}27)$$

bzw.

$$t_V = \frac{t_{V,N} - t_i}{t_{a,N} - t_i} \cdot (t_a - t_i) + t_i \qquad (11\text{-}28)$$

<u>Beispiel 11-5</u>: Für die in Beispiel 11-4 angegebenen Daten ist überschläglich die Vorlauftemperatur zu bestimmen. Nach Gleichung 11-28 gilt

$$t_V = \frac{90-20}{-12-20} \cdot (t_a - 20) + 20$$

oder

$$t_V = -\frac{35}{16}\, t_a + 63{,}75$$

Bei 4°C Außenlufttemperatur beträgt somit die Vorlauftemperatur

$$t_V = -\frac{35}{16} \cdot 4 + 63{,}75 = 55\ °C$$

Der Unterschied in diesen beiden Rechenverfahren liegt darin begründet, daß nur beim Verfahren 1 der unterschiedlichen Wärmeabgabe von Heizkörpern (Strahlung und Konvektion) Rechnung getragen wird.

11.3.1 Istwert-Aufnahme

Eine befriedigende Istwert-Aufnahme der Verteil- oder Regelverluste ist nicht möglich. Zum einen liegt dies daran, daß der zeitliche Verlauf des Wärmebedarfs nicht voraussagbar ist, und zum anderen daran, daß die zeitlichen Verläufe der "Störgrößen", die auf das Heizsystem einwirken, ebenfalls nicht voraussagbar sind. Um Maßnahmen zur Senkung von Verteil- und Regelungsverlusten trotzdem bewerten zu können, werden prozentuale Eckwerte (Erfahrungswerte) der zu erwartenden Einsparung benutzt. Diese sicherlich etwas grobe Methode läßt sich in der

Regel dadurch rechtfertigen, daß die Investitionskosten zur Senkung der Verteil- oder Regelungsverluste klein sind in Relation zu den zu erwartenden Einsparungen.

11.3.2 Maßnahmen

Hierunter fallen alle Maßnahmen, die ein "Überheizen" (bezogen auf den Bedarf) verhindern oder zumindest deren energetischen Effekt verringern /s. auch Band III/. Denn nach Kapitel 2, Gleichung 2-28 gilt:

$$P_{WV} = \frac{100 \cdot \Delta t_L}{t_L - t_A} \tag{11-29}$$

Mit einer mittleren jährlichen Außenlufttemperatur in der Heizperiode von 3,6°C wird hieraus

$$P_{WV} = \frac{100 \cdot \Delta t_L}{t_L - 3{,}6}, \tag{11-30}$$

wobei Δt_L die Abweichung der Innenlufttemperatur darstellt.

<u>Beispiel 11-6</u>: Bezogen auf den Wärmebedarf der gewünschten Raumlufttemperatur von 20°C soll die prozentuale Änderung ermittelt werden, die pro 1 K "Überheizen" verursacht wird. Nach Gleichung 11-30 ist

$$P_{WV} = \frac{100 \cdot 1}{20 - 3{,}6} \approx 6{,}1\%$$

d.h. 1 Kelvin Erhöhung der Raumlufttemperatur (während der gesamten Heizzeit) verursacht einen 6,1% höheren Wärmebedarf.

Diese Verluste zu mindern, ist auch Aufgabe jeder Raumtemperaturregelung. Welche Arten und Möglichkeiten es zur Raumtemperaturregelung gibt, ist in der Literatur hinreichend oft und gut beschrieben worden, weshalb auf diese verwiesen wird /s. auch Band V/. Wichtig ist nur, daß die Regelung nicht nur in der Lage sein sollte, das Überheizen aufgrund des Heizsystems zu vermeiden, sondern auch das Überheizen infolge Fremdwärmequellen, d.h. Energiequellen wie elektrische Maschinen, Personen, solare Einstrahlung, Kochstellen usw. sollten zur Unterstützung der "Heizaufgabe" durch das Regelsystem mit herangezogen werden. Die wohl bekanntesten Beispiele hierfür sind z.B. die Thermostatventile oder die "Zonenregelung" (pro Gebäudezone, wie z.B. Süd- und Nordteil, je ein Raumtemperaturfühler).

Eine weitere Möglichkeit der Verlustreduzierung ist das "intermittierende Heizen". Durch Nachtunterbrechung (Nachtabsenkung) können Verbrauchsminderungen von 5% bis 7% erzielt werden /41/. Bei gewerblichen Betrieben mit Wochenendabschaltung sind sogar Einsparungen von 20% bis 40% möglich. In Abb. 11-11 ist das Temperaturverhalten während der Nachtabsenkung dargestellt.

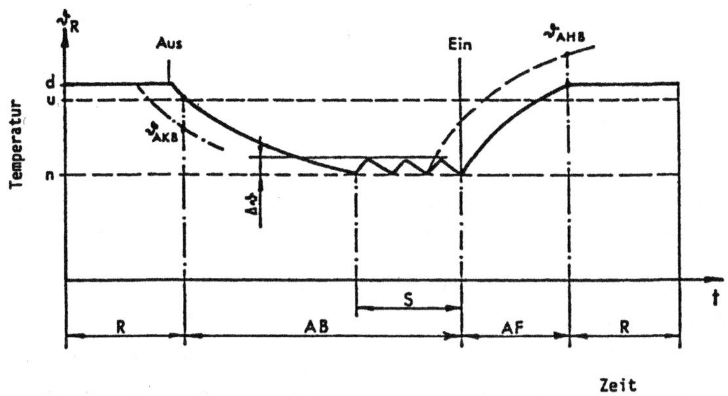

d Raumtemperatursollwert während der Belegung
u Raumsollwert bei Belegungsende
n Minimal zulässige Raumtemperatur während der Leerzeit
R Belegungszeit
AB Abkühlungsphase
S Stützbetrieb
AF Aufheizphase

Abb. 11-11 Temperaturverhalten eines Gebäudes bei Nachtabsenkung /43/

Die tatsächlich zu erzielende Einsparung in % ist nach Abb. 11-12 von der Dauer der Heizpause je Tag und der Speicherfähigkeit des Gebäudes abhängig.

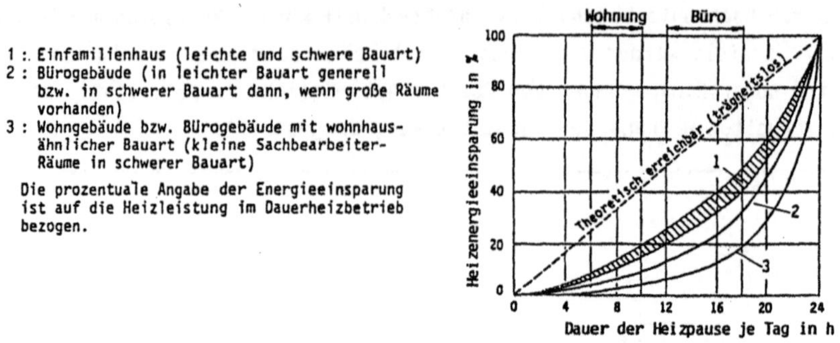

Abb. 11-12 Heizenergieeinsparung infolge Nachtabsenkung bei verschiedenen Gebäudetypen, jeweils in Abhängigkeit von der Dauer der Heizpause /44/

Die Speichermassen des Gebäudes haben dabei den großen Einfluß auf die Einsparungen, da Auskühl- und Aufheizverlauf hierdurch bestimmt werden. Die jährliche Einsparung hängt weiterhin von der Außenlufttemperatur ab, wie Abb. 11-13 zeigt.

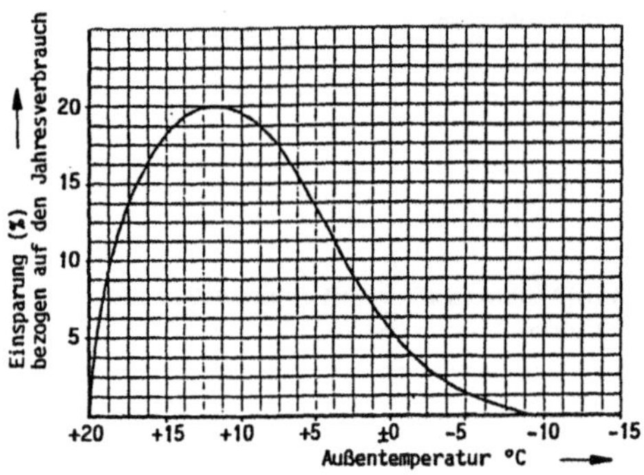

Abb. 11-13 Einsparung in Abhängigkeit von der Außentemperatur (Herstellerangaben) /45/

Abschließend nochmals der Hinweis: Temperaturregelung vor Massenstromregelung und wenn Massenstromregelung, dann mit konstantem Massenstrom im Versorgungskreislauf und mit variablem Massenstrom im Verbrauchskreislauf. Die letzte Aussage soll durch Abb. 11-14 verdeutlicht werden.

An einen Wärmeerzeuger sind unter anderem ein Lufterhitzer für eine Klimaanlage und ein Wärmetauscher für die Warmwassererwärmung angeschlossen. Der Lufterhitzer wird im Verbraucherkreis c mit variablem, aber im Versorgerkreislauf d mit einem konstanten Massenstrom (dementsprechende Kennlinien des Dreiwegeventils vorausgesetzt) gefahren, da das Dreiwegeventil als "Verteilventil" eingebaut wurde. Diese Schaltungsart ist gegenüber der der Warmwassererwärmung vorzuziehen, da dort im Versorgungskreislauf b ein variabler Massenstrom ansteht, der die Hydraulik des Gesamtsystems beeinflußt und somit die Wärmeabgabe des Lufterhitzers unkontrolliert verändert, wodurch Verluste erzeugt werden können.

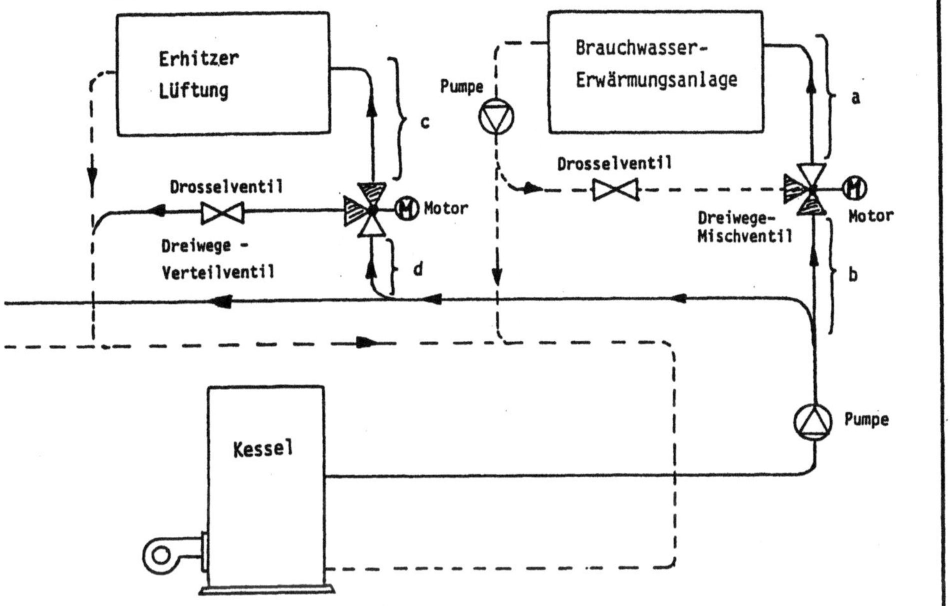

Abb. 11-14 Prinzipskizze eines Heizsystems

11.3.3 Hydraulische Schaltungsmöglichkeiten von Heizanlagen

Für die Aufstellung von Energiekonzepten stellt die Bedarfsanpassung durch die Regelungstechnik einen entscheidenden Faktor dar. Um vorhandene hydraulische Schaltungen von Heizanlagen beurteilen oder planen zu können, sind grundlegende Kenntnisse hierüber notwendig.

Deshalb soll im folgenden auf einige typische hydraulische Schaltungsmöglichkeiten in Heizanlagen eingegangen werden. Es gibt sicherlich mehr Ausführungsmöglichkeiten als die hier vorgestellten, die erläuterten Zusammenhänge sind aber analog auf andere Fälle übertragbar.

Bei einer reinen Massenstromregelung der Heizanlagen nach Abb. 11-15 sollte das Stellventil eine Ventilautorität von a ≈ 0,5 besitzen.

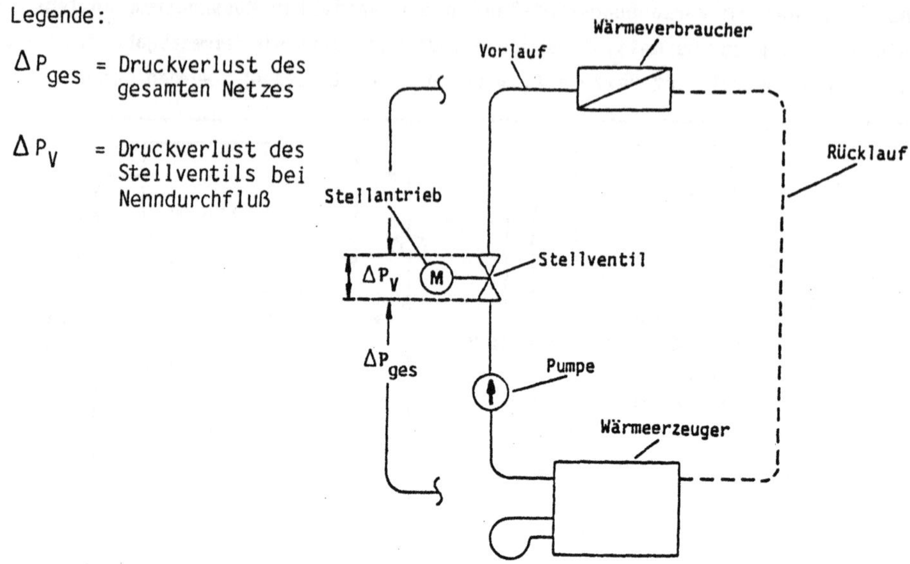

Abb. 11-15 Massenstromregelung

D.h. es gilt :

$$a = \frac{\Delta p_V}{\Delta p_{ges}} \approx 0,5 \qquad (11\text{-}31)$$

bzw.

$$\Delta p_V \approx 0,5 \cdot \Delta p_{ges} \qquad (11\text{-}32)$$

Bei einer Verteilschaltung mit einem Dreiwegeventil nach Abb. 11-16 ist es möglich, den Kesselkreislauf mit einem annähernd konstanten Massenstrom zu fahren.

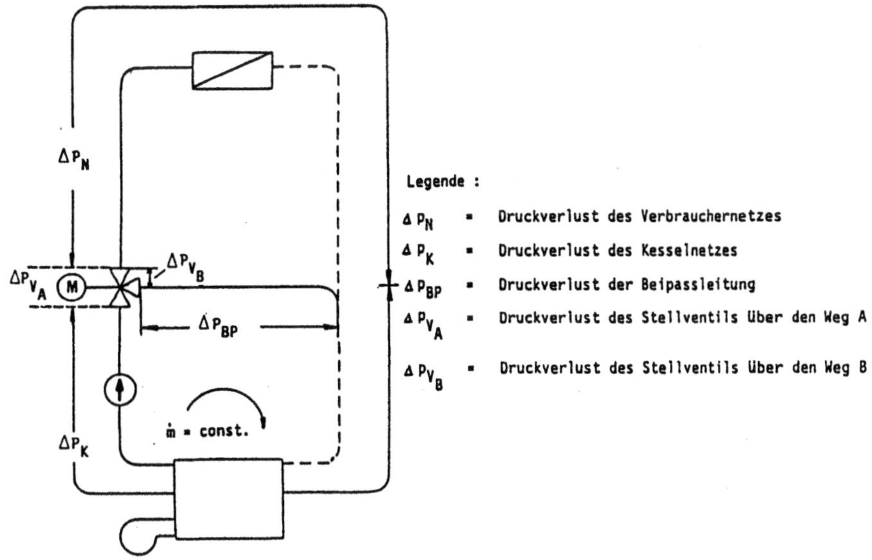

Abb. 11-16 Verteilschaltung

Voraussetzung hierfür ist, daß bei den Extremstellungen des Dreiwegeventils, Netzkreislauf voll auf bzw. Beipass voll auf, die Druckverhältnisse gleich sind. Dies bedeutet, daß zu fordern ist :

$$\Delta p_{VA} + \Delta p_N + \Delta p_K = \Delta p_{VB} + \Delta p_{BP} + \Delta p_K \tag{11-33}$$

Sind die Druckverluste über die Wege A und B des Stellventils gleich, so ergibt sich aus Gleichung 11-33 sofort die Bedingung:

$$\Delta p_N = \Delta p_{BP} \tag{11-34}$$

Der Druckverlust des Netzes sollte also gleich dem Druckverlust des Beipasses sein, damit im Kesselkreislauf immer mit konstantem Massenstrom gefahren wird. Dies ist besonders dann wichtig, wenn noch andere Verbraucher am Wärmeerzeuger angeschlossen sind, die nicht hydraulisch von benachbarten Verbrauchern beeinflußt werden sollen. Dadurch wird verhindert, daß unkontrolliert nicht benötigte Wärmemengen durch das Netz transportiert werden. Die Schaltung kommt mit einer Pumpe aus, die im Kesselkreislauf installiert ist, um nicht gegen ein geschlossenes Ventil arbeiten zu müssen. Die Anordnung des Dreiwegeventils im Rücklauf ist auch möglich, was jedoch nichts an den oben getroffenen Überlegungen ändert.

Der für die Regelung günstigste Druckverlust des Ventils sollte mindestens so groß sein wie der Druckverlust des mengenvariablen Netzes, also

$$\Delta p_{VA} \geq \Delta p_N \tag{11-35}$$

Eine Mischschaltung, wie sie in Abb. 11-17 dargestellt ist, bietet die Möglichkeit, im Gegensatz zur Verteilschaltung bei konstantem Massenstrom im Verbraucherkreis die Vorlauftemperatur und damit die zu transportierende Wärmemenge zu variieren.

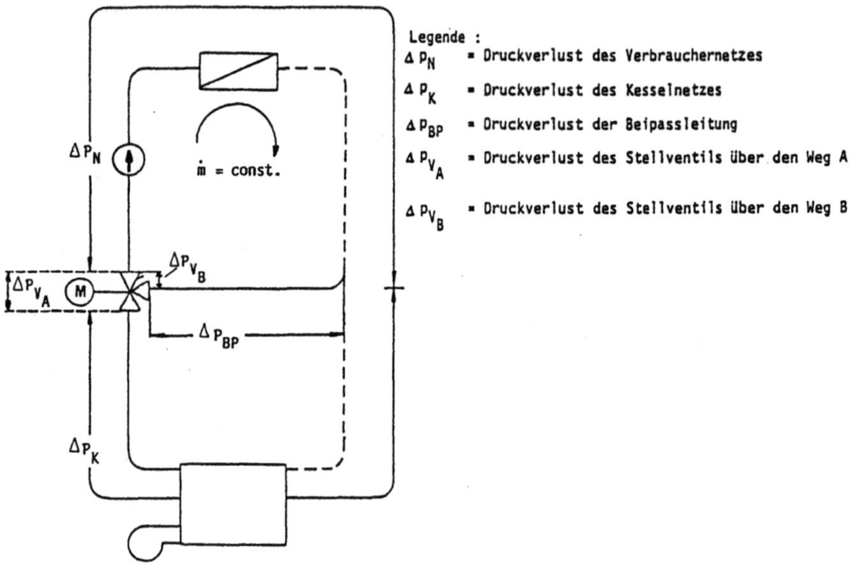

Abb. 11-17 Mischschaltung

Allerdings ist hier der Massenstrom im Kesselkreislauf nicht konstant und es können bei derartigen Schaltungen gegenseitige Beeinflussungen mehrerer Verbraucher auftreten. Weiterhin muß die Pumpe im Verbraucherkreis eingebaut werden, damit sie nicht gegen ein geschlossenes Ventil arbeiten muß. Um konstanten Massenstrom im Verbraucherkreislauf zu erhalten, muß gelten :

$$\Delta p_{VA} + \Delta p_N + \Delta p_K = \Delta p_{VB} + \Delta p_{BP} + \Delta p_N \tag{11-36}$$

Vorausgesetzt, daß wiederum gilt,

$$\Delta p_{VA} = \Delta p_{VB}$$

ergibt Gleichung 11-36

$$\Delta p_K = \Delta p_{BP} , \tag{11-37}$$

d.h. der Beipass muß den gleichen Druckverlust haben wie der Kesselkreislauf, um einen konstanten Massenstrom im Verbraucherkreislauf zu erhalten. Der Druckverlust des Ventils für eine gute Regelung ergibt sich nach den Voraussetzungen für Gleichung 11-35 zu :

$$\Delta p_{VA} \geq \Delta p_K \tag{11-38}$$

Unter Zugrundelegung der Definition der Ventilautorität a /s. Band V/ ergibt sich aus Gleichung 11-38 folgende Änderung:

$$a_{Misch} \geq \frac{1}{\frac{\Delta p_N}{\Delta p_K} + 2} \tag{11-39}$$

Für die Verteilschaltung nach Abb. 11-16 ergibt sich analog zu Gleichung 11-39 unter Berücksichtigung der Ungleichung 11-35 die Anforderung an die Ventilautorität zu :

$$a_{Vert} \geq \frac{1}{\frac{\Delta p_K}{\Delta p_N} + 2} \tag{11-40}$$

Eine Schaltung, die die Vorteile von Verteil- und Mischschaltung vereint, ist die Einspritzschaltung nach Abb. 11-18 und Abb. 11-19. Hierbei wird der Kessel- und Verbraucherkreislauf mit konstantem Massenstrom gefahren. Die Energiezufuhr wird im Verbraucherkreislauf über die durch Mischen geregelte Vorlauftemperatur bestimmt und weitere am Kesselkreislauf angeschlossene Verbraucherkreise beeinflussen sich nicht gegenseitig. Nachteilig bei dieser Schaltung ist, daß sie aufwendig und nur mit zwei Pumpen realisierbar ist.

Legende :

Δp_N = Druckverlust des Verbrauchernetzes

Δp_K = Druckverlust des Kesselnetzes

Δp_{BP} = Druckverlust der Beipassleitung

Δp_{V_A} = Druckverlust des Stellventils über den Weg A

Δp_{V_B} = Druckverlust des Stellventils über den Weg B

Δp_{BP_I} = Druckverlust der Beipassleitung I

$\Delta p_{BP_{II}}$ = Druckverlust der Beipassleitung II

Δp_{KSV} = Druckverlust in der Kurzschlußleitung Vorlauf

Δp_{KSR} = Druckverlust in der Kurzschlußleitung Rücklauf

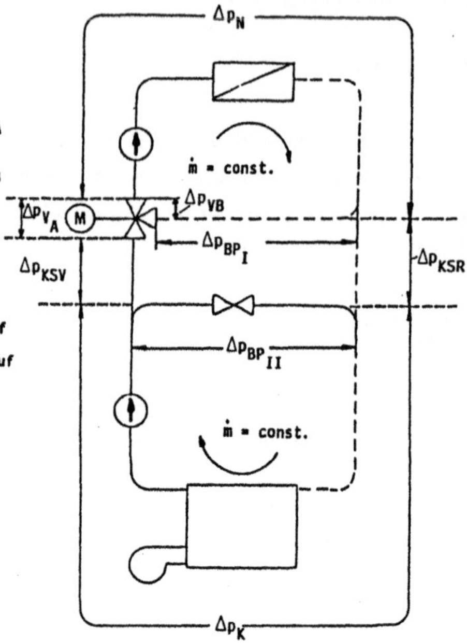

Abb. 11-18 Einspritzschaltung, Stellventil im Vorlauf

Legende :

Δp_{V_A} = Druckverlust des Stellventils über den Weg A

Δp_{V_B} = Druckverlust des Stellventils über den Weg B

Δp_{BP_I} = Druckverlust der Beipassleitung I

$\Delta p_{BP_{II}}$ = Druckverlust der Beipassleitung II

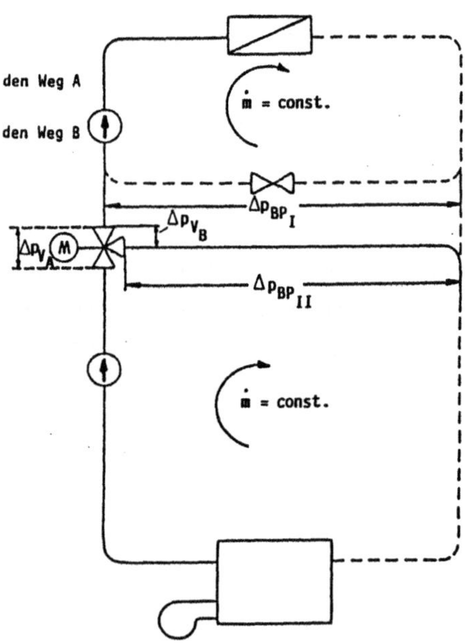

Abb. 11-19 Einspritzschaltung, Stellventil im Rücklauf

Werden auch hier bei den Extremstellungen des Dreiwegeventils die konstanten Massenströme berücksichtigt, so ergeben sich an die Druckverluste folgende Forderungen /s. hierzu Abb. 11-18/:

$$\Delta p_{KSV} + \Delta p_{VA} + \Delta p_N + \Delta p_{KSR} = \Delta p_{VB} + \Delta p_{BPI} \tag{11-41}$$

und

$$\Delta p_K = \Delta p_{B\,II} \tag{11-42}$$

Es wurde vorausgesetzt, daß die Verbraucherkreislaufpumpe die Versorgung vom Kesselkreislauf her übernimmt. Sind die Druckverluste über die Wege A und B im Dreiwegeventil gleich, so vereinfacht sich die Gleichung 11-41 zu :

$$\Delta p_{BP\,I} = \Delta p_{KSV} + \Delta p_{KSR} + \Delta p_N \tag{11-43}$$

Damit ist der Druckverlust für die Beipassleitung bestimmt.

Auch hier gilt für die Auslegung des Dreiwegeventils wiederum die Regel:

Druckverlust des Stellventils gleich oder größer als der Druckverlust im mengenvariablen Teil, also

$$\Delta p_{VA} \geq \Delta p_{KSV} + \Delta p_{KSR} \tag{11-44}$$

Hieraus und aus der Definition der Ventilautorität leitet sich wiederum die für eine gute Regelung benötigte Funktion ab

$$a \geq \frac{1}{\dfrac{\Delta p_N}{\Delta p_{KSV} + \Delta p_{KSR}} + 2}\,, \tag{11-45}$$

womit auch die Dimensionierung des Stellventils bestimmt ist.

Die hier dargestellten und erläuterten Grundschaltungen sind auf die Mehrzahl der in der Praxis vorkommenden Schaltungsfälle übertragbar. Dem Energiefachmann fällt die Aufgabe zu, die Zusammenhänge der Hydraulik in Heizanlagen zu kennen und darauf aufbauend Anlagen derart bewerten zu können, ob eine Bedarfsanpassung (sprich Regelung) durch die vorliegende "hardware" (Heizanlage) sinnvoll erscheint.

Alle Wärmeströme, die vom Wärmeabgabesystem emittiert werden und nicht indirekt oder direkt der Wärmeabgabekompensation des Menschen dienen (anstelle der Behaglichkeit sind auch andere Zielsetzungen möglich), sind als Wärmeabgabeverluste zu bezeichnen. In Anlehnung an Abb. 2-3 sind in Abb. 12-1 die Richtungen der Wärmeströme dargestellt (Doppelpfeile).

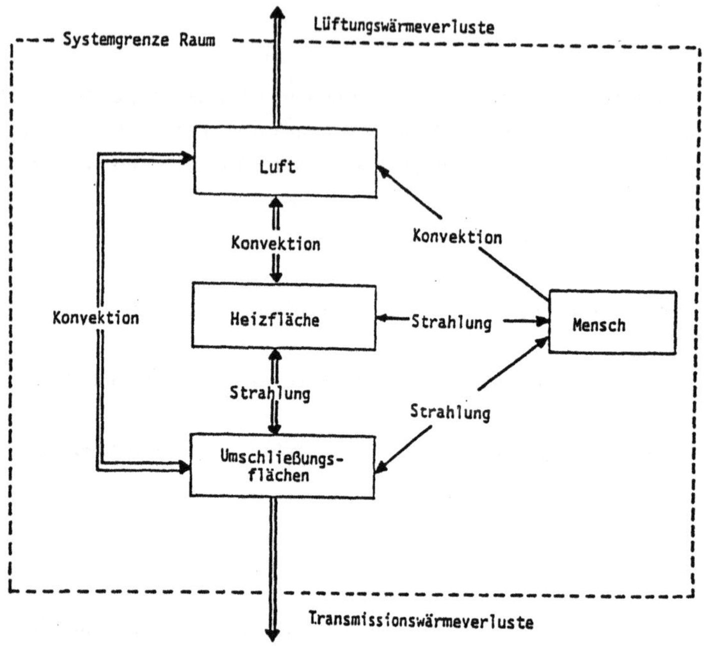

Abb. 12-1 Energieflußbild eines Heizsystems

So wird ein Teil der von der Heizfläche abgegebenen Wärme, ohne konvektiv oder durch Strahlung auf den Menschen einzuwirken, direkt oder über die Luft an die Umschließungsflächen abgegeben. Der Wärmestrom verläßt dann durch Transmission oder aber durch Lüftung die Systemgrenzen des Gebäudes. Abb. 12-2 stellt einen derartigen "Kurzschlußverlust" am Zusammenspiel von Heizkörper und Außenwand dar.

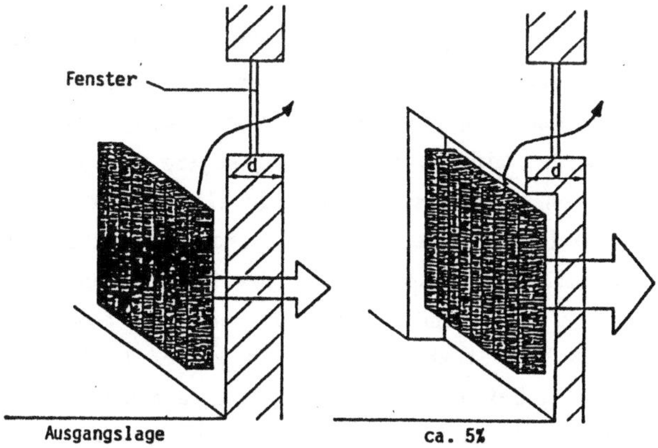

Abb. 12-2 Darstellung der Kurzschlußverluste

Der Heizkörper gibt durch Strahlung und Konvektion an die Rückwand Wärme ab, die nur zum Teil konvektiv dem Raum zugeführt wird. Der verbleibende Kurzschlußverlust wird um so größer, je ungedämmter und strahlungsungeschützter die Heizkörpernische ist, da dadurch die Oberflächentemperatur sinkt und sich somit nach den Gesetzen der Wärmestrahlung der Wärmeaustausch vergrößert. Noch extremer sieht der Verlust bei vor Glasflächen installierten Heizflächen aus, da hier der Wärmeaustausch sehr groß ist. Aber auch Fußboden- und andere Flächenheizungen weisen Kurzschlußverluste auf, die dem positiven, energieeinsparenden Effekt der niedrigen Raumlufttemperatur ohne Behaglichkeitsverlust entgegenwirken.

Auch der Anteil der vom Heizkörper konvektiv abgeführten Wärme, der als Lüftungswärmeverlust durch die Fugendurchlässigkeiten von Fenster und Wand den Raum verläßt, ist als Kurzschlußverlust zu bezeichnen. Der Mindestluftwechsel ist jedoch bei durchzuführenden Maßnahmen unbedingt einzuhalten.

12.1 Istwert-Aufnahme

Eine Istwert-Aufnahme zur Bestimmung der Kurzschlußverluste ist innerhalb einer Energieanalyse aus Gründen des dafür notwendigen Aufwands nur schwer möglich. Grobe Abstimmungsfehler von Heizfläche und Außenwandkonstruktion, wie z.B. Heizkörper vor Glasflächen, sind jedoch schnell erkennbar, um entsprechende Maßnahmen vorschlagen zu können.

12.2 Maßnahmen

Alle Maßnahmen an der Gebäudehülle (Dämmung, Fugendichtung), aber insbesondere die Isolation der Heizkörpernischen, reduzieren die Kurzschlußverluste. Das Verkleiden von Heizflächen dagegen (Heizkörperverkleidung, Vorhänge usw.) erhöht die Kurzschlußverluste und mindert die Leistungsabgabe der Heizfläche. Vor Glasflächen sind Konvektoren energetisch sinnvoller als z.B. Radiatoren. Heizkörper für Niedertemperaturheizungen haben zwar kleinere Oberflächentemperaturen, was zu einem geringeren Strahlungsaustausch mit der Wand führen würde, wenn nicht gleichzeitig deren Oberfläche größer wäre (der Wärmebedarf muß gedeckt werden), wodurch sich letztlich der Strahlungsaustausch wieder erhöht. Effektiver sind Heizkörperkonstruktionen, bei denen die der Wand zugewandte Seite Wärme größtenteils konvektiv über Zwischenwandungen abgibt. Im Zusammenhang mit dichten Fensterkonstruktionen kann hier sicherlich Energie eingespart werden.

Für die energietechnische Beurteilung von Heizsystemen ist es notwendig, deren maximalen Wärmebedarf, den jährlichen Wärmebedarf und den Brennstoffbedarf ermitteln zu können. Dies wird im folgenden mit ausgewählten Verfahren vorgestellt, wobei diese Verfahren nicht die einzig Repräsentativen sind. Sie sind zum Teil als Orientierungshilfen für die Erstellung eigener Abschätzverfahren gedacht. Die vorgeschriebenen Auslegungsverfahren (DIN 4701) werden hiervon jedoch nicht betroffen.

13.1 Maximaler Wärmebedarf

Der maximale Wärmebedarf eines Gebäudes wird benötigt, um die Dimensionen der Heizanlage und um den jährlichen Energieverbrauch ermitteln zu können. Die Berechnung des Wärmebedarfs nach der DIN 4701 ist recht umfangreich und deshalb für die Energieanalyse nicht immer einsetzbar /s. Band VI/. Wie der maximale Wärmebedarf aus den Wärmeerzeugermessungen bestimmt werden kann, ist in Kapitel 10.4 bereits beschrieben worden. Im folgenden sollen nun sechs Methoden zur Bestimmung des maximalen Wärmebedarfs angegeben werden, die insbesondere für eine Kurzberatung vom Aufwand her als Beispiel zur Abschätzung geeignet sind.

Methode I:
Erfahrungswerte nach /46/ bezogen auf den Rauminhalt (lichte Maße) sind

A Eckräume	46 - 70 W/m^3
B Ungünstig liegende Räume	35 - 46 W/m^3
C Günstige Räume (geschützt liegend)	23 - 35 W/m^3

Die Werte sind in Abb. 13-1 graphisch dargestellt.

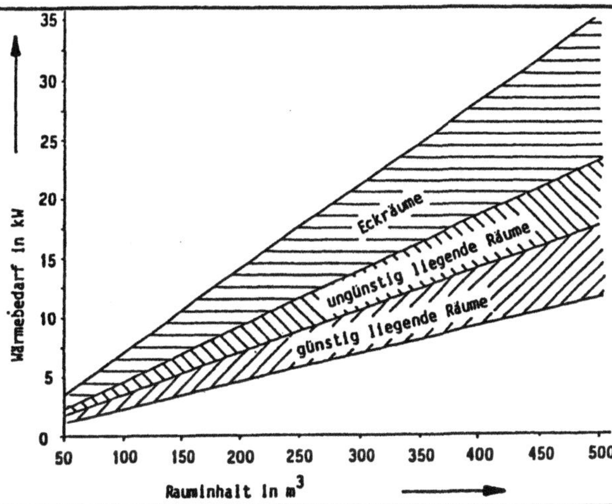

Abb. 13-1
Wärmebedarf für verschiedene Raumtypen

Ebenfalls Erfahrungswerte nach /46/ bezogen auf den Rauminhalt (hier aber für das gesamte Gebäude) sind

Gebäude bis 2000 m³ Rauminhalt	35 - 58 W/m³
Gebäude von 2000 m³ Rauminhalt	17 - 35 W/m³
Saalbauten	17 - 23 W/m³

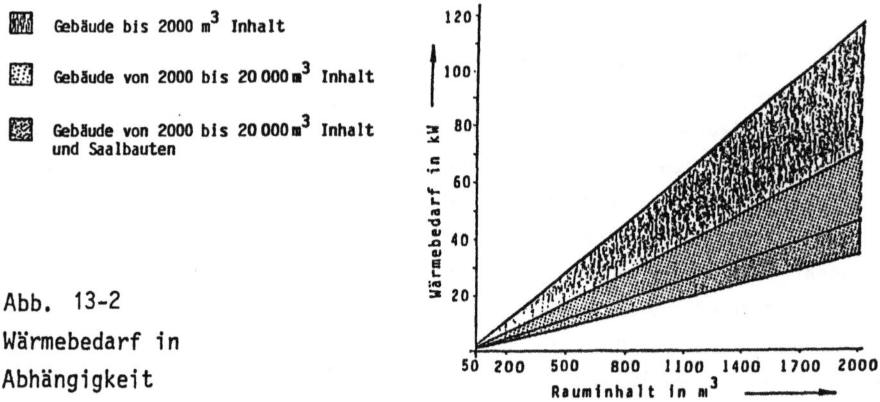

Abb. 13-2
Wärmebedarf in Abhängigkeit vom Gebäudetyp

Die Werte der Methoden I und II beziehen sich auf eine Innenlufttemperatur von 20°C und auf eine Außenlufttemperatur von -15°C. Ein auf 12°C beheizter Raum bekommt einen Abschlag von 20% und für Einfachfenster wird ein Zuschlag von 30% vorgenommen. Der Lüftungswärmebedarf ist in den obigen Zahlen nicht enthalten.

Methode III:

Aus Erhebungen wurden nach /47/ die in Tab. 13-1 zusammengestellten Daten ermittelt.

		Ein- und Zweifamilienhaus
Durchschn. Wohnfläche		82,5 m²
Anzahl der Wohnungseinheiten		10,6 10⁶ WE

Beheizungsart		Einzelheizung				Sammelheizung			
Energieträger		K	Ö	G	S	K	Ö	G	FW
Spez. Verbr. f. RHZG	kWh/m²·a	289	210	203	169	309	325	203	220
Spez. Verbr. f. RHZG + WW	kWh/m²·a					341	415	237	244
En. Verbr. f. RHZG	MWh/WE·a	23,8	17,3	16,7	13,9	25,5	26,8	16,8	18,2
En. Verbr. f. RHZG + WW	MWh/WE·a					28,1	34,2	19,6	20,1
						Mehrfamilienhaus 60,0 m² 11,6 10⁶ WE			
Spez. Verbr. f. RHZG	kWh/m²·a	250	231	170	173	250	223	170	207
Spez. Verbr. f. RHZG + WW	kWh/m²·a					256	291	195	240
En. Verbr. f. RHZG	MWh/WE·a	15,0	13,9	10,2	10,4	15,0	13,4	10,2	12,4
En. Verbr. f. RHZG + WW	MWh/WE·a					15,4	17,5	11,7	14,4

Spez. Verbr. f.= Spezifischer Verbrauch für
En. Verbr. f.= Energie Verbrauch für
RHZG= Raumheizung
WW= Warmwasser

K= Kohle
Ö= Heizöl
G= Gas
S= Strom
FW= Fernwärme

Tab. 13-1 Energieverbrauch für Raumheizung und zentr. Warmwasserbereitung, Haushalt Bundesrepublik Deutschland 1975 /47/

Um vom jährlichen Energieverbrauch auf den maximalen Wärmebedarf schließen zu können, gibt /32/ folgende Gleichung an:

nur Heizzeit

$$\dot{Q}_{H,max} = \frac{Q^*_{HZ}}{b_{VH_a}} \cdot \eta_{ges} \qquad (13\text{-}1)$$

bzw. für Heizzeit und Sommerheizzeit

$$\dot{Q}_{H,max} = \frac{Q^*_{HZ+WW}}{b_{VH_a} + b_{VS_a}} \cdot \eta_{ges} \qquad (13\text{-}2)$$

Q^*_{HZ} und Q^*_{HZ+WW} werden der Tab. 13-1 entnommen und der gesamte Jahreswirkungsgrad der Anlage kann überschläglich aus /32/ entnommen werden. Bei den Größen Q^*_{HZ} und Q^*_{HZ+WW} aus Tab. 13-1 ist zu beachten, daß die Verluste für Wärmeerzeugung und -verteilung im Gegensatz zu /32/ hier mit enthalten sind (deshalb *) und eine Korrektur über η_{ges} erfolgen muß.

Methode IV:

Aus der Fläche (in m²) sämtlicher Außenwände einschließlich der Fenster F_A und der Grundfläche des Raumes F_G läßt sich überschläglich nach /46/ der maximale Wärmebedarf wie folgt berechnen:

$$\dot{Q}_{H,max} = (80 \cdot F_A + 28 \cdot F_G) \cdot 1{,}16 \quad \text{in W} \tag{13-3}$$

Methode V:

Etwas detaillierter als nach der Methode IV ist der Ansatz nach der Wärmeschutzverordnung:

$$\dot{Q}_{ges} = (k_m \cdot A_{ges} + 0{,}27 \cdot V_{ges}) \cdot (t_i - t_a) \tag{13-4}$$

mit

$$k_m = \frac{k_{AW} \cdot A_{AW} + k_{Fe} \cdot A_{Fe} + 0{,}8 \cdot k_D \cdot A_D + 0{,}5 \cdot k_G \cdot A_G}{A_{ges}} \tag{13-5}$$

Index:
AW = Außenwand
Fe = Fenster
D = Dach (bzw. Decke zum nicht beheizten Dachgeschoß)
g = Grundfläche zum nicht beheizten Kellerbereich

V = Gebäudevolumen
A = Fläche

In diesem Ansatz wird auch der Lüftungswärmebedarf (Luftwechselzahl 0,8 h^{-1}) erfaßt.

Methode VI:

Nach /48/ werden bauspezifische Daten gewichtet, um danach den maximalen Wärmebedarf für ein Wohngebäude zu bestimmen. In Tab. 13-2 ist ein Formblatt hierfür vorgegeben.

Jahr der Baugenehmigung	............vor 1960 ☐	..........1960 - 1977 ☐	..............ab 1978 ☐
Bauweise	..........................1stöckig ☐	.............2stöckig ☐	....3- u. mehrstöckig ☐
Freie Hausseiten	................alle Seiten ☐	.............3 Seiten ☐	.............2 Seiten ☐
Gebäudelage	....................windig hoch ☐	...............normal ☐	............geschützt ☐
Gebäudeisolation')	...................normal ☐	..................gut ☐	.............optimale ☐
Fenster	...................einfach verglast ☐	........Doppelfenster ☐	....Isolierverglasung ☐
gewünschte Raumtemperatur	.............+22°C ☐	...............+21°C ☐	................+20°C ☐
minimale Außentemperatur	..............-18°C ☐	...............-15°C ☐	................-12°C ☐

spez. Wärmebedarf q_H = 22 x ______ + 13 x ______ + 9 x ______

= ______ W/m²

Wärmebedarf") $Q_H = q_H$ x beheizbare Wohnfläche = _____ W/m² _____ m²: 1000

= ______ KW

') normal: Mauerwerk verputzt, keine Isolation - gut: mit Isolationsschicht
optimale: über 4 cm Isolationsschicht

'') entspricht DIN 4701 bei -18°C bis -12°C Außentemperatur und der VDI-Vorschrift 2067 (Entwurf)

Tab. 13-2 Formblatt zur Ermittlung des Wärmebedarfs eines Wohngebäudes /48/

Ein Beispiel soll das zeilenweise Vorgehen verdeutlichen.

Beispiel 13-1: Pro Fragezeile darf nur eine Antwort angekreuzt werden. Die Summe der Kreuze einer jeden Spalte wird mit den Gewichten multipliziert und hieraus die Summe gebildet, die den spezifischen maximalen Wärmebedarf darstellt. Wird dieser Wert mit der beheizten Wohnfläche multipliziert, so ergibt sich daraus der gesuchte maximale Wärmebedarf.

Jahr der Baugenehmigung	vor 1960 ☐	1960 - 1977 ☒	ab 1978 ☐
Bauweise	1stöckig ☐	2stöckig ☐	3- u. mehrstöckig ☒
Freie Hausseiten	alle Seiten ☐	3 Seiten ☐	2 Seiten ☒
Gebäudelage	windig hoch ☐	normal ☒	geschützt ☐
Gebäudeisolation')	normal ☐	gut ☒	optimale ☐
Fenster	einfach verglast ☐	Doppelfenster ☒	Isolierverglasung ☐
gewünschte Raumtemperatur	+22°C ☐	+21°C ☐	+20°C ☒
minimale Außentemperatur	-18°C ☒	-15°C ☐	-12°C ☐

spez. Wärmebedarf $q_H = 22 \times \underline{1} + 13 \times \underline{4} + 9 \times \underline{3}$

$= \underline{101}\ W/m^2$

Wärmebedarf") $Q_H = q_H \times$ beheizbare Wohnfläche $= \underline{101}\ W/m^2\ \underline{800}\ m^2 : 1000$

$= \underline{80{,}8}\ KW$

') normal: Mauerwerk verputzt, keine Isolation - gut: mit Isolationsschicht
optimale: über 4 cm Isolationsschicht

'') entspricht DIN 4701 bei -18°C bis -12°C Außentemperatur und der VDI-Vorschrift 2067 (Entwurf)

Abb. 13-3 Formblatt zur Ermittlung des Wärmebedarfs eines Wohngebäudes (Beispiel) /48/

Alle hier vorgestellten Methoden zur Wärmebedarfsermittlung sind weder repräsentativ noch für jeden Anwendungsfall einsetzbar. Sie zeigen jedoch Möglichkeiten auf, wie Wärmebedarfskennzahlen oder Berechnungsmethoden für die eigenen Zwecke zu erstellen sind.

13.2 Jahreswärmeverbrauch oder -bedarf

Unabhängig von anderen Möglichkeiten zur Bestimmung des Jahreswärmeverbrauchs oder -bedarfs soll hier als ein Beispiel für die Ermittlung die Berechnung über die Vollbenutzungsstunden nach /32/ vorgestellt werden. Dementsprechend gelten die in /32/ festgelegten Definitionen und Bedingungen für das unten Beschriebene.

Der Jahreswärmeverbrauch läßt sich einfach aus dem Brennstoffverbrauch wie folgt ermitteln:

Heizzeit (HZ) $$Q_{HZ} = m_{Brenn,HZ} \cdot H_u \cdot \eta_{ges} \quad (13-6)$$

Sommerzeit (HS) $$Q_{HS} = m_{Brenn,HS} \cdot H_u \cdot \eta_{ges} \quad (13-7)$$

Jahr (a) $$Q_{Ha} = m_{Brenn,a} \cdot H_u \cdot \eta_{ges} \qquad (13\text{-}8)$$

oder $$Q_{Ha} = Q_{HZ} + Q_{HS} \qquad (13\text{-}9)$$

Der Jahreswärmebedarf wird aus dem maximalen Wärmebedarf nach den Gleichungen

$$Q_{HZ} = b_{VHa} \cdot \dot{Q}_{H,max} \qquad (13\text{-}10)$$

$$Q_{HS} = b_{VSa} \cdot \dot{Q}_{H,max} \qquad (13\text{-}11)$$

$$Q_{Ha} = b_{Va} \cdot \dot{Q}_{H,max} = \dot{Q}_{HZ} + \dot{Q}_{HS} \qquad (13\text{-}12)$$

ermittelt, wobei gilt

$$b_{Va} = b_{VHa} + b_{VSa} \qquad (13\text{-}13)$$

Die Vollbenutzungsstunden für die Heizzeit, den Sommer und das gesamte Jahr sind durch folgende Beziehungen bestimmt:

$$b_{VHa} = f \cdot f_H \cdot 24 \cdot z_Z \cdot \frac{t_{im} - t_Z}{20 - t_{a,min}} \qquad (13\text{-}14)$$

bzw. bei Gebäuden mit Betriebsunterbrechungen (länger als eine Woche)

$$b_{VHa} = f \cdot f_H \cdot 24 \cdot \frac{z_Z \cdot (t_{im} - t_Z) - z_Z'(t_{im} - t_{im,s})}{20 - t_{a,min}} \qquad (13\text{-}15)$$

und z. B.

$$b_{Va} = f \cdot f_H \cdot 24 \left[\frac{z_Z \cdot (t_{im} - t_Z) - z' \cdot (t_{im} - t_{im,s})}{2 - t_{a,min}} + z_S \frac{t_{im} - t_s}{20 - t_{a,min}} \right] , \qquad (13\text{-}16)$$

t_{im} ist die mittlere Gebäudetemperatur, $t_{im,s}$ die mittlere Gebäudetemperatur bei Betriebsunterbrechung, t_Z die mittlere Außenlufttemperatur in der Heizzeit, t_S desgleichen für die Sommermonate, $t_{a,min}$ die tiefste rechnerische Außenlufttemperatur nach /37/, z_Z die Heiztage in der Heizzeit, z_S die Heiztage in den Sommermonaten (Juni, Juli und August), z' die Tage mit abgesenkter Raumlufttemperatur und f_H ist der Heizzeitfaktor. t_{im} ist der Tab. 13-3, t_Z und z_Z sind der Tab. 13-4 und z_S der Tab. 13-5 und f_H der Tab. 13-6 zu entnehmen.

Tab. 13-3

Mittlere Gebäudetemperatur für die Berechnung der Vollbenutzungsstunden /32/

	Nutzräume		Verkehrsräume		mittlere Gebäudetemperatur t_{jm}
	Temperatur °C	Anteil %	Temperatur °C	Anteil %	%
Krankenhaus	21		21		21,0
Wohnhaus	20	90	18	10	19,8
Kaserne	20	85	15	15	19,2
Bürohaus	20	80	17	20	19,4
Schule	20	60	15	40	18,0

Station	Seehöhe mNN	z_Z	t_Z	G_{tZ}	t_{n20}	t_{n30}
Baden-Württemberg						
Aulendorf	571	260,0	4,0	4170	−14	−16
Baden-Baden	211	247,4	6,0	3478	−10	−12
Badenweiler	412	244,8	5,6	3533	−12	−14
Buchen	350	259,4	4,4	4040	−13	−14
Donaueschingen	710	268,0	3,5	4387	−15	−16
Freiburg i. Brsg.	269	236,8	6,1	3306	−11	−12
Freudenstadt	797	264,3	3,5	4350	−14	−16
Friedrichshafen	401	249,5	5,1	3717	−11	−12
Gschwend	492	260,7	4,2	4113	−13	−16
Heidelberg	112	235,7	6,3	3226	− 9	−10
Heidenheim	515	261,5	4,0	4195	−14	−16
Herrenalb, Bad	351	260,3	4,8	3962	−13	−14
Isny	708	263,9	3,3	4408	−16	−18
Karlsruhe	114	2419	5,9	3409	−10	−12
Kirchheim/Teck	289	254,3	5,0	3807	−14	−16
Klippeneck	973	264,4	3,1	4462	−14	−16
Mannheim	97	242,1	6,0	3394	−10	−12
Münsingen	721	266,0	3,4	4411	−15	−16
Öhringen	276	251,4	5,3	3691	−12	−14
Pforzheim	245	258,1	5,3	3787	−12	−12
Ravensburg	504	254,1	4,7	3887	−13	−14
St. Blasien	785	269,1	3,1	4560	−14	−16
Stuttgart (Stadt)	286	244,2	6,0	3434	−11	−12
Trochtelfingen	700	269,9	3,0	4597	−17	−18
Tübingen	370	253,2	5,0	3802	−13	−16
Ulm	522	256,8	4,2	4065	−13	−14
Villingen	710	266,3	3,5	4399	−15	−16
Wertheim	153	252,2	5,3	3701	−11	−14
Wildbad-Sommerbg.	726	260,5	4,1	4151	−12	−14
Bayern						
Augsburg	477	254.7	4,4	3985	−14	−14
Bamberg	239	254,8	4,6	3928	−14	−16
Bayreuth	330	259,1	4,2	4100	−14	−16
Berchtesgaden	542	262,0	3,6	4292	−14	−16
Burghaslach	307	257,3	4,4	4025	−14	−16
Coburg	337	255,3	4,3	4008	−13	−14
Erlangen	270	255,0	4,7	3905	−13	−16
Garm.-Partenk.	719	260,0	3,7	4233	−15	−18
Hof-Hohens.	567	266,7	3,0	4532	−15	−18
Hüll	438	260,6	3,9	4189	−15	−16
Karlshuld	374	258,9	4,0	4145	−16	−16
Kissingen, Bad	224	255,7	4,8	3879	−12	−14
Kohlgrub, Bad	904	262,4	3,5	4321	−16	−16
Mittelberg	1010	262,2	3,4	4344	−15	−18
Mittenwald	914	266,5	3,7	4351	−14	−16
Mühldorf	401	256,0	4,0	4090	−14	−16
München-Riem	527	255,1	4,1	4046	−16	−16
Nördlingen	425	257,2	4,3	4044	−14	−16
Nürnberg-Buchenb.	335	254,3	4,6	3916	−12	−16
Oberaudorf a. Inn	480	254,8	3,5	4203	−16	−18
Oberstdorf	810	267,7	2,9	4584	−17	−20
Passau	409	254,7	4,0	4075	−13	−14
Pommelsbrunn	368	258,0	4,2	4079	−13	−14
Regensburg	376	255,6	4,1	4071	−13	−16
Rosenheim	446	254,5	4,2	4024	−16	−16
Rothenburg o. d. T.	421	256,7	4,4	4016	−13	−14
Trostberg	487	255,9	4,1	4062	−14	−16
Weiden	438	260,9	3,8	4234	−14	−16
Weihenstephan	467	259,0	3,9	4159	−16	−16
Würzburg	259	248,9	5,0	3727	−11	−12
Berlin (West)						
Berlin-Dahlem	51	252,4	4,9	3809	−12	−12
Berlin-Tempelhof	48	246,1	5,0	3694	−12	−12
Hessen						
Bensheim-Auerbach	130	241,5	6,0	3384	−10	−10
Darmstadt	169	250,7	5,5	3648	−11	−12
Dillenburg	220	259,6	5,1	3873	−11	−12
Frankfurt-Flugh.	110	249,1	5,5	3605	−10	−12
Frankfurt (Stadt)	125	242,4	6,0	3387	− 9	−12
Geisenheim	109	246,2	6,0	3459	− 9	−10
Gelnhausen	156	248,2	5,6	3564	−11	−12
Gießen	186	252,0	5,3	3707	−12	−12
Gilserberg	340	264,4	4,3	4161	−13	−14
Herchenhain	608	263,7	3,3	4403	−13	−14
Hersfeld, Bad	212	259,1	4,9	3915	−12	−14
Kassel	158	252,6	5,4	3692	−10	−12
Nauheim, Bad	144	251,6	5,4	3675	−12	−14
Weilburg	183	255,9	5,3	3774	−11	−12
Wiesbaden	142	247,5	5,8	3517	− 9	−10
Witzenhausen	148	258,7	5,2	3820	−13	−14
Niedersachsen und Bremen						
Borkum	5	258,0	6,1	3583	− 6	−10
Braunlage	607	268,0	3,0	4565	−14	−16
Braunschweig	81	254,7	5,2	3771	−11	−14
Bremen-Flughafen	4	256,3	5,6	3703	−10	−12
Bremerhaven	7	258,5	5,6	3720	− 8	−10
Clausthal	563	266,6	3,2	4469	−13	−14
Cuxhaven	5	259,2	5,7	3697	− 8	−10
Emden	0	261,7	5,7	3738	− 9	−10
Göttingen	176	258,2	5,2	3832	−13	−16
Hameln	64	254,4	5,6	3672	−11	−12
Hannover-Flugh.	53	256,8	5,3	3782	−11	−14
Lingen	21	255,2	5,9	3597	− 9	−10
Norderney	13	259,8	6,0	3637	− 6	−10
Oldenburg	5	257,4	5,6	3707	− 9	−10
Nordrhein-Westfalen						
Aachen	202	250,5	6,3	3445	− 9	−12
Brilon	455	263,3	4,3	4137	−12	−14
Bonn-Friesdorf	61	246,8	6,6	3316	− 9	−10
Dortmund	113	249,6	6,1	3476	− 9	−12
Düsseldorf	37	244,7	6,5	3300	− 8	−10
Duisburg	26	239,5	6,8	3169	− 7	−10
Elsdorf	85	250,7	6,3	3441	−10	−12
Essen	154	248,8	6,1	3470	− 9	−10
Gütersloh	72	251,6	5,8	3577	−10	−12
Herford	77	252,4	5,7	3609	−11	−12
Iserlohn	230	256,1	5,7	3674	−11	−12
Kleve	45	250,4	6,4	3418	− 8	−10
Köln	45	242,0	6,7	3223	− 9	−10
Lüdenscheid	444	259,8	4,8	3966	−11	−12
Münster	63	252,6	5,9	3564	− 9	−12
Salzuflen, Bad	98	252,9	5,7	3625	−11	−12
Wuppertal	128	256,7	6,0	3586	− 9	−12

Tab. 13-4a Meteorologische Daten für die Heizzeit /32/

Station	Seehöhe mNN	z_z	t_z	Gt_z	t_{n20}	t_{n10}
Rheinland-Pfalz						
Alzey	166	250,6	5,6	3621	−11	−12
Bergzabern	185	244,9	5,8	3483	−10	−12
Bernkastel	120	246,7	6,3	3393	− 9	−10
Birkenfeld	395	264,7	4,5	4088	−11	−14
Blankenrath	400	259,1	4,8	3943	−11	−14
Ems, Bad	77	249,4	6,0	3487	−10	−12
Hilgenroth	290	255,4	5,3	3771	−10	−12
Kreuznach, Bad	132	249,4	5,7	3556	−10	−12
Neustadt/Weinstr.	163	243,3	6,0	3400	− 9	−10
Neuwied-Oberbieber	108	253,7	5,7	3630	−11	−12
Nürburg	626	265,1	3,7	4312	−12	−14
Pirmasens	398	251,4	5,2	3730	−11	−12
Trier (Stadt)	144	249,2	6,2	3437	− 9	−10
Worms	91	241,6	6,1	3358	−10	−12
Saarland						
Saarbr.-St. Arnual	191	248,5	6,0	3471	− 9	−12
Saarbr.-Ensheim	323	251,6	5,4	3680	−10	−12
Schleswig-Holstein und Hamburg						
Hbg.-Fuhlsbüttel	13	259,3	5,2	3837	−10	−12
Hbg.-Wandsbek	21	257,0	5,5	3724	− 9	−12
Husum	3	265,1	5,2	3919	− 9	−10
Kiel	7	262,3	5,5	3813	− 8	−10
List auf Sylt	26	263,1	5,5	3823	− 7	−10
Lübeck	13	259,0	5,3	3812	−10	−10
Neumünster	25	261,4	5,1	3886	− 9	−12
Schleswig	43	265,5	5,0	3978	− 9	−10
St. Peter	4	262,7	5,4	3841	− 8	−10
Travemünde	3	262,5	5,1	3903	−10	−12

z_z mittlere Zahl der Heiztage

t_z mittlere Lufttemperatur aller Heiztage

Gt_z mittlere Gradtagzahl für die Heizzeit

t_{n20} übergreifendes Zweitagesmittel der tiefsten Lufttemperatur zwanzigmal in 20 Jahren

t_{n10} übergreifendes Zweitagesmittel der tiefsten Lufttemperatur zehnmal in 20 Jahren (Berechnungsgrundlage in DIN 4701 Regeln für die Berechnung des Wärmebedarfs von Gebäuden, entspricht ϑ'_A)

Tab. 13-4b Meteorologische Daten für die Heizzeit /32/

Station	Seehöhe mNN	z_s	t_s	Gt_s
Baden-Württemberg				
Aulendorf	571	38.9	12.7	283
Baden-Baden	211	21.2	13.4	142
Badenweiler	412	23.7	13.1	164
Buchen	350	34.6	12.9	245
Donaueschingen	710	50.2	12.4	382
Freiburg i. Br.	269	14.1	13.3	94
Freudenstadt	797	56.1	11.8	462
Friedrichshafen	401	18.9	13.1	130
Gschwend	492	41.3	12.6	306
Heidelberg	112	11.4	13.5	74
Heidenheim	515	38.0	12.8	273
Herrenalb, Bad	351	44.5	12.5	332
Isny	708	45.8	12.2	359
Karlsruhe	114	13.7	13.6	88
Kirchheim/Teck	289	26.2	13.1	181
Klippeneck	973	59.0	11.4	508
Mannheim	97	11.5	13.2	76
Münsingen	721	53.3	12.2	418
Öhringen	276	24.4	13.2	166
Pforzheim	245	30.4	13.3	206
Ravensburg	604	27.2	13.0	191
St. Blasien	785	59.7	12.1	472
Stuttgart (Stadt)	286	17.9	13.3	121
Trochtelfingen	700	61.5	12.1	485
Tübingen	370	26.0	13.1	181
Ulm	522	32.7	12.9	231
Villingen	710	48.3	12.4	368
Wertheim	153	20.5	13.4	136
Wildbad-Sommerbg.	726	49.9	12.0	399
Bayern				
Augsburg	477	30.2	12.9	215
Bamberg	239	27.1	13.2	185
Bayreuth	330	35.6	12.9	253
Berchtesgaden	542	41.1	12.5	306
Burghaslach	307	30.8	13.0	215
Coburg	337	32.6	13.0	229
Erlangen	270	27.7	13.1	192
Garm.-Partenkirchen	719	41.2	12.3	319
Hof-Hohens.	567	52.3	12.2	408
Hüll	438	36.1	12.8	261
Karlshuld	374	32.3	12.9	230
Kissingen, Bad	224	27.2	13.3	184
Kohlgrub, Bad	904	50.9	11.8	418
Mittelberg	1010	53.9	11.4	463
Mittenwald	914	56.0	11.8	461
Mühldorf	401	44.4	11.8	362
München-Riem	527	30.1	12.8	219
Nördlingen	425	31.3	13.0	221
Nürnberg-Buchenb.	335	30.7	13.1	213
Oberaudorf/Inn	480	32.3	12.6	239
Oberstdorf	810	53.8	12.0	431
Passau	409	29.7	12.9	213
Pommelsbrunn	368	39.5	12.7	289
Regensburg	376	27.5	13.1	191
Rosenheim	446	28.7	12.9	206
Rothenburg o.d.T.	421	36.5	12.8	264
Torstberg	487	30.7	12.8	222
Weiden	438	39.7	12.7	292
Weihenstephan	467	36.6	12.8	262
Würzburg	259	23.0	13.2	156
Berlin (West)				
Berlin-Dahlem	51	23.2	13.4	155
Berlin-Tempelhof	48	15.7	13.5	103
Hessen				
Bensheim-Auerbach	130	16.0	13.6	104
Darmstadt	169	23.1	13.3	155
Dillenburg	220	35.3	13.2	241
Frankfurt/Flugh.	110	18.7	13.6	121
Frankfurt (Stadt)	125	13.7	13.5	91
Geisenheim	109	17.8	13.6	113
Gelnhausen	155	24.1	13.4	161
Gießen	186	24.6	13.4	164
Gilserberg	340	45.9	12.8	331
Herchenhain	608	55.1	11.9	448
Hersfeld, Bad	212	31.5	13.2	215
Kassel	158	27.5	13.4	182
Nauheim, Bad	144	20.5	13.6	133
Weilburg	183	30.4	13.3	205
Wiesbaden	142	19.6	13.6	126
Witzenhausen	148	32.5	13.2	223
Niedersachsen und Bremen				
Borkum	5	30.8	13.5	199
Braunlage	607	62.4	11.6	525
Braunschweig	81	30.4	13.2	205
Bremen-Flugh.	4	30.5	13.2	205
Bremerhaven	7	31.9	13.5	208
Clausthal	563	58.5	11.8	481
Cuxhaven	5	30.3	13.4	197
Emden	0	38.5	13.3	258
Göttingen	176	33.4	13.2	228
Hameln	64	30.4	13.3	205
Hannover-Flugh.	53	31.8	13.2	216
Lingen	21	32.3	13.3	218
Norderney	13	33.8	13.5	220
Oldenburg	5	33.7	13.3	227
Nordrhein-Westfalen				
Aachen	202	32.3	13.2	222
Brilon	455	54.6	12.2	424
Bonn-Friesdorf	61	21.3	13.5	139
Dortmund	113	29.9	13.4	200
Düsseldorf	37	21.5	13.5	139
Duisburg	26	17.3	13.6	111
Elsdorf	85	25.5	13.2	172
Essen	154	31.8	13.2	216
Gütersloh	72	29.8	13.3	196
Herford	77	29.4	13.2	201
Iserlohn	230	38.8	13.0	273
Kleve	45	26.2	13.6	171
Köln	45	16.1	13.5	105
Lüdenscheid	444	51.5	12.3	396
Münster	63	32.1	13.2	217
Salzuflen, Bad	98	31.0	13.2	212
Wuppertal	128	38.8	13.2	265
Saarland				
Saarbr. (St. Arnual)	191	21.9	13.5	145
Saarbr.-Ensheim	323	32.0	13.1	223

z_s mittlere Zahl der Heiztage
t_s mittlere Lufttemperatur aller Heiztage
Gt_s mittlere Gradtagzahl für die Sommermonate Juni, Juli August

Tab. 13-5a Meteorologische Daten für die Sommermonate Juni, Juli und August /32/

Station	Seehöhe mNN	z_s	t_s	Gt_s
Rheinland-Pfalz				
Alzey	166	21,0	13,4	138
Bergzabern	185	18,5	13,6	120
Bernkastel	120	20,1	13,5	131
Birkenfeld	395	48,3	12,7	354
Blankenrath	400	43,2	12,8	314
Ems, Bad	77	17,7	13,6	113
Hilgenroth	290	37,1	13,0	262
Kreuznach, Bad	132	19,7	13,6	128
Neustadt/Weinstr.	163	14,8	13,6	96
Neuwied-Oberbieber	108	27,6	13,3	184
Nürburg	626	59,5	11,8	487
Primasens	398	33,0	12,9	235
Trier (Stadt)	144	21,1	13,5	137
Worms	91	11,5	13,7	72

Station	Seehöhe mNN	z_s	t_s	Gt_s
Schleswig-Holstein und Hamburg				
Hbg.-Fuhlsbüttel	13	35,4	13,2	241
Hbg.-Wandsbek	21	28,9	13,3	193
Husum	3	39,6	13,4	260
Kiel	7	35,7	13,5	234
List auf Sylt	26	41,5	13,4	240
Lübeck	13	28,5	13,4	188
Neumünster	25	37,1	13,3	249
Schleswig	43	45,8	13,2	313
St. Peter	4	34,8	13,4	228
Travemünde	3	34,8	13,5	228

Tab. 13-5b Meteorologische Daten für die Sommermonate Juni, Juli und August /32/

	Raumbenutzungsdauer b_R h/d					
	4	6	8	12	16	20
Heizzeitfaktor f_H für Räume mit einer Außenwand	0.87	0.88	0.90	0.93	0.96	0.98
zwei Außenwänden	0.70	0.77	0.82	0.90	0.95	0.98
Mittelwert f_H	0.78	0.82	0.86	0.91	0.95	0.98

Gebäudeart	Raumbenutzungsdauer b_R h/d	Heizzeitfaktor f_H
Schule, einschichtig	6	0.82
Schule, zweischichtig	12	0.91
Schule, zweischichtig mit Abendnutzung	14	0.93
Bürohaus	9	0.87
Einfamilienhaus	15	0.94
Mehrfamilienhaus	16	0.95
Krankenhaus	24	1.00

Tab. 13-6 Heizzeitfaktor f_H für Räume bei verschiedenen Raumbenutzungsdauern /32/

Der Korrekturfaktor f setzt sich aus neun Korrekturfaktoren wie folgt zusammen:

$$f = \prod_{n=0}^{8} f_n . \qquad (13\text{-}17)$$

Dabei ist:

f_0 = Ausgleichsfaktor

f_1 = Einfluß der Gleichzeitigkeit des Lüftungswärmebedarfs

f_2 = Einfluß einer erhöhten Anheizleistung

f_3 = Einfluß einer nur teilweisen Beheizung

f_4 = Einfluß der Erhöhung der Raumtemperatur

f_5 = Einfluß guter Wärmedämmung

f_6 = Einfluß der Regelfähigkeit des Systems und der Ausstattung mit Regelgeräten

f_7 = Einfluß der Abrechnungsart

f_8 = Einfluß der direkten Wärmeabgabe

Alle Faktoren sind den Tab. 13-7 bis Tab. 13-15 zu entnehmen.

		Bereich
f_0	Ausgleichsfaktor zwischen dem max. stündlichen Wärmebedarf Q_h nach DIN 4701 und dem mittleren Jahreswärmebedarf	0,61 bis 0,71

DIN 4701 Ausgabe:	1944	1959	1978 (Entwurf)
f_0:	0,67	0,73	0,78

Tab. 13-7 Ausgleichsfaktor /32/

		Bereich
f_1	Gleichzeitigkeit des Lüftungswärmebedarfs Q_l nach DIN 4701. Der Faktor f_1 hängt ab von der Hauskenngröße H und dem Fugendurchlaßkoeffizienten a	0,94 bis 0,99

Produkt H·a:	0,3	1,0	2,0	3,0
f_1:	0,99	0,98	0,96	0,94

Tab. 13-8 Gleichzeitigkeit des Lüftungswärmebedarfs /32/

		Bereich
f_2	Einfluß einer erhöhten Anheizleistung für Raumheizgeräte	0,85 bis 1,00

Raumbenutzungsdauer in Stunden pro Tag (b_R)	2	4	6	8	10
Anheizleistung: 1,0 Q_h bis 1,3 Q_h	1,00	1,00	1,00	1,00	1,00
1,5 (Nachtspeicher-Einzelheizgerät III)	0,92	0,94	0,97	1,00	1,00
3,0 (Gas-Einzelheizgerät)	0,85	0,88	0,91	0,94	0,97

Tab. 13-9 Einfluß einer erhöhten Anheizleistung /32/

		Bereich
f_3	Einfluß einer Teilbeheizung: Wohnungen, in denen einzelne Räume nur zeitweise beheizt werden — Richtwert 0,95 Schulen mit nur zeitweise beheizter Aula — Richtwert 0,95 Schulen mit nur zeitweise beheizten Klassen bei fernsteuerbarer Raumtemperaturregelung — Richtwert 0,90	0,90 bis 0,95

Tab. 13-10 Einfluß einer nur teilweisen Beheizung /32/

		Bereich
f_4	Erhöhung der gefahrenen Raumtemperatur bezogen auf das gesamte Gebäude gegenüber der Berechnungstemperatur. f_4 ist zu verwenden, wenn die Gebäudetemperatur gegenüber der in der Wärmebedarfsberechnung (DIN 4701) angesetzten Temperatur abweicht.	1,00 bis 1,20

Erhöhung (K)	f_4
1	1,07
2	1,14
3	1,20

Wurde bereits in der Berechung nach DIN 4701 eine höhere Gebäudetemperatur als in Tafel 1 angesetzt, verbleibt f_4= 1,0

Tab. 13-11 Erhöhung der Raumtemperatur /32/

		Bereich
f_5	Einfluß guter Wärmedämmung mit erhöhten Wandoberflächentemperaturen bei einem spezifischen Wärmebedarf q je m² Nutzfläche von	0,96 bis 1,02

q	f_5
70 bis 95 W/m²	0,96
95 bis 120 W/m²	0,98
120 bis 140 W/m²	1,00
140 bis 160 W/m²	1,02

Tab. 13-12 Einfluß guter Wärmedämmung /32/

		Bereich
f_6	Regelfähigkeit, Ausstattung mit Regelgeräten	0,87 bis 1,20

Regelgeräte-Ausstattung \ Regelfähigkeit Anlage-/Heizsystem bedingt	gering	normal	gut
mäßig	1,20	1,15	1,10
normal	1,12	1,05	1,00
gut	1,08	1,00	0,93
sehr gut	-	0,95	0,85

Dabei ist anzusetzen für:

Regelfähigkeit	(Anlage-/Heizsystembedingt)
gering/träge	z.B. Flächenheizung, Fußbodenheizung, Nachtstrom-Speicherheizgeräte Bauart I + II
normal	z.B. Warmwasserheizung mit örtlichen Heizflächen, Nachtstrom-Speicherheizgeräte Bauart III
gut	z.B. Luftheizung, Elektrodirektheizung
Ausstattung mit Regelgeräten:	
mäßig	z.B. Regelgruppe von Hand für mehrere Parteien/Wohnungen/Gebäude
normal	z.B. eine automatische witterungs- und zeitabhängige Regelgruppe für mehrere Parteien/Wohnungen
gut	z.B. mehrere automatische witterungs- und zeitabhängige Regelgruppen für mehrere Parteien/Wohnungen, unterteilt nach Himmelsrichtungen
sehr gut	Thermostatische Einzelraumregelung in Verbindung mit zentraler witterungs- und zeitabhängiger Regulierung bzw. für jede Wohnung/Partei eine eigene Regelung

Tab. 13-13 Einfluß der Regelfähigkeit des Systems und der Ausstattung mit Regelgeräten /32/

				Bereich
f_7	Einfluß der Abrechnungsart			0,95 bis 1,05
	I	II	III	
	pauschal	50% pauschal 50% nach Verbrauch	nur nach Verbrauch	
	1,10	0,98	0,95	

Tab. 13-14 Einfluß der Abrechnungsart /32/

				Bereich
f_8	Einfluß der direkten Wärmeabgabe			0,93 bis 1,00
	Art des Wärmeerzeugers / Installation	Umlauf-Gas-Wasserheizer	Kessel ($Q_K \leq$ 50 kW)	
	mit Abgasklappe nach der Strömungssicherung	0,95	0,93	
	ohne Abgasklappe	0,96	0,95	

Bei Aufstellung des Wärmeerzeugers in einem - gemäß DIN 4701 - nicht zu beheizenden Raum oder fehlender Einzelraumregelung an einem vorhandenen Heizkörper ist der Faktor

f_8 = 1,00 zu setzen.

Tab. 13-15 Einfluß der direkten Wärmeabgabe von Wärmeerzeugern bei Aufstellung in zu beheizenden Räumen /32/

In /32/ können Beispiele für das obige "ausführliche Bestimmungsverfahren" der Vollbenutzungsstunden nachvollzogen werden. Für die zeitliche kurze Ermittlung reichen die Werte der Vollbenutzungsstunden nach Tab. 13-16 völlig aus.

	b_{VHa}	b_{VSa}	b_{Va}
Einfamilienhaus, zentralgeregelt	1780	70	1850
Mehrfamilienhaus	1850	80	1930
Bürohaus	2030	80	2110
Krankenhaus	2500	120	2620
Schule, einschichtig (8.00 bis 13.00 Uhr)	1320	50	1370
Schule, zweischichtiger Unterricht	1460	50	1510

Tab. 13-16

Vollbenutzungsstunden (Anhaltswerte für Düsseldorf und Gebiete mit ähnlichen klimatischen Bedingungen) /32/

Für andere Orte können die Werte aus Tab. 13-16 mit den Korrekturfaktoren aus Tab. 13-17 umgerechnet werden.

Korrekturfaktoren für die Vollbenutzungsstunden für andere Städte als Düsseldorf (s. Anhang 4)			
Brilon	1,11	Herchenhain	1,22
Köln	0,97	Hannover	1,05
Stuttgart	0,95	Braunlage	1,26
St. Blasien	1,26	Borkum	1,09
Badenweiler	1,07	Mainz	1,09
München-Riem	1,04	Nürburg	1,27
Oberstdorf	1,17	Worms	1,02
Würzburg	1,03	Saarbrücken	0,96
Berlin (West)	1,05	Kiel	1,05
Wiesbaden	1,06	Schleswig	1,10
Frankfurt/Main	1,03	Hamburg	1,03
Bensheim-Auersbach	1,02	Bremen	1,02

Tab. 13-17
Korrekturfaktoren /32/

Beispiel 13-2: Für ein Mehrfamilienhaus wurde in Beispiel 13-1 ein maximaler Wärmebedarf von 80,8 kW ermittelt. Wie hoch ist der Jahreswärmebedarf, wenn das Gebäude in Berlin steht?

Mit den Werten aus Tab. 13-16 und Tab. 13-17 wird nach Gleichung 13-12 der Jahreswärmebedarf

$$Q_{Ha} = 1930 \cdot 1{,}05 \cdot 80{,}8 \approx 164\,000 \text{ kWh/a}$$

13.3 Jahresbrennstoffbedarf

Der Jahresbrennstoffbedarf kann ebenfalls nach /32/ bestimmt werden, indem die Gleichung 13-6 bis 13-9 umgeformt werden und durch Einsetzen der Gleichung 13-10 bis 13-12 übergehen in den Jahresbrennstoffbedarf:

$$m_{Brenn,HZ} = \frac{b_{VHa} \cdot \dot{Q}_{H,max}}{H_u \cdot \eta_{ges}} = \frac{Q_{HZ}}{H_u \cdot \eta_{ges}} \qquad (13\text{-}18)$$

$$m_{Brenn,HS} = \frac{b_{VSa} \cdot \dot{Q}_{H,max}}{H_u \cdot \eta_{ges}} = \frac{Q_{HS}}{H_u \cdot \eta_{ges}} \qquad (13\text{-}19)$$

$$m_{Brenn,Ha} = \frac{b_{Va} \cdot \dot{Q}_{H,max}}{H_u \cdot \eta_{ges}} = \frac{Q_{Ha}}{H_u \cdot \eta_{ges}} \qquad (13\text{-}20)$$

Beispiel 13-3: Wie hoch ist der Jahresbrennstoffbedarf der Anlage nach Beispiel 3-2, wenn ein Gesamtwirkungsgrad von 0,74 ermittelt wurde und die Anlage mit Heizöl EL betrieben wird (H_u = 11,86 kWh/kg)?

Nach Gleichung 13-19 ist:

$$m_{Brenn,a} = \frac{164\,000}{11{,}86 \cdot 0{,}74} \approx 10230 \text{ kg/a}$$

Formelzeichen

a	Ventilautorität
b	Brennstoffaktor nach Brauss
b_a	Betriebsbereitschaftszeit
b_B	Brennerlaufzeit
b_H	Betriebsbereitschaftsdauer bei reiner Heizung
b_{Va}	Vollbenutzungsstunden im Jahr
b_{VH}	Vollbenutzungsstunden bei reiner Heizung
b_{VH_a}	Vollbenutzungszeit entspricht b_{Va}
b_{VS_a}	Vollbenutzungsstunden in der Sommerzeit
b_{VH}	korrigierte Vollbenutzungsstunden bei reiner Heizung
c	Kohlenstoffgehalt im Brennstoff
c_p	spezifische Wärmekapazität
c_w	spezifische Wärmekapazität von Wasser
c_{pi}	spezifische Wärmekapazität vom Stoff i
c_{pA}	spezifische Wärmekapazität vom Rauchgas
c_{pL}	spezifische Wärmekapazität von Luft
c_{pCO}	spezifische Wärmekapazität von CO
c_{pH_u}	spezifische Wärmekapazität von H_u
c_{pH_2}	spezifische Wärmekapazität von H_2
c_{pN_2}	spezifische Wärmekapazität von N_2
c_{pO_2}	spezifische Wärmekapazität von O_2
c_{pCO_2}	spezifische Wärmekapazität von CO_2
c_{pH_2O}	spezifische Wärmekapazität von H_2O
c_{pSO_2}	spezifische Wärmekapazität von SO_2
d	Durchmesser, Dicke oder Anzahl von Tagen
d_a	äußerer Durchmesser
d_i	innerer Durchmesser
d_k	Durchmesser der Schicht k
d_{k+1}	Durchmesser der Schicht k+1
f	Brennstoffaktor nach Siegert oder Korrekturfaktor nach VDI-2067
f_d	Durchmesserfaktor
f_r	Korrekturfaktor des Jahresbetriebswirkungsgrades
$f_ü$	Überdimensionierungsfaktor
f_B	Korrekturfaktor für die Bauart
f_G	Gleichzeitigkeitsfaktor
f_H	Heizzeitfaktor
f_k	Korrekturfaktor der Abgasverluste
f_L	Zuschlagsfaktor
f_{SK}	Strömungskorrekturfaktor
f_u	Ausgleichsfaktor
f_1	Einflußfaktor der Gleichzeitigkeit des Lüftungswärmebedarfs
f_2	Einflußfaktor einer erhöhten Anheizleistung
f_3	Einflußfaktor einer nur teilweisen Beheizung
f_4	Einflußfaktor der Erhöhung der Raumtemperatur
f_5	Einflußfaktor guter Wärmedämmung
f_6	Einflußfaktor der Regelfähigkeit des Systems und der Ausstattung mit Regelgeräten
f_7	Einflußfaktor der Abrechnungsart
f_8	Einflußfaktor der direkten Wärmeabgabe
i	Summenindex
j	Summenindex
k	Wärmedurchgangskoeffizient oder Summenindex
k_e	Wärmedurchgangskoeffizient für ebene Wände
k_D	Wärmedurchgangskoeffizient Dach
k_G	Wärmedurchgangskoeffizient Gebäudegrundfläche
k_{Abg}	prozentuale Veränderung der Abgasverluste
k_{AF}	Wärmedurchgangskoeffizient Fenster
k_{AW}	Wärmedurchgangskoeffizient Außenwand
k'	Wärmedurchgangskoeffizient Rohr
l	Rohrlänge
l_R	Rohrlänge entspricht l
$\dot{m}_{Brenn}$	Brennstoffverbrauch
$m_{Brenn,a}$	Brennstoffbedarf (-verbrauch) im Jahr
$m_{Brenn,HS}$	Brennstoffbedarf (-verbrauch) im Sommer
$m_{Brenn,HZ}$	in der Heizzeit
$\dot{m}_{Brenn,Pr}$	Brennstoffmassenstrom in der Prüfzeit
$\dot{m}$	Massenstrom
$\dot{m}_N$	Massenstrom bei Nennauslegung
m_{HK2}	Massenstrom Heizkörper 2
m^*_{ges}	neuer gesamter Massenstrom
n	Heizflächenexponent
n_A	Anzahl der Aufheizvorgänge pro Tag
q_A	unkorrigierter Abgasverlust
q_{Bb}	Betriebsbereitschaftsverlust
q_{BH}	Betriebsbereitschaftsverlust bei reiner Heizung
q_{unv}	Verluste durch unverbrannte Gase
q_{bRV}	Verluste durch brennbare Rückstände
q_{Abg}	Abgasverluste
$q_{AK,i}$	innere Auskühlverluste
q_{BbH}	Betriebsbereitschaftsverlust in der Heizzeit
q_{BbS}	Betriebsbereitschaftsverlust im Sommer
q_{Str}	Strahlungsverluste
$q_{Abg,m}$	mittlerer Abgasverlust
$q_{Abg,A}$	Abgasverlust alte Anlage
$q_{Abg,N}$	Abgasverlust neue Anlage
q_{Netz}	auf den Brennstoff bezogener Energieanteil, der in das Heizungsnetz geht
$q_{Str,A}$	Strahlungsanteil an q_{Str}
q_{Brenn}	eingesetzter Brennstoff
$q_{Konv,A}$	Konvektionsanteil an q_{Str}
$q_{Leit,A}$	Leitungsanteil an q_{Str}

$q_{Str,AB}$	Strahlungsverlust außerhalb der Betriebszeit (des Brenners)
$q_{Abg,Neu}$	neuer Abgasverlust
q_{Abg}'	korrigierter Abgasverlust
r_i	Gewichtungsfaktor der Gaskomponente i
t_a	Außenlufttemperatur
t_i	Innenlufttemperatur
t_L	Lufttemperatur der Umgebung
t_R	Rücklauftemperatur
t_S	mittlere Außenlufttemperatur für die Sommermonate
t_V	Vorlauftemperatur
t_Z	mittlere Außenlufttemperatur für die Wintermonate
$t_{a,N}$	Außenlufttemperatur nach DIN 4701 (Normzustand)
$t_{a,7}$	Außenlufttemperatur um 7^{00} Uhr
t_{im}	mittlere Innenlufttemperatur
t_{KR}	Kesselraumtemperatur
t_{RG}	Rauchgastemperatur
$t_{R,N}$	Norm-Rücklauftemperatur
$t_{V,N}$	Norm-Vorlauftemperatur
$t_{a,14}$	Außenlufttemperatur um 14^{00} Uhr
$t_{a,21}$	Außenlufttemperatur um 21^{00} Uhr
$t_{im,s}$	mittlere Gebäudetemperatur bei Betriebsunterbrechung
$t_{AK,B}$	mittlere Temperatur im Abgaskanal während der Betriebspause
t_{KOj}	mittlere Kesseloberflächentemperatur der Fläche j
t_{KOm}	mittlere Kesseloberflächentemperatur der Fläche m
t_{Med}	Temperatur des durchströmten Mediums
$t_{RG,m}$	Rauchgastemperatur
$t_{RG,A}$	Rauchgastemperatur der alten Anlage
$t_{RG,N}$	Rauchgastemperatur der neuen Anlage
$t_{a,min}$	minimale Außenlufttemperatur
$t_{RG,max}$	maximale Rauchgastemperatur
$t_{RG,min}$	minimale Rauchgastemperatur
$t_{a,mittel}$	mittlere Außenlufttemperatur
w_{BR}	Geschwindigkeit der Ansaugluft (Brenner)
z_{ges}	gesamte Einschaltdauer des Wärmeerzeugers
z_B	Brennerlaufzeit
z_H	statische Zugstärke, Einschaltdauer Heizzeit
z_S	Zugstärke des Schornsteins, Einschaltdauer Sommerzeit
z_Z	gesamte Zugstärke des Schornsteins, Anzahl der Heiztage in der Heizzeit
z_{Pr}	Prüfzeitraum
z'	Anzahl der Tage mit abgesenkter Raumlufttemperatur
A	Konstante
A_j	Teiloberfläche j des Kessels
AF	Fensterfläche
A_{KO}	Kesseloberfläche
A_{BR}	Fläche der Brenneransaugöffnung
AW	Außenwandfläche
B	Konstante
$\dot{B}$	Brennstoffmenge
BZ	effektive Brennzeit
BZ_U	Brennzeit zur Deckung von Wärmebedarf und Wärmeerzeugerverlust im Betrieb
BZ_I	Brennzeit zur Deckung der äußeren Abstrahl-, Leitungs- und Konvektionsverluste während der Stillstandszeit
BZ_{II}	Brennzeit zur Deckung der inneren Auskühlverluste während der Stillstandszeit
BZFU	Brennzeit zur Deckung der Stillstandsverluste
C	Konstante
CO	Kohlenmonoxidgehalt
CO_2	Kohlendioxidgehalt
CO_{2m}	mittlerer Kohlendioxidgehalt
CO_{2max}	maximaler Kohlendioxidgehalt
CO_{2min}	minimaler Kohlendioxidgehalt
D	Konstante, Oberfläche oder Außendurchmesser der Wärmedämmung
E	Konstante
F	Faktor oder Konstante
F_A	sämtliche Außenflächen (incl. Fenster und Türen)
F_G	Grundfläche des Raumes
F_L	Förderleistung
G	Gebäudegrundfläche
H_u	unterer Heizwert
H_2	Wasserstoffgehalt
H_2O	Wassergehalt
L	gestreckte Länge des Rauchgasweges oder wirkliche Luftmenge
$L_ü$	Luftüberschuß
L_{min}	minimale Luftmenge
N_2	Stickstoffgehalt
O_2	Sauerstoffgehalt
P	Leistungsbedarf
P_{FV}	nicht genutzter Förderverlust
P_{WV}	prozentuale Änderung des Wärmebedarfs
Q_{Ha}	Jahreswärmeverbrauch
Q_{HG}	Heizungsgewinn
Q_{HS}	Wärmeverbrauch Heizung im Sommer
Q_{HZ}	Wärmeverbrauch Heizung in der Heizzeit
$\dot{Q}$	Wärmestrom
$\dot{Q}_h$	Raumheizwärmebedarf
$\dot{Q}_K$	Kessel- oder Gerätenennwärmeleistung
$\dot{Q}_{H,max}$	maximaler stündlicher Wärmebedarf
$\dot{Q}_{K,eff}$	effektive Wärmeleistung des Wärmeerzeugers
$\dot{Q}_{Netz}$	Wärmeleistung, die dem Heizungsnetz zugeführt wird
$\dot{Q}_{Brenn}$	Energiestrom des Brennstoffs
$\dot{Q}_{K,Nenn}$	Nennwärmeleistung des Wärmeerzeugers
Q^*_{HZ}	Wärmeverbrauch reine Heizung
Q^*_{HZ+WW}	Wärmeverbrauch Heizung und Warmwasserbereitung
$\dot{R}$	brennbare Rückstände im Abgas
SBZ	Sollbrennzeit

SO_2	Schwefeldioxidgehalt
T_1	absolute Oberflächentemperatur der Rohrleitung
T_2	absolute Umgebungstemperatur
$\dot{V}$	umlaufender Wassermengenstrom
V_i	Volumen des Rauchgasanteils i
V_a	Abgasvolumen
$\dot{V}_L$	Luftvolumenstrom
$\dot{V}_{ges}$	gesamter Volumenstrom
$V_{min,f}$	minimales feuchtes Rauchgasvolumen
$V_{min,tr}$	minimales trockenes Rauchgasvolumen
$\dot{V}^*_{ges}$	gesamter Volumenstrom, Zustand *
W	Wärmepreis oder Wärmekapazität der Rohrleitung incl. Wasser
α_a	äußerer Wärmeübergangskoeffizient
α_i	innerer Wärmeübergangskoeffizient
α_1	Wärmeübergangskoeffizient Behälterwand an Dämmschicht
α_2	Wärmeübergangskoeffizient waagerechte oder senkrechte Wand
α_{KO}	Wärmedurchgangskoeffizient Kesseloberfläche
β	Benutzungsdauer
η_a	Jahresbetriebswirkungsgrad
η_B	Bereitschaftswirkungsgrad
η_F	Feuerungstechnischer Wirkungsgrad
η_K	Kesselwirkungsgrad
η_P	Pumpenwirkungsgrad
η_V	Verteilungswirkungsgrad
η_{aH}	Jahresnutzungsgrad reiner Heizbetrieb
η_{ges}	gesamter Jahreswirkungsgrad
θ	Temperatur
λ	Luftzahl
λ_k	Wärmeleitkoeffizient der Schicht k
ρ	Dichte von Wasser
ρ_L	Dichte von Luft
φ	Referenzbelastung
Δp	Druckdifferenz
Δp_K	Druckverlust Kesselkreislauf
Δp_{BR}	Differenzdruck in der Brenneransaugöffnung
Δp_{ges}	gesamter Druckverlust
Δp_{HK1}	Druckverlust Heizkörperkreislauf 1
Δp_{HK2}	Druckverlust Heizkörperkreislauf 2
Δt	Temperaturdifferenz
Δt_g	größte Temperaturdifferenz
Δt_K	kleinste Temperaturdifferenz
Δt_m	mittlere Temperaturdifferenz
Δt_L	Raumlufttemperaturdifferenz
Δt_R	Temperaturdifferenz Rohrinneres - Umgebung
Δt_{log}	Logarithmische Temperaturdifferenz
Δp^*_{ges}	gesamter Druckverlust Zustand *
Δp^*_{HK1}	Druckverlust Heizkörperkreislauf 1, Zustand *

Literaturverzeichnis

1. Recknagel/Sprenger:
Taschenbuch der Heizungs- und Klimatechnik, 83/84, Oldenbourg Verlag

2. Ruffer, W.:
Abgasverlustmessung, IKZ, Heft 1, 1983, S. 26 - 27

3. Dreizler, W.:
Brennwertkessel, IKZ, Heft 5, 1983, S. 52 - 54

4. Stadelmann, M.:
Energie sparen mit Abgaskondensation; Gas-Wärme-International, Band 32(1983), Heft 1, Januar, S. 34 - 39

5. Holler, K.F.:
Das Schornsteinproblem ist lösbar; Sanitär- und Heizungstechnik, 1982, Heft 10, S. 670 - 676

6. Beedgen, O.:
Umweltschutz und die Öl- und Gasfeuerung, Sanitär- und Heizungstechnik, 1971, Heft 10, S. 743 - 751

7. DIN 4702

8. DIN 4705

9. Erdgas Information:
Ein neuer energieeinsparender Weg: Die Brennwertnutzung; Sanitär-und Heizungstechnik, 1976, Heft 10, S. 609

10. Hübinger, M.:
Brennwertnutzung: Den Rotstift bewußt eingesetzt; Energiespartechnik, Heft 4, 1982, S. 10 - 15

11. Sträter, D. und Menzel, O.:
Kontrolle der Abgasvorschriften nach den neuen Rechtsvorschriften; Gas-Wärme-International; Band 31, 1982 Heft 11, November, S. 518-527

12. Buderus:
Handbuch für Heizungs- und Klimatechnik, 32. Ausgabe, 1975, Wetzlar, Kommissionsverlag: VDI-Verlag GmbH, Düsseldorf

13. Beedgen, O.:
Wirkungsgrad und Brennstoffverbrauch von öl- und gasbefeuerten Heizanlagen, TAB Heft 2, 1977, S. 161 - 164

14. Hüning, W.:
Ein Rechenmodell zum Erfassen von Verbrennungsprozessen mit Wärmeentzug; Gas-Wärme-International, Band 31, Heft 10, 1982, Oktober, S. 468-475

15. Brenner, L.:
Moderne Wärmeerzeuger für Heizungsanlagen; Band 51, 1982, Velag C.F. Müller, Karlsruhe

16. DIN 51402:
Prüfung der Abgase von Ölbefeuerungen

17. Holler, K. F.:
Forderungen des Energieeinsparungsgesetzes im Vergleich mit der Praxis (3); Sanitär- und Heizungstecnnik, Heft 5, 1978, S. 346 - 350

18. Beedgen, O.:
Kleinstölbrenner für Wärmeerzeuger; TAB, Heft 3, 1983, S. 163 - 172

19. Brinke, R.:
Heizkessel und Gebläsebrenner als Funktionseinheit - Abstimmung und Einstellung; Sanitär- und Heizungstechnik, Heft 1, 1979, S. 9 - 13

20. Ruffer, W.:
Abgasverlustmessung, IKZ, Heft 2, 1983, S. 33 - 34 einschl. 40

21. Genutn, B.:
Bald im Griff: Schwankender Brennwert und schwankende Luftfeuchte; Sanitär- und Heizungstechnik, Heft 2, 1983, S. 81 - 85

22. Schoen, E.:
Wirtschaftlicher Betrieb gasbeheizter Schmiedeöfen, Band 32, Heft 1, 1983, S. 30 - 34

23. Lopinski, S.:
Spektroskopische Rauchgasanalyse und digitale Regelung - ein Weg zur Verbrennungsoptimierung; Gas-Wärme-International, Band 32, Heft 2/3, 1983, S. 92 - 101

24. Piwinger, F.:
Energieeinsparung durch Aufschalten des Sauerstoffgehaltes der Abgase auf die Brennerregelung von Industriekesseln; Gas-Wärme-International, Band 31, Heft 12, 1982, S. 559 - 562

25. Profos, P.:
Ersparnisse durch Luftüberschußregelung an Kesselfeuerungen; Gas-Wärme-International, Band 31, Heft 12, 1982, S. 565 - 570

26. Brenner, L.:
Der Einfluß des Brennerbetriebes auf den Wirkungsgrad eines Heizkessels; Sanitär- und Heizungstechnik, Heft 5, 1979, S. 458 - 462

27. Ohne Verfasserangabe:
Vergleich von gasbefeuerten Ein- und Mehrkesselanlagen; Sanitär- und Heizungstechnik, Heft 2, 1974, S.120

28. Ohne Verfasserangabe:
Houghto-Solv-Heizöl-Additive; Heizöl-Additive leisten mehr als sie kosten; Wärmetechnik, Heft 3, 1982, S. 104

29. Schmitz, H.:
Regelung von Brennern an Kleinkesseln; Haustechnische Rundschau, Oktober 1982, S. 459 - 464

30. DIN 1942

31. Brenner, L.:
Optimierung von Heizungsanlagen; 1981, AT-Verlag, Aarau (Schweiz)

32. VDI-2067;
Blatt 1, Dezember 1983,
Blatt 2, Entwurf Dezember 1979

33. Idler, R.:
Bestimmung des Jahresbetriebswirkungsgrades von Wärmeerzeugern mit einstufigen Brennern anhand des Energieverbrauchs; HLH, Heft Nr. 10, Oktober 1982, S. 361 - 363

34. Salzmann, F.:
Wirkungsgradverbesserung durch Niedertemperaturbetrieb; TAB, 5/80, S. 413 - 415

35. Hüter, J.:
Rationelle Wärmenutzung; Sanitär- und Heizungstechnik, Heft 10, 1976, S. 661- 667

36. Wagner, G.:
Brennstoffeinsparung durch moderne Kesselkonstruktion, Sanitär- und Heizungstechnik, Heft 12, 1978, S. 895 - 899

37. DIN 4701

38. VDI 2055:
Wärme- und Kälteschutz für betriebs- und haustechnische Anlagen; März 1982

39. Samson Apparatebau AG:
Regelungstechnische Informationen; Frankfurt am Main, 1967

40. Bukau, F.:
Wärmepumpensysteme und ihr Einsatz; Seminarband zu "Wärmepumpen in der Versorgungstechnik", Förderverein Versorgungstechnik e.V., Berlin 1983, S. 79 - 110

41. Ohne Verfasserangabe:
Weniger Heizkosten; Informationsbroschüre des Bundesministeriums für Wirtschaft; Bonn, Januar 1983

42. Autorenteam:
Planen, Bauen und Energie; Informationsdienst der Sparkassen und Landesbanken/Girozentralen; Stuttgart 1982

43. Nitschke, E.:
Optimierung von Heizungsanlagen, IKZ, Heft 6, 1983, S. 118 - 122

44. Andreas, U.:
Energieeinsparung durch richtige Regelung von Heizungs-, Lüftungs- und Klimaanlagen (1); Sanitär- und Haustechnik, Heft 4, 1976, S. 237 - 241

45. Witzki, E.:
Heizungsoptimierung im Wohnbereich; KZ; Heft 3; 1983, S. 38 - 42

46. Garms, M.:
Handbuch für den Heizungsingenieur; 1971, VEB-Verlag f. Bauwesen, Berlin

47. Schaefer, H.:
Struktur und Analyse des Energieverbrauchs der Bundesrepublik Deutschland; 1980, Technischer Verlag Resch, München

48. BBC-York, Firmenprospekt GLZ 6471;
DH 002 Seite 3, Aus. 5.81

Warmwassertechnik

Klaus Endrullat

INHALTSVERZEICHNIS

Warmwasser ist nach /1/ dem Leitungsnetz entnommenes Trinkwasser, welches im Warmwassererwärmungssystem maximal auf etwa 90°C erwärmt wird (in der neuesten Ausgabe von /1/ wird Brauchwasser wieder als Warmwasser bezeichnet). Für die Energieanalyse ist die Warmwassertechnik aus zwei Gründen wichtig. Zum einen kann durch relativ kleine und kostengünstige Eingriffe in das System (Temperaturabsenkung, Abschalten der Zirkulationspumpe) viel Energie eingespart werden, und zum anderen bietet sich bei vielen Problemen der Wärmerückgewinnung und zur Nutzung alternativer Energiequellen das Warmwassersystem als Energieabnehmer an. Deshalb muß der Energiesachverständige Ziel und Aufgabe eines Warmwassersystems sowie dessen Verluste kennen. Weiterhin sind für ihn Berechnungsmethoden zur Ermittlung von Warmwasserbedarf und Warmwasserwärmebedarf wichtig, um Kostenrechnungen für Systemvorschläge aufstellen zu können. Dies wird im folgenden genauso dargestellt wie die Klassifizierung von Warmwassersystemen, um den nötigen Überblick zu vermitteln.

Warmwasser wird im Haushalt zum Waschen, Reinigen und Baden sowie für die Zubereitung von Speisen und Getränken benötigt. Gaststätten, Hotels, Betriebsküchen und Krankenhäuser benötigen für den gleichen Zweck wesentlich größere Mengen Warmwasser. Gewerbebetriebe, Dienstleistungsbetriebe und Industrie (Wäschereien, Färbereien, fleischverarbeitende Betriebe, Badeanstalten, Hütten, Bergbaubetriebe usw.) brauchen schließlich die größten Mengen Warmwasser.

Im gewerblichen und industriellen Bereich besteht an das Warmwassersystem in der Hauptsache die Anforderung, eine bestimmte Menge Wasser mit einer bestimmten Temperatur zur Verfügung zu stellen. Diese Anforderungen gelten im Haushalt zwar generell auch, jedoch ist oft nicht klar, welche Menge Warmwasser mit welcher Temperatur den Komfortansprüchen des Verbrauchers entspricht. Die nachfolgenden Tabellen geben einen Überblick über die von Verbrauchern geforderten Warmwassermengen, -temperaturen und Entnahmezeiten (Anhaltswerte).

Gebäude	Bedarf
Krankenhäuser, klein	50.. 80 l/Tag, Bett
Krankenhäuser, groß	80.. 100 l/Tag, Bett
Kasernen	30.. 40 l/Tag, Person
Hallenbäder incl. Duschen	60.. 80 l/Tag, Besucher
Medizinische Bäder	200.. 300 l/Tag, Besucher
Bürogebäude	20.. 30 l/Tag, Person
Kinderheime	40.. 60 l/Tag, Platz
Speiserestaurants	20.. 30 l/Tag, Sitzplatz
Hotels, 1. Klasse	80.. 150 l/Tag, Bett
Hotels, einfach	30.. 50 l/Tag, Bett

Tab. 14-1 Warmwasserbedarf 60°C für verschiedene Gebäude /9/

Verbrauchsstelle	Einmalige Entnahme Liter	Temperatur tw °C	Dauer in Minuten
Auslaßventile			
DN 10, halb geöffnet	5	40	1
voll geöffnet	10	40	1
DN 15, halb geöffnet	10	40	1
voll geöffnet	18	40	1
DN 20, halb geöffnet	25	40	1
voll geöffnet	45	40	1
Spültische			
einteilig	30	55	5
zweiteilig	50	55	5
Waschbecken			
Handwaschbecken	5	35	1.5
Waschbecken	10	35	2
Waschtisch, einteilig	15	40	3
Waschtisch, zweiteilig	25	40	3
Badewannen			
klein (Größe 100)	100	40	15
mittel (Größe 160)	150	40	15
groß (Größe 180)	250	40	20
Brausebad	50	40	6
Sitzbad	50	40	4
Bidet	25	40	8
Gesamtverbrauch (60 °C)			
einfache Ansprüche	10.. 20 l/Tag und Person		
höhere Ansprüche	20.. 40 l/Tag und Person		
höchste Ansprüche	40.. 80 l/Tag und Person		

Tab. 14-2 Warmwasserbedarf von Wohnungen /9/

Verbrauchsstelle	Liter je Tag und Person		Nutzwärme je Tag und Person
	60 °C	45 °C	Wh
Gaststätten			
je Menü	4.. 8	6.. 12	250.. 500
je Gast	8.. 20	12.. 30	500.. 1200
Hotels			
Zimmer mit Bad	100..150	140..220	6000.. 9000
Zimmer mit Dusche	50..100	70..120	3000.. 6000
sonstige Hotels	25.. 35	35.. 50	1500.. 2000
Heime, Pensionen	25.. 50	35.. 70	1500.. 3000

Tab. 14-3 Warmwasserbedarf in Gaststätten und Hotels /9/

Verbrauchsstelle	Warmwasserverbrauch einmalig Liter	Warmwasserverbrauch l/h	Fülldauer in min	WW-Temperatur t_w °C	Wärmeverbrauch in kWh
Wannenbad					
ohne Brause	200.. 300	500	10	40	18
mit Brause	250.. 350	600	10	40	21
medizinisches	300.. 400	300.. 400	10	40	10.. 14
Brause, ohne Zelle	50	500	6	40	18
Brause, mit Zelle	80	320	6	40	11
Brause in Schulen und Kasernen	50	300.. 400	5	35	9.. 12
Brause, Regen	10	600	1	40	21
Sitzbad	50	100	5	35	3
Fußbad	30	120	6	30	3
Reinigungsbecken mit Fußbrause	30	600	3	35	18
Mantel-, Sitz- und Vollstrahlduschen	200	800.. 1000	5	35	23.. 29

Tab. 14-4 Warmwasserverbrauch in Hallenbädern /9/

Verbrauchsstelle	Wassermenge l/min	Wassermenge Dauer in min	Wassermenge Liter je Benutzung	WW-Temperatur t_w °C	Wärmeverbrauch je Benutzung kWh
Einzelwaschbecken	10	3	30	35	0.9
Reihenwaschbecken					
mit Auslaufventil	5.. 10	3	15.. 30	35	0.5.. 0.9
mit Auslaufbrause	3.. 5	3	9.. 15	35	0.25.. 0.5
Waschbrunnen					
für 10 Personen	25	3	75	35	2.2
für 6 Personen	20	3	60	35	1.8
Brause ohne Zelle	10	5	50	35	1.5
Brause mit Zelle	10	15	80	35	2.3
Wannenbad	25	30	250	35	7.3
Mittelwert, einschl. Küchenbedarf	50 l/Tag und Kopf			40	1.75 KWh/Tag und Kopf

Tab. 14-5 Warmwasserverbrauch für Wasch- und Brauseanlagen in Industriebetrieben /9/

Da der Wärmebedarf $\dot{Q}_{BW}$ für die Warmwassererwärmung durch die Beziehung

$$\dot{Q}_{BW} = \dot{m}_{BW} \cdot cp \cdot (t_{BW} - t_{KW}) \tag{14-1}$$

gegeben ist und t_{KW} die Temperatur des zugeführten Kaltwassers (Trinkwasser) nicht beeinflußbar ist, kann eine Minimierung von $\dot{Q}_{BW}$ nur über die Warmwassertemperatur t_{BW} und die Warmwassermenge $\dot{m}_{BW}$ vorgenommen werden. Insbesondere ist die Anpassung der Warmwassertemperatur an den Bedarf wichtig, da zu hohe Werte hier die Korrosions- und Kalkablagerungserscheinungen fördern und somit ein gesamtwirtschaftliches Ergebnis verschlechtern. Warmwassertemperaturen von 60°C sollten deshalb nicht überschritten werden /2/. Dies bedingt, daß anstehendes Warmwasser nicht durch viel Kaltwasser auf die Verbrauchswerte (Index VB) in den Armaturen heruntergemischt wird.

Die Mischtemperatur kann mit den Bezeichnungen aus Abb. 14-1 durch eine Energiebilanz hergeleitet werden, woraus sich ergibt

$$t_{VB} = \frac{\dot{m}_{BW} \cdot t_{BW} + (\dot{m}_{VB} - \dot{m}_{BW}) \cdot t_{KW}}{\dot{m}_{VB}} \tag{14-2}$$

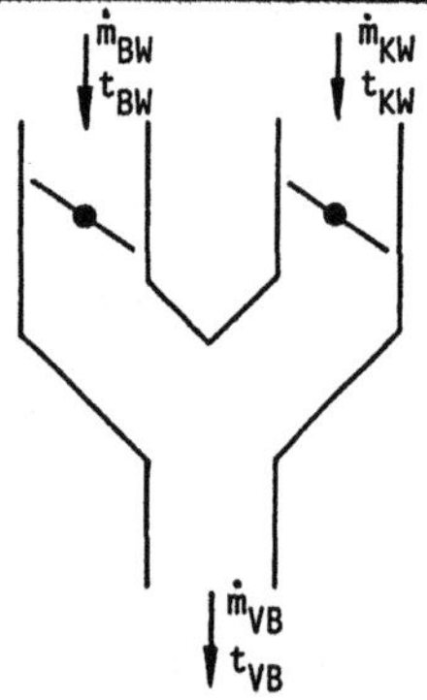

Abb. 14-1 Schematische Darstellung einer Mischarmatur

Eine Gesamtübersicht über die Klassifizierung unter verschiedenen Aspekten von Warmwassererwärmungssystemen vermittelt die Abb. 15-1.

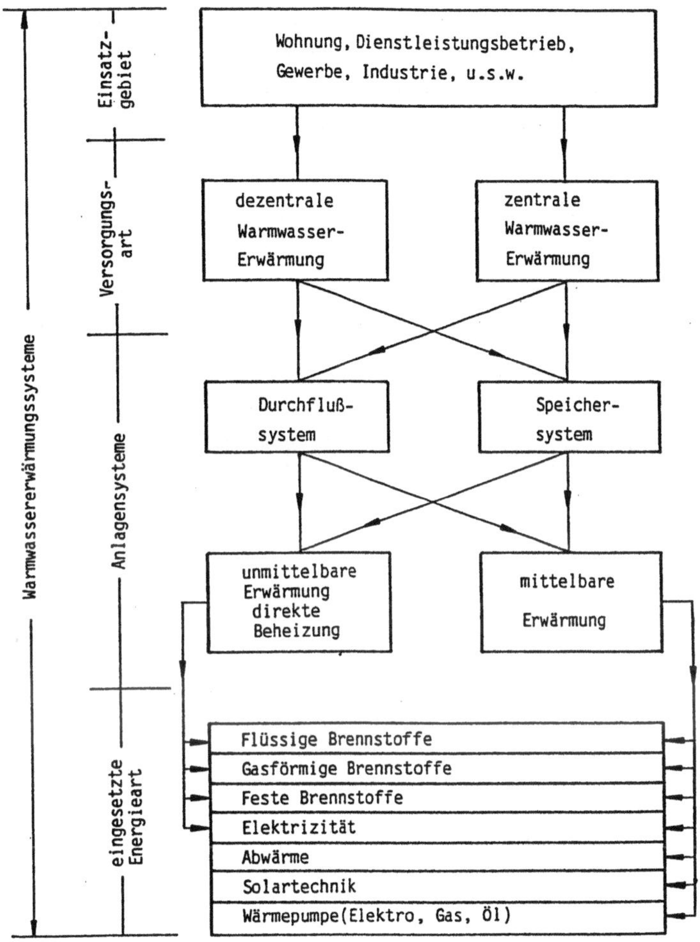

Abb. 15-1 Klassifizierung von Warmwassererwärmungssystemen /2/

Hiernach kann eine Anlage nach der eingesetzten Energieart, der Art des Anlagensystems, der Versorgungsart und nach dem Einsatzgebiet benannt werden. Befindet sich z.B. in einem Wohnhaus ein Warmwasserspeicher, der über eine Heizschlange von der Fernheizung mit Wärme versorgt wird, so ist das Einsatzgebiet der Wohnbereich, die Versorgungsart zentral und das Anlagensystem ein mittelbar erwärmtes Speichersystem. Wird im Kraftwerk Öl als Energieträger eingesetzt, so ist die Energieart damit ebenfalls klassifiziert. Die Pfeile in Abb. 15-1 bezeichnen die einzelnen Kombinationsmöglichkeiten. Es ist zu erkennen, daß beim Einsatz von Wärmepumpen, Solartechnik und Abwärme in der Regel keine direkte Beheizung möglich ist, sondern mittelbar über einen dazwischen geschalteten Wärmeträger (Wasser, Kältemittel usw.) die Erwärmung erfolgt. Tab. 15-1 zeigt auf, wie nach statistischen Erhebungen im Jahre 1979 die Anlagenverteilung nach Bauart und nach Energieart in der Bundesrepublik Deutschland vorgefunden wurde.

nach Energieart	%	nach Bauart	%
Kohle	10	Zentralanlagen	36
Öl	30	El. Speicher und Durchlauferhitzer	32
Gas	20	Gas-Speicher und Durchlauferhitzer	18
Fernwärme	4		
El. Strom	32	Ölbadeöfen	6
Kein fl. Wasser	4	Kohlebadeöfen	8
Summe	100	Summe	100

Tab. 15-1 Struktur der Warmwasserbereitung in der Bundesrepublik

Im folgenden wird die Verlustaufteilung und -bestimmung nach /9/ übernommen, weshalb alle dort getroffenen Vereinbarungen hier auch gelten. Eine Warmwassererwärmungsanlage kann in Analogie zum Heizsystem ebenfalls in die drei Blöcke Wärmeerzeugung, -verteilung und -abgabe aufgeteilt werden /s. Abb. 16-1/.

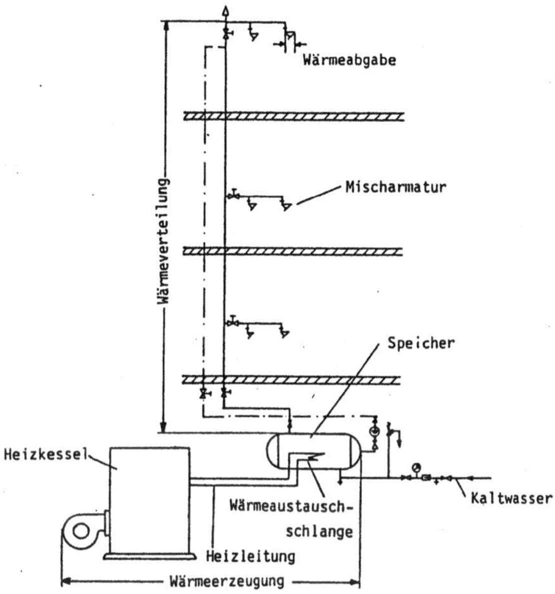

Abb. 16-1 Schematische Darstellung eines Warmwassererwärmungssystems

Kessel, Heizleitung und Wärmeaustauscherschlange repräsentieren z.B. nach dem System in Abb. 16-1 die Wärmeerzeugung. Warmwasserverteilleitung und Zirkulationsleitung sind der Wärmeverteilung und die Auslaufarmaturen dem Wärmeabgabesystem zuzurechnen. Die Verluste sind den Bereichen - wie in Abb. 16-2 dargestellt - zuzuordnen.

Wärmeerzeugung	Geräteaufheizverlust Q_G
	Bereitschaftsverluste Q_B
Wärmeverteilung	Leitungsaufheizverluste Q_A
	Verteilungsverluste Q_V
	Zirkulationsverluste Q_Z
Wärmeabgabe	Bedarfsanpassungsverluste Q_{BAP}

Abb. 16-2 Aufteilung der Verluste bei Warmwassersystemen

Die Verluste werden weiter unten ausführlich beschrieben und einer Berechnung zugänglich gemacht. Der gesamte Wärmeaufwand Q_{WE} für die Warmwassererwärmung setzt sich aus der Summe der Verluste und der Nutzwärme Q_N nach folgender Beziehung zusammen:

$$Q_{WE} = Q_N + Q_G + Q_A + Q_V + Q_Z + \Sigma Q_B \quad \text{in Wh/d}, \tag{16-1}$$

wobei Q_N aufgeteilt wird in

$$Q_N = Q_{N_{ID}} + Q_{BAP} \tag{16-2}$$

Q_{BAP} sind die Bedarfsanpassungsverluste, $Q_{N,ID}$ ist die ideale, minimale Nutzwärme, die benötigt wird.

16.1 Geräteaufheizverluste

Der Wärmeaufwand, der nötig ist, um die Massen der Wärmeerzeugung auf Betriebstemperatur zu bringen, wird als Geräteaufheizverlust bezeichnet. Beim Gasdurchlauferhitzer mit dauernd brennender Zündflamme ist Q_G gleich Null zu setzen. Erfolgt ein Aufheizvorgang nur einmal im Jahr, so ist Q_G ebenfalls zu vernachlässigen. In allen anderen Fällen wird der Geräteaufheizverlust folgendermaßen bestimmt:

$$Q_G = n_A (M_G \cdot c_M + M_W \cdot c_W) \cdot (t_G - t_i) \quad \text{in Wh/d}, \tag{16-3}$$

dabei ist M_G die Masse des Gerätes ohne Wasserfüllung in kg, M_W die Masse der Wasserfüllung in kg von Heiz- oder Trinkwasser, c_M 0,12 Wh/(kgK) die durchschnittliche spezifische Wärmekapazität von Metall (z.B. c_{Cu} = 0,116 oder c_{Fe} = 0,128), c_W 1,163 Wh/(kgK) die spezifische Wärmekapazität von Wasser, t_G die erforderliche Geräteaufheiztemperatur (°C), t_i die Innentemperatur (Richtwert 20°C) bei Geräten, die in den Betriebspausen auf Raumtemperatur auskühlen, und n_A die Anzahl der Aufheizvorgänge je Tag. M_W und M_G können Herstellerangaben entnommen werden, aber auch geschätzt werden (z.B. anhand ähnlicher Geräte). t_G kann der Tab. 16-1 entnommen werden, wobei zu beachten ist, daß es sich hierbei um die "maximale" Aufheiztemperatur handelt.

n_A kann abgeschätzt werden, wenn bei einem Einfamilienhaus ohne Zirkulationsleitung mit einem Wert von n_A = 5 pro Person und Tag gerechnet wird.

	1	2	3	4	5	6	7	8	9
	Energieart	Eignung für Versorg.-Art E Einzel G Gruppen Z Zentral	Geräteart	max. Aufheiztemperatur t_G in °C wählbar	a) Anschlußwert b) Belastung c) Nennleistung in kW	Dauerleistung bei Aufheizung um 35 K l/min	Speicherinhalt Liter	Geräte- bzw. Kesselwirkungsgrad bei. Nennleistung	Betriebsbereitschaftsverluste q_B
1	Elektr.	E	Kochendwassergeräte	bis Kochtemperatur	2 a)	-	5	0,96	-
2	Elektr.	EGZ	Durchlauferhitzer	bis 85	12, 18, 21, 24, 33 a)	5 - 7,5 - 8,5 10 - 14	-	0,99	-
3	Elektr.	EG	offene Speicher	bis 85	1 bis 6 a)	-	5 bis 80 n. DIN	0,99	s. Tab. 4-8
4	Elektr.	EGZ	geschlossene Speicher	bis 85	1 bis 27 a)	-	5 bis 2000 n. DIN	0,99	s. Tab. 4-8
5	Gas	E	Durchlauf-Gaswasserheizer	bis 85	11, 21, 28 b)	3,6, 7,1, 9,5	-	0,84	n. DIN 3368 Teil 4
6	Gas	EGZ	Combi-Umlauf-Gaswasserheizer	bis 85	21, 28, 35 b)	7,1, 9,5, 11,9	-	0,86	0,01
7	Gas	EGZ	Vorrats-Gaswasserheizer	bis 85	9 bis 210 b)	-	80 bis 2000	0,83	0,04
8	Gas Heizöl Feste Brennstoffe	EGZ	Heizkessel mit Durchlauferhitzer	bis 95	ab 30 c)	bis 100 % der Nennleistung	-	s. Tab. 2-10	s. Tab. 2-10
9	Gas Heizöl Feste Brennstoffe	EGZ	Heizkessel mit Speicher	bis 95	ab 10 c)	ca. 100 bis 30 % d. Nennleistung	ab 100	s. Tab. 2-10	s. Tab 2-10
10	Heizöl	EGZ	Öl-Speicherwasserheizer druckfest	bis 85	12 c)	-	100 (125) (150)	0,80	0,04
11	Heizöl	EGZ	Öl-Speicherwasserheizer druckfest	bis 85	17 bis 140	-	100 bis 2000	0,85	0,03
12	Fernwärme	Z	Durchlauferhitzer mit Heizwasser-Speicherung	bis 80	15 bis 150 c)	-	100 bis 2000	0,96	-

Tab. 16-1 Spezifikation von Wassererwärmern /10/

16.2 Bereitschaftsverluste

Muß der Wassererwärmer ständig betriebsbereit sein bzw. auf Anheiztemperatur gehalten werden, damit Warmwasser der gewünschten Temperatur zur Verfügung steht, so fallen Bereitschaftsverluste an, wie sie in der Heiztechnik schon beschrieben wurden. Treten diese Verluste in der Heizzeit auf und können sie durch z.B. Thermostatventile zur Entlastung der Heizung benutzt werden (Voraussetzung: das Warmwassererwärmungsgerät ist in einem zu beheizenden Raum installiert), so sind sie als Heizungsrückgewinn zu bezeichnen und werden in der Bilanz mit entsprechenden Vorzeichen berücksichtigt. Die Bestimmungsgleichung für den Heizungsrückgewinn Q_{HGD} durch Bereitschaftsverluste bei reiner Wassererwärmung und direkter Wärmeabgabe lautet :

$$Q_{HGD} = [b_{VWE} \cdot q_s + (b_{WE} - b_{VWE}) \cdot f_B \cdot q_{BWE}] \cdot \frac{\dot{Q}_K}{\eta_K} \frac{z_z + z_s}{365} \quad \text{in Wh/d} , \qquad (16\text{-}4)$$

hierbei ist

b_{VWE} Vollbenutzungsstunden bei reiner Wassererwärmung
q_S relativer Strahlungsverlust des Wassererwärmers (q_S = 0,03)
b_{WE} Betriebsbereitschaftsdauer bei reiner Wassererwärmung
f_B Faktor für Bauart
= 0,3 bei direkt befeuerten Geräten ohne Abgasklappe
= 0,7 bei direkt befeuerten Geräten mit Abgasklappe nach der Strömungssicherung oder im Verbindungsstück
= 1,0 bei nicht direkt befeuerten Geräten
q_{BWE} Bereitschaftsverluste bei reiner Wassererwärmung
$\dot{Q}_K$ Kessel- bzw. Gerätenennwärmeleistung in W
η_K Kessel- bzw. Gerätewirkungsgrad
z_Z Anzahl der Heiztage in der Heizzeit
z_S Anzahl der Heiztage in den Sommermonaten Juni, Juli, August

Für Wärmeerzeuger mit kombinierten Warmwassererwärmern (Wärmeerzeuger für Heizung und Warmwassererwärmung) gilt durch die direkte Wärmeabgabe an den zu beheizenden Aufstellraum der folgende Heizungsrückgewinn :

$$Q_{HGD} = b_{VWE} \cdot q_s \frac{\dot{Q}_K}{\eta_K} \cdot \frac{z_z + z_s}{365} \quad \text{in Wh/d} \qquad (16\text{-}5)$$

Elektrische Warmwassererwärmer mit Speicher nach /51/ erzeugen Bereitschaftsverluste über ihre Oberflächenwärmeabgabe. Die spezifischen und absoluten Höchstwerte sind in Tab. 16-2 zusammengefaßt.

Speicherinhalt in Liter	Bereitschaftsverlust q_{BWE} in W/K	Q_B in W bei Δt = 40 K
5	0,50	20
10	0,58	23
15	0,65	26
30	0,80	32
80	1,20	48
120	1,45	58
200	2,10	84
300	2,80	112
400	3,50	140

Tab. 16-2 Höchstwerte für den Bereitschaftsverlust durch Oberflächenwärmeabgabe bei elektrisch beheiztem Wasserspeicher nach DIN 44 532 Teil 3 /10/

Hierbei ist Q_B nach der Gleichung

$$Q_B = q_{BWE} \cdot \Delta t \cdot 24 \quad \text{in Wh/d} \tag{16-6}$$

zu berechnen, wobei Δt die Temperaturdifferenz zwischen der Nenntemperatur im Warmwassererwärmer und der Umgebungstemperatur (in der Regel 20°C) ist. Bei Speichern, die nur einmal täglich aufgeheizt werden (z.B. Nachtstrom), kann Δt wie folgt korrigiert werden :

$$\Delta t_m = \Delta t \cdot \left(1 - \frac{1}{2}\frac{M_d}{M_W}\right) , \tag{16-7}$$

M_W ist die gesamte Wasserfüllung des Speichers und M_d die tägliche Wasserentnahmemenge. M_d kann nach der Tab. 16-3 abgeschätzt werden.

	Warmwasserbedarf Liter/Tag, Person Warmwassertemperatur 60°C	45°C	spezifische Nutzwärme q_N Wh/Tag, Person
niedriger Bedarf	10 bis 20	15 bis 30	600 bis 1200
mittlerer Bedarf	20 bis 40	30 bis 60	1200 bis 2400
hoher Bedarf	40 bis 80	60 bis 120	2400 bis 4800

Tab. 16-3 Spezifische Nutzwärme für Wohnungen /10/

Für Durchlauf-Gaswasserheizer sind die Bereitschaftsverluste nach /4/ mit maximal 170W bzw. im Durchschnitt mit 120W anzusetzen, es sei denn, daß gerätespezifische Daten vorliegen, die benutzt werden können.

Wärmegedämmte zylindrische und kugelförmige Speicher nach /5/ und /6/ besitzen Bereitschaftsverluste über ihre Oberfläche. Die Bereitschaftsverluste von wärmegedämmten Rohren und zylindrischen Behältern sind

$$Q_B = k' \cdot l_R \cdot \Delta t_R \cdot 24 \quad \text{in Wh/d} \tag{16-8}$$

bzw.

$$Q_B = \frac{\pi}{\frac{1}{2\lambda} \ln \frac{D}{d} + \frac{1}{\alpha \cdot D}} \cdot l_R \cdot \Delta t_R \cdot 24 \quad \text{in Wh/d} \tag{16-9}$$

Hierbei ist

Q_B	Bereitschaftsverluste in Wh/h
l_R	Rohrlänge in m
Δt_R	Temperaturdifferenz zwischen mittlerer Rohrinnentemperatur und Umgebungstemperatur in K
λ	Wärmeleitfähigkeit bei einer Mitteltemperatur in der Dämmschicht in W/mK
α	Wärmeübergangszahl Dämmschicht/Luft in W/m^2K
D	Außendurchmesser der Wärmedämmung in m
d	Außendurchmesser des blanken Rohres in m
k'	Wärmedurchgangszahl in W/mK

Für sind linear interpolierte Werte zwischen

10 W/m^2K bei $k' = 0{,}2$ W/mK und
15,5 W/m^2K bei $k' = 0{,}5$ W/mK

einzusetzen.

Für wärmegedämmte, kugelförmige Oberflächen nach Abb. 16-3 gilt die Gleichung

$$Q_B = k \cdot A_M \cdot \Delta t_R \cdot 24 \quad \text{in Wh/d}\ , \tag{16-10}$$

wobei

$$k = \frac{1}{\alpha_1} + \frac{1}{\alpha_2} + \frac{s}{\lambda} \tag{16-11}$$

und

$$A_M = \frac{\pi}{4}(d^2 + 4h^2) = 2 \cdot \pi \cdot r \cdot h \qquad (16\text{-}12)$$

ist. In den Gleichungen bedeutet s die Wärmedämmschichtdicke in m, α_1 = 300 W/m²K die Wärmeübergangszahl von Behälterwand an Dämmschicht, α_2 die Wärmeübergangszahl von Dämmschicht an Luft in W/m²K, k die Wärmedurchgangszahl in W/m²K und r der Radius der Kugelkappe in m.

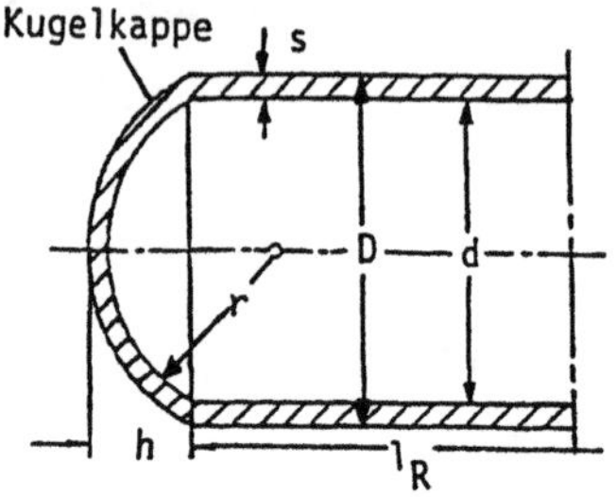

Abb. 16-3 Kappe /1/

α_2 ist je nach Art der Wärmeübertragung nach folgenden Gleichungen zu berechnen:

bei waagerechter Wand, Wärmeabgabe nach oben

$$\alpha_2 = 2{,}3 \sqrt[4]{\Delta t_R} \qquad (16\text{-}13)$$

bei waagerechter Wand, Wärmeabgabe nach unten

$$\alpha_2 = 1{,}7 \sqrt[4]{\Delta t_R} \qquad (16\text{-}14)$$

bei senkrechter Wand (Kugelschale), Wärmeabgabe zur Seite

$$\alpha_2 = 2{,}2 \sqrt[4]{\Delta t_R} \qquad (16\text{-}15)$$

Ein Beispiel soll die Berechnung verdeutlichen.

<u>Beispiel 16-1</u> /s. /9//: Ein liegender, zylindrischer Behälter mit Kugelschalen an den Enden (doppelwandig nach /53/) besitzt folgende technische Daten /s. auch Abb. 16-3/:

300 Liter Inhalt

Δt_R = 50 K

Doppelmantel D = 0,70 m; d = 0,60 m; l_R = 1,825 m

Kugelschale $r = 0,45$ m; $h = 0,11$ m
Wärmedämmschichtdicke $s = 0,1$ m; $\lambda = 0,035$W/mK

α wird mit einem Wert von 15,5 W/m²K angenommen, wobei im Laufe der Berechnung anhand des Ergebnisses für k' diese Annahme zu überprüfen ist (evtl. mit neuen α-Werten nochmals rechnen, iteratives Verfahren). Der Wärmeverlust des Zylinders ist nach Gleichung 16-9

$$k' = \frac{\pi}{\frac{1}{2 \cdot 0,035} \ln \frac{0,70}{0,50} + \frac{1}{15,5 \cdot 0,7}} = \frac{\pi}{4,81 + 0,092} = 0,64 \text{ W/mK}$$

Der α-Wert war richtig gewählt worden, da k' > 0,5 W/mK ist. Der Wärmeverlust über die Kugelschale ist nach Gleichung 16-11 und Gleichung 16-12

$$\frac{1}{k} = \frac{1}{300} + \frac{0,1}{0,035} + \frac{1}{2,2 \sqrt[4]{50}} \qquad A_M = 2\pi r h = 2\pi \cdot 0,45 \cdot 0,11 = 0,311 \text{ m}^2$$

$$= 0,0033 + 2,8570 + 0,1709 = 3,031 \text{ m}^2 \text{ K/W} \qquad k = \frac{1}{3,047} = 0,330 \text{ W/m}^2\text{K}$$

(α_2 wurde mit Gleichung 16-15 ermittelt). Somit wird der Bereitschaftsverlust nach Gleichung 16-8 und Gleichung 16-9 zu

$$\dot{Q}_B = k' \cdot l_R \cdot \Delta t_R + 2 \cdot k \cdot A_M \Delta t_R$$

$$\dot{Q}_B = 0,64 \cdot 1,835 \cdot 50 + 2 \cdot 0,330 \cdot 0,311 \cdot 50$$

$$\dot{Q}_B = 58,72 + 10,3 = 65,02 \text{ W} \quad \text{bzw.}$$

$$\dot{Q}_B = 69,02 \cdot 24 = 16,57 \text{ Wh/d}$$

Für fernwärmebeheizte Warmwassererwärmer, bei denen die Wärmemessung im Gebäude erfolgt, kann der Bereitschaftsverlust in gleicher Weise wie vor berechnet werden. Die Verluste der Leitung zwischen Meßstelle und Wärmetauscher sind wie Zirkulationsverluste zu behandeln.

16.3 Leitungsaufheizverluste

Die Energie, die benötigt wird, um nach einer Zapfpause die Verteilleitungen bei erneuter Zapfung wieder auf die gewünschte Warmwassertemperatur zu bringen, wird als Leitungsaufheizverlust bezeichnet. Die Berechnung erfolgt nach der Beziehung

$$Q_A = \frac{n_A}{f_G} \cdot n_p \cdot (M_L \cdot c_M + M_W \cdot c_W) \cdot (t_{WW} - t_i) \quad \text{in Wh/d} \qquad (16\text{-}16)$$

bzw.

$$Q_A = \frac{n_A}{f_G} n_p \cdot W (t_{WW} - t_i) \text{ in Wh/d} ,\qquad (16\text{-}17)$$

wobei

$$f_G = \sqrt{\frac{1}{3} n_p + 1}\qquad (16\text{-}18)$$

ist. n_p ist die Anzahl der Personen, f_G ein Gleichzeitigkeitsfaktor, M_L die Masse der Leitungen (ohne Wasser), W die Wärmekapazität der Rohrleitung incl. Wasser und t_{WW} die Warmwassertemperatur (z.B. 60°C oder 45°C). Die Werte für W und M können für Kupferrohr der Tab. 16-4 und für Stahlrohr der Tab. 16-5 entnommen werden.

Außendurchmesser d_1	zulässige Abweichung	Wanddicke s	zulässige Abweichung	Innendurchmesser d_2	lichter Querschnitt	Inhalt	Gewicht	zulässiger Betriebsdruck	Wärmekapazität der Rohrleitung und Wasserfüllung
mm	± mm	mm	± mm	mm	cm^2	l/m	kg/m	bar	Wh/K·m
6	0,045	1	0,13	4	0,126	0,013	0,14	229	0,0314
8	0,045	1	0,13	6	0,283	0,028	0,20	163	0,0558
10	0,045	1	0,13	8	0,503	0,050	0,25	127	0,0872
12	0,045	1	0,13	10	0,785	0,079	0,31	104	0,1278
15	0,045	1	0,14	13	1,327	0,133	0,39	82	0,1999
18	0,045	1	0,14	16	2,011	0,201	0,48	67	0,2894
22	0,055	1	0,15	20	3,142	0,314	0,59	54	0,4336
28	0,055	1,5	0,21	25	4,909	0,491	1,11	65	0,6998
35	0,070	1,5	0,23	32	8,042	0,804	1,40	51	1,0974
42	0,070	1,5	0,23	39	11,946	1,195	1,70	42	1,5870
54	0,070	2	0,32	50	19,635	1,963	2,91	44	2,6205
64	0,070	2	0,32	60	28,274	2,827	3,47	37	3,6903
76,1	0,070	2	0,32	72,1	40,828	4,083	4,14	31	5,2288
88,9	0,070	2	0,32	84,9	56,612	5,661	4,87	26	7,1487
108	0,070	2,5	0,40	103	83,323	8,332	7,38	27	10,5462

Tab. 16-4 DIN 1786 Installationsrohre aus Kupfer, nahtlos gezogen /10/

Nennweite	Anschl. Nennwerte der Fittings	Außendurchmesser d1	Außendurchmesser zulässige Abweichung	Wanddicke s	Innendurchmesser d2	lichter Querschnitt	Inhalt	Gewicht	Wärmekapazität der Rohrleitung und Wasserfüllung
DN	Zoll	mm	mm	mm	mm	cm^2	l/m	kg/m	Wh/K·m
6	1/8	10,2	+0,4 -0,4	2,0	6,2	0,302	0,003	0,407	0,0556
8	1/4	13,5	+0,5 -0,3	2,35	8,8	0,608	0,006	0,650	0,0903
10	3/8	17,2	+0,3 -0,5	2,35	12,5	1,227	0,012	0,852	0,1233
15	1/2	21,3	+0,5 -0,3	2,65	16	2,011	0,020	1,220	0,1795
20	3/4	26,9	+0,4 -0,4	2,65	21,6	3,664	0,037	1,580	0,2448
25	1	33,7	+0,5 -0,4	3,25	27,2	5,811	0,058	2,440	0,3799
32	1 1/4	42,4	+0,5 -0,4	3,25	35,9	10,122	0,101	3,140	0,5196
40	1 1/2	48,3	+0,5 -0,4	3,25	41,8	13,723	0,137	3,610	0,6217
50	2	60,3	+0,5 -0,6	3,65	53	22,062	0,221	5,100	0,9094
65	2 1/2	76,1	+0,5 -0,8	3,65	68,8	37,176	0,372	6,510	1,2656
80	3	88,9	+0,6 -0,9	4,05	80,8	51,276	0,513	8,470	1,6805
100	4	114,3	+0,7 -1,2	4,50	105,3	87,086	0,871	12,100	2,5618

Tab. 16-5 Verzinkte Stahlrohre (mittelschwere Gewinderohre), nahtlos geschweißt (nach DIN 1440) /10/

Sind Leitungen in Außenwandschlitzen oder im Keller verlegt, so ist für t_i 15°C anstelle von 20°C einzusetzen. Bei Vergleichsrechnung wird n_A wie folgt aufgeteilt:

55 % für Küche
30 % für Handwaschbecken
15 % für Bad bzw. Dusche

Für die Dauer der Heizperiode $(z_Z + z_S)$ darf $\dot{Q}_A$ in $\dot{Q}_{HG}$ eingerechnet werden, wenn die Verluste tatsächlich der Heizungsentlastung dienen.

16.4 Verteilungsverluste

Nach /9/ sind die Verteilungsverluste in Wohnbauten gegenüber den anderen Verlusten vernachlässigbar klein. Im Nicht-Wohnungsbau sind die Verteilungsverluste wie Zirkulationsverluste zu behandeln. In einigen Fällen ist statt der Zirkulationszeit die Betriebszeit einzusetzen.

16.5 Zirkulationsverluste

Alle Wärmeverluste der Zirkulationsleitung an die Umgebung sind als Zirkulationsverluste zu bezeichnen. Sie berechnen sich nach der Formel

$$Q_Z = k' \cdot l \cdot b_Z \cdot (t_{ZL} - t_i) \text{ in Wh/d} \quad (16\text{-}19)$$

dabei ist k' die bezogene Wärmedurchgangszahl, l die Länge des Zirkulationskreislaufs, b_Z die Zirkulationszeit und t_{ZL} die Wassertemperatur in der Zirkulationsleitung. k' ist der Tab. 16-6 zu entnehmen, wobei dies die höchst zulässigen Werte nach /7/ sind.

Rohraußendurchmesser in mm	10	12	15	18	22	28
k' in W/mk	0,207	0,214	0,223	0,229	0,234	0,244
Rohraußendurchmesser in mm	**35**	**42**	**54**	**76**	**89**	**108**
k' in W/mk	0,248	0,250	0,255	0,261	0,263	0,265

Tab. 16-6 Höchstzulässige Wärmedurchgangszahl k' für verschiedene Rohraußendurchmesser /10/

Besteht die Zirkulationsleitung aus verschiedenen Rohrdurchmessern, ist sie unterschiedlich isoliert usw., so daß die Zirkulationsverluste nicht pauschal nach Gleichung 16-19 berechnet werden können, so sind Teilstrecken zu bilden, für die jeweils separat die Rechnung vollzogen wird. Es ist dann

$$Q_Z = \sum_{n=1}^{j} Q_{Z_n} \text{ in Wh/d} \quad (16\text{-}20)$$

Einschränkungen des Zirkulationsbetriebs sind in b_Z zu berücksichtigen. Während der Heizperiode kann auch hier der Zirkulationsverlust dem Heizungsgewinn zugerechnet werden.

16.6 Bedarfsanpassungsverluste

Wird die vom Benutzer geforderte Höchsttemperatur und größte Wassermenge vom Warmwasserangebot überschritten (d.h. das System liefert größere Wassermengen und Temperaturen als gefordert), so sind die daraus resultierenden höheren Verbräuche als Bedarfsanpassungsverluste zu bezeichnen. Im Berechnungsverfahren nach /9/ wird dies nicht als Verlust ausgewiesen, da dort davon ausgegangen wird, daß die Anlage dem Bedarf angepaßt ist oder wird. Es ist also die Aufgabe des Energiesachverständigen, vor jeder anderen Maßnahme und Verlustanalyse die Bedarfsanpassung am System vorzunehmen, um damit die erste Voraussetzung für den wirtschaftlichen Betrieb der Anlage zu schaffen.

17 Warmwasserbedarf oder -verbrauch

Bei einem bereits installierten Warmwassererwärmungssystem läßt sich der Warmwasserverbrauch an einem Wasserzähler leicht ablesen. Ist dieser jedoch nicht vorhanden, so sind Verfahren zur Abschätzung des Verbrauchs heranzuziehen. Eine Möglichkeit, dies schnell zu tun, bieten die Werte nach Tab. 17-3. Weiterhin sind Abschätzungen nach den Tab. 17-1 bis Tab. 17-5 realisierbar. Verfahren, die zur Ermittlung des Warmwasserwärmebedarfs oder -verbrauchs dienen, wie sie im folgenden Kapitel beschrieben werden, beinhalten implizit ebenfalls eine Bestimmung des Warmwasserbedarfs oder -verbrauchs.

17.1 Warmwasserwärmeaufwand

Ein Verfahren zur Ermittlung des Warmwasserwärmebedarfs und eines zur Bestimmung des Warmwasserwärmeaufwandes sollen beschrieben werden, das Einheitswohnungs- und Kennzahlenverfahren nach /1/ und das Kurzverfahren nach /9/. Ein drittes Verfahren nach /8/ soll der Vollständigkeit halber hier nur erwähnt, aber im folgenden nicht behandelt werden.

Einheitswohnungs- und Kennzahlenverfahren nach /1/.

Als Einheitswohnung wurde aufgrund statistischer Erhebungen eine Wohnung definiert, die von 3,5 Personen bewohnt wird, 4 Räume besitzt und mit einer Badewanne (150 l Inhalt) sowie mit zwei Zapfstellen ausgestattet ist. Die Füllzeit der Badewanne beträgt 10 Minuten, der gesamte Wärmebedarf ist mit 5,82 kWh festgelegt. Die Einheitswohnung hat als Bezugsgröße die Bedarfskennzahl N=1. Jede von der Einheitswohnung abweichende Wohnung kann über die Bedarfskennzahl auf die Einheitswohnung bezogen werden. Es gilt

$$N = \frac{\Sigma(n \cdot p \cdot v \cdot W_V)}{p_E \cdot w_E} \tag{17-1}$$

p ist die Anzahl der Personen, v die Anzahl der Zapfstellen, w_E der Wärmebedarf der Einheitswohnung, W_V der Wärmebedarf einer Zapfstelle, p_E die Personenzahl der Einheitswohnung und n die Anzahl der Wohnungen. Mit den Werten für die Einheitswohnung wird Gleichung 17-1 zu

$$N = \frac{\Sigma(n \cdot p \cdot v \cdot W_V)}{20370} \tag{17-2}$$

Der Zapfstellenwärmebedarf ist der Tab. 17-1 zu entnehmen. Hier sind auch die Kurzzeichen für Zapfstellen und die Entnahmemenge je Benutzung aufgeführt.

lfd. Nr.:	Benennung der Zapfstelle	Kurzzeichen	Entnahmemenge pro Benutzung L	Zapfstellenbedarf W_V Entnahme Wh
1	Badewanne 1600 nach Din 4471	NB 1	140	5820
2	Badewanne 1600 nach Din 4471	NB 2	160	6510
3	Kleinraum- und Stufenwanne	KB	120	4890
4	Großraumwanne (1800 mm x 750 mm)	GB	200	8720
5	Brausekabine mit Mischbatterie und Normalbrause	BRN	40	1630
6	Brausekabine mit Mischbatterie und Luxusbrause	BRL	75	3020
7	Brausekabine mit einer Kopf- und zwei Seitenbrausen	BRK	100	4070
8	zusätzlicher Einzelbrausekopf	BR	30	1160
9	Waschtisch	WT	17	700
10	Bidet	BD	20	810
11	Handwaschbecken	HT	9	350
12	Küchenspüle	SP	30	1160

Für in ihrem Nutzinhalt erheblich abweichende Badewannen ist der Zapfstellenbedarf W_V nach der folgenden Formel zu ermitteln und in die Berechnung einzusetzen: $W_V = c \cdot v \cdot dt$

Bei Brausen ist eine durchschnittliche Benutzungszeit von 6 Minuten zugrunde gelegt worden.

Tab. 17-1 Zapfstellenbedarf W_V in Wh je Entnahme /1/

Die durchschnittliche Belegung von Wohnungen sowie die Bewertung der sanitären Ausstattung nach /1/ sind in der Tab. 17-2 und Tab. 17-3 dargestellt.

Wohnungsgröße in Zimmern (Raumzahl r)	1	1,5	2	2,5	3	3,5	4	4,5	5	5,5	6	6,5	7
Durchschnittliche Personenzahl (Belegungszahl p)	2,0'	2,0'	2,0'	2,3	2,7	3,1	3,5	3,9	4,3	4,6	5,0	5,4	5,6

') Besteht das zu versorgende Wohngebäude überwiegend aus 1, 1,5 und 2-Zimmerwohnungen, muß die Belegungszahl p für die Wohnungen um 0,5 erhöht werden.

Tab. 17-2 Durchschnittliche Belegung von Wohnungen in der Bundesrepublik nach Unterlagen des Statistischen Bundesamtes /1/

Vorhandene Ausstattung pro Wohnung		Bei der Bedarfsermittlung anzusetzen
Bei Normalausstattung		
Bad	1 Badewanne 1600 nach DIN 4471 oder 1 Brausekabine mit/ohne Mischbatterie und Normalbrause	1 Badewanne 1600 aus Tab. 4 - 13
	1 Waschtisch	wird nicht berücksichtigt
Küche	1 Küchenspüle	wird nicht berücksichtigt
Bei Komfortausstattung		
Bad	Badewanne')	wie in Tab. 4 - 13 vorhanden
	Brausekabine')	wie in Tab. 4 - 13 vorhanden
	') Größe weicht von der Normalausstattung ab	wenn die Anordnung eine gleichzeitige Benutzung erlaubt
	Waschtisch	wird nicht berücksichtigt
	Bidet	wird nicht berücksichtigt
Küche	Küchenspüle	wird nicht berücksichtigt
Gästezimmer (je)	Badewanne	50% des Zapfstellenbedarfes nach Tab. 4 - 13
	Brausekabine	wie in Tab. 4 - 13 vorhanden
	Waschtisch	wie in Tab. 4 - 13 vorhanden
	Bidet	wie in Tab. 4 - 13 vorhanden

Tab. 17-3 Bewertung der sanitären Ausstattung von Wohnungen /1/

<u>Beispiel 17-1:</u> Für ein Mehrfamilienhaus mit vier verschiedenen Wohnungstypen soll die Bedarfskennzahl ermittelt werden. Folgende Daten sind gegeben:

Wohnungstyp 1:
Räume: Wohn-, Schlaf-, Badezimmer, Flur und Küche
sanitäre Ausstattung: 1 Badewanne (Größe 140/70)

Wohnungstyp 2:
Räume: wie Wohnungstyp 1
sanitäre Ausstattung: 1 Brausekabine mit Kopfdusche
1 Waschtisch im Bad
1 Spüle in der Küche

Wohnungstyp 3:
Räume: Wohn-, Schlaf-, Kinder-, Badezimmer, Flur und Küche
sanitäre Ausstattung: 1 Badewanne (Größe 160/70)
1 Waschtisch im Bad
1 Spüle in der Küche

Wohnungstyp 4:

Räume:	Wohn-, Schlaf-, Eß-, Arbeits-, Badezimmer, Flur und Küche
sanitäre Ausstattung:	1 Badewanne (Größe 160/70)
	1 Waschtisch im Bad
	1 Brausekabine (Luxusbrause)
	1 Bidet (Gästezimmer)
	1 Spüle in der Küche

Insgesamt hat das Gebäude 18 Wohneinheiten, die sich aufteilen in jeweils 6 Wohneinheiten von Typ 1 und Typ 2, 4 Wohneinheiten von Typ 3 und 2 Wohneinheiten von Typ 4.

Nach diesen Angaben werden aus den Tab. 17-1 bis Tab. 17-3 die entsprechenden Daten abgelesen und in der nachfolgenden Tab. 17-4 zusammengestellt.

Vorhandene Ausstattung pro Wohnung		Bei der Bedarfsermittlung anzusetzen
Bei Normalausstattung		
Bad	1 Badewanne 1600 nach DIN 4471 oder 1 Brausekabine mit/ohne Mischbatterie und Normalbrause	1 Badewanne 1600 aus Tab. 4 - 13
	1 Waschtisch	wird nicht berücksichtigt
Küche	1 Küchenspüle	wird nicht berücksichtigt
Bei Komfortausstattung		
Bad	Badewanne') Brausekabine') ') Größe weicht von der Normalausstattung ab	wie in Tab. 4 - 13 vorhanden wie in Tab. 4 - 13 vorhanden wenn die Anordnung eine gleichzeitige Benutzung erlaubt
	Waschtisch Bidet	wird nicht berücksichtigt wird nicht berücksichtigt
Küche	Küchenspüle	wird nicht berücksichtigt
Gästezimmer (je)	Badewanne Brausekabine Waschtisch Bidet	50% des Zapfstellenbedarfes nach Tab. 4 - 13 wie in Tab. 4 - 13 vorhanden wie in Tab. 4 - 13 vorhanden wie in Tab. 4 - 13 vorhanden

Tab. 17-3 Bewertung der sanitären Ausstattung von Wohnungen /1/

Beispiel 17-1: Für ein Mehrfamilienhaus mit vier verschiedenen Wohnungstypen soll die Bedarfskennzahl ermittelt werden. Folgende Daten sind gegeben:

Wohnungstyp 1:
Räume: Wohn-, Schlaf-, Badezimmer, Flur und Küche
sanitäre Ausstattung: 1 Badewanne (Größe 140/70)

Wohnungstyp 2:
Räume: wie Wohnungstyp 1
sanitäre Ausstattung: 1 Brausekabine mit Kopfdusche
1 Waschtisch im Bad
1 Spüle in der Küche

Wohnungstyp 3:
Räume: Wohn-, Schlaf-, Kinder-, Badezimmer, Flur und Küche
sanitäre Ausstattung: 1 Badewanne (Größe 160/70)
1 Waschtisch im Bad
1 Spüle in der Küche

Wohnungstyp 4:

Räume:	Wohn-, Schlaf-, Eß-, Arbeits-, Badezimmer, Flur und Küche
sanitäre Ausstattung:	1 Badewanne (Größe 160/70)
	1 Waschtisch im Bad
	1 Brausekabine (Luxusbrause)
	1 Bidet (Gästezimmer)
	1 Spüle in der Küche

Insgesamt hat das Gebäude 18 Wohneinheiten, die sich aufteilen in jeweils 6 Wohneinheiten von Typ 1 und Typ 2, 4 Wohneinheiten von Typ 3 und 2 Wohneinheiten von Typ 4.

Nach diesen Angaben werden aus den Tab. 17-1 bis Tab. 17-3 die entsprechenden Daten abgelesen und in der nachfolgenden Tab. 17-4 zusammengestellt.

für reine Wassererwärmung

$$b_{VWE} = \frac{Q_{WEa}}{\dot{Q}_{KWE}} \text{ in h/a} \tag{17-9}$$

$$b_{VHG} = \frac{Q_{HGa}}{\dot{Q}_{Kko}} \text{ in h/a} \tag{17-10}$$

$$b'_{VH} = b_{VH} \cdot \frac{\dot{Q}_h}{\dot{Q}_{KH}} \tag{17-11}$$

$$b'_{VH} = b_{VH} \cdot \frac{\dot{Q}_h}{\dot{Q}_{Kko}} \tag{17-12}$$

$\dot{Q}_{KH}$ ist die eingestellte Leistung für Kessel oder Geräte ohne Warmwassererwärmung.

Für überschlägliche Berechnungen kann auch das Kurzverfahren nach /9/ benutzt werden. Für zentrale Warmwassererwärmungsanlagen (Großanlagen) mit Zirkulationskreislauf ist zu setzen bei kombiniertem Betrieb:

$$Q_{WF_a} = \frac{b_{VH} \cdot \dot{Q}_h}{\eta_V} \left(\frac{1}{\eta_{ako}} - \frac{1}{\eta_{aH}} \right) + \frac{b_{VWE} \cdot \dot{Q}_{Kko} - f_L \cdot k' \cdot \Delta t \cdot l_{HG} \cdot b_z \cdot (z_z + z_s)}{\eta_{ako}} \tag{17-13}$$

und bei reiner Wassererwärmung:

$$Q_{WF_a} = \frac{b_{VWE} \cdot \dot{Q}_{KWE} - f_L \cdot k' \cdot \Delta t \cdot l_{HG} \cdot b_z \cdot (z_z + z_s)}{\eta_{ako}} \text{ in Wh/a} \tag{17-14}$$

Der Zuschlagfaktor f_L berücksichtigt die einmalige Leistungsaufheizung nach Zirkulationsunterbrechnung von 6 bis 10 Stunden pro Tag und ist im Mittel mit f_L = 1,2 anzusetzen. Für Warmwassererwärmungsanlagen mit dezentraler Versorgung wird der Jahreswärmebedarf überschläglich bestimmt zu:

$$Q_{WF_a} = \frac{365}{\eta} \cdot 10^{-3} [n_p \cdot q_N + Q_B (1 - f_B \frac{z_z + z_s}{365})] \text{ in Wh/a} \tag{17-15}$$

für reine Heizung

$$\eta_{aH} = \frac{\eta_{KH}}{\left(\frac{b_H}{b'_{VH}} - 1\right) q_{BH} + 1} \qquad (17-5)$$

für reine Wassererwärmung

$$\eta_{aWE} = \frac{\eta_{KWE}}{\left(\frac{b_{WE}}{b'_{VWE}} - 1\right) q_{BWE} + 1} \qquad (17-6)$$

für kombinierten Betrieb

$$\eta_{ako} = \frac{\eta_{Kko}}{\left(\frac{b_{ko}}{b'_{VH} + b_{VWE} - b_{VHG}} - 1\right) q_{Bko} + 1} \qquad (17-7)$$

Die Begriffe in den Formeln sind in Tab. 17-5 erklärt.

	bei kombiniertem Betrieb	bei reiner Heizung	bei reiner Wassererwärmung
Betriebs-Bereitschaftsdauer	b_{ko}	b_H	b_{WE}
Vollbenutzungsstunden	b_{Vko}	b_{VH}	b_{VWE}
Betriebsbereitschaftsverluste	q_{Bko}	q_{BH}	q_{BWE}
Kesselwirkungsgrade	η_{Kko}	η_{KH}	η_{KWE}

Tab. 17-5 Zusammenstellung der Begriffe für die Berechnung des Jahreswärmebedarfs (ab Feuerung)

Die Vollbenutzungsstunden werden durch die nachstehenden Beziehungen bestimmt:

für Heizkessel mit Warmwassererwärmung

$$b_{Vko} = \frac{Q_{WEa}}{\dot{Q}_{Kko}} \qquad (17-8)$$

Der Faktor f_B für die Bauart ist für Gas-Durchlauf- und Vorrats-Warmwassererwärmer mit Abgasklappe nach der Strömungssicherung gleich 0,7, für Gas-Durchlauf- und Vorratswarmwassererwärmer ohne Abgasklappe gleich 0,3 und ansonsten gleich 1 zu setzen.

Ein Beispiel nach /9/ soll die Vorgehensweise verdeutlichen.

Beispiel 17-2: Ein Haushalt mit 4 Personen wird mit einem 24 kW Durchlauferhitzer mit Warmwasser versorgt. Er ist in der Küche installiert und ist über eine 4 m lange Stichleitung aus wärmegedämmtem Kupferrohr (12*1.0) mit der Zapfstelle im Bad verbunden. Das Objekt befindet sich in Düsseldorf, Küche und Bad haben eine Raumlufttemperatur von 20°C und es soll mit einer Urlaubszeit von 20 Tagen gerechnet werden. Die Warmwassertemperatur beträgt 60°C, der Durchlauferhitzer hat eine Masse von 1,2 kg und der Wasserinhalt ist 0,2 kg schwer. Wie hoch ist der jährliche Wärmebedarfsaufwand?

Bei einer angenommenen Kaltwassertemperatur von 10°C und einem spezifischen Warmwasserbedarf von 20 l/d und Person /Tab. 16-3/ wird nach Gleichung 14-1:

$$q_N = 20 \cdot 1{,}2 \cdot (60 - 10) = 1200 \text{ Wh/d Pers.}$$

bzw.

$$Q_N = 4 \cdot 1200 = 4800 \text{ Wh/d}$$

Für das Jahr wird mit Berücksichtigung der Urlaubszeit damit

$$Q_{N_a} = 4800 \cdot (365 - 20) = 1656\,000 \text{ Wh/a} = 1\,656 \text{ kWh/a}$$

Die Geräteaufheizverluste sind nach Gleichung 16-3

$$Q_G = 20\,(1{,}2 \cdot 0{,}12 + 0{,}2 \cdot 1{,}163) \cdot (60 - 20) \approx 301 \text{ Wh/d}$$

Nach den Daten der Stichleitung und nach Tab. 16-4 ergeben sich bei 4 m Länge die Massen der Leitung zu:

$$M_L = 0{,}31 \cdot 4 = 1{,}24 \text{ kg}$$

und

$$M_W = 0{,}079 \cdot 4 \approx 0{,}32 \text{ kg}$$

Der Gleichzeitigkeitsfaktor ist nach Gleichung 4-20

$$f_g = \sqrt{\frac{1}{3} \cdot 4 + 1} \approx 1{,}53$$

Nach /9/ ist die Anzahl der Aufheizvorgänge wie folgt aufzuteilen:

55% für Küche
30% für Handwaschbecken
15% für Bad bzw. Dusche

Da die Stichleitung das Bad versorgt, wird

$$n_A = 20 \cdot 0{,}15 = 3\ d^{-1}$$

Damit lassen sich die Leitungsaufheizverluste nach Gleichung 16-16 berechnen zu:

$$Q_A = \frac{3}{1{,}53} \cdot 4 \cdot (1{,}24 \cdot 0{,}12 + 0{,}32 \cdot 1{,}163) \cdot (60-20) \approx 163\ Wh/d$$

Verteilungsverluste sind für Wohnbauten vernachlässigbar und Bereitschaftsverluste entfallen, da der Warmwasserwärmeerzeuger nur während der Entnahme in Betrieb ist. Zirkulationsverluste entfallen ebenfalls, da keine Zirkulationsleitungen installiert sind.

Nach Gleichung 16-1 wird dann

$$Q_{WE} = 4800 + 301 + 163 + 0 + 0 + 0 = 5264\ Wh/d$$

bzw.

$$Q_{WE_a} = \frac{5264 \cdot (365-20)}{1000} \approx 1816\ kWh/a$$

Es wird davon ausgegangen, daß der Geräteaufheiz- und der Leitungsaufheizverlust vom Heizsystem genutzt werden kann (Thermostatventile). Aus Tab. 13-4 und Tab. 13-5 wird für Düsseldorf die Anzahl der Heiztage in der Heizperiode und im Sommer mit

$z_Z = 244{,}7$

und

$z_S = 21{,}5$

abgelesen. Der Heizungsgewinn ist somit

$$Q_{HG_a} = \frac{(244{,}7 + 21{,}5) \cdot (301 + 163)}{1000} \approx 124 \text{ kWh/a}$$

Mit einem Gerätewirkungsgrad von 0,99 und Tab. 16-1 ist der jährliche Wärmebedarf für die Warmwassererwärmung bestimmt zu

$$Q_{WF_a} = \frac{1816 - 124}{0{,}99} \approx 1709 \text{ kWh/a}$$

Weitere Beispiele zur Berechnung des jährlichen Warmwasserwärmebedarfs sind in /9/ nachzulesen.

Formelzeichen

b_H	Betriebsbereitschaftsdauer bei reiner Heizung
b_Z	Zirkulationszeit
b_{ko}	Betriebsbereitschaftsdauer bei kombiniertem Betrieb
b_{VH}	Vollbenutzungsstunden bei reiner Heizung
b_{WE}	Betriebsbereitschaftsdauer bei reiner Warmwassererwärmung
b_{VHG}	Vollbenutzungsstunden für den Heizungsgewinn
b_{VWE}	Vollbenutzungsstunden bei reiner Warmwassererwärmung
b_{VH}	korrigierte Vollbenutzungsstunden bei reiner Heizung
c_p	spezifische Wärmekapazität
c_M	spez. Wärmekapazität von Metall
c_W	spez. Wärmekapazität von Wasser
d	Durchmesser, Dicke oder Anzahl von Tagen
f_B	Korrekturfaktor für die Bauart
f_G	Gleichzeitigkeitsfaktor
f_L	Zuschlagsfaktor
h	Höhe der Kugelkappe
j	Summenindex
k	Wärmedurchgangskoeffizient oder Summenindex
k'	Wärmedurchgangskoeffizient Rohr
l	Rohrlänge
l_R	Rohrlänge entspricht l
l_{HG}	Länge der Vorlauf- und Zirkulationsleitungen, die Wärme an zu beheizende Räume abgeben
m_{BW}	Massenstrom Warmwasser
m_{VB}	Massenstrom Mischwasser
n	Heizflächenexponent, Anzahl der Wohnungen oder Grenze des Summenindex
n_p	Anzahl der Personen
n_A	Anzahl Aufheizvorgänge pro Tag
p	Anzahl der Personen, entspricht n_p
P_E	Anzahl der Personen einer Einheitswohnung
q_N	Nutzwärme pro Tag und Person
q_S	relativer Strahlungsverlust des Warmwassererwärmers
q_{Bko}	Betriebsbereitschaftsverlust bei kombiniertem Betrieb
q_{BWE}	Betriebsbereitschaftsverlust bei reiner Warmwassererwärmung
r	Radius der Kugelkappe
s	Dicke der Wärmedämmschicht
t_i	Innenlufttemperatur
t_G	erforderliche Geräteaufheiztemperatur
t_{BW}	Warmwassertemperatur
t_{KW}	Kaltwassertemperatur
t_{VB}	Mischtemperatur
t_{WW}	Warmwassertemperatur, entspricht t_{BW}
t_{ZL}	Wassertemperatur in der Zirkulationsleitung
v	Anzahl der Zapfstellen
w_E	Wärmebedarf der Einheitswohnung
z_s	Zugstärke des Schornsteins
z_z	gesamte Zugstärke des Schornsteins oder Anzahl der Heiztage in der Heizzeit

A_M	Mantelfläche
D	Konstante, Oberfläche oder Außendurchmesser der Wärmedämmung
M_d	tägliche Wasserentnahmemenge
M_G	Masse des Gerätes
M_L	Masse der Leitung
M_W	Masse der Wasserfüllung
N	Bedarfskennzahl
Q_A	Leitungsaufheizverluste
Q_B	Bereitschaftsverluste
Q_G	Geräteaufheizverluste
Q_N	Nutzwärme
Q_V	Verteilungsverluste
Q_Z	Zirkulationsverluste
$Q_{N,ID}$	ideale Nutzwärme
Q_{WE}	Wärmebedarf für Warmwassererwärmung ab Heizgerät
Q_{BAP}	Bedarfsanpassungsverluste
Q_{HGa}	jährlicher Heizungsgewinn
Q_{HGD}	Heizungsgewinn durch direkte Wärmeabgabe
Q_{WEa}	jährlicner Bedarf für Warmwassererwärmung ab Heizgerät
Q_{WFa}	jährlicher Wärmebedarf für Warmwassererwärmung ab Feuerung bzw. E-Heizkörper bzw. Fernwärmeaustauscher
$\dot{Q}_h$	Raumheizwärmebedarf
$\dot{Q}_{BW}$	stündlicher Wärmebedarf für die Warmwassererwärmung
$\dot{Q}_K$	Kessel- oder Gerätenennwärmeleistung
$\dot{Q}_{KH}$	eingestellte Leistung für Kessel oder Geräte ohne Warmwassererwärmer
$\dot{Q}_{Kko}$	eingestellte Leistung für Kessel oder Geräte mit Warmwassererwärmer
$\dot{Q}_{KWE}$	eingestellte Leistung für Kessel oder Geräte zur reinen Warmwassererwärmung
W	Wärmekapazität der Rohrleitung
W_V	Wärmebedarf einer Zapfstelle
α_2	Wärmeübergangskoeffizient waagerechte oder senkrechte Wand
	Wirkungsgrad Warmwassererwärmer
η_K	Kesselwirkungsgrad
η_V	Verteilungswirkungsgrad
η_{aH}	Jahresnutzungsgrad reiner Heizbetrieb
η_{ako}	Jahresnutzungsgrad kombinierter Betrieb
η_{aWE}	Jahresnutzungsgrad reine Warmwassererwärmung
η_{Kko}	Kessel- bzw. Gerätewirkungsgrad kombinierter Betrieb
λ	Wärmeleitfähigkeit
Δt	Temperaturdifferenz
Δt_m	mittlere Temperaturdifferenz
Δt_R	Temperaturdifferenz Rohrinneres - Umgebung

Literaturverzeichnis

1. DIN 4708

2. Schmitz, H:
Die Technik der Brauchwassererwärmung; Carl Marhold Verlag Berlin 1983

3. DIN 44532 (elektrischer Heißwasserbereiter)

4. DIN 3368

5. DIN 4803 (BW-Speicher)

6. DIN 4804 (BW-Speicher)

7. Energieeinsparungsgesetz

8. Sander, H.:
Warmwasserbereitungsanlagen; 2. Auflage, 1963, Verlag Haenchen und Jäh Berlin

9. Recknagel/Sprenger:
Taschenbuch der Heizungs- und Klimatechnik, 83/84,
R. Oldenbourg Verlag, München

10. VDI 2067

Lufttechnik

Klaus Endrullat

INHALTSVERZEICHNIS

Alle in der Lufttechnik auftretenden energieverbrauchenden Prozesse sind darstellbar als

Kühlen
Heizen
Befeuchten
Entfeuchten
Fördern
Filtern

Um eine Energieanalyse durchführen zu können, werden in diesem Abschnitt für jeden dieser Prozesse Verfahren zur Bestimmung des Energieverbrauchs, Möglichkeiten zur Istwertaufnahme und Maßnahmen für die Reduzierung des Energieverbrauchs vermittelt. Nach /7/ werden Anlagen vom Typ

H	heating	Heizen
C	cooling	Kühlen
M	moisture	Befeuchten
D	dehumidify	Entfeuchten
F	filter	Filtern

behandelt sowie Luft-Wasser-Systeme (Energiezufuhr an den Versorgungsstellen durch Zuluft und Wasser). Die behandelten Anlagentypen sind in den Abb. 18-1 bis Abb. 18-10 dargestellt.

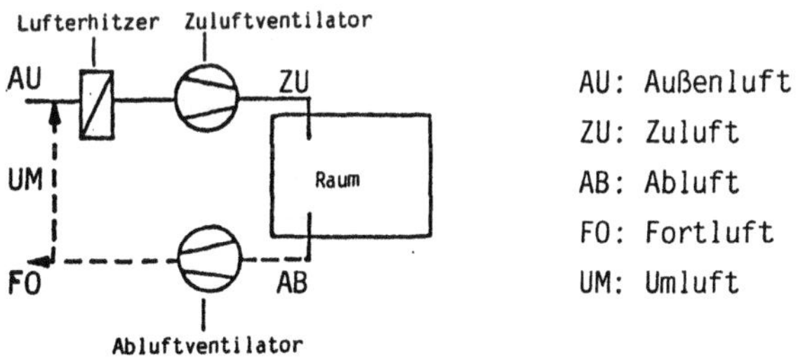

Abb. 18-1 Schema einer raumlufttechnischen Anlage, Typ (F) H /7/

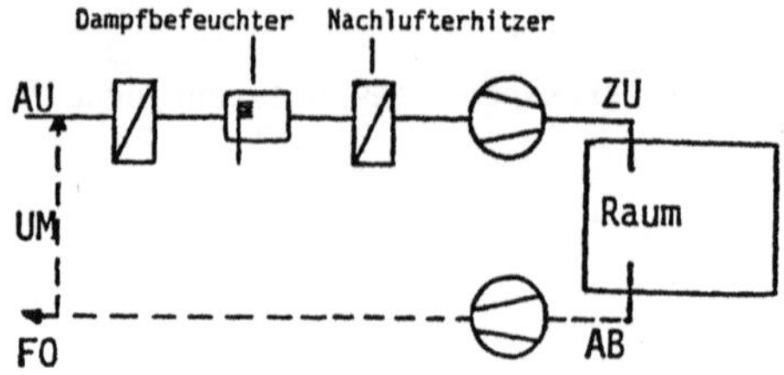

Abb. 18-2 Schema einer Teilklimaanlage, Typ (F) HM, isotherme Befeuchtung mit Dampf /7/

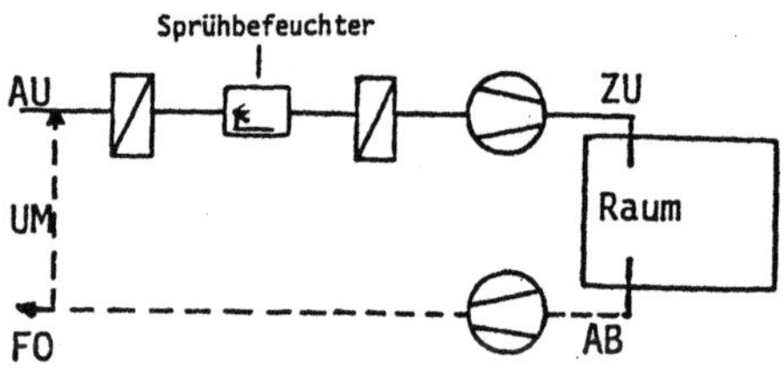

Abb. 18-3 Schema einer Teilklimaanlage, Typ (F) HM, mit Luftbefeuchtung in der Düsenkammer /7/

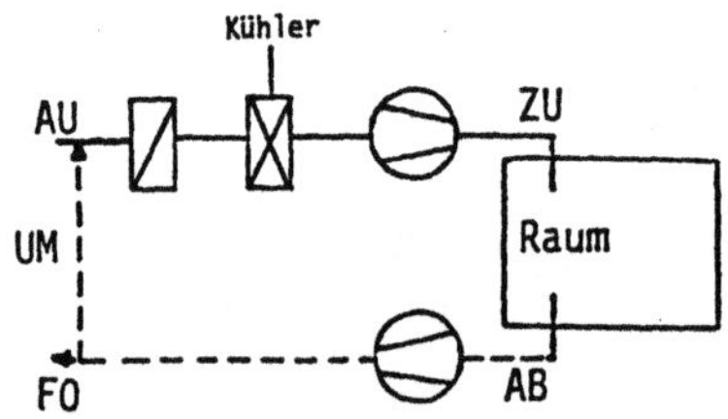

Abb. 18-4 Schema einer Teilklimaanlage, Typ (F) HC, mit Lufterwärmung und -kühlung (ohne Entfeuchtung) /7/

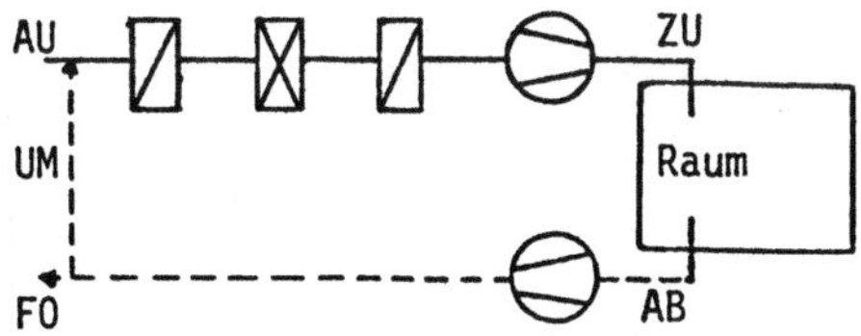

Abb. 18-5 Schema einer Teilklimaanlage, Typ (F) HCD, mit Lufterwärmung, -kühlung und Entfeuchtung /7/

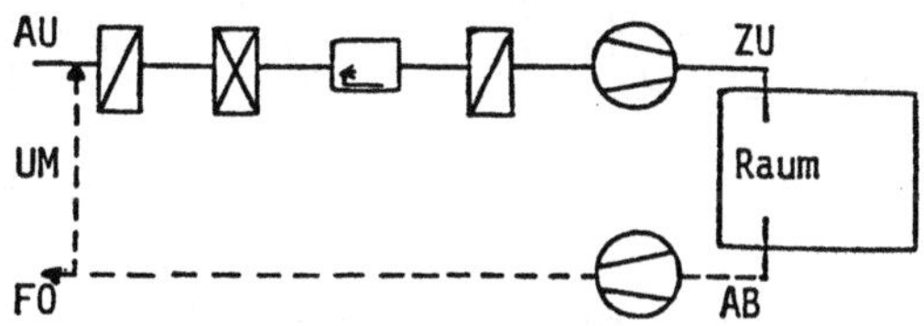

Abb. 18-6 Schema einer Klimaanlage /7/

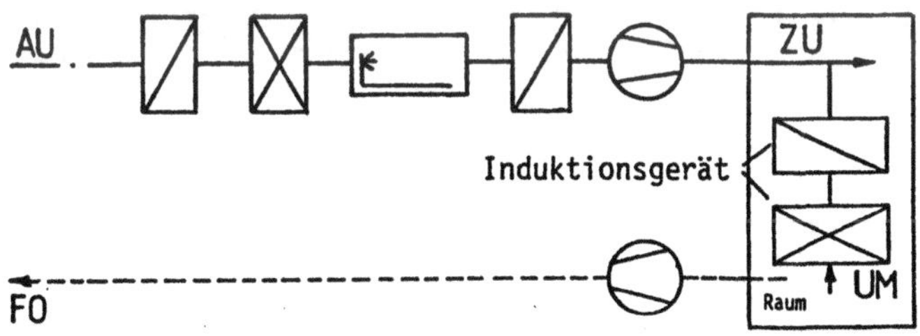

Abb. 18-7 Schema einer 4-Leiter-Induktions-Klimaanlage /7/

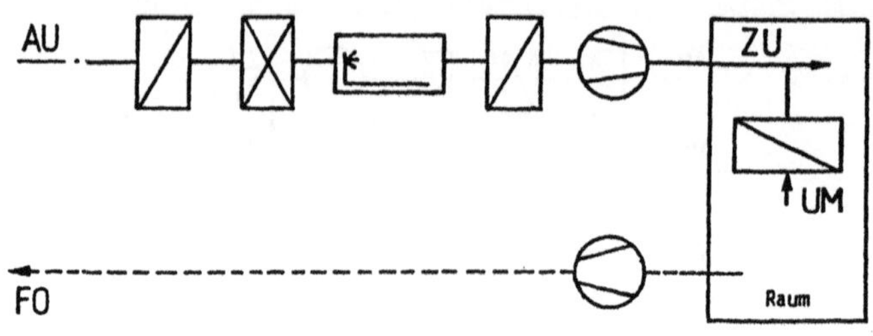

Abb. 18-8 Schema einer 2-Leiter-Induktions-Klimaanlage mit Umschaltung /7/

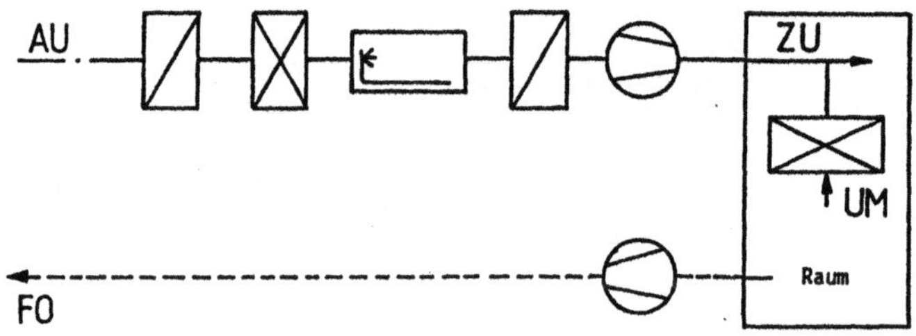

Abb. 18-9 Schema einer 2-Leiter-Induktions-Klimaanlage ohne Umschaltung /7/

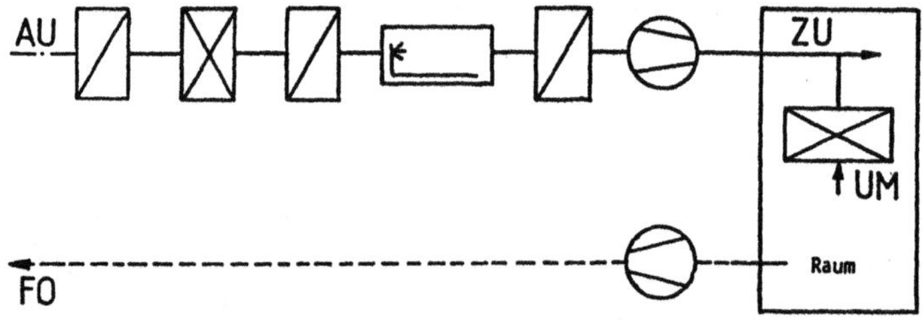

Abb. 18-10 Schema einer 2-Leiter-Induktions-Klimaanlage ohne Umschaltung mit 2 Luftvorerhitzern /7/

Die Energieberechnungsverfahren basieren in der Hauptsache auf denen in /7/. Einzelne Überschneidungen von Prozessen, wie z.B. Filtern und Fördern oder Kühlen und Entfeuchten, sind jeweils am konkreten Objekt zu beachten.

18.1 Kühlen

Eine schnelle und überschlägliche Bestimmung der Energie, die zur Kühlung im Jahr notwendig ist, kann mit Hilfe der Kühlgradstunden G_K durchgeführt werden. Nach /6/ gilt:

$$Q_{AL,a} = G_K \cdot \dot{V}_{AL} \cdot c_{PL} \cdot \rho_L \,, \tag{18-1}$$

wobei $Q_{AL,a}$ die jährlich aufgewendete Energie zur Kühlung der Außenluft, $\dot{V}_{AL}$ der Außenluftvolumenstrom, c_{pL} die mittlere spezifische Wärmekapazität der Luft und ρ_L die Dichte der Luft ist. Die Kühlgradstunden sind der Tab. 18-1 zu entnehmen.

Betriebszeit 0.00 bis ...	Zulufttemperatur in °C 14	16	18
1.00	142	10	0
2.00	239	14	0
3.00	300	17	0
4.00	337	19	0
5.00	368	20	0
6.00	429	24	0
7.00	593	47	5
8.00	844	125	13
9.00	1212	300	48
10.00	1729	576	153
11.00	2381	955	333
12.00	3148	1432	586
13.00	4011	1993	898
14.00	4938	2613	1255
15.00	5904	3272	1644
16.00	6868	3930	2032
17.00	7771	4535	2383
18.00	8568	5045	2673
19.00	9239	5446	2887
20.00	9774	5749	3015
21.00	10172	5951	3065
22.00	10502	6093	3091
23.00	10764	6176	3106
24.00	10964	6217	3114

Tab. 18-1 Jährliche Kühlgradstunden G_K in h K/a für Berlin in Abhängigkeit von der Betriebszeit und der Zulufttemperatur /6/

Wird die raumlufttechnische Anlage nicht nur im reinen Außenluftbetrieb, sondern auch mit Umluft gefahren, so ist der Energieverbrauch für die Kühlung der Umluft auf den Zuluftzustand ebenfalls zu ermitteln.

Beispiel 18-1: Eine raumlufttechnische Anlage ist ständig mit einer Zulufttemperatur von 18°C in Betrieb. Der umgesetzte Volumenstrom beträgt 10000 m³/h, wie hoch ist bei reinem "Außenluftbetrieb" der Energieverbrauch für die Kühlung?

Aus Tab. 18-1 ist abzulesen, G_K gleich 3114 hK/a. Damit wird nach Gleichung 18-1

$$Q_{AL,a} = 3114 \cdot 10000 \cdot 1 \cdot 1{,}2 \cdot 10^{-6} = 37{,}368 \text{ GJ/a}$$

Anlagen vom Typ (F) H

Berechnung entfällt, da die Luftbehandlung Kühlung hier nicht angewandt wird.

Anlagen vom Typ (F) HM

Berechnung entfällt, da die Luftbehandlung Kühlung hier nicht angewandt wird.

Anlagen vom Typ (F) HC

Der jährliche Kältebedarf für die Kühlung der Außen- und Umluft sowie zur Deckung der inneren Kühllast berechnet sich nach der Beziehung:

$$Q_{KB} = \dot{V}_{AL} \cdot f_{MK} \cdot c_{PL} \cdot \rho_L \cdot Z_2 (t_{a,2} - t_i) \cdot \frac{b_d}{24} \cdot f_a \cdot \tau_K + (Q_{Sa} + Q_{Pa} + Q_{Bea} + Q_{Ma} + Q_{TG}) \tag{18-2}$$

Der Faktor f_{MK} gilt für die Minderung der Kälteenergie durch variablen Außenluft-strom. Je weniger mit Außenluft und umso mehr mit Umluft gefahren wird, desto höher ist die Reduzierung. Die mittlere Mischlufttemperatur gilt hierbei als Indikator für die Größe der Minderung wie die Abb. 18-11 zeigt.

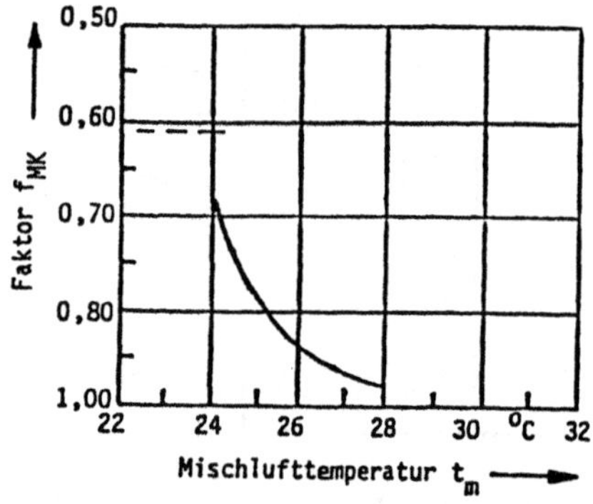

Abb. 18-11 Minderungsfaktor f_{MK} nach /7/ bei Kühlung veränderlicher Außenluftvolumenströme in Abhängigkeit von der Mischlufttemperatur

Je größer der Außenluftanteil, desto höher auch die Mischlufttemperatur und damit der Minderungsfaktor. Z_2 ist die Zeit der jährlichen Außenluftzustände $t_a > t_i$ und $t_{a,2}$ ist die zugrunde gelegte mittlere Außenlufttemperatur. Beide Werte sind für verschiedene Orte in der Bundesrepublik Deutschland einschließlich Berlin tabelliert /s. Tab. 18-2/.

Feld	h, x - Diagramm	Formelzeichen	Einheit	Berlin 1	Braunschweig 2	Bremerhaven 3	Essen 4	Frankfurt 5	Gießen 6	Hamburg 7	Mannheim 8	München 9	Nürnberg 10	Regensburg 11	Stuttgart 12	Trier 13
1		Z_1	h/a	8254	8417	8579	8445	8189	8349	8505	8129	8332	8269	8302	8376	9392
		t_{a1}	°C	8,1	8,0	8,4	8,9	9,0	8,1	7,8	8,9	7,1	7,4	7,0	7,7	8,3
		x_{a1}	g/kg	5,4	5,7	6,0	5,9	5,7	5,6	5,6	5,8	5,6	5,6	5,5	5,7	5,8
		h_{a1}	kJ/kg	21,7	22,3	23,4	23,7	23,4	22,1	22,0	23,6	21,3	21,4	20,9	22,0	23,0
2		Z_2	h/a	512	349	186	320	577	417	261	637	434	497	464	390	374
		t_{a2}	°C	24,9	24,8	24,4	24,6	25,2	25,0	24,5	25,3	24,9	25,3	25,1	24,8	25,0
		x_{a2}	g/kg	9,0	9,6	10,2	9,9	9,5	9,1	9,7	9,3	9,9	9,3	9,5	9,6	9,4
		h_{a2}	kJ/kg	47,8	49,3	50,5	49,9	49,4	48,3	49,2	49,1	50,1	49,0	49,4	49,3	49,0
3		Z_3	h/a	6327	6378	6272	6249	6023	6413	6542	5896	6303	6333	6331	6365	6315
		t_{a3}	°C	5,3	5,2	5,5	6,1	6,0	5,4	5,3	5,9	4,1	4,5	4,0	5,0	5,6
		x_{a3}	g/kg	4,4	4,6	4,8	4,8	4,6	4,6	4,7	4,6	4,5	4,5	4,4	4,6	4,8
		h_{a3}	kJ/kg	16,4	16,9	17,6	18,3	17,6	16,9	17,0	17,5	15,4	15,9	15,2	16,5	17,6
4		Z_4	h/a	2438	2388	2494	2517	2743	2353	2224	2870	2463	2433	2435	2401	2451
		t_{a4}	°C	19,0	17,8	16,9	17,6	18,8	18,3	17,4	18,9	18,0	18,5	18,2	17,9	17,7
		x_{a4}	g/kg	8,7	9,1	9,2	9,1	9,0	8,9	9,0	9,1	9,3	9,0	9,2	9,1	9,1
		h_{a4}	kJ/kg	41,0	40,8	40,2	40,6	41,8	40,7	40,1	42,0	41,4	41,4	41,4	41,1	40,8
5		Z_5	h/a	7313	7189	7088	7133	6933	7278	7375	6784	7013	7100	7047	7110	7089
		t_{a5}	°C	6,9	6,5	6,6	7,4	7,4	6,8	6,5	7,3	5,4	5,9	5,3	6,2	6,8
		x_{a5}	g/kg	4,8	5,0	5,2	5,2	5,0	4,9	5,0	5,0	4,8	4,8	4,8	4,9	5,1
		h_{a5}	kJ/kg	19,1	19,0	19,6	20,4	20,0	19,2	19,1	19,9	17,5	18,0	17,3	18,5	19,6
6		Z_6	h/a	1453	1577	1678	1633	1833	1488	1391	1981	1753	1666	1719	1656	1677
		t_{a6}	°C	20,1	18,5	17,4	18,2	19,7	19,1	18,0	19,7	18,5	19,2	18,8	18,4	18,2
		x_{a6}	g/kg	9,6	9,8	9,9	9,8	9,8	9,6	9,7	9,8	9,9	9,7	9,8	9,8	9,8
		h_{a6}	kJ/kg	44,2	43,4	42,5	43,2	44,6	43,5	42,7	44,5	43,6	43,7	43,7	43,3	43,0
7		Z_7	h/a	1928	2040	2308	2197	2168	1937	1969	2237	2029	1936	1972	2012	2078
		t_{a7}	°C	17,4	16,6	16,3	16,6	17,1	16,8	16,5	17,1	16,5	16,7	16,6	16,6	16,4
		x_{a7}	g/kg	8,6	9,0	9,1	8,9	8,9	8,8	8,9	9,0	9,1	9,0	9,1	9,1	9,0
		h_{a7}	kJ/kg	39,2	39,4	39,4	39,3	39,8	39,1	38,9	39,9	39,6	39,4	39,6	39,5	39,3
8		Z_8	h/a	510	347	186	320	575	416	633	633	434	496	463	389	373
		t_{a8}	°C	24,9	24,8	24,4	24,6	25,2	25,0	24,5	25,3	24,9	25,3	25,1	24,8	25,0
		x_{a8}	g/kg	9,0	9,7	10,8	9,9	9,5	9,2	9,7	9,4	9,9	9,3	9,6	9,6	9,4
		h_{a8}	kJ/kg	47,0	49,4	50,5	49,9	49,4	48,3	49,2	49,1	50,1	49,4	49,0	49,3	49,0

Tab. 18-2 Mittelwerte und Häufigkeiten der Außenluftzustände von 13 deutschen Städten nach /7/

Der Faktor b_d ist die Betriebszeit der Anlage am Tag und f_a ein Korrekturfaktor für den jährlichen Betrieb, der nach folgender Gleichung bestimmt wird :

$$f_a = \frac{d_{Be}}{d_{ges}} \qquad (18\text{-}3)$$

in welcher d_{Be} die Betriebstage und d_{ges} die Gesamttage pro Jahr sind. Q_{Sa} ist der jährliche Wärmegewinn durch Sonneneinstrahlung, Q_{Pa} die jährliche Wärmeabgabe der Personen, Q_{Bea} die Wärmeabgabe der Beleuchtung pro Jahr, Q_{Ma} der jährliche Wärmegewinn durch Maschinen und Einrichtungen und Q_{TG} der jährliche Wärmegewinn durch Transmission. Der Wärmegewinn durch Sonneneinstrahlung wird bestimmt durch die Beziehung

$$Q_{Sa} = \Sigma(Q_S \cdot A_F \cdot f_a) \qquad (18\text{-}4)$$

wobei A_F die Fensterfläche der entsprechenden Himmelsrichtung ist und im Falle der Beschattung, die zur Zeit des Strahlungsmaximums besonnte Fensterfläche einzusetzen ist /2/. Q_S ist der Tab. 18-3 zu entnehmen.

	Q_{Sa} jährliche Wärmegewinne (Q_{SP} + Q_{SS})	Q_{SP} jährliche Wärmegewinne $t_a < t_i$	Q_{SS} $t_a > t_i$	$f_{SP} = \frac{Q_{SP}}{Q_{Sa}}$
N	60	30	30	0,5
O	75	22	53	0,3
S	80	24	56	0,3
W	75	22	53	0,3

Tab. 18-3 Jährliche Wärmegewinne durch Sonneneinstrahlung an Fensterflächen in W/m²; Grundlagen: Reflexionsglas (b = 0,4) oder Außensonnenschutz 12 h - Betriebszeit (6.00 - 18.00); gut speichernde Baukonstruktion /7/

Für die Berechnung der Kälteenergie ist für Q_S der Wert von Q_{SS} + Q_{SP} einzusetzen. Die jährliche Wärmeabgabe von Personen ist bestimmt durch die Gleichung

$$Q_{Pa} = \dot{Q}_P \cdot b_d \cdot f_a \cdot 365 \; , \qquad (18\text{-}5)$$

wobei $\dot{Q}_P$ die stündliche Wärmeabgabe der Personen (Anzahl der Personen/Jahresmittel) ist. Die jährliche Wärmeabgabe der Beleuchtung berechnet sich zu :

$$Q_{Bea} = \dot{Q}_{Be} \cdot b_{Be} \cdot f_a \cdot 365 \qquad (18\text{-}6)$$

Der Faktor b_{Be} enthält die durchschnittlichen täglichen Vollbeleuchtungsstunden und $\dot{Q}_{Be}$ ist im Jahresdurchschnitt die stündliche Wärmeabgabe der Beleuchtung. Die jährlichen Wärmegewinne durch Maschinen werden nach der Gleichung

$$Q_{Ma} = \dot{Q}_M \cdot b_d \cdot f_a \cdot 365 \tag{18-7}$$

bestimmt, in der $\dot{Q}_M$ der im Jahresdurchschnitt anfallende stündliche Wärmegewinn von Maschinen und Geräten ist. Die Gleichung

$$Q_{TG} = \frac{\dot{Q}_{KT}}{(t_{a,max} - t_i)} \cdot (t_{a2} - t_i) \cdot Z_2 \cdot f_a \tag{18-8}$$

schließlich bestimmt den jährlichen Wärmegewinn durch Transmission. Mit $t_{a,max}$ ist die maximale Außenlufttemperatur nach /2/ und mit $\dot{Q}_{KT}$ der Transmissionsanteil des Kältebedarfs nach /2/ gemeint. Mit diesen Angaben ist der jährliche Kältebedarf bestimmbar.

Anlagen vom Typ (F) HCD

Der Kältebedarf dieser Anlagen wird wie folgt ermittelt

$$Q_{KB} = \dot{V}_{AL} \cdot \rho_L \cdot f_{MK} \cdot (h_{a6} - h_{TP}) \cdot Z_6 \cdot \frac{b_d}{24} \cdot \tau_K \cdot f_a \tag{18-9}$$

Der Faktor h_{a6} ist die mittlere Außenluftenthalpie in der Zeit Z_6, die die Stundenzahl pro Jahr angibt, in denen $t_a > t_i$ und $x_a > x_{TP}$ (x_a = absolute Außenluftfeuchte; x_{TP} = absolute Feuchte im Taupunkt) ist. Beide Größen können der Tab. 18-2 entnommen werden. Der Faktor h_{TP} ist die Taupunktenthalpie, die in Tab. 18-2 mit ca. 33 kJ/kg angesetzt ist. Die Enthalpiekorrektur τ_K für abweichende Betriebszeiten ist der Tab. 18-4 zu entnehmen.

Betriebszeit	Uhrzeit	τ_h	τ_{hv}
24		1,0	1,0
9 bis 10	7.00 bis 17.00 (Verwaltungsgebäude)	1,1	0,9
9	14.00 bis 23.00 (Theater, Opernhäuser usw.)	1,05	0,95
6	18.00 bis 24.00 (Festsäle, Theater usw.)	0,9	1,0

Tab. 18-4 Korrekturfaktoren der Enthalpie für die Lage der Betriebszeit
τ_h Enthalpiekorrektur bei Kühlung
τ_{hv} Enthalpiekorrektur bei Vorwärmung
für die Außenlufterwärmung bzw. -kühlung sind zu berücksichtigen: die Jahreszeit, die Dauer und die Lage der Betriebszeit, wie tags, nachts usw., nach einem mittleren Tagesgang /7/

Anlagen vom Typ (F) HCMD mit adiabatischer Befeuchtung und Taupunktregelung nach festem Sollwert

Die Bestimmungsgleichung lautet aufgrund der anderen Prozeßgestaltung

$$Q_{KB} = \dot{V}_{AL} \cdot f_{MK} \cdot \rho_L \cdot (h_{a4} - h_{TP}) \cdot Z_4 \cdot \frac{b_d}{24} \cdot f_a \cdot \tau_K \; . \qquad (18\text{-}10)$$

Für die mittlere Jahresenthalpie der Außenluft steht h_{a4} zwecks Kühlung mit adiabatischer Befeuchtung und Z_4 sind die Jahresenthalpiestunden für Kühlung, wenn $h_a > h_{TP}$ ist. Beide Größen können der Tab. 18-2 entnommen werden.

4-Leiter-Induktionsanlagen

Der jährliche Kälteenergiebedarf ist

$$Q_{KB} = Q_{KL} + Q_{SS} + Q_{TS} + Q_{PS} + Q_{MS} + Q_{BS} \; . \qquad (18\text{-}11)$$

Der jährliche Kältebedarf zur Kühlung der Primärluft auf Taupunkttemperatur wird bestimmt nach der Beziehung

$$Q_{KL} = \dot{V}_{PL} \cdot \rho_L \cdot (h_{a4} - h_{TP}) \cdot Z_4 \cdot \frac{b_d}{24} \cdot \tau_K \cdot f_a \quad , \tag{18-12}$$

wobei $\dot{V}_{PL}$ der Volumenstrom der Primärluft ist. Der jährliche Wärmegewinn Q_{SS} durch Sonneneinstrahlung ist der Tab. 18-3 zu entnehmen. Die jährliche Wärmeabgabe der Personen Q_{PS} in der Zeit $t_a > t_i$ wird nach der Gleichung

$$Q_{PS} = (1 - f_{WP}) \cdot Q_{Pa} \tag{18-13}$$

berechnet, wobei f_{WP} der Tab. 18-5 entnommen werden kann.

$f_{WP} = \frac{Q_{BP}}{Q_{Bea}} = \frac{Q_{PP}}{Q_{Pa}} = \frac{Q_{MP}}{Q_{Ma}}$
$f_{WP} = 0{,}8$

Tab. 18-5 f_{WP} Faktor zur Berechnung der Wärmegewinne aus Beleuchtung, Personen, Maschinen in der Zeit $t_a < t_i$ /7/

Der jährliche Wärmegewinn durch Transmission in der Zeit $t_a > t_i$ kann nach /2/ bestimmt werden. Die jährliche Wärmeabgabe der Maschinen Q_{MS} und die jährliche Wärmeabgabe der Beleuchtung Q_{BS} in der Zeit $t_a > t_i$ werden nach folgenden Beziehungen ermittelt:

$$Q_{MS} = (1 - f_{WP}) \cdot Q_{Ma} \tag{18-14}$$

$$Q_{BS} = (1 - f_{WP}) \cdot Q_{Bea} \tag{18-15}$$

(f_{WP} aus Tab. 18-5).

Induktionsanlagen, 2 Leiter, 1 Wärmeaustauscher, umschaltbar auf Nacherwärmung oder Nachkühlung

Berechnung des Kältebedarfs wie bei der 4-Leiter-Induktionsanlage.

Ein- oder Zwei-Kanal-Klimaanlage

Berechnung wie bei der Klimaanlage vom Typ (F) HCMD (adiabatische Befeuchtung).

18.1.1 Istwertaufnahme

Die Istwertaufnahme der verbrauchten Kälteenergie ist über den Energieverbrauch der Kälteanlage z.B. mit einem Stromzähler möglich. Voraussetzung hierfür ist, daß in etwa die Verluste der Kälteanlage und der Verteilleitung bekannt oder abgeschätzt werden können. Weiterhin ist zu beachten, ob die Kälteanlage noch mehrere Verbraucher versorgt, in diesem Fall soll der Verbrauch der anderen Anlagen bekannt oder bestimmbar sein, damit eine eindeutige Zuordnung der Verbräuche vollzogen werden kann. Ist dies nicht möglich, so ist die Verbrauchsbestimmung nicht am Kälteerzeuger, sondern jeweils am Kälteverbraucher vorzunehmen. Die Kälteverbraucher sind in der Raumlufttechnik Wärmeaustauscher, die über ein Zwischenträgermedium (meist Wasser) zentral oder dezentral mit Kälte versorgt werden, um diese dann auf die vorbeiströmende Luft abzugeben. Die schematische Darstellung eines Oberflächenkühler ist in der Abb. 18-12 nachvollziehbar.

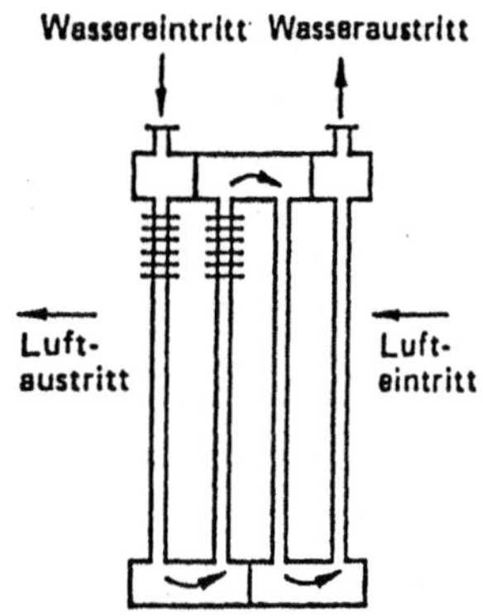

Abb. 18-12 Schema eines Oberflächenkühlers (Grundriß) /6/

Die Bezeichnung Kälte ist nicht ganz korrekt und steht hierbei für Wärmeaufnahme, denn der Luftkühler erfüllt seine Aufgabe damit, daß er Wärme aus der Luft aufnimmt und diese dann weitertransportiert wird. Die Kälteleistung $\dot{Q}_{KV}$ des Kühlers kann über das Kälteträgermedium oder aber auch über die passierende Luft bestimmt werden. In beiden Fällen gilt die allgemeine Beziehung

$$\dot{Q}_{KV} = \dot{m} \cdot c_P \cdot \Delta t \,. \qquad (18\text{-}16)$$

Es ist also jeweils der Massen- bzw. Volumenstrom und die Temperaturdifferenz zu messen, um den Kältebedarf zu bestimmen. Wird im Kälteträgerkreislauf gemessen, so ist die Messung analog zu der Wärmemengenmessung (Wärmemengenzähler) in der Heiztechnik zu vollziehen, d.h. es wird die Wärmemenge gemessen, die das Kälteträgermedium aufnehmen muß, um die Luft zu kühlen. Der ganze Vorgang geschieht nur bei anderen Betriebstemperaturen als in der Heiztechnik /s. Band V, 9/. Das Meßprinzip in der Heiztechnik ist in Abb. 18-13 dargestellt und hat auch für die Raumlufttechnik Gültigkeit.

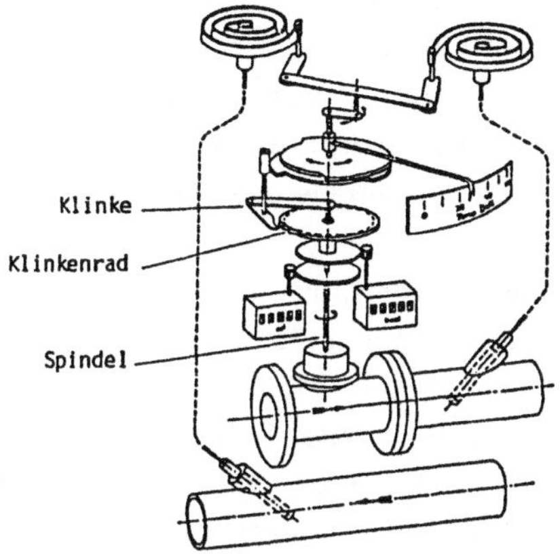

Abb. 18-13 Mechanischer Wärmemengenzähler /6/

Wird der Kälteverbrauch im Luftstrom gemessen, so kann der Volumenstrom nicht mit Flügelradmessern wie vor bestimmt werden. Vielmehr wird mit Hilfe von Differenzdruckmessungen oder mit Hilfe von Flügelradanemometern usw. die mittlere Geschwindigkeit w im Luftkanalquerschnitt A gemessen und dann über die Kontinuitätsgleichung

$$\dot{V} = A \cdot w \tag{18-17}$$

der Volumenstrom $\dot{V}$ bestimmt, womit auch der Massenstrom bekannt ist. Durch zusätzliche Temperaturmessungen kann dann mit Gleichung 18-16 der Kälteverbrauch ermittelt werden. Bei größeren Kanalquerschnitten ist eine Netzmessung vorzunehmen, um die repräsentative mittlere Geschwindigkeit bestimmen zu können /s. Band V, 9/. Die Volumenstrombestimmung ist auch für die in Kapitel 18.1 beschriebenen Berechnungsverfahren wichtig. Bei der Ermittlung des Kälteverbrauchs über die Kälteverbraucher ist zu beachten, daß Verteil- und Erzeugungsverluste hierbei nicht berücksichtigt sind.

Für die Bestimmung der inneren und äußeren Kühllasten, wie Sonneneinstrahlung, Transmission, Wärmeabgabe von Personen, Maschinen, Geräten und Beleuchtung, kann nach /2/ vorgegangen werden, wie dies auch ausführlich in /Band VI, 3/ beschrieben ist.

18.1.2 Maßnahmen

Grundsätzlich lassen sich alle Maßnahmen zur Reduzierung des Energiebedarfs aufteilen in die Bereiche Bedarf, System und Wartung-Instandhaltung. Dem Bereich Bedarf sind alle Maßnahmen zuzuordnen, die der Bedarfssenkung bzw. -anpassung dienen. Alle Maßnahmen, die das technische System in seinem Wirkungsgrad verbessern, sind dem Bereich System zuzuordnen. Der Bereich Wartung und Instandhaltung beinhaltet alle Maßnahmen, die während des Betriebs der Anlage notwendig sind, um die Effizienz der Anlage aufrechtzuerhalten.

Bedarfsanpassung Temperatur

Jeder Zielsetzung eines lufttechnischen Systems, ob es sich um die Klimatisierung von Räumen handelt, die dem Aufenthalt von Personen dienen, oder um Lagerräume, ist eine bestimmte Lufttemperatur gegenüberzustellen. Es ist also zu überprüfen, ob diese Temperatur eingehalten wird, da ansonsten der Kälteverbrauch unnötig steigt. Ein Beispiel soll dies verdeutlichen.

<u>Beispiel 18-2</u>: Eine Klimaanlage für Büroräume hat einen Luftumsatz von 20000 m^3/h. Die Anlage ist für eine Raumtemperatur von 24°C im Sommer ausgelegt worden, Messungen ergaben allerdings eine Temperatur von 22°C. Wie hoch ist der zusätzliche Energieaufwand aufgrund dieser Abweichung?

Nach Gleichung 18-16, die hier angewandt werden kann, gilt :

$$\dot{Q} = \dot{V} \cdot \rho \cdot c_p \cdot \Delta t$$

oder mit den eingesetzten Werten

$$\dot{Q} = 20000 \cdot 1{,}2 \cdot 1 \cdot 2 = 48000\,\text{kJ/h} = 13{,}44\ \text{kW}$$

Durch die Erhöhung der Raumlufttemperatur auf den zulässigen Wert von 24°C werden 13,44 kW Kälteenergie eingespart. Außerdem ist der Übergang vom klimatisierten Gebäude ins warme Freie nicht so groß, Temperaturschocks werden damit vermieden (besonders kritisch bei kranken Personen).

Bedarfsanpassung Außenluftrate

Die Reinheit der Luft kann über die Höhe der Außenluftrate reguliert werden, da ein Teil der Schadstoffe über die Fortluft abgeführt und somit die Konzentration im Raum beeinflußt wird. Es ist also je nach Zielsetzung die Schadstoffkonzentration im Raum zu überprüfen. Liegt diese weit unter den zulässigen Werten, so ist hierfür unnötig Energie aufgewandt worden, die eingespart werden kann. Ein Beispiel soll dies verdeutlichen.

Beispiel 18-3: Wie CO_2-Messungen und Messungen des Außenluftanteils ergeben haben, ist die in Beispiel 18-2 beschriebene Anlage bisher mit einem 10%igen höheren Außenluftanteil gefahren worden. Der bisherige Außenluftanteil betrug 30%. Wie hoch ist die Einsparung bei der Senkung der Außenluftrate, wenn die Außenluft in diesem Betriebszustand um 5 K abgekühlt werden muß?

Es brauchen 10%, also 2000 m^3/h Luft weniger gekühlt zu werden, demnach ist wiederum nach Gleichung 18-16

$$\dot{Q} = 2000 \cdot 1{,}2 \cdot 1 \cdot 5 = 12\,000\ kJ/h = 3{,}36\ kW$$

Bei dieser Maßnahme ist zu beachten, daß auf jeden Fall die Mindestwerte der zulässigen Konzentrationen eingehalten werden müssen. Eine weitere Möglichkeit, die Konzentration und damit die Außenluftrate zu senken, besteht in einigen Fällen in der Filterung der Luft. Auch ist es möglich, im industriellen Bereich an luftverunreinigenden Emissionsquellen spezielle Absauganlagen vorzusehen, um damit die zentrale Klimaanlage zu entlasten (also deren Außenluftrate zu senken).

Bedarfssenkung externe und interne Kühllast

Die externen und internen Kühllasten, die den Bedarf an Kühlenergie darstellen, sind in /2/ definiert, Maßnahmen zur Senkung der externen Kühllasten sind in der Hauptsache bauliche Maßnahmen, die in /Band VI, 2/ ausführlich beschrieben sind. Maßnahmen zur Senkung der internen Kühllasten tragen ebenfalls zur Senkung der aufzunehmenden Kühlenergie bei. So können z.B. Absaugungen an Maschinen und Geräten, die viel Wärme emittieren, zur Entlastung des Kühlsystems beitragen, da diese Wärme nicht mehr als Kühllast im Raum anfällt. Der durch die Absaugung notwendige zusätzliche Außenluftvolumenstrom und damit auch zusätzliche Kühlenergieaufwand ist der Einsparung gegenüberzustellen. Mit Hilfe von Abluftleuchten kann ebenfalls der Kühlenergieaufwand reduziert werden. Bei den Abluftleuchten wird ein Großteil der von der Beleuchtung abgegebenen Wärme direkt abgeführt, ohne als Raumlast zu wirken, da der Lampenkörper die Funktion einer Abluftöffnung besitzt. Entscheidend für die Einsparung ist allerdings nur der Anteil, der über die Fortluft abgeführt wird, da der Anteil der Beleuchtungswärme, der in der Umluft verbleibt, wieder lufttechnisch aufbereitet werden muß. Nicht nur Maschinen oder Leuchten, sondern ganze Abschnitte in Industriehallen z.B. sollten besondere Absaugungen bekommen, wenn dort große thermische Lasten auftreten. Die Bereiche sind lufttechnisch von den anderen Bereichen durch Vorhänge, Wände usw. zu trennen.

Systemverbesserung Kälteerzeugung und -verteilung

Die Verlustreduzierung der Kälteerzeugungsanlagen, wie Kältemaschinen, Rückkühlwerke usw., ist eine weitere Maßnahme zur Senkung des Kälteenergiebedarfs. In Kapitel 19 ist hierauf zum Teil eingegangen worden, da Kälteanlagen vom Prinzip nichts anderes als Wärmepumpen sind. Die Minimierung der Verteilverluste durch Isolierung der Rohrleitungen und Armaturen ist analog zu der in der Heizungstechnik vorzunehmen. Bis auf das Temperaturniveau ist hier in gleicher Weise wie in der Heiztechnik zu verfahren (Taupunkt innerhalb der Isolation beachten!).

Systemverbesserung Prozeßoptimierung

Die lufttechnischen bzw. thermodynamischen Prozesse, die in einer raumlufttechnischen Anlage stattfinden, sind insgesamt zu optimieren. Hiervon ist auch der kühltechnische Teil der Luftaufbereitung betroffen. So ist z.B. durch regelungstechnische Maßnahmen zu vermeiden, daß Erhitzer und Kühler "gegeneinander laufen". Dies bedeutet, daß ein Teil der Energie, der für die Erhitzung verbraucht wird, wiederum durch Kühlenergie über den Kühler abgeführt wird. Ebenso ist zu beachten, daß Kühler und Befeuchter sich in ihrer Arbeitsweise überschneiden. Denn beim Kühlprozeß wird gleichzeitig entfeuchtet und beim Befeuchtungsprozeß gleichzeitig gekühlt. Je nach Projekt und Anlagentyp sollte die Anlage so konzipiert sein, daß die lufttechnischen Prozesse bei minimalem Energieaufwand ablaufen.

Systemverbesserung Kälterückgewinnung

Bei vielen raumlufttechnischen Anlagen ist es möglich, durch Wärmeaustauschprozesse den Kälteenergiebedarf zu senken. Wird zum Beispiel zwischen Fortluft- und Außenluftkanal ein Wärmeaustauscherkreislauf geschaltet, so kann die Außenluft vorgekühlt werden und die Energiekosten werden dadurch gesenkt. Auch die Nutzung der abgeführten Energie in den Rückkühlwerken ist von Bedeutung (z.B. Warmwasserbereitung).

Systemverbesserung Außenluftkühlung

In den Übergangszeiten ist es oftmals wirtschaftlicher, mit reiner Außenluft oder erhöhtem Außenluftanteil die raumlufttechnische Anlage zu betreiben. Z.B. sind im September die Kühllasten bei klaren und sonnigen Tagen relativ hoch, obwohl die Außenlufttemperatur niedrig ist. In diesem Fall bringt der Umluftbetrieb keinen energetischen Vorteil, da die Kühllasten aufbereitet werden müssen. Durch geeignete regelungstechnische Maßnahmen können hierbei große Energiemengen je nach Anlage eingespart werden.

Wartung und Instandhaltung

Die ständige Überprüfung und Instandhaltung aller lufttechnischen Kälteanlagenteile ist von nicht unterschätzbarer Bedeutung für die Energieeinsparung. Bereits kleinste Ölfilmschichten auf den Luftkühleroberflächen können den Wärmeaustausch genauso erheblich verschlechtern wie Verschmutzungen und Störungen in den Rückkühlwerken. Beides führt zu längeren Laufzeiten der Kälteanlagen und damit zu erhöhtem Energieaufwand. Weiterhin ist die ordnungsgemäße Funktion der regelungstechnischen Anlage zu überprüfen, da sich ansonsten die Prozeßabläufe verschieben können und hierdurch die Anlage ebenfalls unwirtschaftlich arbeitet.

18.2 Heizen

Zur schnellen überschläglichen Bestimmung des jährlichen Wärmebedarfs Q_W für die Aufheizung der Außenluft werden die Lüftungsgradstunden G_L benutzt. Es gilt die Bestimmungsgleichung :

$$Q_W = G_L \cdot \dot{V}_L \cdot c_{PL} \cdot \rho_L \tag{18-18}$$

Wie die Kühlgradstunden so sind auch die Lüftungsgradstunden in Abhängigkeit von Betriebszeit und Zulufttemperatur tabelliert /Tab. 18-6/.

Die Lüftungsgradstunden sind definiert als

$$G_L = Z \cdot (t_{Zu} - t_{am}) \tag{18-19}$$

dem Produkt der Lüftungsstunden im Jahr und der Temperaturdifferenz aus Zulufttemperatur und mittlerer Außenlufttemperatur während der Betriebszeit. Es ist zu beachten, daß der Wärmebedarf des Gebäudes in Gleichung 18-19 nicht mitberücksichtigt wurde.

Für die ausführliche Bestimmung des jährlichen Wärmebedarfs bietet sich wiederum das Verfahren nach /7/ an.

Betriebszeit von 0.00 bis ...	Zulufttemperatur in °C 18	19	20	21	22	23
1.00	3810	4174	4539	4904	5269	5634
2.00	7736	8465	9195	9925	10655	11385
3.00	11772	12865	13960	15055	16150	17245
4.00	15897	17356	18816	20276	21736	23196
5.00	20067	21891	23716	25541	27366	29191
6.00	24185	26374	28564	30754	32944	35134
7.00	28111	30663	33216	35771	38326	40881
8.00	31850	34763	37679	40597	43516	46436
9.00	35324	38581	41854	45134	48417	51700
10.00	38552	42110	45725	49362	53005	56651
11.00	41556	45402	49318	53301	57301	61306
12.00	44373	48495	52700	56993	61342	65705
13.00	47037	51432	55922	60504	65182	69900
14.00	49606	54268	59042	63913	68892	73961
15.00	52154	57081	62135	67293	72561	77972
16.00	54741	59935	65270	70716	76275	82025
17.00	57430	62897	68517	74252	80118	86215
18.00	60260	66007	71915	77944	84149	90602
19.00	63234	69270	75473	81832	88391	95202
20.00	66353	72685	79220	85936	92852	100023
21.00	69624	76294	83186	90260	97538	105071
22.00	73025	80049	87299	94735	102376	110272
23.00	76571	83953	91564	99363	107367	115628
24.00	80257	88000	95974	104135	112505	121130

Tab. 18-6 Jährliche Lüftungsgradstunden G_L in h K/a für Berlin in Abhängigkeit von der Betriebszeit und der Zulufttemperatur /6/

Anlagen vom Typ (F) H

Der jährliche Wärmebedarf ist für diesen Anlagentyp bestimmt durch die Beziehung :

$$Q_a = \dot{V}_{AL} \cdot f_{MW} \cdot c_{PL} \cdot \rho_L \cdot (t_i - t_{a1}) \cdot Z_1 \cdot \frac{b_d}{24} \cdot \tau_{hv} \cdot f_a + Q_T \qquad (18\text{-}20)$$

Der Faktor f_{MW} ist wie f_{MK} ein Minderungsfaktor, der die Veränderung der Erwärmungsenergie bei variablen Außenluftvolumenströmen berücksichtigt. Der Minderungsfaktor ist in Abhängigkeit von der Mischlufttemperatur aus Abb. 18-14 zu entnehmen.

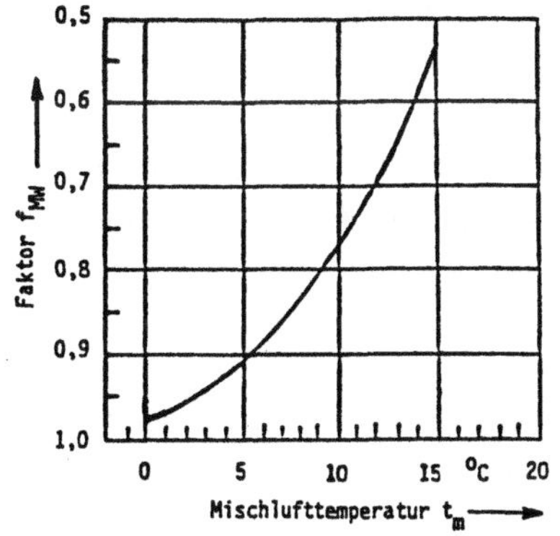

Abb. 18-14 Minderungsfaktor f_{MK} nach /7/ bei Erwärmung veränderlicher Außenluftvolumenströme in Abhängigkeit von der Mischlufttemp.

Als mittlere Außenlufttemperatur zu den Zeiten Z_1 gilt t_{a1} und Z_1 ist die Stundenzahl für Lufterwärmung, wenn $t_a < t_i$ ist (siehe Tab. 18-2). Der Faktor τ_{hv} ist wie τ_K ein Enthalpiekorrekturfaktor, der die Lage der Enthalpie während der Betriebszeit berücksichtigt. Die Werte für τ_{hv} können der Tab. 18-4 entnommen werden. Q_T ist der jährliche Wärmeverlust durch Transmissionen in den Zeiten $t_a < t_i$. Näherungsweise kann Q_T nach der Gleichung

$$Q_T = \frac{\dot{Q}_h}{(t_i - t_{a,min})} \cdot (t_i - t_{a1}) \cdot Z_1 \cdot \frac{b_d}{24} \cdot f_a \cdot \tau_{hv} \qquad (18\text{-}21)$$

berechnet werden. $\dot{Q}_h$ ist dabei der maximale Wärmebedarf nach /9/.

Anlagen vom Typ (F) HC

Berechnung wie vor für Anlagen vom Typ (F) H.

Anlagen vom Typ (F) HCD

Der Wärmebedarf für diese Anlagen wird durch die Beziehung

$$\dot{Q}_a = \dot{V}_{AL} \cdot f_{MW} \cdot c_{PL} \cdot \rho_L \cdot (t_{TP} - t_{a5}) \cdot Z_5 \cdot \frac{b_d}{24} \cdot \tau_{hv} \cdot f_a + \dot{V}_{AL} \cdot c_{PL} \cdot \rho_L \cdot (t_i - t_{TP}) \cdot f_a \cdot b_d \cdot 365$$
$$+ Q_T - Q_{Sa} - Q_{TG} - Q_{Pa} - Q_{Ba} - Q_{Ma} \qquad (18\text{-}22)$$

bestimmt. Die mittlere Außenlufttemperatur in der Zeit Z_5 ist t_{a5} und Z_5 ist die Anzahl der Stunden für Erwärmung ohne gleichzeitigen Kühlbetrieb zu Zeiten $t_a < t_i$ und $x_a < x_{TP}$. Für beide Größen können die Werte der Tab. 18-2 entnommen werden.

Anlagen vom Typ (F) HCMD mit adiabatischer Befeuchtung und Taupunktregelung nach festem Sollwert

Der Wärmeverbrauch teilt sich hier auf in den Wärmeverbrauch Q_{VW} für den Luftvorerhitzer und in denjenigen Q_{NW} für den Luftnacherhitzer, so daß gilt

$$Q_a = Q_{VW} + Q_{NW} \, . \tag{18-23}$$

Der Wärmeverbrauch für den Vorerhitzer wird berechnet nach der Gleichung

$$Q_{VW} = \dot{V}_{AL} \cdot f_{MW} \cdot \rho_L \cdot (h_{TP} - h_{a3}) \cdot Z_3 \cdot \frac{b_d}{24} \cdot \tau_{hv} \cdot f_a \, , \tag{18-24}$$

in welcher h_{a3} die mittlere Außenluftenthalpie zur Zeit Z_3 ist. Z_3 ist die Anzahl der Stunden, wenn $h_a < h_{TP}$ ist (h_{TP} = 33 kJ/kg). Für beide Größen können die Werte der Tab. 18-2 entnommen werden. Die Bestimmungsgleichung für den Wärmebedarf des Nacherhitzers lautet :

$$Q_{NW} = \dot{V}_{AL} \cdot c_{PL} \cdot \rho_L \cdot (t_i - t_{TP}) \cdot 365 \cdot b_d \cdot f_a \cdot Q_T - (Q_{Sa} + Q_{TG} + Q_{Ma} + Q_{Pa} + Q_{Bea}) \tag{18-25}$$

4-Leiter-Induktionsanlagen

Der jährliche Wärmebedarf wird bestimmt durch die Beziehung

$$Q_a = Q_{VW} + Q_{NR} + Q_T - (Q_{SP} + Q_{PP} + Q_{BP} + Q_{MP}) \, , \tag{18-26}$$

wobei Q_{NR} der Wärmeaufwand für die Luftnacherwärmung von Taupunkttemperatur auf Raumtemperatur dem ersten Summanden von Gleichung 18-25 entspricht, also

$$Q_{NR} = \dot{V}_L \cdot c_{PL} \cdot \rho_L (t_i - t_{TP}) \cdot 365 \cdot b_d \cdot f_a \tag{18-27}$$

ist. Q_{SP} ist ähnlich wie Q_{SS} der jährliche Wärmegewinn durch Sonneneinstrahlung während Zeiten $t_a < t_i$. Die Werte für Q_{SP} können der Tab. 18-3 entnommen werden. Q_{PP}, Q_{BP} und Q_{MP} sind jeweils die jährlichen Wärmeabgaben von Personen, Beleuchtung und Maschinen ebenfalls zu Zeiten $t_a < t_i$. Die Größen werden ermittelt nach den Funktionen:

$$Q_{PP} = Q_{Pa} \cdot f_{WP} \tag{18-28}$$

$$Q_{BP} = Q_{Bea} \cdot f_{WP} \tag{18-29}$$

$$Q_{MP} = Q_{Ma} \cdot f_{WP} \, , \tag{18-30}$$

wobei f_{WP} nach Tab. 18-5 gleich 0,8 gesetzt wird.

Induktionsanlagen, 2 Leiter, 1 Wärmeaustauscher umschaltbar auf Nacherwärmung oder Nachkühlung

Der jährliche Wärmebedarf wird wie bei der 4-Leiter-Induktionsanlage berechnet.

Induktionsanlagen, 2 Leiter, keine Umschaltung

Die Berechnung des Kältebedarfs erfolgt wie bei Anlagen vom Typ (F) HCMD mit adiabatischer Befeuchtung und Taupunktregelung.

Ein- und Zwei-Kanal-Klimaanlagen

Die Berechnung des jährlichen Wärmebedarfs erfolgt hier wie bei Anlagen von Typ (F) HCMD mit adiabatischer Befeuchtung und Taupunkttemperaturregelung.

18.2.1 Istwertaufnahme

Die Istwertaufnahme zur Bestimmung des Wärmeverbrauchs von lufttechnischen Anlagen entspricht im Prinzip der für die Kühlung in Kapitel 18.1.1 beschriebenen, da die Wärme auch hier meist über Wärmeaustauscher (Lufterhitzer), wie sie z.B. in Abb. 18-15 dargestellt sind, übertragen wird.

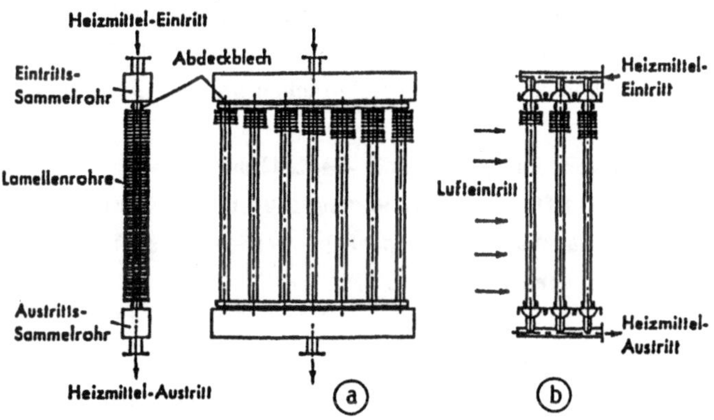

Abb. 18-15 Schma eines Lamellenrohr-Lufterhitzers für Dampf /6/
a) Lufterhitzer mit einer Rohrreihe
b) Lufterhitzer mit drei Rohrreihen

Dementsprechend ist analog in gleicher Weise bei der Bestimmung der Istwerte zu verfahren.

18.2.2 Maßnahmen

Grundsätzlich lassen sich alle Maßnahmen, bis auf die Außenluftkühlung und der Kühlenergiereduzierung, auch analog auf die Wärmeenergiereduzierung übertragen.

Bedarfsanpassung Temperatur

Die Einhaltung der wirklich benötigten Raumlufttemperatur ist anzustreben. Wie sich eine Temperaturabweichung auf den Energieverbrauch auswirken kann, ist in Beispiel 18-2 gezeigt worden. Daß weiterhin durch überhöhte Raumlufttemperatur der Wärmebedarf des Gebäudes und die Behaglichkeit negativ beeinflußt werden kann, ist bereits erläutert worden.

Bedarfsanpassung Außenluftrate

Wie bei der Kühlung, so kann auch hier durch unbenötigte Reinheit der Luft, welche über die Erhöhung der Außenluftrate realisiert wird, Energie mehr verbraucht werden als eigentlich nötig wäre. Es sind also die zulässigen Schadstoffkonzentrationen einzuhalten, aber auch aus energetischen Gründen nicht wesentlich zu unterschreiten. Weiterhin besteht die Möglichkeit, die Schadstoffe auszufiltern und dadurch die Außenluftrate zu senken.

Bedarfssenkung Wärmebedarf

Die Senkung des Wärmebedarfs trägt erheblich zur Energieeinsparung für die Lufterhitzung bei. Dies sind in der Hauptsache bauliche Maßnahmen, wie sie in /Band VI, 2/ behandelt worden sind. Hierzu gehören auch Luftundichtigkeiten im Gebäude, durch die aufbereitete Luft entweicht. Die Höhe dieser Verluste ist aber auch vom inneren Überdruck des Gebäudes abhängig, der nicht zuletzt vom Verhältnis des Zuluft- zum Abluftvolumenstrom beeinflußt wird. Ein größerer Überdruck in den Räumen aufgrund der raumlufttechnischen Anlage ist also zu vermeiden.

Systemverbesserung Wärmeerzeugung und -verteilung

Die Verbesserung der Effizienz von Wärmeerzeuger und Wärmeverteilung ist in den Kapiteln 10 und 11 ausführlich behandelt worden, weshalb auf die dort vorgeschlagenen Maßnahmen verwiesen wird.

Systemverbesserung Prozeßoptimierung

Es gilt alles unter der gleichen Überschrift beschrieben aus Kapitel 18.1.2. Zusätzlich ist jedoch hier noch die Möglichkeit gegeben, durch geeignete Regelung die inneren und teilweise äußeren Kühllasten zur Entlastung der Lufterhitzer mit heranzuziehen.

Systemverbesserung Wärmerückgewinnung

Die in Kapitel 18.1.2 unter dieser Überschrift beschriebenen Maßnahmen zur Wärmerückgewinnung über einen Wärmeaustauscher zwischen Fort- und Außenluftkanal ist auch hier verwendbar. Die zugeführte Außenluft wird durch den Wärmeaustausch über die Fortluft vorgewärmt, womit Energie eingespart wird.

Wartung und Instandhaltung

Wie bei der Kühlung, so ist auch hier die Wartung und Instandhaltung von Wärmeaustauschern, Regelung usw. von energetischer Bedeutung, da hierdurch Energie eingespart wird. Sind die Wärmeaustauscher z.B. verschmutzt, so ergeben sich zwangsläufig für den Wärmeerzeuger längere Einschaltzeiten, wodurch die Verluste erhöht werden.

18.3 Befeuchtung

Die Befeuchtung der Luft in raumlufttechnischen Anlagen kann mit Hilfe von Wasser oder Dampf erfolgen, weshalb beide Arten hier betrachtet werden sollen /s. Abb. 18-16 und Abb. 18-17/.

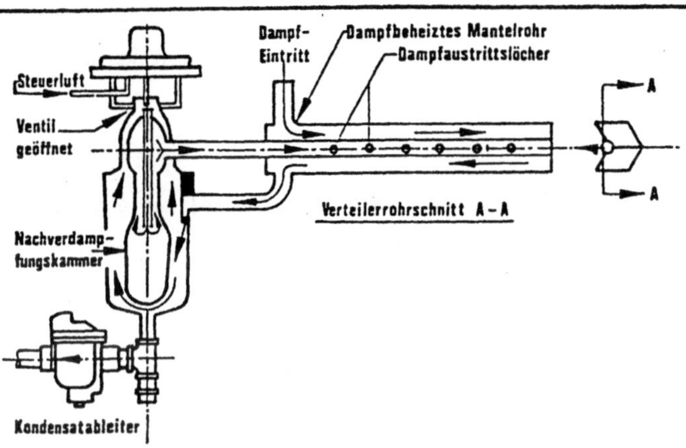

Abb. 18-16 Dampfverteilerrohr der Firma Armstrong /6/

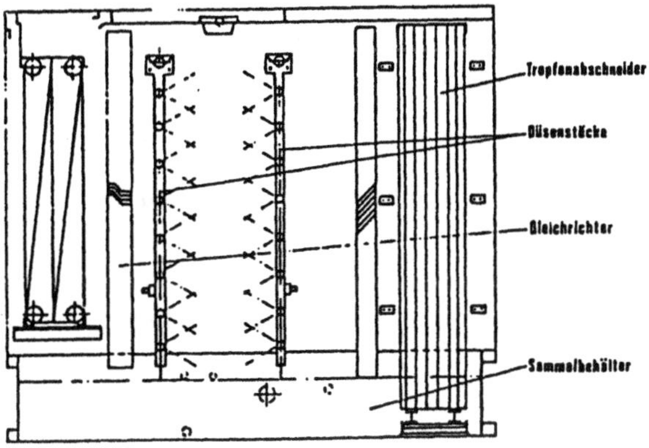

Abb. 18-17 Querschnitt durch eine Düsenkammer /10/

Anlagen vom Typ (F) H

Bei diesem Anlagentyp wird keine Befeuchtung durchgeführt.

Anlagen vom Typ (F) HM

Bei Dampfbefeuchtung wird die Dampfmenge bestimmt durch die Gleichung

$$G_{Da} = V_{AL} \cdot \rho_L \cdot (x_{TP} - x_{a5}) \cdot Z_5 \cdot \frac{b}{24} \cdot \tau_{hv} \cdot \Psi \cdot f_a \cdot 3{,}6 \qquad 3{,}6 \left[\frac{s \cdot kg}{h \cdot g}\right], \tag{18-31}$$

x_{TP} ist die absolute Feuchte am Taupunkt und x_{a5} die absolute Feuchte der Außenluft während der Zeit Z_5. Ψ ist der Abflutungsfaktor (z.B. Ψ = 2,5 bei Zusatzwasser mittlerer deutscher Härte).

Die Elektro-Energie W_{ED}, die zur Erzeugung des Dampfes z.B. notwendig ist, kann aus der Dampfmenge nach der folgenden Beziehung bestimmt werden

$$W_{ED} = G_{Da} \cdot (q + r), \tag{18-32}$$

wobei r die Verdampfungswärme von Wasser (2500 kJ/kg) und q die Flüssigkeitswärme ist, die bestimmt wird durch die Gleichung

$$q = c_W \cdot \Delta t \tag{18-33}$$

mit c_W der spezifischen Wärme von Wasser (4,2 kJ/kgK).

Wird anstelle von Dampf mit Umlaufwasser befeuchtet (adiabatische Befeuchtung), so ist der jährliche Energieverbrauch der Düsenwasserumwälzpumpe W_{DKa} zu bestimmen nach der Gleichung

$$W_{DKa} = P_{DK} \cdot Z_3 \cdot f_a \cdot \tau_{hv} \frac{b_d}{24} \ . \tag{18-34}$$

P_{DK} ist die Leistung der Düsenwasserumwälzpumpe.

Anlagen vom Typ (F) HC

Bei diesem Anlagentyp wird keine Befeuchtung durchgeführt.

Anlagen vom Typ (F) HCD

Bei diesem Anlagentyp wird keine Befeuchtung durchgeführt.

Anlagen vom Typ (F) HCMD mit adiabatischer Befeuchtung mit Taupunktregelung nach festem Sollwert

Der Energiebedarf für die Befeuchtung ist wie bei den Anlagen vom Typ (F) HM zu ermitteln.

Induktionsanlagen, 4 Leiter

Der Energiebedarf für die Befeuchtung ist wie bei den Anlagen vom Typ (F) HM zu ermitteln.

Induktionsanlagen, 2 Leiter, 1 Wärmeaustauscher, umschaltbar auf Nacherwärmung oder Nachkühlung

Der Energiebedarf für die Befeuchtung ist wie bei den Anlagen vom Typ (F) HM zu ermitteln.

Induktionsanlagen, 2 Leiter, keine Umschaltung

Der Energiebedarf für die Befeuchtung ist wie bei den Anlagen vom Typ (F) HM zu ermitteln.

Ein- und Zwei-Kanal-Klimaanlagen

Der Energiebedarf für die Befeuchtung ist wie bei den Anlagen vom Typ (F) HM zu ermitteln.

18.3.1 Istwertaufnahme

Bei Wasserbefeuchtern wird die jährlich aufgewandte Energie der Düsenwasserumwälzpumpe durch Stromzähler ermittelt oder über die Betriebszeiten und die Leistungsaufnahme der Pumpe geschätzt. Die Bestimmung der jährlich verbrauchten Menge Dampf bei Dampfbefeuchtern ist durch Messung des verbrauchten Speisewassers durch Wasserzähler möglich. Nach Gleichung 18-32 kann dann aus dieser Dampfmenge wiederum die verbrauchte Energie zur Dampferzeugung (hier z.B. elektrischer Schnelldampferzeuger) ermittelt werden. Außer der Umlaufwasser- und Dampfbefeuchtung gibt es noch eine Vielzahl anderer Befeuchtungsmethoden, wie z.B. die Druckluftwasserzerstäubung, die Verdunstungsbefeuchtung mit rotierenden Matten, die Ultraschall-Kapillarwellen-Zerstäuber und die Schleuderscheibenbefeuchter /s. Abb. 18-18 bis Abb. 18-21/.

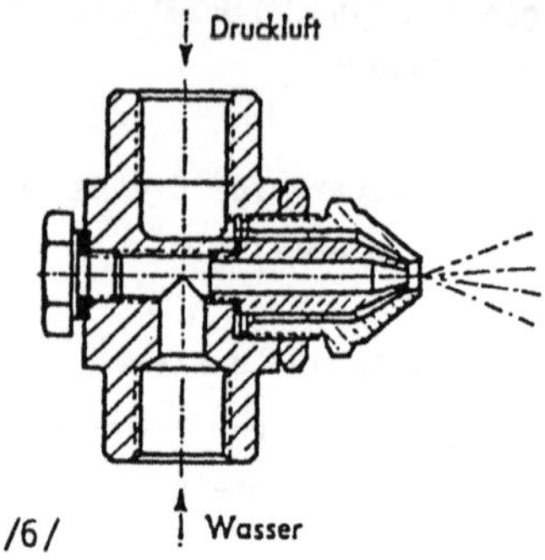

Abb. 18-18 Mit Druckluft betriebene Wasserzerstäubungsdüse (Lechler) /6/

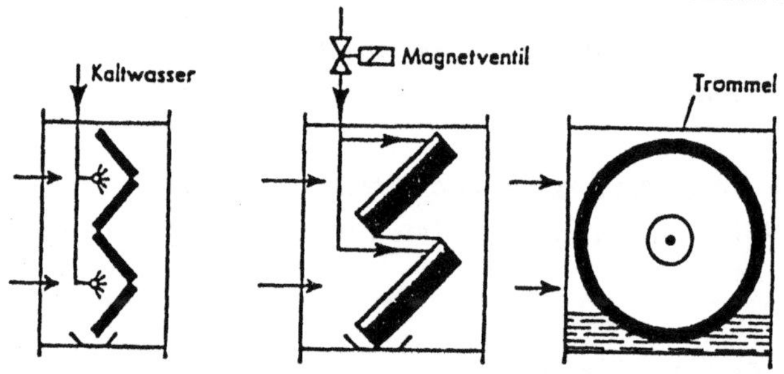

Abb. 18-19 Befeuchtung mit Kunststoffmatten /6/

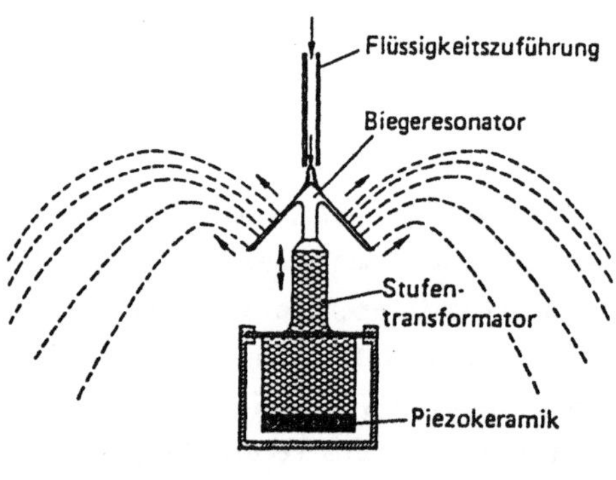

Abb. 18-20 Ultraschall-Kapillarwellen-Zerstäuber mit konischem Biegeresonator (Batelle) /6/

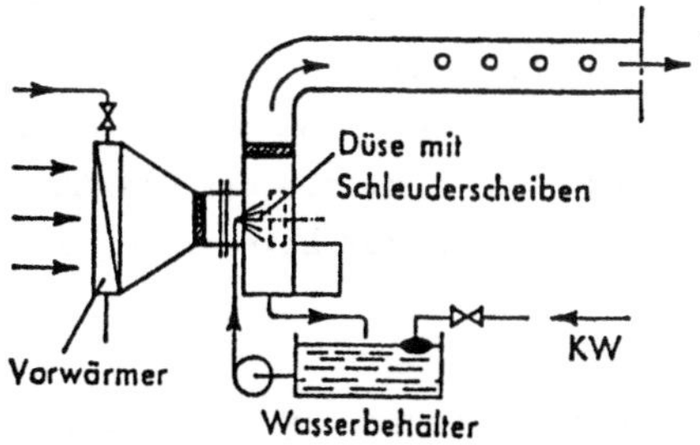

Abb. 18-21 Schema einer Übersättigungsanlage /6/

Jeder Energieaufwand, der mit zur Befeuchtung beiträgt, wie z.B. die Druckluft des Druckluftzerstäubers, der Motorantrieb des Trommelbefeuchters, die Leistungsaufnahme des Biegeresonators des Ultraschall-Kapillarwellen-Zerstäubers und die Leistungsaufnahme des Antriebsmotors des Schleuderscheibenbefeuchters sind mit in die Energiebilanz für den Befeuchtungsaufwand aufzunehmen. Da es sich in der Regel hierbei um elektrische Antriebe handelt /vgl. Band V, 4/, ist die Istwertaufnahme wie oben beschrieben vorzunehmen.

18.3.2 Maßnahmen

Bedarfsanpassung Feuchte

Wie bei der Temperatur in den vorangegangenen Kapiteln, so ist auch bei der Feuchte zu überprüfen, ob sie den Anforderungen entspricht. Ein Zuviel an Feuchte erfordert nicht nur in der Befeuchtungseinheit einen größeren Energieaufwand, sondern auch in der Nacherhitzereinheit, da die Wasserbefeuchtung immer gleichzeitig eine Kühlung der Luft mit sich bringt.

Bedarfsanpassung Außenluftrate

Liegt die absolute Feuchte der Außenluft unterhalb der im Raum geforderten, so ist mit größer werdendem Außenluftanteil ein immer größer werdender Befeuchtungsaufwand notwendig. Bei Anlagen, die mit Anteilen von Umluft fahren, wird durch größere Außenluftanteile ein Teil des Feuchtegehalts der Umluft nicht genutzt, da dieser als Fortluft abgeführt wird. Es ist also auch bei der Befeuchtung darauf zu achten, die Außenluftrate aus energetischen Gründen so gering wie nötig zu halten.

Systemverbesserung Prozeßoptimierung

Je nach den im speziellen Fall vorliegenden Gegebenheiten sind die lufttechnischen Prozesse so zu gestalten, daß ein Minimum an Energieverbrauch, aber in der Hauptsache ein Minimum an Kosten verursacht wird. So ist z.B. in einem Industriebetrieb, bei dem ständig größere Abdampfungen zur Verfügung stehen, zu überlegen, die Wasserbefeuchtung durch eine Dampfbefeuchtung zu ersetzen. Zum einen fällt dadurch die Antriebsenergie der Wasserbefeuchtung weg, zum anderen wird die Nacherhitzerleistung durch den Energieinput des Dampfes reduziert (es könnte natürlich auch der Dampf zum Betreiben der Erhitzer benutzt werden). Die Prozeßabläufe sind also auch bezüglich der Befeuchtung auf ihre Wirtschaftlichkeit zu überprüfen.

Systemverbesserung Dampferzeugung, -verteilung und Antriebe
Die Verbesserung der Dampferzeugungsanlage für die Dampfbefeuchtung ist implizit schon in Kapitel 10 über die Wärmeerzeugerverluste abgehandelt worden. Die Dampfverteilleitungen sind auf Undichtigkeiten zu überprüfen und wirtschaftlich zu isolieren. Für die Wasserbefeuchtung sind die Antriebe evtl. zu verbessern /s. Band V, 4/, die dabei zu erzielenden Einsparungen sind klein gegenüber den anderen Maßnahmen.

Systemverbesserung Feuchterückgewinnung
Mit Hilfe von speziellen Wärmeaustauschern ist es nicht nur möglich, Wärme, sondern auch Feuchte zurückzugewinnen. In Abb. 18-22 ist ein derartiges regeneratives Wärmeaustauschsystem dargestellt.

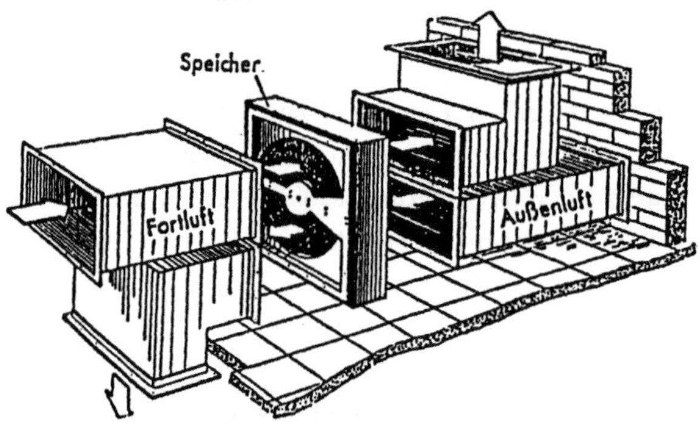

Abb. 18-22 Regenerativ-Wärmewechsler für Zuluft- und Fortluftanlage (Econovent der Kraftanlagen AG, Heidelberg) /6/

Die feuchte Fortluft wird durch eine rotierende Scheibe geleitet, die außer der Wärme (Winterfall) auch die Feuchte absorbiert, um beides nach einer Drehung an die zugeführte Außenluft abzugeben, die dadurch nicht nur vorgeheizt, sondern auch vorbefeuchtet wird. Im einzelnen wird hierauf noch genauer in Kapitel 23 eingegangen.

Instandhaltung und Wartung

Die Instandhaltung und Wartung von Befeuchtungsanlagen ist z.B. bei Dampfbefeuchtung von Bedeutung, um Undichtigkeiten früh erkennen und beseitigen zu können. Das Verschmutzen von Dampf- und Wasserdüsen muß wegen der daraus resultierenden Prozeßveränderungen vermieden werden. Dies gilt auch in Hinsicht auf die regelmäßige Instandhaltung und Wartung der regelungstechnischen Einrichtungen der Befeuchtungsanlage, da nur der optimal ablaufende Luftbehandlungsprozeß Energie einsparen kann.

18.4 Entfeuchten

Es gibt zwei Arten der Luftentfeuchtung, die der Kondensation an kalten Oberflächen (Kühleroberfläche) und die der Entfeuchtung durch Berührung mit hygroskopischen Stoffen. Je nachdem wie weit sich die Oberflächentemperatur des Kühlers und die Taupunkttemperatur der einströmenden Luft unterscheiden, wird mehr oder weniger Wasser aus der Luft ausgeschieden (nachvollziehbar im Mollier-Diagramm für feuchte Luft). Da diese Art der Entfeuchtung parallel zum Kühlprozeß auftritt, ist der Energieaufwand schon beim Kühlprozeß mitberücksichtigt worden. Dies ist beim hygroskopischen Entfeuchtungsprozeß nicht der Fall. Zwar wird für den eigentlichen Entfeuchtungsprozeß durch die Adsorption des Wassers keine Energie benötigt, jedoch für die Wiederaufbereitung des gesättigten Sorptionsmittels. Durch Erhitzung des Stoffes (je nach dem eingesetzten Stoff 120°C bis 350°C) wird Desorption bzw. Regeneration vollzogen. Der Aufwand an Energie hierfür ist der Entfeuchtung in Rechnung zu stellen. Je nachdem wie diese Erhitzung durchgeführt wurde, ist der Energiebedarf zu bestimmen. Für die in Abb. 18-23 dargestellte Trocknungsanlage ist z.B. der Energiebedarf des Erhitzers zu bestimmen.

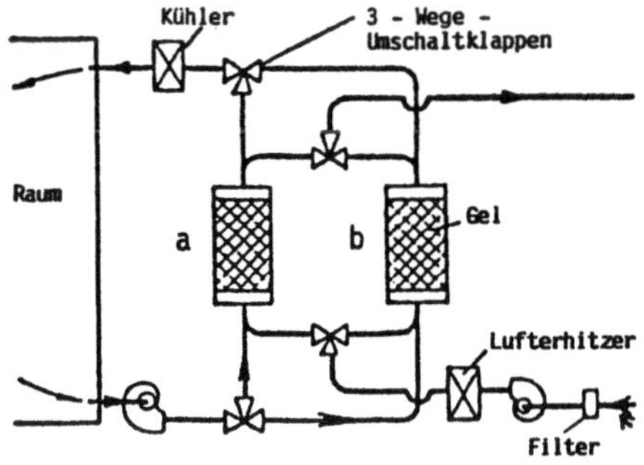

Abb. 18-23 Kieselgel-Lufttrocknungsanlage /6/

Diese Lufttrocknungsanlage ist für den kontinuierlichen Betrieb ausgelegt, so daß zum einen die Luft des Raumes im reinen Umluftbetrieb über den Trockner A entfeuchtet werden kann, währenddessen der gesättigte Trockner B über den Lufterhitzer regeneriert wird. Ist dies geschehen, so kann die Umluft mit Hilfe der 3-Wege-Umschaltventile über den Trockner B entfeuchtet werden, währenddessen nun der Trockner A regeneriert wird.

18.4.1 Istwertaufnahme

Die Istwertaufnahme ist wie beim Kühl- oder Erhitzungsprozeß durchzuführen. Bei den hygroskopischen Entfeuchtern ist die Leistungsaufnahme des Erhitzers zu messen (meist wie bei den Wärmeaustauschern) und mit der ebenfalls gemessenen Betriebszeit des Erhitzers (Betriebsstundenzähler) zu multiplizieren, um den jährlichen Energiebedarf zu ermitteln. Ist kein Betriebsstundenzähler installiert worden, kann die Zeit eines Regenerationsvorganges gemessen und die Anzahl der Regenerationsvorgänge im Jahr geschätzt werden, woraus ebenfalls die jährliche Betriebszeit ermittelt werden kann. Der Einbau von Wärmemengenzählern ist ebenfalls denkbar wie auch der Einbau von einem Stromzähler für elektrische Lufterhitzer.

18.4.2 Maßnahmen

Da bei der Entfeuchtung durch Oberflächenkühlung der Kühler auch für diesen Prozeß genutzt wird, sind die dort genannten Maßnahmen auch hier zu beachten. Das gleiche trifft auch für die hygroskopische Befeuchtung zu, wo die Maßnahmen zur Senkung der Energiekosten von Lufterhitzern zu verwenden sind.

18.5 Fördern

Im Gegensatz zu den Heizsystemen, bei denen der Energieverbrauch der Pumpen kaum eine Rolle spielt, sind die Förderkosten von Ventilatoren in der Lufttechnik ein entscheidender Faktor, weshalb ihnen unbedingt Aufmerksamkeit geschenkt werden muß. Unabhängig von der Art der Ventilatoren und des Anlagentyps läßt sich der jährliche Energiebedarf W_{Va} nach der Gleichung

$$W_{Va} = P_V \cdot b_d \cdot f_a \cdot 365 \tag{18-35}$$

darstellen. Die Leistung P_V des Ventilators ist eine Funktion des Volumenstroms, des Druckverlustes Δp_V in der Anlage und des Wirkungsgrades η_{VT} des Ventilators (inkl. Antrieb), so daß gilt:

$$P_V = \frac{\dot{V}_L \cdot \Delta p_V}{\eta_{VT}} \tag{18-36}$$

18.5.1 Istwertaufnahme

Um die ungefähre Leistung eines Ventilators bestimmen zu können, ist nach Gleichung 18-36 der Volumenstrom, der Druckverlust der gesamten Anlage sowie der Wirkungsgrad von Ventilator einschließlich Antrieb zu bestimmen. Die Ermittlung des Wirkungsgrades von elektrischen Maschinen und Antrieben ist in /Band V, 4/ beschrieben worden und die Istwertaufnahme des Volumenstroms ist in Kapitel 18.1.1 behandelt worden. Die Wirkungsgrade der Ventilatoren können aber auch nach Firmenangaben ermittelt oder überschläglich nach Tab. 18-7 abgeschätzt werden (p_{d2} dynamischer Druck am Ausgang).

Ventilator	Wirkungsgrad η_f freiausblasend, Kammer (ohne p_{d2})	Wirkungsgrad η_t druckseitig, angeschlossen (mit p_{d2})
Radialventilatoren		
Trommelläufer	45 %	64 %
Hochleistungsventilator	78 %	87 %
Quadrovent-Ventilator	73 %	75 %
Axialventilatoren	η	
Maximalwerte		
Wandventilator	40% - 50%	
Axialventilator ohne Leitrad	60% - 70%	
Axialventilator mit Leitrad	70% - 90%	
Gegenläufige Axialventilatoren	80% - 90%	

Tab. 18-7 Ventilatorenwirkungsgrade /6/

Der Druckverlust der gesamten Anlage ist durch Differenzdruckmessung vor und hinter dem Ventilator festzustellen. Hierzu eignen sich Druckmeßgeräte, wie Schrägrohrmanometer oder Projektionsmanometer nach Betz /s. auch Band V, 9/.

18.5.2 Maßnahmen

Wie die Gleichungen 18-35 und 18-36 zeigen, ist eine Verminderung des Energieverbrauchs von Ventilatoren durch Reduzierung der Betriebszeiten, des Volumenstroms und der Druckverluste oder durch eine Erhöhung des Wirkungsgrades möglich. Wie sich der Druckverlust und der Volumenstrom auf die Leistung des Ventilators auswirken, zeigen die nachfolgenden Affinitätsgesetze.

$$\frac{n_1}{n_2} = \frac{\dot{V}_1}{\dot{V}_2} \tag{18-37}$$

$$\left(\frac{n_1}{n_2}\right)^2 = \frac{\Delta p_1}{\Delta p_2} \tag{18-38}$$

$$\left(\frac{n_1}{n_2}\right)^3 = \frac{P_1}{P_2} \tag{18-39}$$

n ist die Drehzahl, $\dot{V}$ der Volumenstrom, Δp die Druckdifferenz und P die Leistung des Ventilators. Die Indizes 1 und 2 beziehen sich auf die zwei Zustände 1 und 2. Durch Einsetzen der Gleichung 18-37 bis Gleichung 18-39 ineinander sind folgende Beziehungen herleitbar.

$$\left(\frac{\dot{V}_1}{\dot{V}_2}\right)^2 = \frac{\Delta p_1}{\Delta p_2} \tag{18-40}$$

$$\left(\frac{\dot{V}_1}{\dot{V}_2}\right)^3 = \frac{P_1}{P_2} \tag{18-41}$$

$$\left(\frac{\Delta p_1}{\Delta p_2}\right)^{3/2} = \frac{P_1}{P_2} \tag{18-42}$$

Aus diesen Gleichungen kann der Einfluß von Volumenstrom-, Drehzahl- und Druckdifferenzänderung auf die neue Leistung P_2 bestimmt werden, und zwar ist

$$P_2 = P_1 \cdot \left(\frac{n_2}{n_1}\right)^3 \tag{18-43}$$

$$P_2 = P_1 \cdot \left(\frac{\dot{V}_2}{\dot{V}_1}\right)^3 \tag{18-44}$$

$$P_2 = P_1 \cdot \left(\frac{\Delta p_2}{\Delta p_1}\right)^{3/2} \tag{18-45}$$

Die Leistungsveränderungen aufgrund der oben genannten Einflüsse sind also nicht linear, sondern exponential, was bei der Durchführung von energieeinsparenden Maßnahmen beachtet werden muß. Ein Beispiel soll dies verdeutlichen:

Beispiel 18-4: Auf wieviel Prozent der ursprünglichen Leistung reduziert sich die neue Leistung eines Ventilators, wenn jeweils die Drehzahl, der Volumenstrom und die Druckdifferenz um 50% gesenkt werden?

Aus Gleichung 18-43 bis Gleichung 18-45 folgt:

$$P_2 = P_1 \cdot (0{,}5)^3 = P_1 \cdot 0{,}125$$

$$P_2 = P_1 \cdot (0{,}5)^3 = P_1 \cdot 0{,}125$$

$$P_2 = P_1 \cdot (0{,}5)^{3/2} = P_1 \cdot 0{,}354$$

Die Leistung wird somit bei 50% Senkung

der Drehzahl auf	12,5%
des Volumenstroms auf	12,5%
der Druckdifferenz auf	35,4%

der ursprünglichen Leistung verringert.

In Abb. 18-24 sind diese Zusammenhänge nochmals graphisch verdeutlicht.

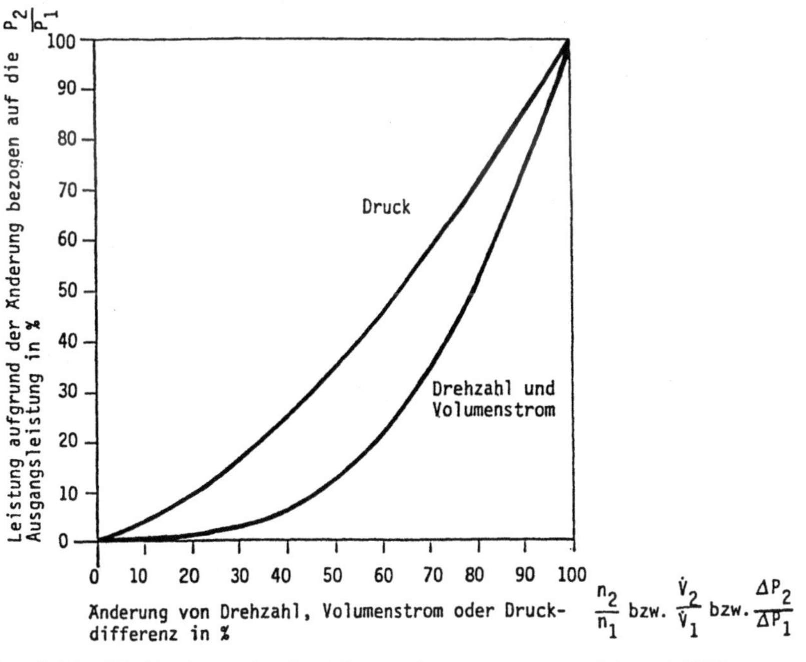

Abb. 18-24 Einfluß von Drehzahl-, Volumenstrom- und Druckdifferenzänderung auf die Leistungsänderung

Bedarfsanpassung Betriebszeiten

In vielen Fällen, insbesondere in Industrie und Gewerbe, besteht die Möglichkeit, die Ventilatorleistung den Betriebszeiten und -bedingungen anzupassen. Dies wird in der Regel durch Abschalten der Ventilatoren oder durch Reduzieren der Leistung zu bestimmten Zeiten durchgeführt.

Bedarfsanpassung regelbarer Ventilatoren

Nicht nur zur Berücksichtigung der Betriebszeiten, sondern auch zur Anpassung an wechselnde Lastverhältnisse während des Bedarfs sollten Ventilatoren geregelt werden, um Energie einzusparen. Ventilatoren können in ihrer Leistung durch die Drosselregelung (verstellbare Klappe), durch die Drallregelung (verstellbare Schaufeln vor dem Ventilator erzeugen ein Vordrall), durch die Drehzahlregelung (frequenzgeregelter Drehstrommotor usw.), durch polumschaltbare Motoren (stufenweise Drehzahländerung), durch Parallelbetrieb mehrerer Ventilatoren und bei Axialventilatoren durch die Laufschaufelregelung (Schaufeln werden während des Betriebs verstellt) beeinflußt werden. Die Auswirkung einiger dieser Regelungsmethoden auf den relativen Leistungsbedarf kann der Abb. 18-25 entnommen werden.

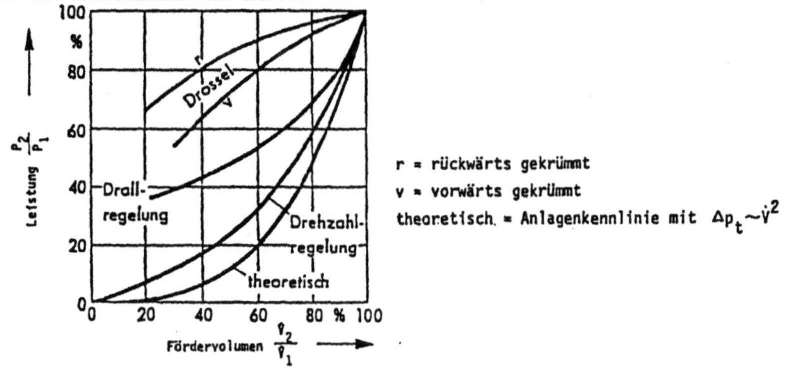

Abb. 18-25 Relativer Leistungsbedarf von Radial-Ventilatoren bei verschiedenen Regelmethoden (ohne Verluste des Antriebsmotors). Die Kurve für die Drehzahlregelung gilt auch für die Laufschaufelregelung bei Axialventilatoren /6/

Wie zu erkennen ist, bringt die Drehzahlregelung die größte Leistungsreduzierung, weshalb hier auf die in /Band V, 9-10/ gemachten Aussagen diesbezüglich hingewiesen wird.

Bedarfsanpassung Raumströmung

Ein Teil der vom Ventilator aufgebrachten Energie wird genutzt, um über die Zuluftöffnungen die Raumluftströmungen zu beeinflussen. Es ist zu überprüfen, ob durch Veränderung der Zuluftöffnungen (z.B. durch Einbau leistungsfähiger Dralllauslässe) die Ventilatorleistung reduziert werden kann, bei ansonsten gleichen Anforderungen an die Raumluftströmungen.

Bedarfsreduzierung Volumenstrom

Die dem Raum von der raumlufttechnischen Anlage zugeführte Wärme (im Sommer "Kühle") ist nicht nur vom Volumenstrom, sondern auch von der Temperaturdifferenz zwischen Zu- und Raumluft abhängig. Die Erhöhung der Zulufttemperatur im Sommer wie auch die Verringerung im Winter kann somit den benötigten Volumenstrom und damit die Ventilatorenergie reduzieren. Zu beachten ist, daß die Zulufttemperaturen nicht beliebig verändert werden können, da z.B. aufgrund von Zugerscheinungen bei Personen hier Grenzen gesetzt sind. Von Fall zu Fall können diese Grenzen durch die Wahl einer günstigeren Luftführung überschritten werden. Weiterhin ist mit jeder durchgeführten Maßnahme zur Senkung des Kühl- und Wärmebedarfs gleichzeitig eine Senkung des Volumenstroms möglich.

Systemverbesserung Leckluft

Alle luftführenden Kanäle und Leitungen sind hinsichtlich ihrer Dichtigkeit zu prüfen, um den Leckluftanteil so gering wie möglich zu halten, da hierdurch nicht nur Ventilatorenergie, sondern auch Luftaufbereitungsenergien für das Kühlen und Heizen von Luft eingespart werden können. Daß das gleiche auch für Undichtigkeiten des Gebäudes zutrifft, wurde schon erwähnt. Zu- und Abluftventilator sind so aufeinander abzustimmen, daß größere Unter- und Überdrücke in den zu belüftenden Räumen nicht auftreten (dadurch Verringerung des Luftaustausches durch Undichtigkeiten des Gebäudes).

Systemverbesserung Druckverluste

Wie aus den vorangegangenen Erklärungen zu entnehmen war, ist eine Senkung der Druckverluste einer lufttechnischen Anlage immer mit einer Senkung der Ventilatorleistung verbunden. Deshalb sind alle nicht notwendigen Druckverluste zu vermeiden, insbesondere an Luftauslässen und durch Filter (wird weiter unten behandelt) werden oftmals vermeidbare Druckverluste verursacht.

Systemverbesserung Wärmerückgewinnung

Auch bei den Ventilatoren gibt es eine Art Wärmerückgewinnung, und zwar die der Verlustwärme der Antriebsmotoren. Bei größeren Anlagen ergeben sich hierdurch teilweise Temperaturerhöhungen um mehrere Kelvin. Da diese Temperaturerhöhung nur im Heizfall ein Gewinn ist (beim Kühlfall wäre sie eine Last), ist zu überprüfen, ob die lufttechnische Anlage in der Hauptsache im Jahr kühlt (bei Industrieanlagen teilweise der Fall, da viele innere thermische Lasten durch Geräte) oder heizt. Beim überwiegenden Heizfall ist die Antriebsmotorenwärme somit nutzbar (Einbau in den Luftweg), während im überwiegenden Kühlfall die Motoren und Antriebe außerhalb der Luftwege installiert werden sollten.

Systemverbesserung Wirkungsgrad

Die Verbesserung des Wirkungsgrades von elektrischen Motoren und Antrieben für Ventilatoren ist bereits in /Band V, 4/ beschrieben worden.

Wartung und Instandhaltung

Wie bei allen anderen Luftbehandlungsprozessen, so ist auch hier die Wartung und Instandhaltung insbesondere auch der regelungstechnischen Anlagen von großer Bedeutung, da hierdurch die Kontinuität und damit die Wirtschaftlichkeit der Prozesse garantiert wird.

18.6 Filtern

Luftfilter benötigen für ihren Luftbehandlungsprozeß in der Regel keine direkte Energiezufuhr. Ausnahmen, wie z.B. Elektrofilter, die direkt Energie aufnehmen, sind für die Energieanalyse von untergeordneter Bedeutung, da ihr Energieverbrauch zum einen gering und zum anderen kaum noch durch Maßnahmen sinnvoll reduzierbar ist. Wichtiger hingegen ist der indirekte Energieverbrauch, der durch Filtersysteme verursacht wird, da jeder Filter im lufttechnischen System einen Luftwiderstand darstellt. Dieser Luftwiderstand muß durch die eingesetzte Ventilatorenergie gedeckt werden. Je nach Verschmutzungsgrad erhöht sich der durch den Luftfilter verursachte Druckverlust. Welche Auswirkungen dies hat, wurde bereits in Kapitel 18.5.2 angedeutet. Ein Beispiel soll dies nochmals verdeutlichen.

<u>Beispiel 18-5</u>: Durch schlechte Wartung der Luftfilter in einem lufttechnischen System erhöht sich der Druckverlust um 10% des Wertes im normalen Betriebszustand. Um wieviel Prozent muß theoretisch hierdurch die Leistung der Ventilatoreinheit (und damit höherer Energieverbrauch) gesteigert werden (Leistungsregelung), um die anderen Betriebsbedingungen (Volumenstrom, Temperaturen etc.) nicht zu verändern?

Nach Gleichung 18-45 ist

$$P_2 = P_1 \cdot \left(\frac{110}{100}\right)^{3/2} = P_1 \cdot 1{,}154$$

Die 10%ige Druckverlusterhöhung erfordert somit einen 15,4%ig höheren Leistungsaufwand, der bei regelmäßiger Wartung der Filter vermeidbar wäre.

18.6.1 Istwertaufnahme

Durch Messungen mit U-Rohr- oder Schrägrohrmanometer, wie sie in Abb. 18-26 dargestellt sind, kann der Druckverlust eines Filters bestimmt werden.

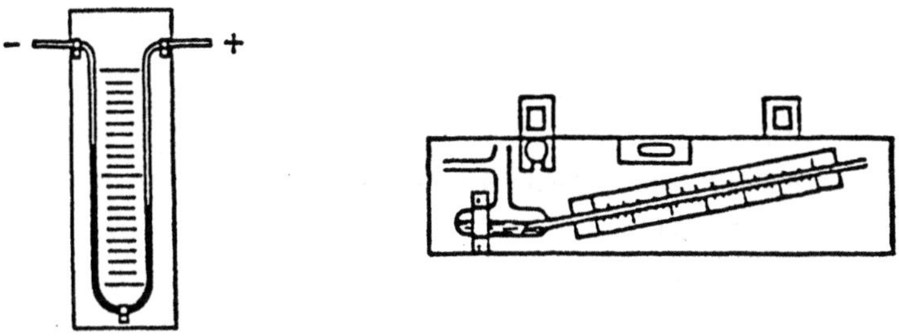

Abb. 18-26 U-Rohr-Manometer und Schrägrohrmanometer /6/

Ist der Filter soweit verschmutzt, so daß er ausgewechselt oder gereinigt werden muß, wird dies durch einen zugeordneten Differenzdruck am Meßgerät angezeigt (auch elektrisch möglich).

18.6.2 Maßnahmen

Um die unnötigen, zusätzlichen Druckverluste durch Luftfilter zu vermeiden, sind Druckdifferenzmeßgeräte an den Filtern zu installieren, die kontinuierlich die Verschmutzung anzeigen. Die Filter sind rechtzeitig zu warten, da hierdurch nicht nur Energiekosten eingespart werden können, sondern auch die Filterfähigkeit verbessert wird. Eventuell ist zu überprüfen, ob es auf dem Markt Filter gibt, die für die gleiche Aufgabe mit einem niedrigeren Druckverlust auskommen (insbesondere Planungsphase). Es besteht auch die Möglichkeit, Wartungsverträge für Filteranlagen an Externe zu vergeben, wenn z.B. im eigenen Betrieb kein geeignetes Personal hierzu zur Verfügung steht.

18.7 Beispiel zur Verbrauchsbestimmung

Im folgenden soll anhand eines kurzen Beispiels, und hier exemplarisch für den Wärmeaufwand, der Energieverbrauch einer Kimaanlage über das Jahr ermittelt werden. Zur weitergehenden Vertiefung sei auch das in /7/ aufgezeigte Berechnungsbeispiel empfohlen, worin der jährliche Energieverbrauch einer 2 Leiter Induktionsklimaanlage bestimmt wird.

Beispiel: Für die Klimaanlage eines Versammlungsraumes (Typ (F) HCMD mit adiabater Befeuchtung und Taupunktregelung nach festem Sollwert) ist die im Jahr verbrauchte Wärmemenge für Vor- und Nacherhitzer nach /7/ zu bestimmen (Standort Berlin). Folgende Daten sind gegeben:

- Zuluftvolumenstrom 4,44 m^3/s
- keine variablen Volumenströme
- die Anlage ist 10 Stunden am Tag in Betrieb
- und zwar von 7^{00} bis 17^{00} Uhr
- die Anlage ist an 200 Tagen im Jahr in Betrieb
- Raumlufttemperatur Sommer 26°C
- Raumlufttemperatur Winter 22°C
- der zu klimatisierende Raum hat keine Fensterflächen
- der Versammlungsraum grenzt im Gebäude an Räume mit gleichem Temperaturniveau
- es befinden sich keine wärmeemittierenden Maschinen und Geräte im Raum
- der Versammlungsraum ist für 800 Personen ausgelegt
- die durchschnittliche Besetzung im Jahr sind 300 Personen
- die angeschlossene Beleuchtungsleistung beträgt 7 kW

f_{MW} wird gleich 1 gesetzt, da ohne variable Luftvolumenströme gefahren wird. Die Taupunktenthalpie h_{TP} ist nach /7/ gleich 33 kJ/kg zu setzen. Aus Tab. 18-2 wird h_{a3} mit 16,4 kJ/kg und Z_3 mit 6327 h/a abgelesen. Aus Tab. 18-4 ist der Korrekturfaktor τ_{hv} mit 0,9 abzulesen. Damit ist der Jahresenergieverbrauch des Vorerhitzers durch Gleichung 18-24 bestimmbar zu :

$$Q_{VW} = 4{,}44 \cdot 1 \cdot 1{,}2 \cdot (33 - 16{,}4) \cdot 6327 \cdot \frac{10}{24} \cdot 0{,}9 \cdot \frac{200}{365} = 115\,000 \text{ kWh/a}$$

Aus dem Mollier-Diagramm für feuchte Luft ist bei einer Taupunktenthalpie von 33 kJ/kg eine zugehörige Taupunkttemperatur von 11,5°C abzulesen. Der jährliche Transmissionswärmeverlust Q_T ist gleich Null, da die angrenzenden Räume auf gleichem Temperaturniveau liegen. Das gleiche gilt auch für den jährlichen Wärmegewinn durch Sonneneinstrahlung, da der Raum keine Fensterflächen besitzt. Maschinen und Geräte sind nicht im Raum aufgestellt oder installiert, weshalb auch Q_{Ma} gleich Null ist. Da der Raum keine Außenflächen besitzt, ist der jährliche Wärmegewinn durch Transmission Q_{TG} gleich Null. Bei einer durchschnittlichen Besetzung von 300 Personen im Jahr und einer Wärmeabgabe von 120 W/Pers h nach /2/ sowie einem geschätzten zeitlichen Belegungsfaktor von 0,5 ergibt sich nach Gleichung 18-5 die Wärmeabgabe der Personen zu

$$Q_{Pa} = \frac{120 \cdot 300}{1000} \cdot 10 \cdot 0{,}5 \cdot \frac{200}{365} = 36\,000 \text{ kWh/a}$$

Die jährliche Wärmeabgabe durch Beleuchtung ermittelt sich nach Gleichung 18-6 zu

$$Q_{Bea} = 7 \cdot 10 \cdot \frac{200}{365} \cdot 365 = 14\,000 \text{ kWh/a}$$

Mit diesen Werten ist nach Gleichung 18-25 die Bestimmung des jährlichen Energieaufwandes für den Nacherhitzer möglich, und zwar ist

$$Q_{NM} = 4{,}44 \cdot 1{,}0 \cdot 1{,}2 \cdot (22 - 11{,}5) \cdot 365 \cdot 10 \cdot \frac{200}{365} + 0$$
$$- (0 + 0 + 0 + 36\,000 + 14\,000) = 62\,000 \text{ kWh/a}$$

Insgesamt wird somit ein jährlicher Energiebedarf für Vor- und Nacherhitzer nach Gleichung 18-23 von

$$Q_a = 115\,000 + 62\,000 = 177\,000 \text{ kWh/a}$$

nötig.

A N H A N G

Begriffe der Lufttechnik

Wegen der auch bei der Durchführung von Energieanalysen häufig auftretenden Fachbegriffe der Lufttechnik ist hier nach /1/ eine Zusammenstellung der wichtigsten Grundbegriffe der Lufttechnik vorgenommen worden.

Die aufgeführten Grundbegriffe sind nur im Hinblick auf ihre Anwendung in der Raumlufttechnik erläutert.

Benennung	Definition
Abluft	Abluft ist die gesamte aus dem Raum abströmende Luft (vom Raum aus betrachtet)
Aggregat	Ein Aggregat ist eine Kombination von Bauelementen in Blockbauweise
Anlage	Eine Anlage ist eine für sich funktionsfähige Einheit zur Erfüllung einer technischen Aufgabe
Anlage, raumlufttechnische	Lufttechnische Anlage mit maschineller Luftförderung zur Erfüllung einer raumlufttechnischen Aufgabe
Anlage, prozeßlufttechnische	Anlage zur Erfüllung einer lufttechnischen Aufgabe im Rahmen eines technischen Prozesses innerhalb der zugehörigen Apparate oder Maschinen
Anlagen-System	Technische Ausführungsart einer Anlage
Auftriebslüftung	Freie Lüftung; Luftförderung bewirkt durch Temperaturunterschied zwischen Außen und Innen
Außenluft	Die gesamte aus dem Freien angesaugte Luft
Baueinheit	Kombination von Bauelementen zur Luftbehandlung
Bauelement	Kleinstes für sich funktionsfähiges Bauteil einer RLT-Anlage oder einer Lüftungseinrichtung
Befeuchten	Erhöhen der absoluten Luftfeuchte
Befeuchtungslast	Dampfmassenstrom, der dem Raum zugeführt werden muß, um einen angestrebten Luftzustand aufrechtzuerhalten
Blockbauweise	Bauelemente in gemeinsamem Gehäuse; zusammen transportabel und versetzbar
Bypass	Führung eines Nebenstromes getrennt von einem Hauptstrom; auch Kurzbegriff für "Bypassleitung"

Benennung	Definition
Bypassfaktor, allgemein	Verhältnis von Nebenstrom zu Hauptstrom plus Nebenstrom
Einrichtung zur freien Lüftung	Funktionseinheit zur freien Lüftung ohne maschinelle Luftförderung; siehe "Lüftungseinrichtung"
Entfeuchten	Verringern der absoluten Luftfeuchte
Entfeuchtungslast	Dampfmassenstrom, der aus dem Raum abgeführt werden muß, um einen angestrebten Luftzustand aufrechtzuerhalten
Filtern	Abscheiden von Luftverunreinigungen aus Luftströmen
Fortluft	Die ins Freie abgeführte Luft
Freie Lüftung	siehe "Lüftung"
Fugenlüftung	Freie Lüftung über baulich bedingte Fugen, z.B. an Fenstern und Türen
Gerät	Ein Gerät ist eine Kombination von Bauelementen in Blockbauweise, die mindestens eine Luftfördereinrichtung enthält
Heizen	Zuführen sensibler Wärme
Heizen, direktes	Heizen ohne Zwischenschalten eines Wärmeträgers zwischen Wärmequelle und zu heizendem Medium
Heizen, indirektes	Heizen mit Zwischenschalten eines Wärmeträgers zwischen Wärmequelle und zu heizendem Medium
Heizlast	Wärmestrom, der dem Raum zugeführt werden muß, um einen angestrebten Luftzustand aufrechtzuerhalten
Heizlast, latente	Wärmestrom, der erforderlich ist, um bei konstanter Lufttemperatur die Wassermenge von Lufttemperatur zu verdunsten, die dem Raum zum Aufrechterhalten einer angestrebten absoluten Luftfeuchte zugeführt werden muß
Heizlast, sensible	Wärmestrom, der dem Raum zugeführt werden muß, um bei konstanter absoluter Luftfeuchte eine angestrebte Lufttemperatur aufrechtzuerhalten (Wärmebedarf)
Heizleistung	Wärmestrom, der von einem Wärmeerzeuger oder Wärmeaustauscher zugeführt wird
Induktion	Mitnehmen von Umgebungsluft (Sekundärluft) durch einen Luftstrahl (Primärluft)
Induktionsverhältnis	Sekundärluftvolumenstrom bezogen auf Primärluftvolumenstrom

Benennung	Definition
Kälteleistung	Auslegungsleistung einer Kälteanlage
Kammerbauweise	Bauelemente, eingesetzt in am Aufstellungsort aufgebaute Kammern, deren gemeinsames Transportieren und Versetzen aufgrund ihres konstruktiven Aufbaues nicht vorgesehen ist
Kammerzentrale	Kombination von Bauelementen in Kammerbauweise
Konvektorbauweise (bei Raumgeräten)	Ausführungsform eines Wärmeaustauschers zur überwiegend konvektiven Wärmeübertragung an den Raum
Kühllast	Wärmestrom, der aus einem Raum abgeführt werden muß, um einen angestrebten Luftzustand aufrechtzuerhalten
Kühllast, latente	Wärmestrom, der erforderlich ist, um einen Dampfmassenstrom bei Lufttemperatur zu kondensieren, so daß bei konstanter Lufttemperatur eine angestrebte absolute Luftfeuchte im Raum aufrechterhalten wird
Kühllast, sensible	Wärmestrom, der bei konstanter absoluter Luftfeuchte aus dem Raum abgeführt werden muß, um eine angestrebte Lufttemperatur aufrechtzuerhalten
Kühlleistung	Wärmestrom, der von einem Kälteerzeuger oder Wärmeaustauscher abgeführt wird
Kühlen	Abführen sensibler Wärme
Kühlen, direktes	Kühlen ohne Zwischenschalten eines Wärmeträgers zwischen Kälteerzeuger und zu kühlendem Medium
Kühlen, indirektes	Kühlen mit Zwischenschalten eines Wärmeträgers zwischen Kälteerzeuger und zu kühlendem Medium
Kühlung, freie	Kühlen mittels Außenluft, deren Temperatur unterhalb der Raumlufttemperatur liegt
Lüftung	Austausch von Raumluft gegen Außenluft
Lüftung, maschinelle	Lüftung mit Förderung der Luft durch Strömungsmaschinen
Lüftung, freie	Lüftung mit Förderung der Luft durch Druckunterschiede infolge Wind und/oder Temperaturdifferenzen zwischen Außen und Innen
Lüftungseinrichtung	Kurzbegriff für "Einrichtung zur freien Lüftung"

Benennung	Definition
Luftart	Bezeichnung der Luft nach dem jeweiligen Ort innerhalb einer RLT-Anlage oder einer Lüftungseinrichtung (z.B. Außenluft, Zuluft, vorbehandelte Zuluft, Abluft, Umluft, Fortluft)
Luftbehandlung	Technisch erzwungene Veränderung des Zustandes der Luft, z.B. Temperatur, abs. Feuchte, Staubgehalt, Keimzahl, Gehalt an Gasen und Dämpfen, Druck u.ä.
Luftbehandlung, thermodynamische	Technisch erzwungene Veränderung der Temperatur und/oder abs. Feuchte der Luft durch Heizen, Kühlen, Befeuchten oder Entfeuchten
Luftbehandlungsfunktion	Technische Möglichkeit zur Durchführung einer Luftbehandlung
Luftfeuchte, absolute	Wasserdampfmasse pro Masseneinheit trockener Luft
Luftfeuchte, relative	Wasserdampfteildruck der Luft bezogen auf den Sättigungsdruck des Wasserdampfes bei Lufttemperatur
Luftführung, im Raum	Art der Luftströmung im Raum
Lufthauptbehandlung	Teilbehandlung der Luft in einer RLT-Anlage, die nach der Zahl der Luftbehandlungsfunktionen oder nach der Leistung die wesentlichste ist
Luftnachbehandlung	Teilbehandlung der Luft in einer RLT-Anlage, die in Strömungsrichtung nach der Lufthauptbehandlung erfolgt
Luftrate	Bezogener Luftvolumenstrom
Luftrate, Personen-	Außenluftvolumenstrom bezogen auf eine Person. Kurzbegriff für "Personen-Außenluftrate"
Luftteilbehandlung	Luftbehandlung, die nicht die gesamte beabsichtigte Behandlung umfaßt
Luftverteilung im Gebäude	Art der Kanalführung einer RLT-Anlage im Gebäude
Luftverunreinigungen	Beimengungen zu reiner Luft normaler Zusammensetzung mit Ausnahme von Wasserdampf bzw. Wassernebel (z.B. Feststoffe, Gase, Dämpfe)
Luftvorbehandlung	Teilbehandlung der Luft in einer RLT-Anlage, die in Strömungsrichtung vor der Lufthauptbehandlung erfolgt
Luftwechsel	Luftvolumenstrom für einen Raum, bezogen auf das Raumvolumen

Benennung	Definition
Mischluft	Mischung von Luft verschiedener Art oder verschiedenen Zustandes
Personenluftrate	siehe "Luftrate, Personen-"
Plattenbauweise	Ausführungsform eines Wärmeaustauschers mit einem nennenswerten Anteil der Wärmeübertragung an den Raum durch Strahlung
Primärluft, allgemein	Treibluft bei einem Induktionsvorgang
Primärluft bei Induktionssystemen	Dem Induktionsgerät aus der Leitung zugeführter Teil der Zuluft (in der Regel Außenluft)
Prozeßlufttechnische Anlage	siehe "Anlage"
Querlüftung	Freie Lüftung von einer Seite eines Gebäudes zu einer anderen, vorwiegend durch Winddruck hervorgerufen
Raumumluft	Raumluft, die zum Zwecke der Luftbehandlung im Raum über ein Gerät geführt wird
Raumlufttechnische Anlage	siehe "Anlage"
RLT-Anlage	Kurzbezeichnung für raumlufttechnische Anlage, siehe "Anlage"
RLT-Zentrale	Raum oder Raumgruppe eines Gebäudes, in dem die wesentlichen Teile einer RLT-Anlage für die Luftbehandlung und Luftförderung untergebracht sind
Sammelleitung	Abschnitt in einem Abluftleitungsnetz einer RLT-Anlage, in den Abluft aus dem Raum direkt oder über kurze Stichleitungen eintritt
Sekundärluft, allgemein	Mitgenommene Luft bei einem Induktionsvorgang
Sekundärluft bei Induktionssystemen	Vom Induktionsgerät aus dem Raum angesaugter Teil der Zuluft (Raumumluft)
Thermodynamische Luftbehandlung	siehe "Luftbehandlung"
Umluft	Abluft, die in derselben Anlage als Zuluft wiederverwendet wird
Verteilleitung	Abschnitt im Zuluftleitungsnetz einer RLT-Anlage, aus dem Zuluft in die Räume direkt oder über kurze Stichkanäle austritt
Versorgungsbereich	Der Bereich, der von einer RLT-Anlage versorgt wird
Versorgungsstelle	Der Bereich, der von der kleinsten Einheit einer RLT-Anlage versorgt wird (z.B. von einem Induktionsgerät, Raumgerät, Luftdurchlaß)

Benennung	Definition
Wärmelast	Oberbegriff für Heizlast und Kühllast
Wärmeleistung	Auslegungsleistung eines Wärmeerzeugers oder Wärmeaustauschers
Windlüftung	Freie Lüftung; Luftförderung bewirkt durch Winddruckdifferenzen am Gebäude
Zentralumluft	Abluft aus einem oder mehreren Versorgungsbereichen, die zentral der oder den RLT-Anlagen wieder zugeführt wird
Zone	Teil eines Versorgungsbereiches, der gemeinsam geregelt oder gesteuert wird
Zonenumluft	Abluft, die in derselben Zone als Zuluft wiederverwendet wird
Zuluft	Die gesamte dem Raum zuströmende Luft (vom Raum aus betrachtet)

Formelzeichen

b	Durchlaßfaktor von Fenstern und Sonnenschutzeinrichtungen
b_{Be}	durchschnittliche tägliche Vollbeleuchtungsstunden
b_d	durchschnittliche tägliche Betriebszeit
c_p	spezifische Wärmekapazität
c_{pL}	spezifische Wärmekapazität der Luft bei konstantem Druck
c_W	spezifische Wärmekapazität des Wassers
d_{ges}	Gesamttage pro Jahr
d_{Be}	Betriebstage
f_a	Korrekturfaktor für Betriebstage/Gesamttage
f_{HK}	Minderungsfaktor der Kälteenergie bei Kühlung veränderlicher Außenluftvolumen in Abhängigkeit von der Mischtemperatur
f_{HW}	Minderungsfaktor der Wärmeenergie bei Erwärmung veränderlicher Außenluftvolumen in Abhängigkeit von der Mischtemperatur
f_{SP}	Faktor zur Errechnung der Strahlungswärmegewinne in der Zeit $t_a < t_i$ aus den Gesamtstrahlungswärmegewinnen
f_{WP}	Faktor zur Errechnung der Wärmegewinne in der Zeit $t_a < t_i$
h_{a3}	Mittelwert der Außenluft bei Vorwärmung $h_a < h_{TP}$
h_{a4}	Mittelwert der Enthalpie der Außenluft bei Kühlung $h_a < h_{TP}$
h_{a6}	mittlere Außenluftenthalpie zur Zeit Z_6
h_{TP}	Taupunktenthalpie
$\dot{m}$	Massenstrom
n	Drehzahl
q	Flüssigkeitswärme
r	Verdampfungswärme des Wassers
t_a	Außenlufttemperatur
t_{am}	mittlere Außenlufttemperatur
$t_{a,max}$	maximale Außenlufttemperatur nach /2/
$t_{a,min}$	tiefste rechnerische Außenlufttemperatur /7/
$t_{a(n)}$	mittlere Außenlufttemperatur, n für Zustandspunkt
t_i	Raumlufttemperatur, konstant mit 22°C angenommen
t_{TP}	Taupunkttemperatur, bei h=33 KJ/kg, = 100% mit 11,5°C angenommen
t_{Zu}	Zulufttemperatur
$x_{a(n)}$	mittlere absolute Feuchte der Außenluft, n für Zustandspunkt
x_{TP}	absolute Feuchte am Taupunkt (bei h=33 KJ/kg)
A	Fläche
A_F	Fensterfläche einer Himmelsrichtung, die z.Z. des Strahlungsmaximums besonnt ist
G_{Da}	jährlicher Dampfbedarf
G_K	Kühlgradstunden
G_L	Lüftungsgradstunden
P	Ventilatorleistung, Pumpenleistung
P_{DK}	Leistung der Düsenkammerpumpe
P_V	Leistung der Zu- und Abluftventilatoren, bezogen auf ein mittleres Luftvolumen
$\dot{Q}$	Wärmestrom
Q_a	jährlicher Wärmebedarf (bestehend aus Vor- und Nachwärmung)
$Q_{AL,a}$	jährlich aufgewendete Energie zur Kühlung der Außenluft
$\dot{Q}_{Be}$	Jahresdurchschnitt der stündlichen Wärmeabgabe der Beleuchtung
Q_{Bea}	Wärmeabgabe der Beleuchtung pro Jahr
Q_{BP}	Wärmeabgabe der Beleuchtung in der Zeit ($t_a < t_i$)
Q_{BS}	Wärmeabgabe der Beleuchtung in der Zeit ($t_a > t_i$)
$\dot{Q}_h$	Wärmebedarf nach /9/
Q_{KB}	jährlicher Kältebedarf
Q_{KL}	jährlicher Kältebedarf zur Kühlung der Außenluft auf Taupunkttemperatur
$\dot{Q}_{KT}$	Transmissionsanteil des Kältebedarfs nach /2/
Q_{KV}	"Kälteverbrauch" des Kühlers
Q_{Ma}	jährliche Wärmegewinne durch Maschinen und Einrichtungen
Q_{MP}	Wärmeabgabe der Maschinen in der Zeit ($t_a < t_i$)
Q_{MS}	Wärmeabgabe der Maschinen in der Zeit ($t_a > t_i$)
Q_{NR}	jährlicher Wärmebedarf für Lufterwärmung von Taupunkttemperatur
Q_{NW}	jährlicher Wärmebedarf des Nachwärmers
$\dot{Q}_P$	Wärmeabgabe der Personen
Q_{Pa}	jährliche Wärmeabgabe der Personen
Q_{PP}	jährliche Wärmeabgabe der Personen im Winter ($t_a < t_i$)
Q_{PS}	jährliche Wärmeabgabe der Personen im Sommer ($t_a > t_i$)
Q_S	jährliche Wärmegewinne durch Sonneneinstrahlung pro m^2 Fenster
Q_{Sa}	jährliche Wärmegewinne durch Sonneneinstrahlung
Q_{SP}	jährliche Wärmegewinne durch Sonneneinstrahlung in der Zeit ($t_a < t_i$)
Q_{SS}	jährliche Wärmegewinne durch Sonneneinstrahlung in der Zeit ($t_a > t_i$)
Q_T	jährliche Wärmegewinne durch Transmission in der Zeit ($t_a < t_i$)
Q_{TG}	jährliche Wärmegewinne durch Transmission
Q_{TP}	jährliche Wärmegewinne durch Transmission in der Zeit ($t_a < t_i$)
Q_{TS}	jährliche Wärmegewinne durch Transmission in der Zeit ($t_a > t_i$)
Q_{VW}	Jahreswärmebedarf der Vorwärmers
Q_W	jährlicher Wärmebedarf für das Heizen
$\dot{V}$	Volumenstrom
$\dot{V}_{AL}$	Außenluftvolumenstrom
$\dot{V}_L$	Luftvolumenstrom
$\dot{V}_{PL}$	Primärluftvolumenstrom
W_{DKa}	jährlicher Energiebedarf der Düsenkammerpumpe
W_{ED}	jährlicher Energiebedarf zu Dampferzeugung

W_{Va}	jährlicher Energiebedarf für Zu- und Abluftventilatoren
Z	Lüftungsstunden
Z_1	Stundenzahl für Lufterwärmung im Feld 1 ($t_a < t_i$)
Z_2	jährliche Außenluftzustände ($t_a > t_i$)
Z_3	jährliche Stunden mit $h_a < h_{TP}$
Z_4	jährliche Stunden mit $h_a > h_{TP}$
Z_5	jährliche Stunden mit Außenluftzuständen $x_a < x_{TP}$ und $t_a < t_i$
Z_6	jährliche Stunden mit Außenluftzuständen $x_a > x_{TP}$ und $t_a > t_i$
Δt	Temperaturdifferenz
Δp	Druckdifferenz
Δp_V	Gesamtdruckdifferenz des Ventilators
η_{Vt}	Ventilatorwirkungsgrad
Ψ	Abflutungsfaktor
ρ	Dichte
ρ_L	Dichte der Luft
τ_K	Enthalpie-Korrektur für die Lage der Betriebszeit bei Kühlung
τ_{hv}	Enthalpie-Korrektur für die Lage der Betriebszeit bei Vorwärmung

Literaturverzeichnis

1. DIN 1946:
Raumlufttechnik

2. VDI 2078
Kühllastregeln

3. VDI 2310:
Maximale Immissionswerte

4. DIN 33403:
Klima am Arbeitsplatz und in der Arbeitsumgebung

5. Pohlmann:
Taschenbuch für Kältetechniker; Müller-Verlag, Karlsruhe

6. Recknagel-Sprenger:
Taschenbuch für Heizung und Klimatechnik; 62. Ausgabe 1983, R. Oldenburg Verlag München Wien

7. VDI 2067:
Berechnung der Kosten von Wärmeversorgungsanlagen

8. VDI 4710:
Meteorologische Daten

9. DIN 4701:
Berechnung des Wärmebedarfs von Gebäuden

10. Arbeitskreis der Dozenten für Klimatechnik:
Lehrbuch der Klimatechnik, Verlag C.F. Müller, Karlsruhe

11. Krist, Th.:
Formeln und Tabellen der Heizungs-, Lüftungs- und Klimatechnik; Technik-Tabellen-Verlag, Fihentscher u. Co., Darmstadt 1970

Wärmepumpen

Dieter Petzold

INHALTSVERZEICHNIS

Unter Wärmepumpen versteht man Maschinen, die Nutzwärme dadurch bereitstellen, daß sie Wärme bei einer tiefen Temperatur (z. B. aus der Umgebungsluft) aufnehmen und sie bei einer höheren Temperatur als Nutzwärme wieder abgeben. Der Energieaufwand für diesen "Pumpprozeß" ist bei kleinen Temperaturdifferenzen zwischen wärmeaufnehmender und -abgebender Seite geringer als die abgegebene Nutzwärme. Das Funktionsprinzip von Wärmepumpen ist mit dem von Kältemaschinen identisch. Kältemaschinen haben lediglich eine andere Zielsetzung. Bei ihnen ist die bei tiefer Temperatur (z.B. aus einem Kühlraum) entzogene Wärme der Nutzen.

Ziel dieses Abschnitts ist es, die technologischen Grundlagen der wichtigsten Wärmepumpenprozesse vorzustellen. Die Auswahl beschränkt sich auf relevante Systeme für Heizwärmepumpen. Weitgehend ausgereift sind die Wärmepumpen auf der Grundlage der Kompressionskaltdampfprozesse, während für Absorptionswärmepumpen kleiner Leistungen (ca. 20 kW) die Entwicklung noch nicht abgeschlossen ist. Der Dampfstrahlprozeß, der speziell zur Abwärmenutzung bei gewerblicher und industrieller Anwendung genutzt wird, ist in /Kap. 25.2.3/ beschrieben.

19.1 Kompressionskaltdampfwärmepumpen

Der Kompressionskaltdampfprozeß ist die zur Zeit wichtigste Prozeßführung für Wärmepumpen und Kälteanlagen. Eingesetzt werden sowohl Geräte mit elektromotorischem als auch mit verbrennungsmotorischem Antrieb, wobei die eigentlichen Kreislaufprozesse identisch sind.

19.1.1 Funktion des Kompressionskaltdampfkreislaufs

Der schematische Aufbau einer Anlage mit den typischen Bauteilen Verdichter, Kondensator, Verdampfer und Drossel ist in Abb. 19-1 dargestellt. Als Kreislaufmedium verwendet man Kältemittel, deren Dampfdruckkurve so liegt, daß im Arbeitsbereich der Anlage sowohl Verdampfen als auch Kondensieren möglich ist.

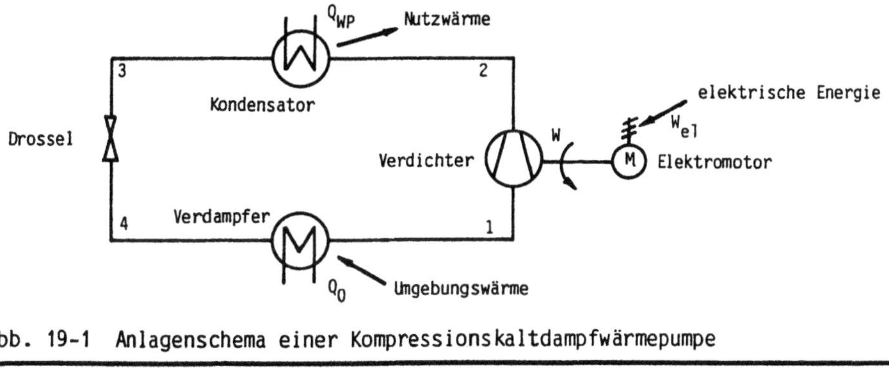

Abb. 19-1 Anlagenschema einer Kompressionskaltdampfwärmepumpe

Der ideale Kreisprozeß mit den entsprechenden Zustandsänderungen /s. Abb. 19-2/ läuft folgendermaßen ab:

4-1: Das Kältemittel verdampft bei tiefer Temperatur (z.B. Umgebungstemperatur). Dabei wird Wärme, z.B. aus der Umgebung, aufgenommen.

1-2: Der Verdichter komprimiert unter Aufwendung von Arbeit das gasförmige Kältemittel auf hohen Druck. Dabei erhöht sich auch die Gastemperatur.

2-3: Das Kältemittel verflüssigt sich im Kondensator bei hoher Temperatur. Die freiwerdende Kondensationswärme wird als Heizwärme abgegeben.

3-4: Das flüssige Kältemittel wird mit Hilfe der Drossel von hohem auf niedrigen Druck entspannt.

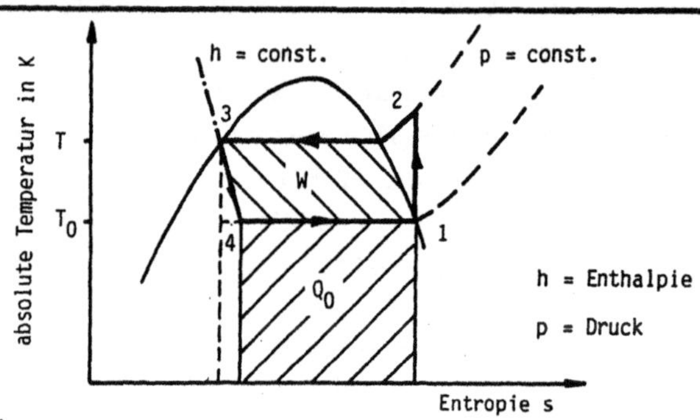

Abb. 19-2
Idealer Kompressionskaltdampfprozeß im T,s-Diagramm

Je nach Zielsetzung kann eine solche Anlage als Wärmepumpe (Nutzung der Kondensationswärme) oder als Kälteanlage (Nutzung der Verdampfungswärme) angesehen werden.

Die Leistungszahl ε errechnet sich dabei allgemein aus folgendem Verhältnis:

$$\varepsilon = \frac{\text{Nutzleistung}}{\text{aufgewandte Leistung}}$$

Bei der verlustlosen Wärmepumpe ergibt sich die Nutzleistung $\dot{Q}_{WP}$ im Kondensator aus

$$\dot{Q}_{WP} = \dot{Q}_0 + P \qquad (19\text{-}1)$$

mit

$\dot{Q}_0$ = Wärmeleistung Verdampfer (Kälteleistung)

P = Antriebsleistung für Verdichter

Bei der Kältemaschine ist die bei tiefer Temperatur im Verdampfer aufgenommene

Wärme $\dot{Q}_0$ die Nutzleistung. Für die Leistungszahlen ergeben sich daher unter idealen Bedingungen folgende Beziehungen:

Kältemaschine $$\varepsilon_{iKM} = \frac{\dot{Q}_0}{P}$$ (19-2)

Wärmepumpe $$\varepsilon_{iWP} = \frac{\dot{Q}_{WP}}{P} = \frac{\dot{Q}_0 + P}{P}$$ (19-3)

Weiterhin ergibt sich durch die Kombination von 19-2 und 19-3

$$\varepsilon_{iWP} = \varepsilon_{iKM} + 1$$ (19-4)

Die in der Kältetechnik übliche Darstellung der Prozeßführung in einem log p,h-Diagramm ist in Abb. 19-3 wiedergegeben. Die Zustandspunkte entsprechen denen in der Abb. 19-2.

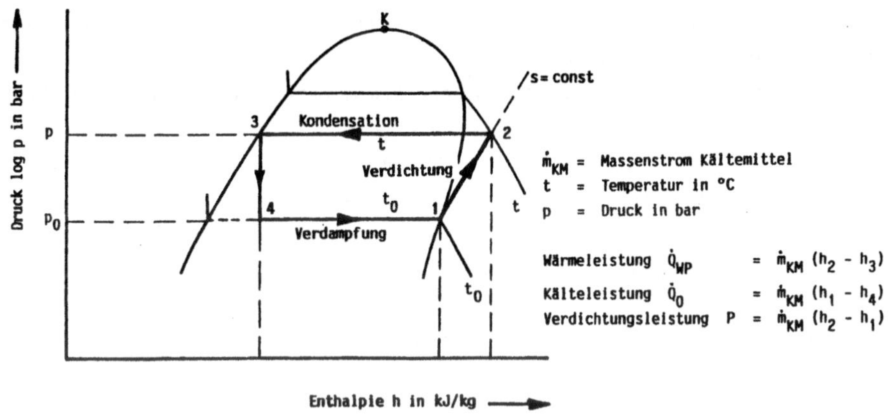

Abb. 19-3 Idealer Kompressionskaltdampfprozeß im log p,h-Diagramm

Die Leistungszahlen für diesen idealen Vergleichsprozeß können wie folgt errechnet werden:

Kältemaschine $$\varepsilon_{iKM} = \frac{h_1 - h_4}{h_2 - h_1}$$ (19-5)

Wärmepumpe $$\varepsilon_{iWP} = \frac{h_2 - h_3}{h_2 - h_1}$$ (19-6)

In der Praxis ergeben sich gegenüber dem Idealprozeß erhebliche Abweichungen, die zwar unerwünscht, aber auf Grund der technischen Möglichkeiten unvermeidbar sind /s. Abb. 19-4/.

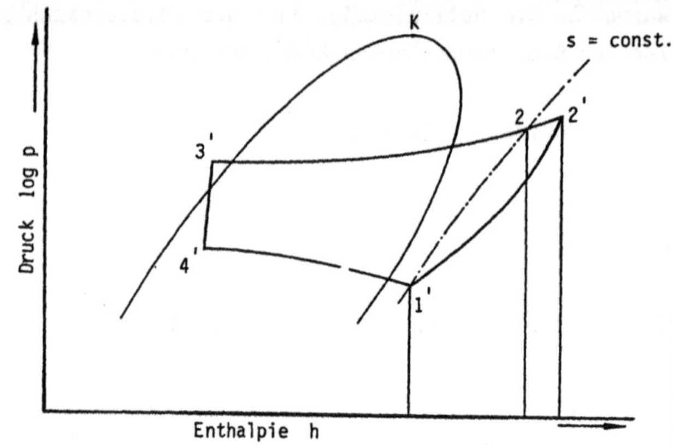

Abb. 19-4 Realer Kompressionskaltdampfprozeß im log p,h-Diagramm

- Die reale Verdichtung verläuft nicht isentrop (Strecke 1'—2'), weil das Kältemittel beim Kompressionsvorgang auch Verlustleistungen (z.B. Reibungswärme der Kolbenringe) aufnehmen muß. Hierdurch vergrößert sich der Arbeitsaufwand für die Verdichtung erheblich.
- In den Wärmeaustauschern (Kondensator, Verdampfer) treten infolge von Reibung Druckverluste auf.
- Das flüssige Kältemittel verläßt den Kondensator unterkühlt.
- Das gasförmige Kältemittel, das den Verdampfer verläßt, wird um eine geringe Temperaturspanne überhitzt, weil zum sicheren Betrieb der meisten Verdichter trockener Dampf notwendig ist.

Zur Beurteilung der Wärmepumpe bezieht man die Leistungszahl allgemein auf die Energie- bzw. Leistungsaufnahme der Antriebsmaschine.

$$\varepsilon_{WP} = \frac{\dot{Q}_{WP}}{P_{el}} \tag{19-7}$$

mit

P_{el} = Leistungsaufnahme Elektromotor

Damit wird auch der Wirkungsgrad der Antriebsmaschine berücksichtigt.

Abb. 19-6 zeigt effektiv erreichbare Leistungszahlen elektromotorischer Wärmepumpen (Mittelwerte von Kompressionswärmepumpen mit semihermetischen Kolbenverdichtern, $\dot{V}_{Kältemittel}$ = 30 m^3/h) /1/. Als Vergleich dient die Leistungszahl eines Carnot-Kreisprozesses /s. Band III/ zwischen den Temperaturen T und T_0.

$$\varepsilon_{CWP} = \frac{T}{T - T_0} \tag{19-8}$$

Der Vergleich zeigt, daß man für Überschlagsrechnungen einen Gütegrad

$$\eta_g = \frac{\varepsilon_{WP}}{\varepsilon_{CWP}} \qquad (19\text{-}9)$$

von etwa 0,5 annehmen kann. Der Gütegrad ist allgemein auch von der Größe der Wärmepumpe abhängig, wobei zwischen sehr kleinen Leistungen (ca. 1 kW) und sehr großen Leistungen (ca. 100 kW) eine Schwankungsbreite zwischen 0,35 und 0,6 erwartet werden kann.

Beispiel 19-1:
Eine Wärmepumpe arbeitet in dem im log p,h-Diagramm in Abb. 19-5 eingezeichneten Kreisprozeß. Die Förderleistung des Kolbenkompressors beträgt:

$$\dot{V} = 25 \frac{m^3}{h}$$

1) Wie groß ist die Wärmeleistung?
2) Wie groß ist die Kälteleistung?
3) Wie groß ist die Leistungsaufnahme des Elektromotors (Motorwirkungsgrad $\eta_{el} = 0{,}9$)?
4) Wie groß ist die Leistungszahl der Wärmepumpe?
5) Wie groß wäre die Leistungszahl, wenn man die Anlage als Kältemaschine betrachtete?

Lösung:

Zuerst berechnet man den vom Verdichter geförderten Massenstrom $\dot{m}$. Das spezifische Volumen des angesaugten Kältemitteldampfes (Zustand 1) beträgt:

$$v = 0{,}06 \frac{m^3}{kg}$$

$$\dot{m}_{KM} = \frac{\dot{V}}{v} \frown \dot{m} = \frac{25\, m^3\, kg}{h \cdot 0{,}06\, m^3} = \underline{\underline{416{,}67 \frac{kg\ \text{Kältemittel}}{h}}}$$

zu 1) Wärmeleistung $\dot{Q}_{WP}$

$q_{WP} = h_2 - h_3$ aus Diagramm $h_2 = 300 \frac{kJ}{kg}$ $h_3 = 138 \frac{kJ}{kg}$

$$q_{WP} = 300 \frac{kJ}{kg} - 138 \frac{kJ}{kg} = 162 \frac{kJ}{kg}$$

$\dot{Q}_{WP} = q_{WP} \cdot \dot{m}$ $\dot{Q}_{WP} = 162 \frac{kJ}{kg} \cdot 416{,}67 \frac{kg}{h} = 67500 \frac{kJ}{h}$

$$\dot{Q}_{WP} = \frac{67500 \cdot kJ \cdot kW \cdot h}{h \cdot 3600 \cdot kJ} = \underline{\underline{18{,}750\ kW}}$$

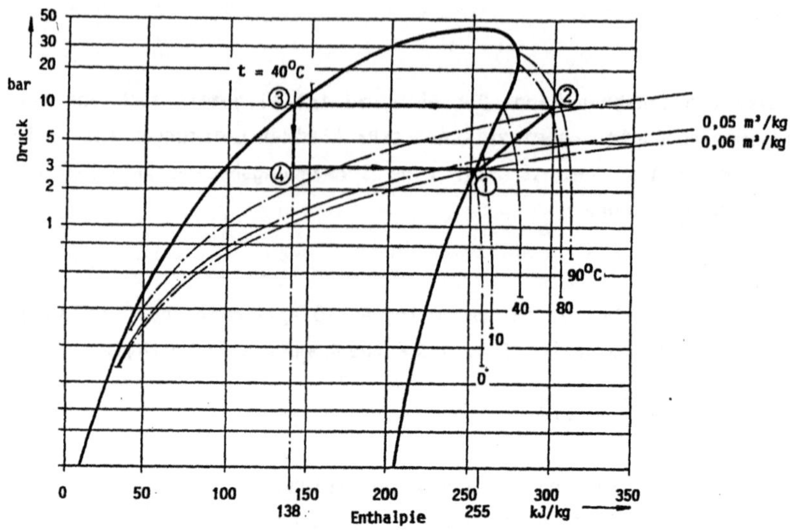

Abb. 19-5 Kreisprozeß im Mollier log p,h-Diagramm für Kältemittel R 12

zu 2) Kälteleistung $\dot{Q}_0$

$q_0 = h_1 - h_4$ aus Diagramm $h_1 = 255\ \frac{kJ}{kg}$ $h_4 = 138\ \frac{kJ}{kg}$

$$q_0 = 255\ \frac{kJ}{kg} - 138\ \frac{kJ}{kg} = 117\ \frac{kJ}{kg}$$

$\dot{Q}_0 = q_0 \cdot \dot{m}$ $\dot{Q}_0 = 117\ \frac{kJ}{kg} \cdot 416{,}67\ \frac{kg}{h} = 48750\ \frac{kJ}{h}$

$$\dot{Q}_0 = \frac{48750 \cdot kJ \cdot kW \cdot h}{h \cdot 3600 \cdot kJ} = \underline{\underline{13{,}542\ kW}}$$

zu 3) Leistungsaufnahme des Elektromotors

Verdichterleistung $P_V = \dot{m}_{KM}\,(h_2 - h_1)$

$$P_V = 416{,}67\ \frac{kg}{h} \cdot \left(300\ \frac{kJ}{kg} - 255\ \frac{kJ}{kg}\right) = 18750\ \frac{kJ}{h}$$

$$P_V = \frac{18750 \cdot kJ \cdot kWh \cdot h}{h \cdot 3600 \cdot kJ}$$

Motorleistung $P_{M\,el}$

$$P_{M\,el} = \frac{P_V}{\eta_{el}} = \frac{5{,}208\ kW}{0{,}9} = \underline{\underline{5{,}787\ kW}}$$

zu 4) Leistungszahl Wärmepumpe ε_{WP}

$$\varepsilon_{WP} = \frac{\dot{Q}_{WP}}{P_{M\,el}} \qquad \varepsilon_{WP} = \frac{18{,}75\ kW}{5{,}785\ kW} = \underline{\underline{3{,}24}}$$

zu 5) Leistungszahl Kältemaschine ε_{KM}

$$\varepsilon_{KM} = \frac{\dot{Q}_0}{P_{M\,el}} \qquad \varepsilon_{KM} = \frac{13{,}542\ kW}{5{,}787\ kW} = \underline{\underline{2{,}34}}$$

Differenz $\Delta t = t - t_0$

t = Verflüssigungstemperatur

t_0 = Verdampfungstemperatur

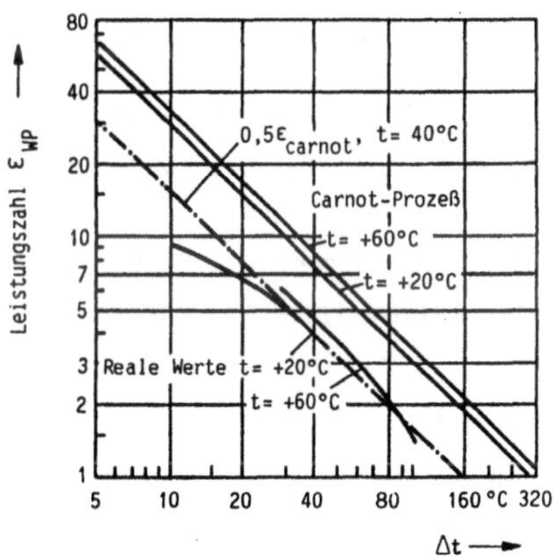

Abb. 19-6

Leistungszahl der Wärmepumpe. Vergleich zwischen Carnot-Prozeß und realen Werten /1/

Bei den Leistungszahlangaben nach Abb. 19-6 ist zu beachten, daß sie in Abhängigkeit der Verdampfungs- und Kondensationstemperatur angegeben sind. Für den Einsatz der Wärmepumpe interessiert aber im allgemeinen die mit bestimmten Wärmequellen- und Wärmesenkentemperaturen erreichbare Leistungszahl. Dabei müssen die Temperaturdifferenzen zum Übertragen der Wärme im Kondensator und Verdampfer berücksichtigt werden. Die Verhältnisse sind schematisch in Abb. 19-7 dargestellt. Für die Berechnung des Wärmestroms der Wärmeaustauscher wurde vereinfachend die arithmetische Temperaturdifferenz angenommen.

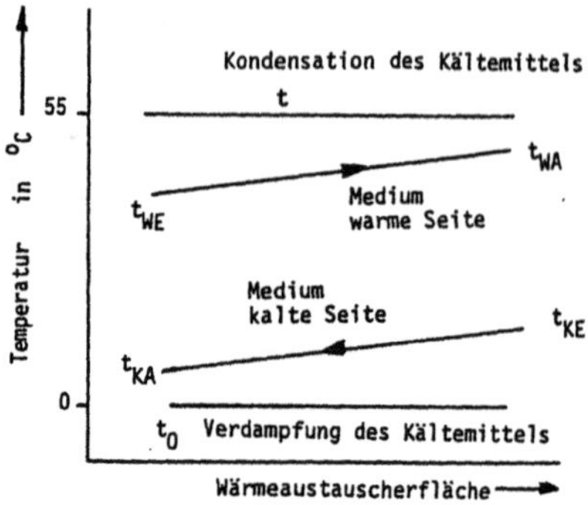

$$\dot{Q}_{WP} = \dot{m}_W \cdot c_{P_W} \cdot (t_{WA} - t_{WE})$$

$$\dot{Q}_{WP} \approx k_W \cdot F_W \cdot \left(t - \frac{t_{WE} + t_{WA}}{2}\right)$$

$$t \approx t_{WE} + \frac{t_{WA} - t_{WE}}{2} + \left(\frac{\dot{Q}}{k_W \cdot F_W}\right)$$

$$\dot{Q}_0 = \dot{m}_K \cdot c_{P_K} \cdot (t_{KE} - t_{KA})$$

$$\dot{Q}_0 \approx k_K \cdot F_K \cdot \left(\frac{t_{KE} + t_{KA}}{2} - t_0\right)$$

$$t_0 \approx t_{KE} - \frac{t_{KE} - t_{KA}}{2} - \frac{\dot{Q}_0}{k_K \cdot F_K}$$

t = Temperatur
$\dot{m}$ = Massenstrom des Mediums
c_p = spezifische Wärmekapazität
F = Fläche Wärmeaustauscher
k = Wärmedurchgangszahl Wärmeaustauscher

1. INDEX
W = warme Seite
K = kalte Seite

2.INDEX
E = Eintritt Wärmeaustauscher
A = Austritt Wärmeaustauscher

Abb. 19-7
Temperaturdifferenzen und Energieströme an den Wärmeaustauschern einer Wärmepumpe

Es zeigt sich, daß die Verdampfungstemperatur t_0 stets unter der Wärmequellentemperatur ($\hat{=}\ t_{KE}$) und die Kondensationstemperatur über der nutzbaren Temperatur des aufzuwärmenden Mediums (z.B. Heizungsvorlauftemperatur $\hat{=}\ t_{WA}$) liegt. Für die Temperaturänderungen der Medien $\Delta t_W = t_{WA} - t_{WE}$ bzw. $\Delta t_K = t_{KE} - t_{KA}$ kann man unter Auslegungsbedingungen 5 bis 10 K annehmen. Bezogen auf die Eintrittstemperaturen der Medien können je nach Bauart des Wärmetauschers folgende Richtwerte angenommen werden:

Wasser-Kältemittelwärmetauscher

$t_{KE} - t_0 \simeq t - t_{WE}$ = 10 bis 15 K

Luft-Kältemittelwärmetauscher

$t_{KE} - t_0 \simeq t - t_{WE}$ = 10 bis 20 K

Einen erheblichen Einfluß auf die Leistungszahl und das Betriebsverhalten hat das verwendete Kältemittel. Die nach dem Vergleichsprozeß erreichbaren theoretischen Leistungszahlen zeigt Abb. 19-8a. Für die Größe des Verdichters und das

Betriebsverhalten der Wärmepumpe ist die volumetrische Heizleistung q_v

$$q_v = \frac{\text{Wärmemenge}}{\text{vom Verdichter angesaugtes Dampfvolumen}} \qquad (19\text{-}10)$$

entscheidend /s. Abb. 19-8b/.

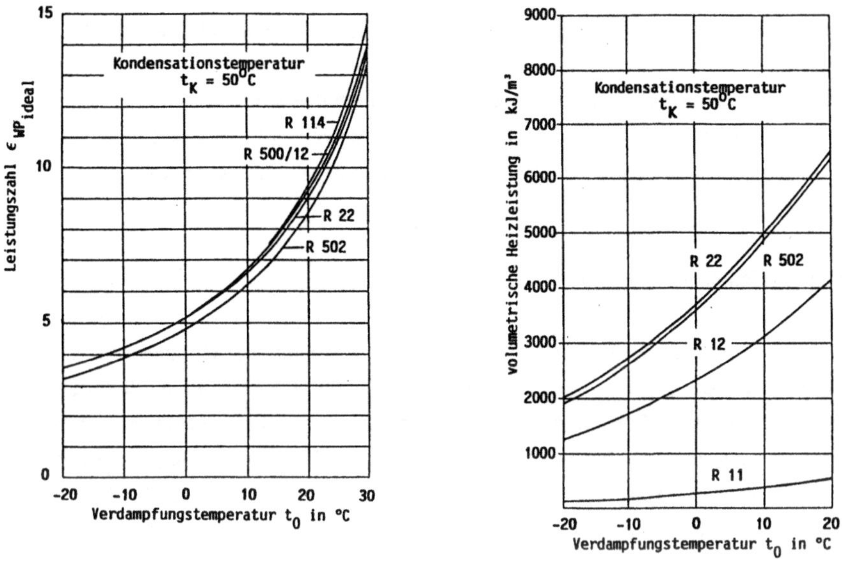

a) Leistungszahlen verschiedener Kältemittel /2/

b) volumetrische Heizleistung verschiedener Kältemittel

Abb. 19-8
Leistungszahlen und volumetrische Heizleistung verschiedener Kältemittel

Üblicherweise verwendet werden Sicherheitskältemittel, die je nach Hersteller auch als Frigene, Freone usw. bezeichnet werden. Sie sind meist unbrennbar und haben nur sehr schwache oder gar keine toxischen Eigenschaften. Insbesondere für Wärmepumpen werden die Kältemittel R12, R22 und R502 eingesetzt. R22 zeichnet sich durch eine hohe volumetrische Heizleistung (kleiner Kompressor) aus, führt aber bei der Verdichtung zu hohen Drücken und hohen Verdichtungsendtemperaturen (chemische Stabilität). Zulässig sind mit diesem Kältemittel Kondensationstemperaturen von ca. 50°C. Demgegenüber sind mit R12 auch höhere Kondensationstemperaturen möglich (z.B. 70°C), wobei die geringere volumetrische Heizleistung aber größere Verdichter notwendig macht. R502, das ein azetropes Gemisch aus R22 und R115 ist, ähnelt in vielen Eigenschaften dem R22. Es führt ebenfalls zu hohen Betriebsdrücken, hat aber etwas niedrigere Verdichtungsendtemperaturen als R22.

Die drei eben beschriebenen Kältemittel werden ebenfalls in solchen Kälteanlagen eingesetzt, die in einem den Heizwärmepumpen ähnlichen Temperaturbereich arbeiten. Beispiele hierfür sind Kühlschränke, Gefriertruhen, Speiseeismaschinen, Klimageräte .

19.1.2 Bauarten und Bauteile von Wärmepumpen

Die Bauarten von Wärmepumpen können sehr verschieden sein und nach

- Antriebsmaschine (Elektromotor, Verbrennungsmotor)
- Verdichtertyp (Kolbenverdichter, Schraubenverdichter usw.)
- Aufstellung einzelner Bauteile (Kompaktgeräte, Splitgeräte)
- möglichen Wärmeträgern (Luft, Wasser usw.)

unterschieden werden.

Kleine Heizwärmepumpen für den Hausbereich werden vorwiegend mit elektromotorischem Antrieb gebaut. Bei größeren Anlagen kommen auch Verbrennungsmotoren (Otto- oder Dieselmaschinen) zum Einsatz. Der grundsätzliche Unterschied zum elektrischen Antrieb besteht darin, daß auch die Abwärme des Wärmekraftprozesses genutzt werden kann. Das Anlagenschaltbild zeigt Abb. 19-9. Mit der üblichen Reihenfolge der Wärmetauscher (Wärmepumpenkondensator, Kühlwasserwärmetauscher, Abgaswärmetauscher) ist die erreichbare Vorlauftemperatur etwas größer als bei elektromotorischen Wärmepumpen (ca. 70°C).

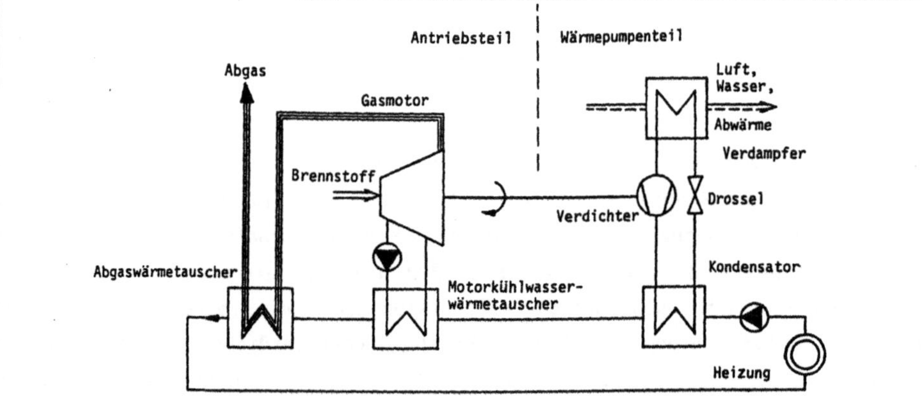

Abb. 19-9 Verbrennungsmotorisch angetriebene Wärmepumpe

Ein sehr wesentliches Bauglied ist der Verdichter. Einen Überblick über mögliche Bauarten gibt Abb. 19-10.

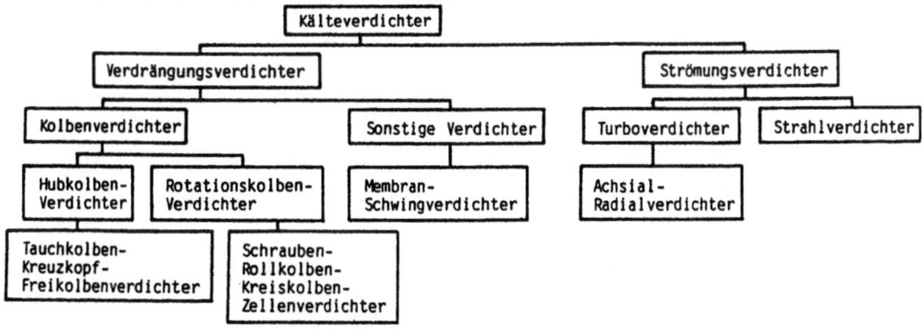

Abb. 19-10 Bauarten von Verdichtern

Bauartbedingt werden die einzelnen Verdichtertypen in unterschiedlichen Leistungsbereichen eingesetzt. In Abb. 19-11 ist dieses indirekt durch die Saugvolumenströme dargestellt, die durch Multiplikation mit der volumetrischen Heizleistung /s. Abb. 19-8/ die Heizleistung ergeben.

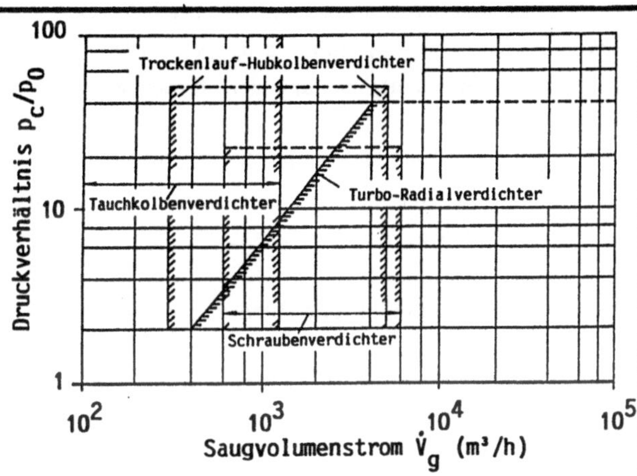

Abb. 19-11
Saugvolumenstrom
verschiedener Verdichterbauarten nach /3/

Hubkolbenverdichter werden für kleine bis mittlere Leistungsbereiche in großen Serien gebaut. Sie sind in fast allen Wärmepumpen für den Bereich der Ein- und Mehrfamilienhäuser anzutreffen, weiterhin aber auch in den meisten Kälteanlagen.

Schraubenverdichter eignen sich für den mittleren Leistungsbereich. Vorteilhaft sind die kompakte Bauweise, der vibrationsarme Lauf und die gute Drehzahlregulierbarkeit. Schraubenverdichter kommen häufig bei Wärmepumpen mit Verbrennungsmotoren zum Einsatz. Eine Spezialausführung ist der Schraubenverdichter mit Steuerschieber, der durch Zurückführung eines Kältemittelteilstroms sehr gut regulierbar ist. Die Einsatzmöglichkeit besteht ab ca. 300 kW Heizleistung.

Turboverdichter eignen sich nur für große Leistungsbereiche. Vorteilhaft sind die kompakte Bauweise, das geringe Betriebsgeräusch und die Volumenstromregulierbarkeit. Die vorherrschende Bauart sind ein- oder mehrstufige Radialmaschinen. Die überwindbaren Temperaturdifferenzen sind im allgemeinen geringer als bei den zuvor genannten Verdichtern. Turboverdichter werden häufig in Anlagen zur Kaltwassererzeugung für Klimaanlagen eingesetzt.

Auf die verschiedenen konstruktiven Ausführungen der Wärmetauscher soll hier nicht eingegangen werden. Für den zweckmäßigen Einsatz ist es wichtig zu wissen, daß sowohl bei Verdampfern als auch bei Kondensatoren

Kältemittel-Gas (Luft) und
Kältemittel-Flüssigkeit (Wasser, Sole) Wärmetauscher

eingesetzt werden können. Allgemein benennt man die Wärmepumpe durch eine Wortkombination der möglichen Wärmeträger Wasser (W), Sole (S), Luft (L), wobei man zuerst den Wärmeträger der kalten Seite, dann den Wärmeträger der warmen Seite angibt. Man spricht z.B. von einer Luft-Wasser-Wärmepumpe, womit der Einsatzzweck durch die Bauart der Wärmepumpe festgelegt ist.

Nach der Aufstellung der Einzelbauteile unterscheidet man **Kompaktgeräte** (räumliche Einheit von Kompressor, Verdichter, Verdampfer) und **Splitgeräte**, bei denen der Verdampfer oder der Kondensator gesondert aufgestellt wird.

19.1.3 Leistungszahlen und Arbeitszahlen

Die Leistungszahl ist die charakteristische Größe für die momentane Energieumsetzung von Wärmepumpen und entspricht laut Definition der sonst üblichen Leistungskenngröße Wirkungsgrad.

Im praktischen Einsatz arbeiten Wärmepumpen wie auch Kälteanlagen unter veränderlichen Betriebsbedingungen. Dabei kann die Leistungszahl insbesondere auf Grund der unterschiedlichen Temperaturen auf der kalten und warmen Seite stark schwanken. Für Wirtschaftlichkeitsberechnungen ist es daher notwendig, mit einer mittleren Leistungszahl, allgemein als Arbeitszahl β_{WP} bezeichnet, zu rechnen.

$$\beta_{WP} = \frac{Q_{TWP}}{W_{TWP}} \qquad (19\text{-}11)$$

Q_{TWP} = Wärmeabgabe über einen Zeitraum (z.B. 1 Jahr)
W_{TWP} = Arbeitsaufnahme über einen Zeitraum (z.B. 1 Jahr)

Diese Arbeitskenngröße entspricht einem Nutzungsgrad.

Für eine vollständige Beurteilung ist es notwendig, alle Hilfseinrichtungen wie Pumpen zur Förderung der Energieträger auf der kalten und warmen Seite mit ihrem Energieverbrauch und auch der daraus resultierenden Wärmeabgabe zu berücksichtigen. Dieses kann von vornherein durch Berücksichtigung der Hilfsenergien P_{el_H} in einer Bruttoleistungszahl ε_{WP_B} erfolgen.

$$\varepsilon_{WP_B} = \frac{\dot{Q}_{WP}}{P_{el_{WP}} + P_{el_H}} \tag{19-12}$$

Da der Wärmegewinn durch die Hilfseinrichtungen (z.B. Förderpumpe auf der warmen Seite) gegenüber der Wärmeleistung der Wärmepumpe allgemein sehr klein ist, wurde er bei der Definition der Bruttoleistungszahl in 19-12 nicht berücksichtigt.

19.1.4 Leistungszahlen von elektromotorischen Wärmepumpen

Für den Einsatz von Wärmepumpen interessieren im allgemeinen die mit bestimmten Temperaturen der Wärmeträger auf der kalten und warmen Seite erreichbaren Leistungszahlen.

Um einheitliche Vergleichswerte zu erhalten, werden bei elektromotorischen Wärmepumpen Heizleistung und Leistungszahl im allgemeinen für Standardtemperaturen angegeben /s. Tab. 19-1/. Die Prüfbedingungen sind nach DIN 8900 /4/ genormt.

Wärmequellenanlage (kalte Seite)		Wärmenutzungsanlage (warme Seite)		
Wärmeträger	Eintrittstemperatur in °C	Wärmeträger Wasser Austrittstemperatur aus WP °C	Wärmeträger Luft Eintrittstemperatur in WP °C	Kennzeichen
Wasser	10	35	--	W10 W35
	10	55	--	W10 W55
	10	--	20	W10 L20
Sole	0	35	--	S0 W35
	0	55	--	S0 W55
	0	--	20	S0 L20
Luft	7	35	--	L7 W35
	2	35	--	L2 W35
	-15	35	--	L15 W35
	7	55	--	L7 W55
	2	55	--	L2 W55
	-15	55	--	L15 W55
	7	--	20	L7 L20
	2	--	20	L2 L20
	-15	--	20	L15 L20

Tab. 19-1 Leistungsprüfbedingungen nach DIN 8900 /4/

Bei Leistungszahlangaben nach DIN-Messung wird die abgegebene Heizleistung auf die gesamte elektrische Leistungsaufnahme P_{el} (Verdichtermotor, Hilfseinrichtungen, Förderung der Wärmeträger), die zum Betrieb notwendig ist, bezogen. Für Wärmepumpen, bei denen die Pumpeinrichtungen üblicherweise nicht mitgeliefert werden (z.B. Wasser-Wasser-Wärmepumpen), werden nur anteilige Förderleistungen zur Überwindung der inneren Druckdifferenzen der Wärmetauscher berücksichtigt.

Abb. 19-12 gibt Beispiele für Leistungszahlen von Wärmepumpen, wobei auch die Streubreite üblicher Herstellerangaben aufgezeigt wird.

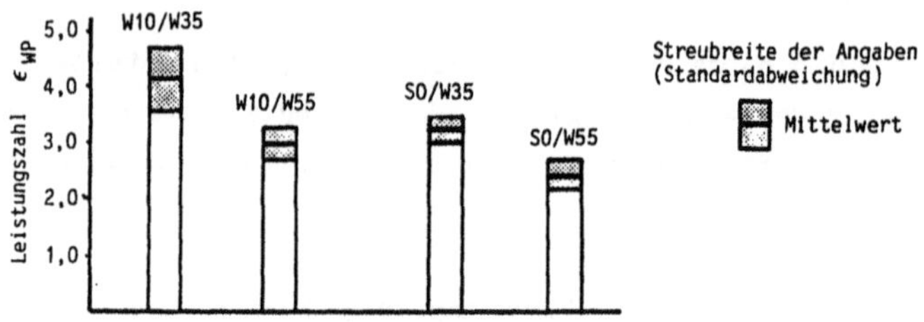

Abb. 19-12 Leistungszahlen elektromotorisch angetriebener Wasser-Wasser- und Sole-Wasser-Wärmepumpen

Neben den Leistungsangaben für einige Meßpunkte werden von den Herstellern zunehmend auch Leistungsdiagramme (nach DIN 8900) angegeben.

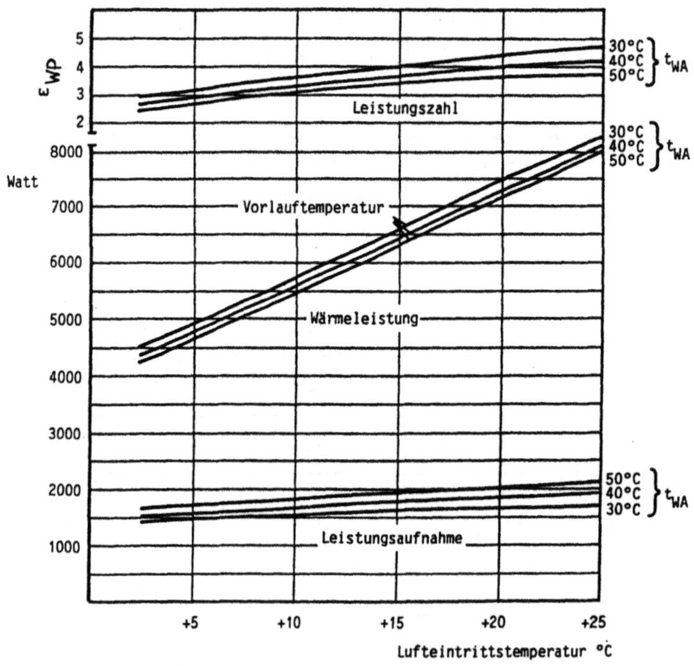

Abb. 19-13

t_{WA} ≙ Heizungsvorlauftemperatur

Leistungsdiagramm einer Luft-Wasser-Wärmepumpe

Abb. 19-13 gibt ein Beispiel für eine Luft-Wasser-Wärmepumpe. Angegeben werden dabei die gesamte elektrische Leistungsaufnahme, die Wärmeleistung (Heizleistung) und die Leistungszahl über der Wärmequellentemperatur, wobei als Parameter verschiedene Austrittstemperaturen des Wärmeträgers der warmen Seite (Heizungsvorlauftemperatur) gewählt werden.

19.1.5 Heizzahlen von verbrennungsmotorischen Wärmepumpen

Die Heizwärmeleistung $\dot{Q}_H$ einer Verbrennungsmotorwärmepumpe setzt sich aus zwei Anteilen zusammen:

- der Wärmeabgabe des Kompressionskreislaufs $\dot{Q}_{WP}$
- der nutzbaren Abwärme (Kühlwasser und Abgas) des Motors $\dot{Q}_{Nutz}$.

$$\dot{Q}_H = \dot{Q}_{WP} + \dot{Q}_{Nutz} \tag{19-13}$$

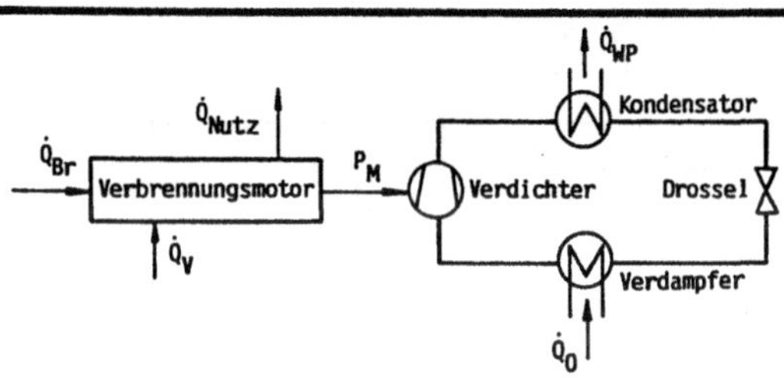

P_M = mechanische Motorleistung
$\dot{Q}_{Br}$ = dem Motor zugeführte Brennstoffleistung
$\dot{Q}_{Nutz}$ = nutzbare Motorabwärme
$\dot{Q}_V$ = nicht nutzbare Motorabwärme
$\dot{Q}_{WP}$ = Heizwärmestrom des Kompressionsteils
$\dot{Q}_0$ = Umgebungswärmestrom

$\eta_M = \frac{P_M}{\dot{Q}_{Br}}$ (Motorwirkungsgrad)

$\epsilon = \frac{\dot{Q}_{WP}}{P_M}$ (Leistungszahl Kompressionsteil)

Abb. 19-14 Energiebilanz einer Verbrennungsmotorwärmepumpe

Die Wärmeabgabe $\dot{Q}_{WP}$ ergibt sich entsprechend Abb. 19-14 zu

$$\dot{Q}_{WP} = \varepsilon \cdot P_M \tag{19-14}$$

oder unter Berücksichtigung des Motorwirkungsgrades

$$\dot{Q}_{WP} = \varepsilon \cdot \dot{Q}_{Br} \cdot \eta_M \quad . \tag{19-15}$$

Die gesamte Heizleistung beträgt also

$$\dot{Q}_H = \varepsilon \cdot \dot{Q}_{Br} \cdot \eta_M + \dot{Q}_{Nutz} \quad . \tag{19-16}$$

Zur Bewertung der Verbrennungsmotorwärmepumpe dient die **Heizzahl**

$$\zeta = \frac{\dot{Q}_H}{\dot{Q}_{Br}} = \frac{\dot{Q}_{WP} + \dot{Q}_{Nutz}}{\dot{Q}_{Br}} \quad . \tag{19-17}$$

Für die Größe der erreichbaren Heizzahl sind die Leistungszahl des Kompressionskreislaufs, der Motorwirkungsgrad und die nutzbare Motorabwärme entscheidend. Eine überschlägige Ermittlung der Heizzahl für Wärmepumpen mit sehr großen Heizleistungen ist nach Abb. 19-15 möglich.

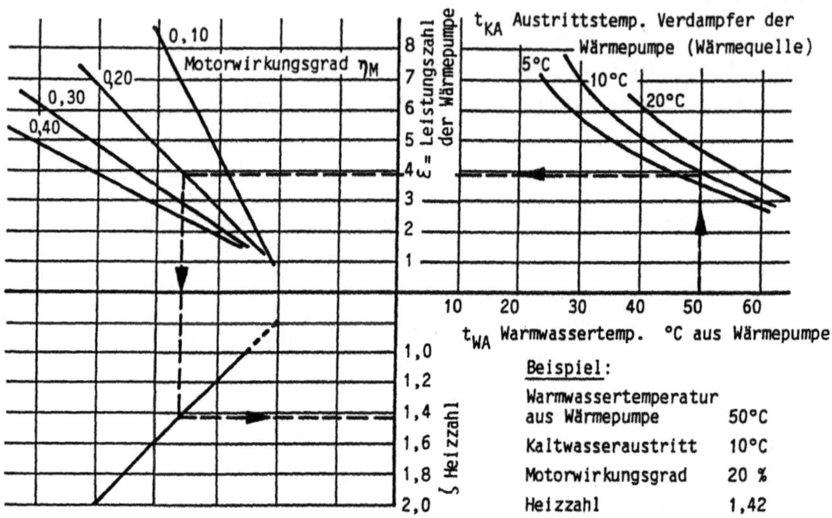

Darstellung gilt für Wärmeleistungen von 5.000 kW bis 50.000 kW. Außerhalb dieses Leistungsbereiches sind durch abweichende Verdichterwirkungsgrade entsprechende Korrekturen notwendig. Angenommene Abgasverluste 15%.

Abb. 19-15 Überschlägige Ermittlung der Heizzahl von Verbrennungsmotorwärmepumpen (nach Werksangaben BBC)

19.2 Absorptionswärmepumpen

Absorptionsanlagen benötigen als Antriebsenergie Wärme. Der elektrische Strom ist lediglich eine Hilfsenergie zum Lösungsumlauf. Sonderbauformen, wie z.B. gasbetriebene Absorptionskühlschränke für den Einsatz auf Schiffen, können sogar vollständig ohne Strom betrieben werden.

19.2.1 Prozeßbeschreibung

Den prinzipiellen Aufbau einer Absorptionsanlage zeigt Abb. 2-16. Als Arbeitsstoff wird ein aus Lösungs- und Kältemittel bestehendes Zweistoffgemisch verwendet. Eine gebräuchliche Kombination ist z.B. Ammoniak als Kältemittel und Wasser als Lösungsmittel.

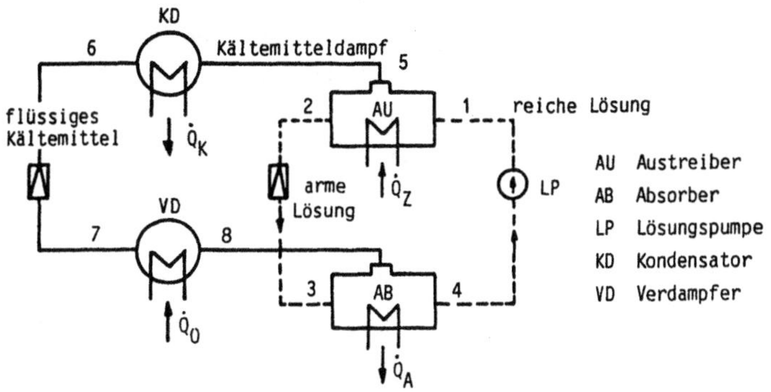

Abb. 19-16 Kreislauf der Absorptionswärmepumpe

Die Prozeßführung wird in einem log p,1/T-Diagramm dargestellt, in dem sich die verschiedenen Konzentrationen des Zweistoffgemisches durch Geraden annähern lassen /s. Abb. 19-17/.

ξ = Konzentration Lösungsmittel

$$\xi = \frac{m_1}{m_2+m_1} \quad \frac{\text{kg Kältemittel}}{\text{kg Lösung}}$$

m_1 = Masse Lösungsmittel

m_2 = Masse Kältemittel

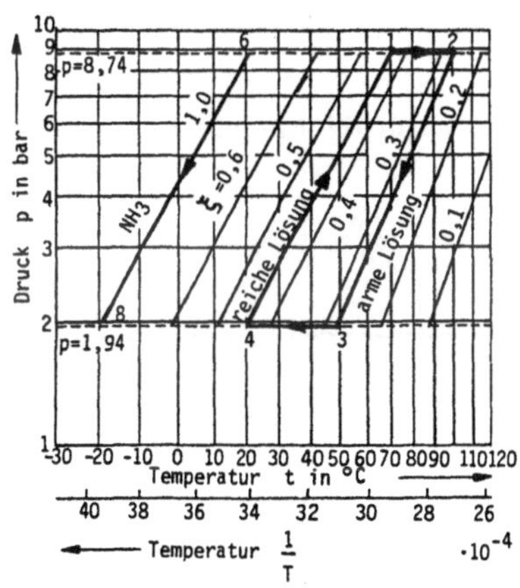

Abb. 19-17
Absorptionsprozeß im log p, 1/T - Diagramm

Das Anlagenschema Abb. 19-16 zeigt zwei Kreisläufe: den Lösungsmittelkreislauf (voll ausgezogener Linienzug) und den Kältemittelkreislauf.

Bei 1 tritt die reiche Lösung (hohe Konzentration an Kältemittel) in den Austreiber AU ein, in dem durch die Zufuhr der Heizwärme $\dot{Q}_Z$ das Kältemittel bei hohem Druck ausgetrieben wird. Die an Kältemittel arme Lösung verläßt den Austreiber (Punkt 2), wird entspannt und nimmt bei geringem Druck den bei 8 eintretenden Kältemitteldampf im Absorber auf. Bei diesem Absorptionsvorgang muß die Lösungswärme $\dot{Q}_A$ abgeführt werden. Der Lösungsmittelkreislauf wird dadurch geschlossen, daß die wieder mit Kältemittel angereicherte Lösung durch eine Pumpe in den Austreiber zurückgefördert wird. Dieser Lösungsmittelkreislauf übernimmt in Analogie zu den Kompressionsanlagen den Verdichtungsvorgang, weshalb man auch von einem thermischen Kompressor spricht. Der Vorgang der Sorption im Absorber kann mit dem Saughub, der Vorgang des Austreibens des Kältemittels im Austreiber bei hohem Druck mit dem Druckhub eines mechanischen Kompressors verglichen werden.

Der Teilkreislauf des Kältemittels von 5 nach 8 entspricht dem des Kompressionskaltdampfprozesses. Das Kältemittel wird im Kondensator unter Abgabe der Kondensationswärme $\dot{Q}_K$ verflüssigt, dann isenthalp entspannt (6 nach 7) und unter Aufnahme von Umgebungswärme $\dot{Q}_0$ wieder verdampft.

Das Verhältnis von Nutzen zu Aufwand wird bei Absorptionsanlagen als Wärmeverhältnis φ bezeichnet. Beim Betrieb der Anlage als Kältemaschine ergibt sich

$$\varphi_{KM} = \frac{\dot{Q}_0}{\dot{Q}_Z + P} \approx \frac{\dot{Q}_0}{\dot{Q}_Z} \quad , \qquad (19\text{-}18)$$

wobei man den geringen Energieaufwand für die Lösungspumpe P näherungsweise vernachlässigen kann. Beim Betrieb der Anlage als Wärmepumpe stehen für Heizzwecke die Kondensationswärme des Kältemittels $\dot{Q}_K$ und die im Absorber freiwerdende Absorptionswärme $\dot{Q}_A$ zur Verfügung. Das Wärmeverhältnis ergibt sich aus

$$\varphi_{WP} = \frac{\dot{Q}_K + \dot{Q}_A}{\dot{Q}_Z + P} \approx \frac{\dot{Q}_K + \dot{Q}_A}{\dot{Q}_Z} \quad . \qquad (19\text{-}19)$$

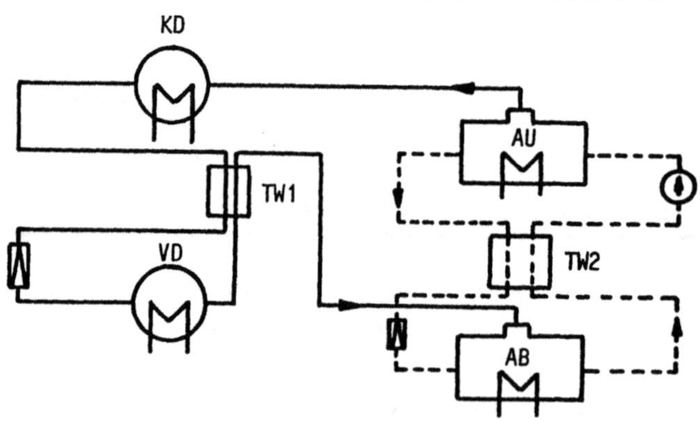

Abb. 19-18
Absorptionskreislauf mit internem Wärmetausch

Bei Wärmepumpen, für die die zugeführte Heizleistung $\dot{Q}_Z$ durch eine Feuerung erzeugt wird, geben die Hersteller normalerweise die Heizzahl ζ an:

$$\zeta = \frac{\dot{Q}_K + \dot{Q}_A}{\dot{Q}_{Br}} \qquad (19\text{-}20)$$

Zur Verminderung der internen Verluste werden üblicherweise gemäß Abb. 19-18 die Wärmetauscher TW1 in den Kältemittelkreislauf und TW2 in den Lösungsmittelkreislauf eingeschaltet.

Während bei den Kompressionsanlagen die theoretisch erreichbare Leistungszahl nur von der Verdampfungs- und Kondensationstemperatur bestimmt wird, kommt bei den Absorptionsanlagen als dritte Größe noch die Austreibertemperatur hinzu. Man kann zeigen, daß das maximal erreichbare Wärmeverhältnis im idealen Fall durch folgende Gleichung gegeben ist:

$$\varphi_{WP_{ideal}} = \frac{T_Z - T_0}{T_Z} \cdot \frac{T_H}{T_H - T_0} \qquad (19\text{-}21)$$

T_Z = Temperatur im Austreiber
T_0 = Temperatur der Umgebung (Verdampfer)
T_H = Temperatur, bei der die Heizwärme abgeführt wird (Heizungstemperatur)

Diese etwas "unhandliche" Gleichung ist in Abb. 19-19 graphisch dargestellt, wobei unterstellt ist, daß die Umgebungstemperatur konstant 0°C beträgt.

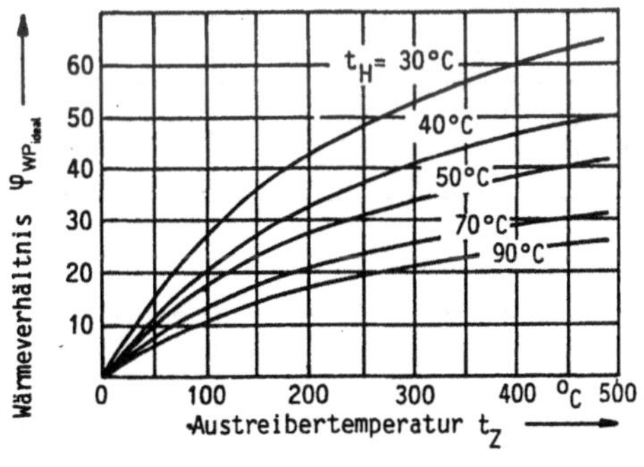

Abb. 19-19 Ideales Wärmeverhältnis $\varphi_{WP_{ideal}}$ in Abhängigkeit der Austreibertemperatur t_Z für eine Umgebungstemperatur t_0= 0°C. Heiztemperatur t_H als Parameter

Die Realisierung hoher Wärmeverhältnisse scheitert daran, daß keine Arbeitsstoffkombinationen zur Verfügung stehen, die hohe Austreibertemperaturen zulassen. Das Stoffpaar NH_3/H_2O gestattet z.B. maximale Austreibertemperaturen von ca. 180°C.

19.2.2 Arbeitsmittel und Bauarten

Bei den Absorptionsanlagen wird zum Betrieb ein Zweistoffgemisch benötigt, wobei die Komponenten bei tiefer Temperatur gut ineinander lösbar und bei hoher Temperatur gut trennbar sein sollten. Das Gemisch sollte auch bei möglichst hohen Temperaturen noch chemisch stabil sein, möglichst nicht korrodierend wirken, ungiftig und unbrennbar sein. Die Anforderungen an das Kältemittel sind ähnlich wie bei den Kompressionsanlagen. Das Lösungsmittel sollte einen möglichst geringen Dampfdruck und eine tiefe Erstarrungstemperatur besitzen. Aus diesem, bei weitem noch nicht vollständigen Anforderungskatalog mag der Leser bereits die Schwierigkeiten bei der Suche nach geeigneten Stoffen erkennen. Einige mögliche Stoffkombinationen sind in Tab. 19-2 wiedergegeben.

Absorptionsmittel \ Kältemittel	Ammoniak NH_3	Wasser H_2O	Methylamin CH_3NH_2	R 21 $CHFCl_2$	R 22 CHF_2Cl	Methylenchlorid CH_2Cl_2	Methanol CH_3OH	Äthylamin $C_2H_5NH_2$
Wasser H_2O	X		X					X
Lithiumbromid LiBr		X					X	
Schwefelsäure H_2SO_4		X						
Kaliumhydroxid KOH		X						
Natriumhydroxid NaOH		X						
Lithiumnitrat $LiNO_3$	X							
Dimethyläther $CH_3(OH_2CH_2)_4OCH_3$				X	X	X		
Äthylenglykol $C_2H_4(OH_2)$		X						

Tab. 19-2 Mögliche Stoffkombinationen für Absorptionsanlagen

Eine breite Anwendung haben bisher nur die Stoffpaare NH_3/H_2O und H_2O/LiBr gefunden. Insbesondere für Absorptionswärmepumpen wird mit einigen weiteren Kombinationen intensive Entwicklungsarbeit betrieben.

Abb. 19-20 zeigt eine H_2O/LiBr-Absorptionskältemaschine mit Beheizung des Austreibers (Kocher) durch Warmwasser oder Dampf (indirekte Beheizung). Derartige Maschinen können bereits mit relativ geringen Kochertemperaturen (z.B. 80°C) betrieben werden. Der Einsatz als Wärmepumpe scheidet normalerweise wegen der Einfriergefahr des Kältemittels (Wasser) aus.

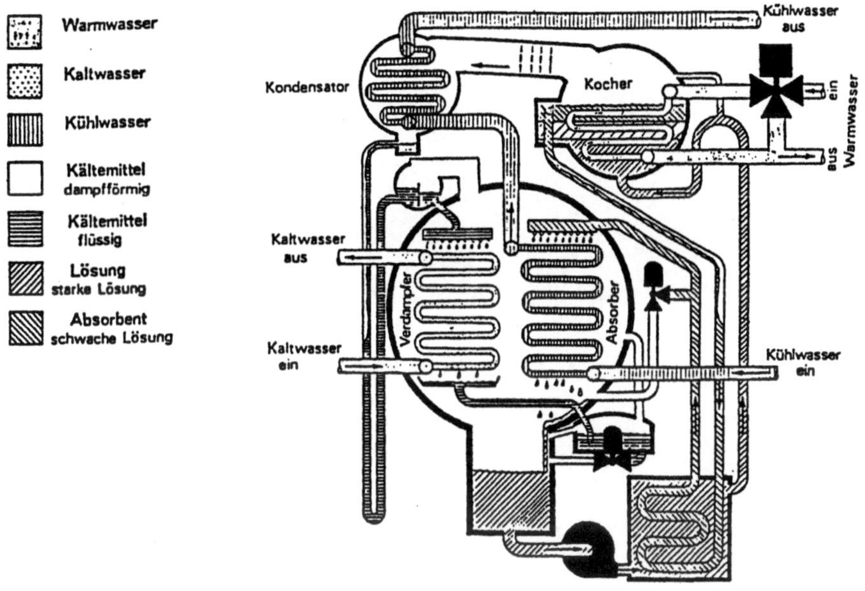

Abb. 19-20 Funktionsschema einer Absorptionskältemaschine /Fa. AKLA/

Die zur Zeit lieferbaren kleinen Absorptionswärmepumpen für den Hausbereich (verfügbar ab 20 kW Heizleistung) arbeiten mit der Stoffkombination Ammoniak-Wasser und direkter Beheizung des Austreibers durch Gas. Erreichbar ist nach Herstellerangaben eine Heizzahl ζ = 1,3 (L7/W45).

Die Einsatzmöglichkeiten von Wärmepumpen sind, insbesondere unter Berücksichtigung der zahlreichen Systemvarianten, sehr vielfältig. Die folgenden Abschnitte sollen einen Überblick über die Anwendungsmöglichkeiten im Bereich der Raumheizung vermitteln.

Die in Kap. 19 beschriebenen Wärmepumpensysteme /vgl. Abb. 20-1/ sind für die hier zu betrachtenden Einsatzfälle grundsätzlich alle geeignet, breite Anwendungsmöglichkeiten in allen Leistungsbereichen sind z.Z. aber nur für die elektromotorischen Wärmepumpen gegeben. Die übrigen Systeme sind zwar für kleine Leistungen verfügbar, aber technisch noch nicht voll ausgereift, so daß man z.Z. die Anwendung nur im ausreichend großen Leistungsbereich empfehlen kann. Tab. 20-1 gibt über den Entwicklungsstand der Systeme Auskunft.

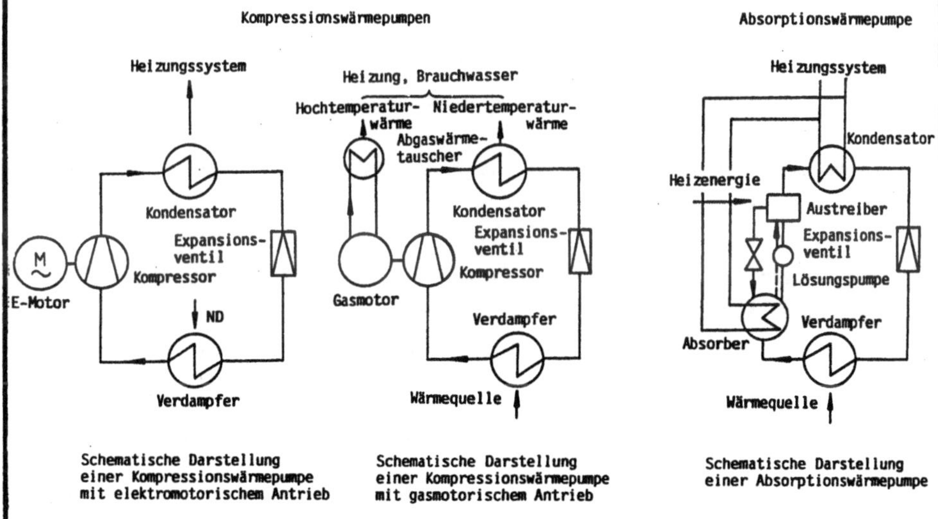

Abb. 20-1 Heizwärmepumpen

Elektrowärmepumpe	**bis 200 kW Heizleistung** – ausgereifte Technik – seit ca. 1975 eingesetzt – Serienfertigung	**> 200 kW Heizleistung** – ausgereifte Technik – Einzelfertigung
Gas- und Dieselmotor-WP	**10-40 kW Heizleistung** – in der Entwicklung **50-100 kW Heizleistung** – in der Erprobung. Seit einigen Jahren eingesetzt. Zu erwartende Lebensdauer 10-20.000 Laufstunden bei Wartungsintervallen von 1000 h **> 500 kW Heizleistung** – erprobte Technik – seit einigen Jahren eingesetzt	**> 500 kW Heizleistung** – ausgereifte Technik – Einzelfertigung
Absorptions-WP	**15-40 kW Heizleistung** – Erprobung und Markteinführung **<15 kW Heizleistung** – in der Entwicklung	**> 500 kW Heizleistung** – ausgereifte Technik – Einzelfertigung

Tab. 20-1 Entwicklungsstand verschiedener Wärmepumpen /5/

20.1 Klassifikation von Wärmepumpenheizanlagen

Die Wärmepumpe muß zum Einsatz mit weiteren Anlagenteilen auf der warmen und kalten Seite gekoppelt werden.

Die Abgrenzung der Anlagenteile gemäß DIN 8900 /4/ zeigt Abb. 20-2. Die Wärmequellenanlage enthält alle Einrichtungen zur Nutzbarmachung des verwendeten Wärmereservoirs. Es kann sich dabei z.B. um den Solekreislauf eines Erdreichkollektors oder aber auch um den Direktverdampfer einer Luft-Wasser-Wärmepumpe

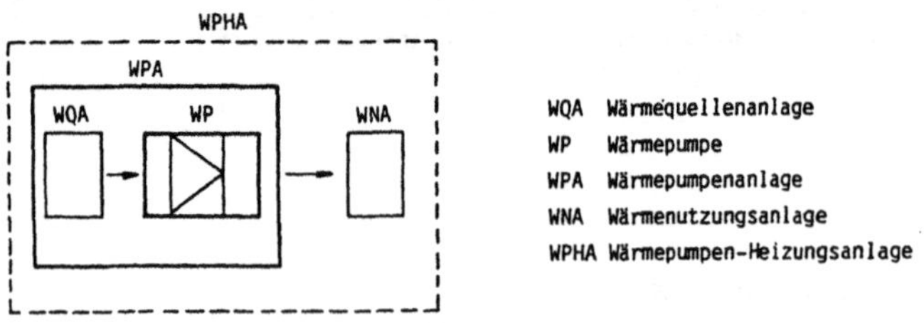

Abb. 20-2 Schema einer Wärmepumpenheizanlage

handeln. Die Zusammenschaltung von Wärmequellenanlage und Wärmepumpe ergibt zusammen die Wärmepumpenanlage. Die Wärmenutzanlage enthält alle Einrichtungen für den Wärmetransport auf der warmen Seite der Wärmepumpe. Hierunter fallen also das Heizungsnetz mit den Heizkörpern, die Umwälzpumpe, evtl. der Warmwasserbereiter und ähnliche Einrichtungen.

Die Benennung der Wärmepumpenanlage wird wie die der Wärmepumpe durch eine Wortkombination gebildet /s. Kap. 19.1.2/, wobei zuerst die Wärmequelle, dann der Wärmeträger der warmen Seite genannt wird. Tab. 20-2 zeigt normgerechte Benennungsbeispiele, die damit auch gleichzeitig einen Überblick über mögliche Konzeptionen von Wärmepumpenheizanlagen geben.

Wärme-quelle	Wärmeträger		Benennung	
	kalte Seite	warme Seite	der Wärmepumpe (WP)	der Wärmepumpenanlage (WPA)
Erdreich	Sole	Luft	Sole/Luft-WP	Erdreich/Luft-WPA
Erdreich	Sole	Wasser	Sole/Wasser-WP	Erdreich/Wasser-WPA
Sonne	Sole	Luft	Sole/Luft-WP	Solar/Luft-WPA
Sonne	Sole	Wasser	Sole/Wasser-WP	Solar/Wasser-WPA
Wasser	Wasser	Wasser	Wasser/Wasser-WP	Wasser/Wasser-WPA
Wasser	Wasser	Luft	Wasser/Luft-WP	Wasser/Luft-WPA
Luft	Luft	Wasser	Luft/Wasser-WP	Luft/Wasser-WPA
Luft	Luft	Luft	Luft/Luft-WP	Luft/Luft-WPA

Tab. 20-2 Benennung von Wärmepumpen und Wärmepumpenheizanlagen

Die Wärmepumpe wird oftmals noch durch einen zweiten Wärmeerzeuger mit anderem oder in seltenen Fällen auch gleichem Energieträger ergänzt. Nach der Anzahl der eingesetzten Energieträger unterscheidet man die Wärmepumpenheizanlagen daher in monovalente, bivalente usw. Anlagen. Die Betriebsweise unterscheidet man durch die Zusätze alternativ oder parallel.

- Alternativbetrieb bedeutet, es arbeitet entweder die Wärmepumpe (z.B. bei hoher Außentemperatur) oder der Zusatzwärmeerzeuger (z.B. Heizkessel bei tiefer Außentemperatur).
- Parallelbetrieb bedeutet, Wärmepumpe und Zusatzwärmeerzeuger können auch gemeinsam in Betrieb sein, der Heizkessel wird z.B. bei tiefen Außentemperaturen zugeschaltet.

Ein Klassifikationsschema über mögliche Kombinationen bei Wärmepumpenheizanlagen gibt Abb. 20-3. Die Kriterien für eine zweckmäßige Anlagenauswahl werden in den folgenden Abschnitten behandelt.

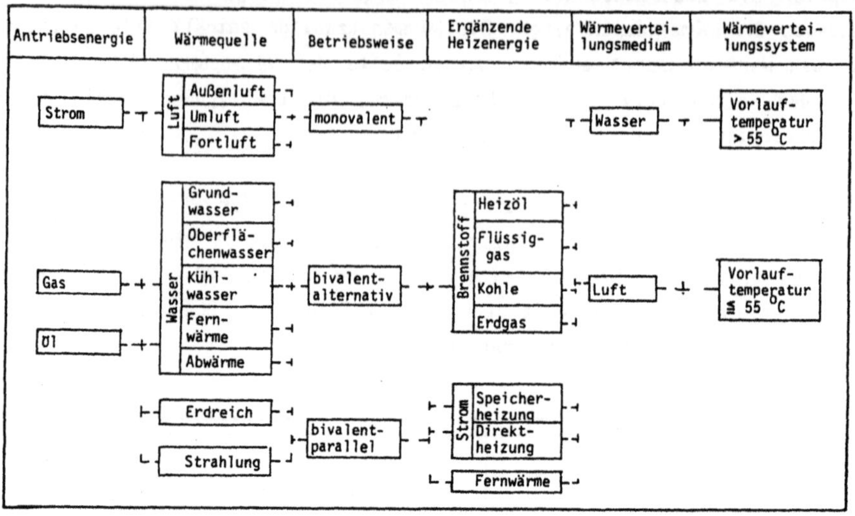

Abb. 20-3 Überblick über denkbare Kombinatinationsmöglichkeiten von Wärmepumpenheizanlagen

20.2 Wärmequellen

Die Umgebungswärme wird durch die Wärmequellenanlage nutzbar gemacht. Die wesentlichen Kriterien zur Erschließung einzelner Wärmequellen mit den Richtwerten zur Auslegung werden im folgenden aufgezeigt.

Die angegebenen Auslegungsrichtwerte beziehen sich auf die für elektromotorische Wärmepumpen erforderlichen Umgebungswärmeströme. Bei Verbrennungsmotorwärmepumpen und Absorptionswärmepumpen sind auf Grund der Energiebilanz geringere Umgebungswärmeströme und damit entsprechend kleiner ausgelegte Wärmequellenanlagen notwendig, um die gleiche Heizleistung zu erzielen.

Außenluft

Außenluft ist eine allgemein verfügbare Wärmequelle. Die Nutzung geschieht üblicherweise durch Direktverdampfer, die durch einen Ventilator zwangsbelüftet werden. Die geringe spezifische Wärmekapazität der Luft macht bei Abkühlungen von 4-10 K große Volumenströme notwendig (ca. 1000 m^3/h je kW Heizleistung). Da die Luft immer Feuchtigkeit enthält, scheidet sich bei Verdampferoberflächentemperaturen, die kleiner als die Taupunkttemperatur sind, Wasser aus. Bei Verdampferoberflächentemperaturen $<0°C$, die je nach Betrieb und Auslegung bereits ab

5°C Lufttemperatur herrschen können, bildet sich auf den Kühlerlamellen Reif, der den Wärmeübergang verschlechtert und den Luftwiderstand erhöht, so daß der Verdampfer periodisch abgetaut werden muß. Hierzu gibt es verschiedene Verfahren wie z.B. die komplette Umkehrung der Wirkungsrichtung der Wärmepumpe oder, was energetisch ungünstiger ist, die direkte elektrische Abtauung.

Luft-Wasser-Wärmepumpen werden serienmäßig in verschiedenen Ausführungen mit kleinsten Heizleistungen ab 7 kW angeboten. Abb. 20-4 zeigt Kompaktgeräte mit verschiedenen Aufstellungsvarianten.

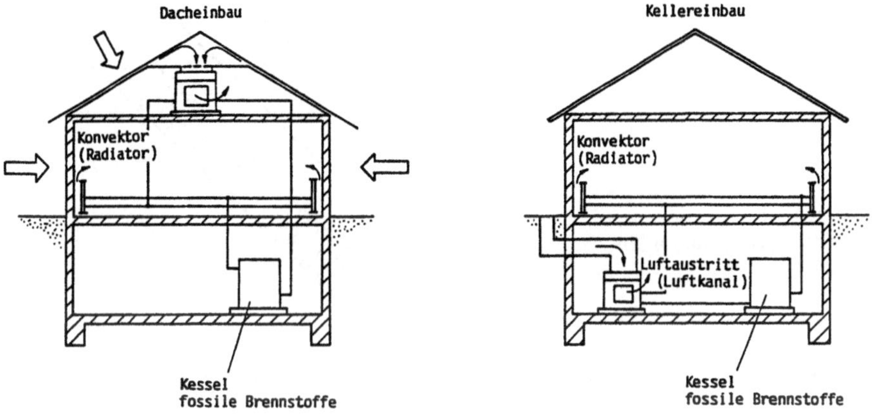

Abb. 20-4 Innenaufstellung eines nicht gesplitteten Wärmepumpen-Kompaktaggregats

Abb. 20-5 zeigt mögliche Aufstellungsvarianten von Splitgeräten.

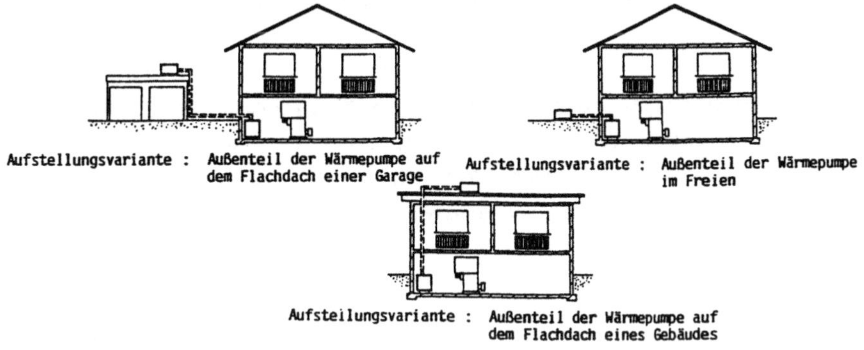

Abb. 20-5 Aufstellungsvarianten von gesplitteten Luft-Wärmepumpen

Die Nutzung der Außenluft oder, allgemeiner, von Umgebungsenergie ist auch mit Hilfe von Flächenabsorbern möglich, die z.B. zur Dacheindeckung (Energiedach) verwendet werden oder zu kompakten Einheiten in Form von Stapeln oder Zäunen zusammengestellt werden. Diese im Freien aufgestellten Wärmeaustauscher nutzen auch die Strahlungsenergie und den Wärmeinhalt der Niederschläge. In Verbindung mit dieser Wärmequelle werden Sole-Wärmepumpen eingesetzt.

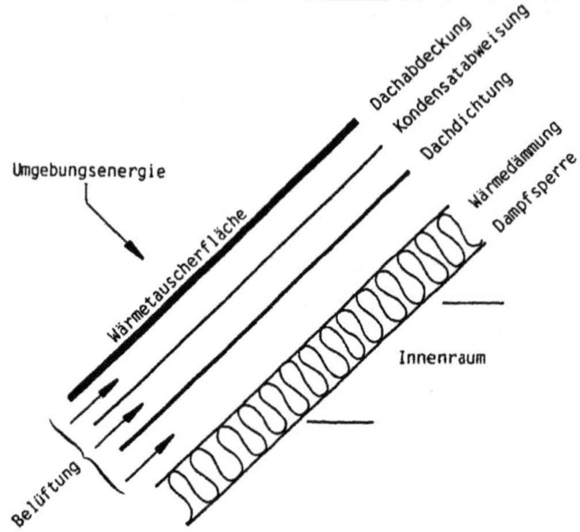

Abb. 20-6
Aufbau eines Absorberdaches

Nachteilig an diesen Systemen sind der durch den Solekreislauf bedingte zweimalige Wärmeübergang (Luft-Sole und Sole-Kältemittel) und der hohe Preis. Insbesondere die Dacheindeckung ist wegen der Kondenswasserausscheidung aufwendig /s. Abb. 20-6/ und wird deshalb bisher selten angewandt. Nicht empfehlenswert ist der Einsatz in schneereichen Gegenden.

Vorteilhaft an den Absorbern sind der geräuschlose Betrieb und die Möglichkeit, mehrere Umgebungsenergien zu nutzen. Die Flächenleistung von Absorberdächern beträgt nach Herstellerangaben ca. 120 W/m^2 bei 0°C Außentemperatur.

Erdreich

Der Jahrestemperaturgang der obersten ungestörten Erdschichten wird durch die klimatischen Verhältnisse, d.h. insbesondere Lufttemperatur, Sonneneinstrahlung und Niederschlagsmenge, geprägt. Mit zunehmender Tiefe wird dieser Einfluß geringer, wobei sich Temperaturen einstellen, die etwa dem Jahresmittelwert der Lufttemperatur entsprechen.

Je nach der Wärmeentnahme und den Bodenverhältnissen bewirkt der Wärmeentzug durch Erdreichwärmetauscher eine wesentlich tiefere Abkühlung. Die entnommene Wärme stammt aus der Speicherkapazität des Bodens, aus der Erstarrungswärme des gefrierenden Wassers und aus Energienachlieferungen über die Oberfläche, z.B.

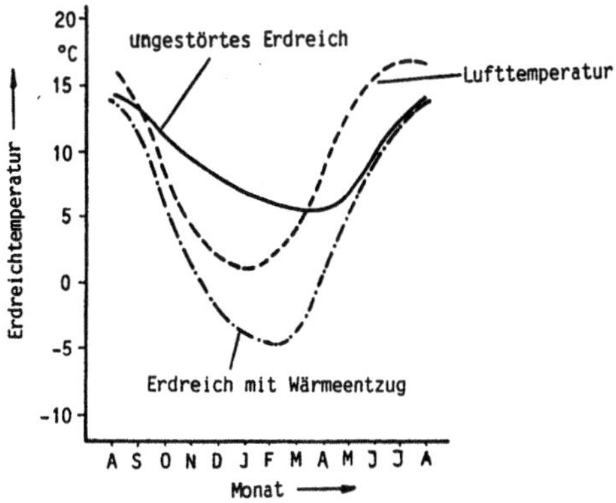

Abb. 20-7

Temperaturverlauf für Erdreich /6/

durch Strahlungsenergie und einsickerndes Niederschlagswasser. Abb. 20-7 /nach 6, S. 61/ gibt ein Beispiel dafür, welche Abkühlungen sich einstellen können, wobei die Verhältnisse im einzelnen aber unterschiedlich sein können und theoretische Vorhersagen nur unter großem Aufwand gemacht werden können.

Erdreichwärmeaustauscher

Verlegetiefe : 1 bis 1,5 m
Verlegeabstand : 0,6 bis 1,2 m
Rohre : Kunststoff, Durchm. ca. 20 mm

Wohnfläche	spezifischer Wärmebedarf des Gebäudes W/m²						
	50	60	70	80	90	100	110
m²	Erforderliche Erdreichfläche m² monovalent - unterbrechbar						
100	100	120	140	160	180	200	220
150	150	180	210	240	270	300	330
180	180	216	252	288	324	360	396
200	200	240	280	320	360	400	440
m²	bivalent - alternativ						
100	50	60	70	80	90	100	110
150	75	90	110	120	135	150	165
180	90	116	126	144	162	180	198
200	100	120	140	160	180	200	220

Erforderliche Erdreichfläche in Abhängigkeit des spezifischen Wärmebedarfs für monovalent-unterbrechbare bivalent alternative Betriebsweise.
(q_E = 30 W/m²; ϵ = 2,5)

q_E = Spezifischer Wärmeentzug aus dem Erdreich (Jahresmittelwert)
ϵ = Leistungszahl der Wärmepumpe im Auslegungspunkt

Abb. 20-8

Erdreich-Wasser-Wärmepumpe

Für die Auslegung der Fläche legt man je nach Schwere des Bodens Erfahrungswerte von 15 bis 30 W/m² als maximale Wärmeentzugsdichte am kältesten Tag zugrunde. Für gut gedämmte Häuser ($\dot{q}_{spez}$ = 80 - 100 W/m²) ergibt sich bei Elektrowärmepumpen (ε = 2,5) ein Flächenbedarf, der ca. 1,5- bis 2mal so groß wie die beheizte Wohnfläche ist. Man erkennt, daß die Wärmequelle Erdreich nur einen eingeschränkten Anwendungsbereich hat. Sofern möglich, wird für die Verlegung des Erdwärmetauschers das Gesamtareal abgeschoben, weil dieses Verfahren meistens kostengünstiger ist als das Ausheben einzelner Gräben. Die Richtwerte für die Dimensionierung sind der Abb. 20-8 zu entnehmen.

Grundwasser

Grundwasser ist wegen seines hohen Temperaturniveaus von ca. 10°C für Wärmepumpen eine sehr günstige Wärmequelle. Durch das hohe Temperaturniveau erreichen Grundwasser-Wärmepumpen immer gute Arbeitszahlen, wobei der monovalente Betrieb üblich ist.

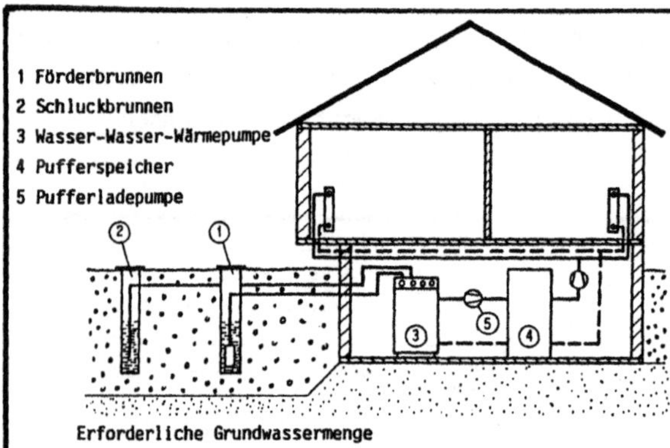

Beachten !

Saug- und Schluckbrunnen erforderlich
Mindestabstand 15 m
Bohrdurchmesser mindestens 220 mm
Wassermenge ca. 1,6 m³ pro kW Heizleistung
Wärmequelle Grundwasser

Wohnfläche	Spezifischer Wärmebedarf q_h W/m²		
	50-70	70-90	90-110
m²	m³/h	m³/h	m³/h
100	1,0	1,3	1,6
120	1,2	1,6	1,9
150	1,5	1,9	2,4
180	1,8	2,3	2,8
200	2,0	2,6	3,2

Erforderliche Grundwassermenge in m³/h (überschlägig) für unterschiedliche Hausgrößen in Abhängigkeit der Wärmedämmung für monovalent-unterbrechbare Betriebsweise.

Abb. 20-9 Grundwasser-Wasser-Wärmepumpe

Die Nutzung von Grundwasser ist durch verschiedene Randbedingungen eingeschränkt. Erstens ist Grundwasser nicht überall verfügbar; Auskünfte hierüber können meistens die Wasserwirtschaftsämter geben. Weiterhin sind Bohrung und Wasserentnahme generell erlaubnispflichtig; zuständig ist hierfür die Untere Wasserbehörde. In den inneren Zonen von Trinkwasserschutzgebieten (Zone I und II) wird im allgemeinen keine Wasserentnahme für Wärmepumpen zugelassen.

Das Potential stellt man durch eine Probebohrung fest. Die Eignung des Wassers sollte auf Grund einer chemischen Analyse durch einen Fachmann beurteilt werden. Ungünstig ist Wasser mit hohem Eisenoxid- (Grenzwert 0,15 mg/l) und Mangangehalt

(Grenzwert 0,1 mg/l). Kritisch ist vor allem die sogenannte Verockerung mancher Brunnenanlagen, die die Filter so weit zusetzen können, daß eine ausreichende Wasserförderung nicht mehr möglich ist. Regenerationsmaßnahmen können dabei manchmal Abhilfe schaffen. Zur Wassernutzung sind ein Förder- und ein Schluckbrunnen mit einem ausreichenden Abstand (ca. 15 m) notwendig /s. Abb. 20-9/.

Wirtschaftlich zu erschließende Wasservorkommen liegen in einer Tiefe zwischen 5 und 20 m. Die Abkühlung sollte nicht größer als 5 K sein, um mit Sicherheit negative ökologische Auswirkungen zu verhindern. Eine Grundwasserverschmutzung muß in jedem Fall ausgeschlossen sein.

Oberflächenwasser
In Frage kommt die Nutzung des Wärmepotentials von Seen und Flüssen. Wegen der Vereisungsgefahr des Verdampfers kann man diese Wärmequelle üblicherweise nur bis zu einer minimalen Wassertemperatur von ca. 4°C ausnutzen. Interessant ist vor allem die Nutzung großer, durch Kühlwassereinleitungen stark wärmebelasteter Flüsse. Weil allgemeingültige Aussagen über Temperaturgang, Wärmeangebot und mögliche Nutzungsdauer nicht möglich sind, muß das Potential im Einzelfall auf Grund standortspezifischer Untersuchungen ermittelt werden. Thermisch unbelastete Gewässer, die im Winter regelmäßig vereisen, sind für Wärmepumpenheizanlagen im allgemeinen ungeeignet, weil sich eine zu geringe Nutzungsdauer ergibt.

Für die Wärmequelle Oberflächenwasser sind grundsätzlich bivalente Wärmepumpenanlagen notwendig. Die hohen Erschließungskosten rechtfertigen im allgemeinen nur die Versorgung großer Objekte in unmittelbarer Nähe des Gewässers.

20.3 Heizsysteme

Als Wärmenutzanlagen bieten sich sowohl Warmwasser- als auch Luftheizungen an. Für einen effektiven Wärmepumpeneinsatz sollten möglichst Niedertemperaturheizsysteme (Auslegungstemperatur max. 55°C) eingesetzt werden.

Bei den Warmwasserheizungen kommen als örtliche Heizflächen Radiatoren, Platten, Konvektoren und Fußboden- oder Deckenstrahlungsheizungen in Frage. Bei gut wärmegedämmten Neubauten bereitet die Installation von Niedertemperaturheizungen normalerweise keine Schwierigkeiten. Die Heizflächen müssen gegenüber der Standardauslegung 90/70°C erheblich vergrößert werden. Für den Vergrößerungsfaktor f der Heizflächen gilt:

$$f = \left(\frac{\Delta t_N}{\Delta t}\right)^m \qquad (20\text{-}1)$$

mit der arithmetischen Übertemperatur

$$\Delta t = \frac{t_v + t_r}{2} - t_i \quad \text{für} \quad \frac{t_r - t_i}{t_v - t_i} \geqq 0{,}7 \qquad (20\text{-}2)$$

und

m = Heizflächenexponent (Radiatoren/Platten $m \simeq 1{,}33$)
N = Index Normzustand
t_r = Rücklauftemperatur Heizung
t_v = Vorlauftemperatur Heizung
t_i = Raumtemperatur

Damit werden die Heizflächen für Niedertemperaturheizungen ca. zwei- bis dreimal so groß wie bei 90/70°C Anlagen /s. Tab. 20-3/.

t_i Raumtemperatur °C	t_v / t_r Vorlauf-/Rücklauftemperatur °C						
	90/70	60/55	60/50	55/50	55/45	50/45	45/40
18	0,96	1,74	1,90	2,09	2,31	2,57	3,29
20	1,00	1,87	2,05	2,26	2,51	2,82	3,69
22	1,05	2,01	2,21	2,46	2,76	3,12	4,17

Tab. 20-3 Vergrößerungsfaktoren f für Heizflächen

Vorhandene Warmwasserheizungen in Altbauten sind normalerweise mit erheblichen Sicherheitszuschlägen versehen, so daß anstelle der angestrebten 90°C z.B. 80°C oder noch geringere Vorlauftemperaturen zur Vollbeheizung ausreichen. Derartige Anlagen sind für den bivalenten Betrieb geeignet, können dabei aber nicht die Arbeitszahlen von Niedertemperaturanlagen erreichen.

Fußbodenheizungen sind, da sie üblicherweise mit weniger als 50°C Vorlauftemperatur betrieben werden können, sehr gut als Wärmenutzanlagen geeignet. Aus physiologischen Gründen muß die maximale Fußbodenoberflächentemperatur auf 26°C in Aufenthaltsbereichen und auf ca. 30°C in Bädern usw. begrenzt bleiben. Das hat die Konsequenz, daß Fußbodenheizungen nur in gut gedämmten Bauten mit einem spezifischen Wärmebedarf von ca. 80 W/m² eingebaut werden können, wobei einzelne Räume mit höherem Wärmebedarf Zusatzheizkörper erhalten. Neben dem günstigen Temperaturniveau ist vor allem die große Speicherfähigkeit der Fußbodenheizung für Wärmepumpen vorteilhaft.

Warmluftheizungen werden im allgemeinen für maximale Einblastemperaturen von 40 bis 60°C ausgelegt, so daß sie für Wärmepumpenheizanlagen gut geeignet sind. Wegen der schwierigen örtlichen Regelung beschränkt sich der Einsatz von Luftheizungen meist auf einzelne Räume wie Fabrikhallen, Versammlungsräume usw. Wärmepumpen in Luft-Luft- und Wasser-Luft-Ausführung können in diesen Fällen eingesetzt werden.

20.4 Regelung

Der Wärmebedarf $\dot{Q}_{Heiz}$ eines Gebäudes ist der Temperaturdifferenz zwischen Raumtemperatur t_i und Außentemperatur t_a proportional.

$$\dot{Q}_{Heiz} = \dot{Q}_N \left(\frac{t_i - t_a}{t_{i_N} - t_{a_N}}\right) \qquad (20\text{-}3)$$

Index N = Normzustand

Bei Wärmepumpenheizungen wird die Vorlauftemperatur der Heizung zweckmäßiger-

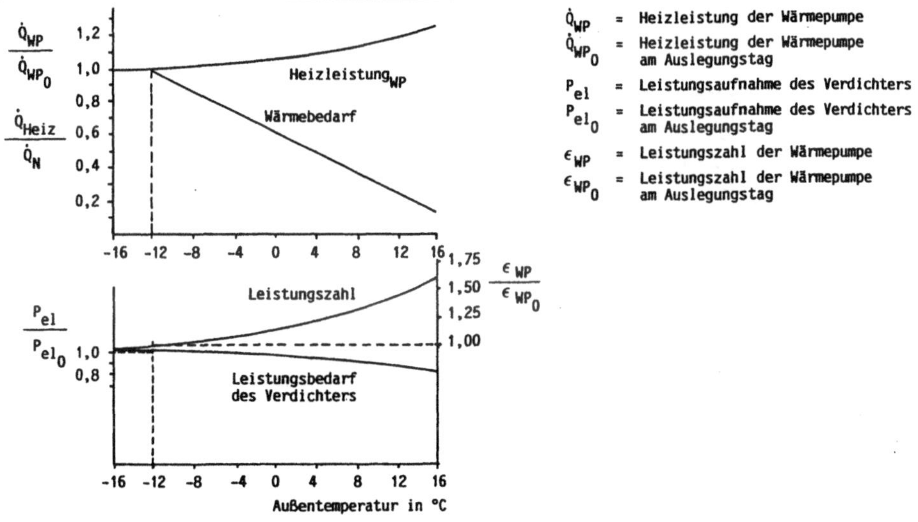

Abb. 20-10 Kennlinien einer elektrischen Wasser-Wasser-Wärmepumpe

weise nach der Außentemperatur geregelt. Dabei ergibt sich gegenüber dem Auslegungszustand eine Verbesserung der Leistungszahl der Wärmepumpe im Teillastbetrieb der Heizung. Durch die geringere Temperaturdifferenz zwischen warmer und kalter Seite steigt aber auch die Heizleistung der Wärmepumpe, so daß der Wärmebedarf des Gebäudes und die Wärmelieferung der Wärmepumpe gegensätzliche Tendenz zeigen. Die Verhältnisse sind in Abb. 20-10 am Beispiel einer Wasser-Wasser-Wärmepumpe dargestellt.

Die Anpassung der Wärmelieferung an den Wärmebedarf wird bei kleinen elektromotorischen Wärmepumpen üblicherweise durch die Länge der Einschaltdauer des Verdichters geregelt. Dafür wird der Temperaturfühler des Zweipunktreglers in den Heizungsrücklauf eingebaut, so daß für die Wärmepumpe genügend lange Laufzeiten bei hohen Außentemperaturen gewährleistet sind. Regelungstechnisch günstiger ist die Aufteilung der Gesamtleistung in zwei oder mehrere kleinere Wärmepumpeneinheiten, wodurch eine bessere Bedarfsanpassung möglich ist.

Nachteilig an der Zweipunktregelung ist, daß bei höheren Außentemperaturen die Wärmeabgabe $\dot{Q}_{WP}$ und die Wärmeaufnahme $\dot{Q}_0$ der Wärmepumpe größer sind als im

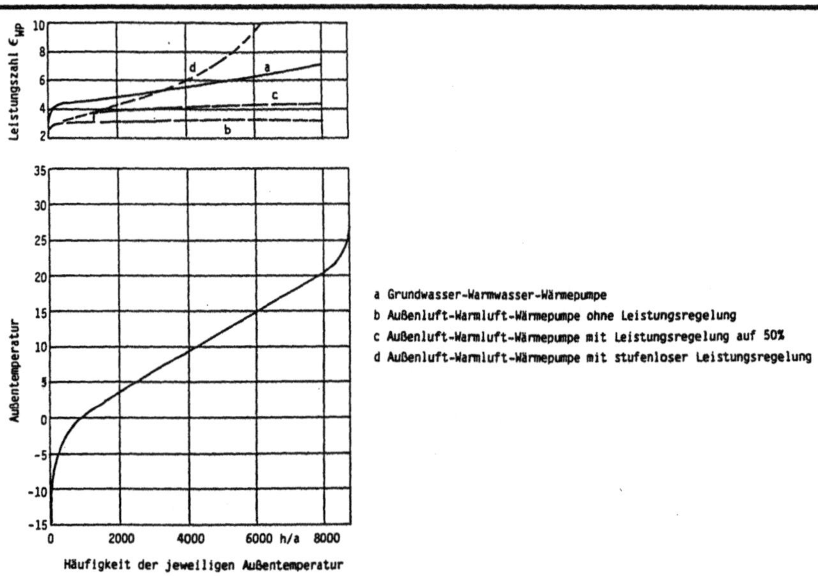

Abb. 20-11

Verlauf der Leistungszahlen von Wärmepumpen in Abhängigkeit von der Jahreshäufigkeit der Außentemperatur am Beispiel der Stadt Mannheim /1/

Auslegungspunkt. Hierdurch steigen die Temperaturdifferenzen zum Übertragen der Wärme. Somit kann sich die Temperaturdifferenz zwischen Verdampfung und Kondensation, die für die erreichbare Leistungszahl maßgeblich ist, nicht so weit verringern, wie es bei einer stetigen Anpassung der Wärmeabgabe an den Wärmebedarf möglich wäre. Die Folge ist, daß die Leistungszahlen zweipunktgeregelter Wärmepumpen bei geringem Wärmebedarf nur mäßig ansteigen /s. Abb. 20-11/.

Eine stetige Regelung der Wärmeabgabe von Kompressionswärmepumpen ist durch Drehzahlregelung des Verdichters möglich.

- Bei elektromotorischen Wärmepumpen wird dieses Verfahren bisher nicht serienmäßig angewandt, weil die Antriebe zu teuer sind.
- Standardmäßig eingesetzt wird die Drehzahlregelung bei verbrennungsmotorischen Wärmepumpen. Die Regelung ist aus maschinentechnischen Gründen nur bis zu einem bestimmten Prozentsatz (ca. 50%) der Nenndrehzahl möglich.

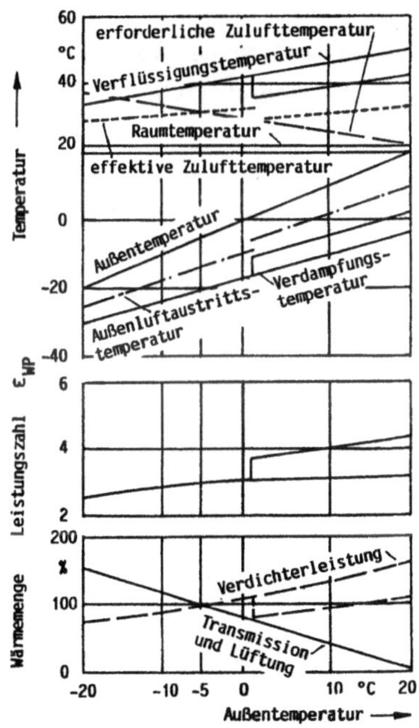

Abb. 20-12

Betriebsverhalten einer Luft-Luft-Wärmepumpe
- ohne Regelung der Verdichterleistung
- mit Regelung der Verdichterleistung auf 50%,

nach /1/

Gebräuchlich sind heute vorwiegend Verfahren, die die Wärmeabgabe diskontinuierlich regeln. Von folgenden Möglichkeiten wird im wesentlichen Gebrauch gemacht:

- Einsatz polumschaltbarer Elektromotore (Drehzahlen z.B. 100% und 50%)
- Einsatz von zwei (Twinanordnung) oder mehreren Verdichtern, die auf einem gemeinsamen Kältekreislauf arbeiten.
- Zylinderabschaltung durch Saugkanalabsperrung und Ventilabhebung bei Kolbenverdichtern (nur bei größeren Einheiten).

Die stufenweise Regelung der Wärmeabgabe führt zu einer besseren Bedarfsanpassung und günstigeren Leistungszahlen im Teillastbetrieb. Die Verhältnisse sind in Abb. 20-12 am Beispiel einer Luft-Luft-Wärmepumpe dargestellt. Dadurch, daß bei hohen Außentemperaturen nur die erste Stufe in Betrieb ist, ergibt sich gegenüber einer Fahrweise mit voller Leistung eine geringere Verflüssigungs- und eine höhere Verdampfungstemperatur. Die Leistungszahl ist damit gegenüber dem Vollastbetrieb wesentlich verbessert.

20.5 Kriterien für die Auswahl der Betriebsweise

Die Eigenschaften der Wärmepumpe und die Anforderungen an diesen Wärmeerzeuger sind sehr gegensätzlich.

- Für die Raumheizung sind bei sinkender Außentemperatur höhere Heizleistung und Wärmeträgertemperatur erforderlich.
- Wärmepumpen liefern unter diesen Bedingungen aber geringere Heizleistungen bei gleichzeitig geringer werdenden Leistungszahlen.

Insbesondere für die Wirtschaftlichkeit ist zu berücksichtigen:

- Wärmepumpen erfordern wesentlich höhere Investitionskosten als konventionelle Wärmeerzeuger /s. Kap. 20.7/.
- Die günstigen Wärmepumpentarife werden im allgemeinen nur bei Unterbrechbarkeit der Stromlieferung gewährt.

Diese Randbedingungen machen häufig Kompromisse in der Anlagenauslegung notwendig. Tab. 20-4 gibt einen Überblick über die wesentlichen Vor- und Nachteile der einzelnen Betriebsweisen.

Abb. 20-13 zeigt am Beispiel von Luft-Wasser-Wärmepumpen den Verlauf der Heizleistung für verschiedene Betriebsweisen.

monovalent	Vorteil:	WP deckt 100% des Jahreswärmebedarfs, keine Investitionskosten für Heizkessel, Brennstofflager usw.
	Nachteil:	WP und WQA werden sehr groß und teuer, Arbeitszahlen geringer als bei bivalentem Betrieb. Bei elektromotorischen WP im allgemeinen keine Wärmepumpentarife. Regelung der Anlage schwierig.
bivalent parallel	Vorteil:	WP wird wesentlich kleiner und damit preisgünstiger. Arbeitszahl günstiger als bei monovalentem Betrieb. Bei Ausfall der WP ist Notbetrieb mit Heizkessel möglich.
	Nachteil:	Zusätzliche Kosten für Heizkessel und Brennstofflager. Wärmepumpentarife nur bei Unterbrechungsmöglichkeit (bivalent-teilparallel).
bivalent alternativ	Vorteil:	WP preisgünstig (wie bei bivalent-Parallelbetrieb) Arbeitszahlen günstiger als im bivalent Parallelbetrieb. Durch den Heizkessel ist eine Vollheizung gewährleistet. Wärmepumpentarife.
	Nachteil:	Kosten für Heizkessel und Brennstofflager, Kesselauslegung für Vollheizung.

Tab. 20-4 Vor- und Nachteile der monovalenten und der bivalenten Bauweise

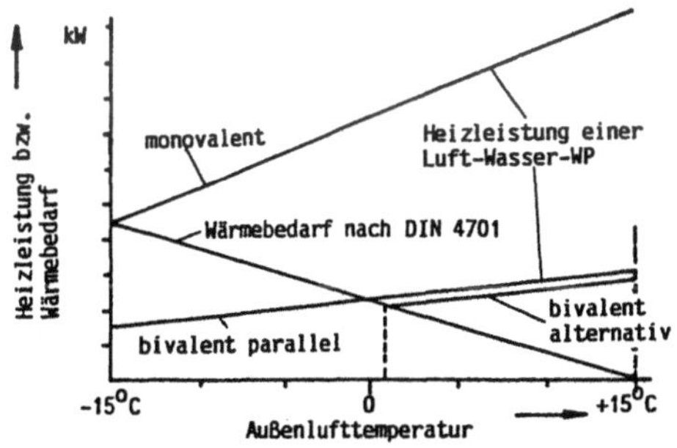

Abb. 20-13
Wärmebedarf eines Hauses und Heizleistung einer Luft-Wasser-Wärmepumpe

Mit bivalenten Wärmepumpen wird der Jahreswärmebedarf nur teilweise abgedeckt. Die Unterschiede zwischen Alternativ- und Parallelbetrieb sind an Hand der Jahresbelastungsdauerlinie /s. Abb. 20-14/ dargestellt. Die einzelnen Flächenstücke geben jeweils den Anteil der Wärmepumpe (grau unterlegt) und den Anteil des Heizkessels (schraffiert) am Jahreswärmebedarf wieder. Die zu erwartenden Anteile in Abhängigkeit der Umschalttemperaturen sind in Tab. 20-5 aufgeführt.

Umschaltpunkt °C	alternativ Normaußentemperatur				parallel Normaußentemperatur			
	-10°C	-12°C	-14°C	-16°C	-10°C	-12°C	-14°C	-16°C
-4	0,93	0,87	0,86	0,82	0,97	0,93	0,93	0,91
-2	0,87	0,79	0,78	0,73	0,96	0,93	0,93	0,91
±0	0,79	0,68	0,68	0,61	0,96	0,93	0,93	0,92
2	0,66	0,54	0,54	0,48	0,95	0,93	0,92	0,90
4	0,53	0,42	0,42	0,33	0,92	0,93	0,88	0,85

Tab. 20-5 Prozentualer Anteil der Wärmepumpe am Jahreswärmebedarf bei bivalenter Nutzung /13/

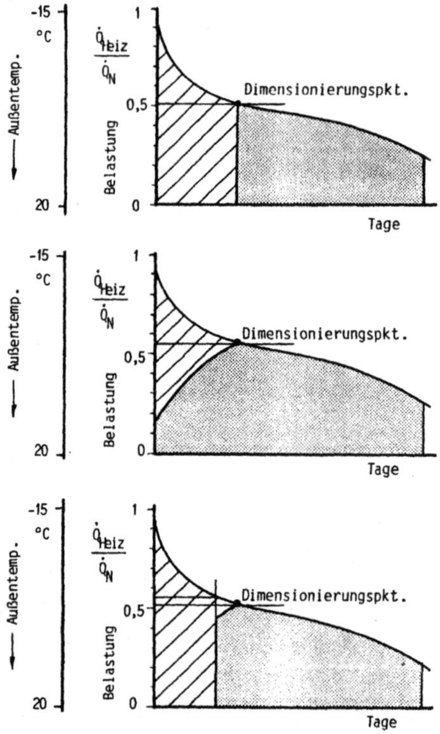

Bivalent-alternativer Betrieb

Die Wärmepumpe arbeitet nur bis zu einer bestimmten Heizlast. Bei tiefen Temperaturen arbeitet nur der Heizkessel (z.B. Ölkessel). Übliche Umschalttemperatur 3°C bis -2°C

Bivalent-paralleler Betrieb

Bei tiefen Temperaturen arbeiten Wärmepumpe und Zusatzwärmeerzeuger gemeinsam.

Bivalent-teilparalleler Betrieb

Kombination aus alternativer und paralleler Betriebsweise. Kommt z.B. zustande, wenn das EVU die elektrische Wärmepumpe auf Grund der Netzbelastung schaltet.

Abb. 20-14 Jahresbelastungsdauerlinien mit alternativem und parallelem Betrieb der Wärmepumpe, $\dot{Q}_N$ = Normwärmebedarf $\dot{Q}_{Heiz}$ = Wärmebedarf.

Der bivalent teilparallele Betrieb ist dabei nicht berücksichtigt, weil sich im Einzelfall auf Grund unterschiedlicher Bedingungen für die Abschaltung sehr verschiedene Anteile der Wärmepumpen am Jahreswärmebedarf ergeben.

Die erreichbaren Arbeitszahlen sind bei alternativem Betrieb günstiger als bei parallelem und monovalentem Betrieb /Erfahrungswerte s. Tab. 20-6/. Dabei ist jedoch zu berücksichtigen, daß alternativ betriebene Wärmepumpen je nach Umschaltpunkt nur 50-60% des Jahreswärmebedarfs liefern. Bei den elektromotorischen Wärmepumpen ergeben sich für die Auswahl der Betriebsweise folgende Tendenzen.

Werden bestehende Anlagen mit Luft-Wasser-Wärmepumpen nachgerüstet, so ist im allgemeinen bivalent-alternativer Betrieb erforderlich, weil das Heizsystem meist nicht für Niedertemperaturbetrieb ausgelegt ist. Bei Neuanlagen mit Niedertemperaturheizungen ist man bestrebt, unter Ausnutzung der Wärmepumpentarife bivalent teilparallelen Betrieb zu fahren, weil durch die höhere Ausnutzungsdauer der Wärmepumpe die Wirtschaftlichkeit verbessert wird. Grundwasser-Wärmepumpen werden fast ausschließlich monovalent betrieben. Bei Erdreich-Wärmepumpen ist bivalent paralleler oder monovalenter Betrieb üblich.

Bei verbrennungsmotorisch angetriebenen Wärmepumpen sind monovalente und bivalent parallele Betriebsweise die Regel, weil sich dadurch eine hohe Ausnutzungsdauer der sehr teuren Wärmepumpe ergibt. Gute Betriebsergebnisse kommen dadurch zustande, daß durch eine einfache Drehzahlregulierbarkeit ein günstiger Teillastbetrieb möglich ist. Ferner ist wegen der Abwärmenutzung des Motors der Leistungszahlabfall bei tiefen Außentemperaturen nicht so gravierend wie bei elektromotorischen Wärmepumpen.

Tarife

Für die elektromotorisch betriebenen Wärmepumpen ist der Strombezugspreis maßgeblich für die Wirtschaftlichkeit. Bundeseinheitlich ist geregelt, daß für Wärmepumpen zur Raumheizung kein Bereitstellungspreis erhoben wird, wenn bivalent alternativer Betrieb (Umschaltung bei +3°C Außentemperatur) gefahren wird oder zeitliche Unterbrechungen durch das EVU möglich sind. Voraussetzung hierfür ist die gesonderte Abrechnung über einen zweiten Stromzähler (Meßpreis ca. 50-100 DM/a).

Die von den einzelnen EVU gewährten Arbeitspreise für Wärmepumpen sind unterschiedlich; im Hochtarif kann man 12 bis 15 Pf/kWh (zuzüglich MwSt. und Ausgleichsabgabe) annehmen. Bei monovalentem und bivalentem Parallelbetrieb mit der Unterbrechungsmöglichkeit der Stromlieferung in der Spitzenlastzeit werden normalerweise ebenfalls Wärmepumpentarife gewährt. Die Tarifhöhe und die Sperrzeiten variieren sehr, so daß man sich bei seinem Energieversorgungsunternehmen informieren sollte. Der Anschluß einer Wärmepumpe bedarf wegen der bereitzustellenden elektrischen Leistung generell der Zustimmung des zuständigen Elektrizitätsversorgungsunternehmens.

20.6 Technik

Da Wärmepumpen bei unzureichender Anlagenkonzeption mit sehr empfindlichen Leistungszahleinbußen reagieren, sollte man immer auf eine optimale technische Anlagenausführung achten. Im folgenden werden dazu einige Hinweise gegeben.

Zur einwandfreien Funktion benötigen Wärmepumpen ausreichend große Volumenströme der Medien auf der warmen und kalten Seite. Die Auslegung dieser Volumenströme ist allgemein ein Optimierungsproblem zwischen dem Druckverlust des Wärmeaustauschers (steigt mit größerem Volumenstrom) und dem Gewinn durch die Verringerung des Temperaturabstandes zwischen Kondensation und Verdampfung $(t - t_0)$ bei Erhöhung der Volumenströme. Das Optimieren selbst ist vorwiegend Sache der Konstruktion. Beim Einsatz der Wärmepumpe ist jedoch darauf zu achten, daß der vom Hersteller angegebene Nennvolumenstrom eingehalten wird; angegebene Mindestvolumenströme dürfen nicht unterschritten werden.

Probleme bereiten vor allem die Wärmenutzanlagen. Durch den Einbau von Thermostatventilen werden heute üblicherweise variable Wassermengen im Heizungsnetz gefahren. Um dabei für die Wärmepumpe einen konstanten Volumenstrom sicherzustellen, ist der Einbau eines Überströmventils gemäß Abb. 20-15a die einfacnste Lösung, die aber nur zu befriedigenden Ergebnissen führen wird, wenn das Heizsystem eine ausreichende Speicherfähigkeit aufweist. Empfehlenswert, weil betriebstechnisch und energetisch günstiger, ist die vollständige hydraulische Entkopplung von Wärmepumpenkreis und Heizungskreis durch einen Pufferspeicher. Das Heizungsnetz kann dabei durch Rücklaufbeimischung geregelt werden. Der Pufferspeicher wird so ausgelegt, daß die Mindestlaufzeit (Herstellerangabe) der Wärmepumpe gewährleistet ist.

Sofern möglich, sollte man leistungsgeregelte Wärmepumpen einsetzen. Besonders wichtig ist diese Maßnahme bei monovalenten Wärmepumpen und generell bei Anlagen mit starker Schwankung von Quellen- und Senkentemperatur. Die einfachste Maßnahme ist die Parallelschaltung von zwei Wärmepumpen. Energetisch günstiger ist die Anwendung drehzahlumschaltbarer Wärmepumpen oder Wärmepumpen mit Twinverdichtern. Hierdurch sind wesentlich höhere Leistungszahlen im Teillastbetrieb möglich /s. auch Abb. 20-12/.

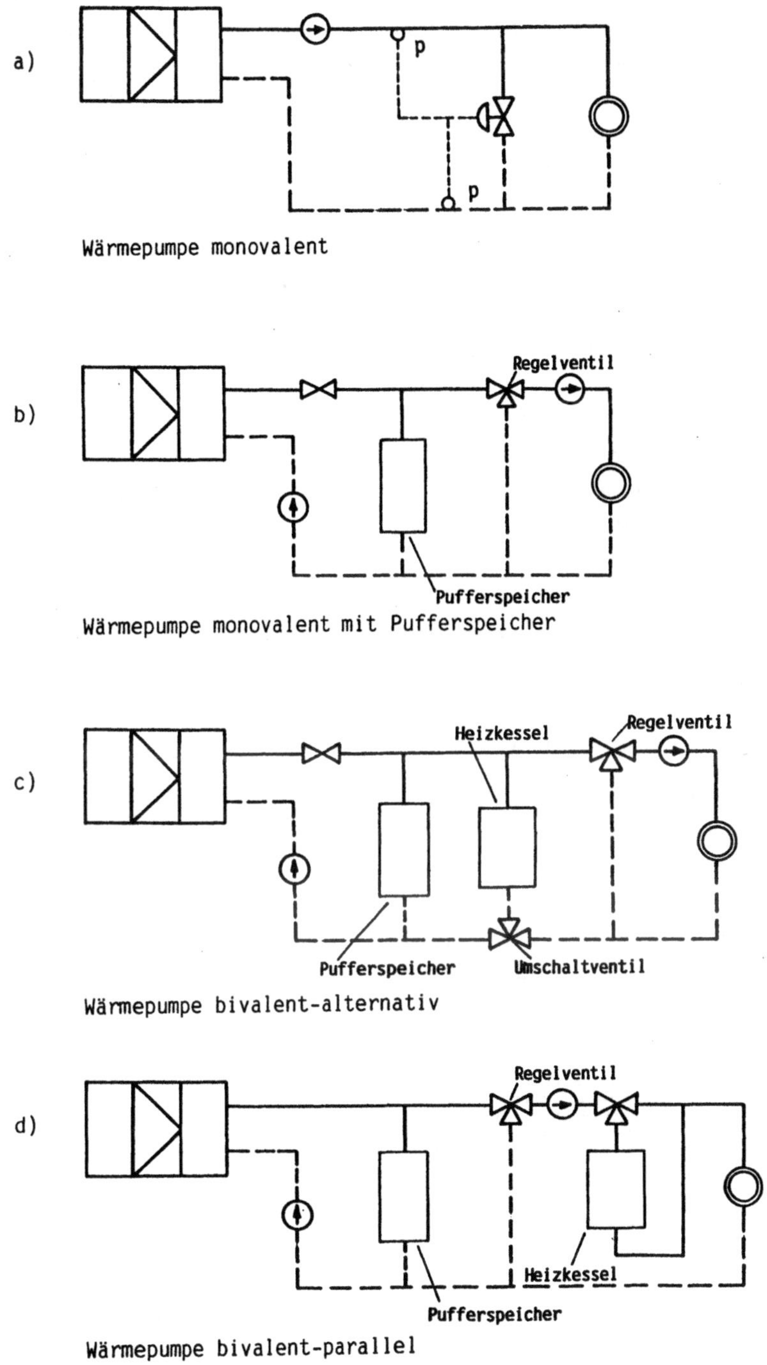

Abb. 20-15 Heizkreisseitige Einbindung von Wärmepumpen

Die Warmwasserbereitung über die zur Heizung benutzte Wärmepumpe ist im allgemeinen möglich. Dazu wird ein indirekt beheizter Speicher mit sehr groß ausgelegter Wärmetauscherfläche benötigt (spezieller Wärmepumpenspeicher), der für die Speicherung eines Tagesbedarfs (im Einfamilienhaus ca. 250 l) ausgelegt ist. Diese Lösung wird meistens sehr teuer und verschlechtert durch das notwendige hohe Temperaturniveau (Vorlauftemperatur ca. 55-60°C) die Arbeitszahl nicht unerheblich. Daher sind andere Lösungen zur Warmwasserbereitung, wie Elektro- oder Gasdurchlauferhitzer, separate Warmwasserwärmepumpe /s. Kap. 21/ oft empfehlenswert.

20.7 Kostenansätze

Die Investitionskosten für Wärmepumpenheizanlagen liegen deutlich über denen konventioneller Wärmeerzeugungsanlagen. Neben den Kosten für die Wärmepumpe selbst sind insbesondere auch die Kosten für die Erschließung der Wärmequelle und eventuell der Mehraufwand für das Niedertemperaturheizsystem zu berücksichtigen.

Richtpreise für die Wärmequellen Grundwasser und Erdreich gibt Abb. 20-16 /nach 8, S. 16 u. 34/.

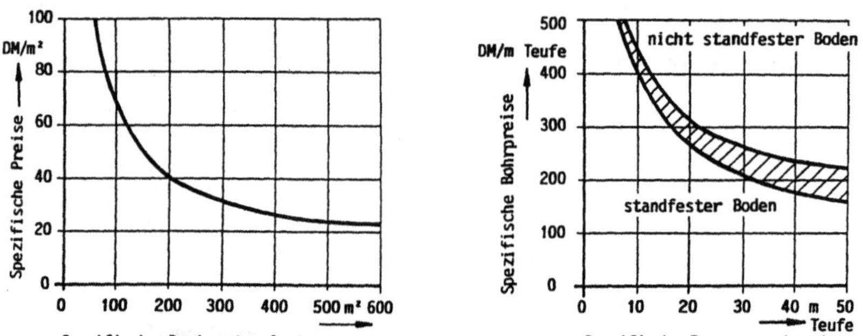

Spezifische Preise je m² eines Erdreichwärmetauschers mit Anschluß an die Wärmepumpe in Abhängigkeit von der Wärmeaustauscherfläche in m².

Spezifische Brunnenpreise je m Teufe in Abhängigkeit von der Teufe für Förder- und Schluckbrunnen. Stand 1978.

Abb. 20-16 Richtwerte für die Investitionskosten von Brunnenanlagen und Erdreichwärmetauschern /8/

Für die Wärmequelle Luft entstehen allgemein nur Kosten, wenn Luftkanäle erforderlich sind (Richtwert ca. 200 DM pro m^2 Kanaloberfläche).

Die spezifischen Kosten für elektromotorische Wärmepumpen (ohne Wärmequelle) sind in Abb. 20-17 angegeben /nach 8, S. 149/.

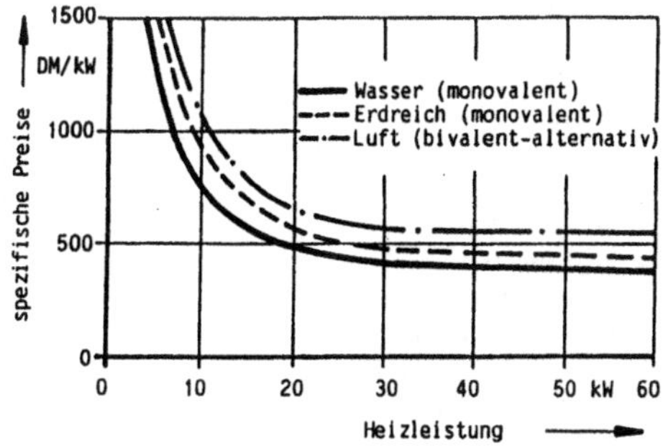

Abb. 20-17
Spez. Preise für elektr. Wärmepumpen in Abhängigkeit von der Heizleistung laut Herstellerangaben.
Stand Februar 1980 ohne MwSt.

Für Absorptionswärmepumpen läßt sich wegen des noch beschränkten Angebots an Serienaggregaten keine allgemeine Übersicht geben. Die kleinsten angebotenen Einheiten mit Heizleistungen von ca. 20-25 kW kosten als Luft-Wasser-Wärmepumpe (bivalenter Betrieb) ca. 20 000 DM.

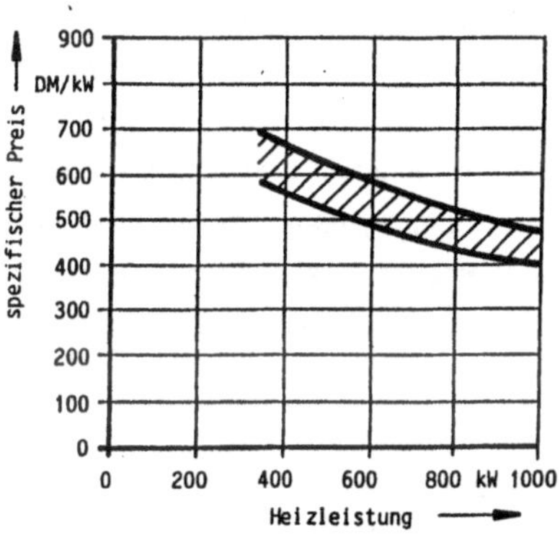

Gasmotor-Wärmepumpe mit Außenluftwärmetauscher
Vorlauftemperatur 45°C
tiefste Außentemperatur -0°C

Nicht enthalten sind Kosten für Gebäude, Hauptverteilungen und Gasanschluß (bei der Wärmepumpe auch ohne Kosten für Wärmespeicher und evtl. Mehrkosten für statische Heizflächen)

Abb. 20-18 Spezifische Kosten einer Gasmotor-Wärmepumpe mit Außenluft als Wärmequelle. Preisstand 1.1.1980 /9/

Für verbrennungsmotorisch angetriebene Wärmepumpen im kleinen Leistungsbereich liegen ebenfalls noch keine ausreichenden Erfahrungen vor. Richtpreise für den üblichen höheren Leistungsbereich gibt Abb. 20-18 /9/.

Abb. 20-19 /5/ zeigt am Beispiel eines Einfamilienhauses (Neubau mit einem Wärmebedarf von 12,6 kW) die Höhe der relativen Investitionskosten für verschiedene Wärmepumpenheizsysteme (ohne Warmwasserbereitung) mit elektromotorischem Antrieb im Vergleich zu zentralen Öl- und Gaskesselfeuerungen.

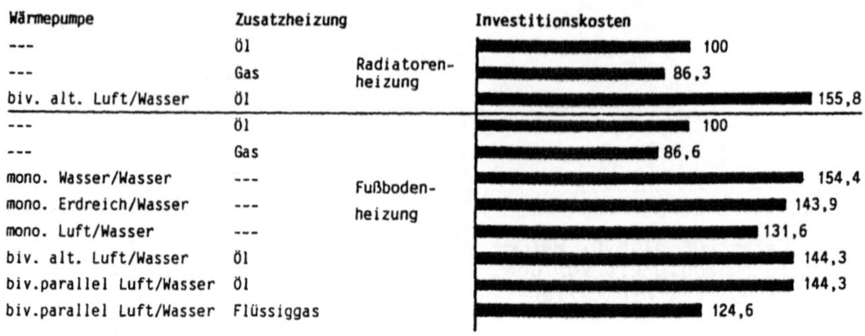

Abb. 20-19
Vergleich der Investitionskosten von Wärmepumpenheizungsanlagen /5/

20.8 Betriebsergebnisse und Wirtschaftlichkeit

Eine Vorherbestimmung des Jahresbetriebsergebnisses von Wärmepumpenheizanlagen mit einer Genauigkeit, wie sie für Heizkesselanlagen möglich ist, ist nur unter sehr großem Aufwand durchführbar. Oft werden für eine erste Abschätzung Erfahrungswerte zugrunde gelegt. Hierauf beruht auch das Kurzberechnungsverfahren nach VDI 2067 /13/. In Tab. 20-6 sind entsprechende Anhaltswerte für Jahresarbeitszahlen aufgelistet. Sie gelten für Leistungsgrößen bis 150 kW und Gebiete mit Normaußentemperaturen von -12°C. Die Werte sind als Bruttoarbeitszahlen zu verstehen. Weitere Quellen für Anhaltswerte von Arbeitszahlen sind /7/ und /13/.

Für eine Kurzberechnung geht man im allgemeinen vom Jahreswärmebedarf aus und ermittelt zunächst die von jedem Wärmeerzeuger anteilig zu liefernde Wärmemenge (Tab. 20-5). Diesen Wärmemengen sind die im Heizungsnetz auftretenden Verluste (Verteilungs- und Speicherverluste) zuzuschlagen. Dabei können je nach Anlagengestaltung für jeden Wärmeerzeuger unterschiedliche Verlustglieder auftreten. Der Brennstoffbedarf des Zusatzwärmeerzeugers wird unter Zugrundelegung des Wärmeerzeugungswirkungsgrades (Nutzungsgrades) in üblicher Weise ermittelt. Der Energiebedarf für die Wärmepumpe ergibt sich aus Wärmelieferung und Arbeitszahl mit Hilfe der nach W_{TWP} aufgelösten Gleichung 19-11. Aus dem bekannten Energieeinsatz lassen sich die Energiekosten bestimmen. Sofern erforderlich, werden unter Einbeziehung der Wartungs-, Instandhaltungs- und Investitionskosten die Gesamtkosten der Anlage ermittelt.

Wärmequelle	Heizsystem 40/45 °C						Heizsystem 60/50 °C					
	alternativ			parallel			alternativ			parallel		
	Umschalttemperatur °C						Umschalttemperatur °C					
	-2	+2	+6	-6	-2	+2	-2	+2	+6	-6	-2	+2
Außenluft	2,8	3,0	3,2	2,5	2,6	2,7	2,0	2,8	3,0	2,4	2,5	2,6
Erdreich	3,2	3,4	3,6	3,0	3,1	3,3	3,0	3,2	3,4	2,9	3,1	3,2
Grundwasser	3,5	3,6	3,7	3,4	3,5	3,6	3,3	3,4	3,5	3,1	3,2	3,3
Absorber	2,8	3,0	3,2	-	-	-	-	-	-	-	-	-

Tab. 20-6 Anhaltswerte für Jahresarbeitszahlen von elektromotorisch angetriebenen Wärmepumpen /13/

Auch bei ausführlichen Berechnungsverfahren wird man grundsätzlich den oben beschriebenen Ablauf einhalten. Detaillierter wird vor allem die Ermittlung der Arbeitszahl, wobei man vom Leistungskennfeld der verwendeten Wärmepumpe und dem Betriebsverhalten der Heizungsanlage ausgeht. Auch bei ausführlichen Berechnungen wird man oft auf Näherungslösungen für die Darstellung des Gesamtbetriebsverhaltens angewiesen sein. Im einzelnen sei hier auf /13/ verwiesen.

Wärmepumpenheizanlagen sollten immer kritisch auf ihre Wirtschaftlichkeit überprüft werden. Bei den elektrisch angetriebenen Wärmepumpenanlagen ergab sich gegenüber konventionellen Ölheizungen noch Anfang der 80er Jahre eine deutliche Reduzierung der Betriebskosten (Energiekosten, Wartung, Instandhaltung), so daß auch Einsparungen zur Amortisation der hohen Investitionen zur Verfügung standen. Bei dem gegenwärtigen Kostenverhältnis von Strom zu Öl (Stand Frühjahr 1987) ist mit elektrisch angetriebenen Wärmepumpenanlagen kaum noch eine Einsparung zu erzielen. Bei den verbrennungsmotorisch angetriebenen Wärmepumpen ergibt sich bei Kostenvergleichsrechnungen grundsätzlich noch eine Betriebskosteneinsparung zugunsten der Wärmepumpe. Die absolute Größe der Einsparung steigt insbesondere mit höher werdendem Brennstoffkostenniveau.

Seit einigen Jahren sind spezielle Einheiten von elektrisch angetriebenen Luft-Wärmepumpen mit Warmwasserspeicher auf dem Markt, die in Kellerräumen, Heizräumen usw. aufgestellt werden. Die Leistungsaufnahme des Verdichters liegt zwischen 0,4 und 0,9 kW, die Speichergröße im Bereich von 300 bis 600 l. Erhältlich sind Kompakt- und Splitgeräte /vgl. Abb.21-1/ sowohl mit indirekter als auch mit direkter Warmwasserbeheizung.

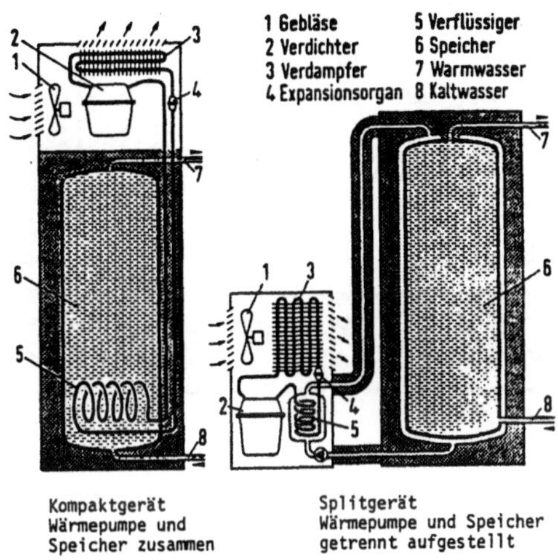

Abb. 21-1

Wärmepumpen zur Warmwassererwärmung

Die Einsatzgrenze dieser Geräte liegt bei ca. 8°C Lufteintrittstemperatur, die erreichbare Brauchwassertemperatur beträgt ca. 55°C. Die Heizleistung der Wärmepumpe ist gering, so daß nach großen Wasserentnahmen (z.B. Wannenbad) Aufheizzeiten von mehreren Stunden notwendig sind. Um auch Warmwasserbereitung bei zu geringen Lufttemperaturen sowie Schnellaufheizung zu ermöglichen, sind diese Geräte üblicherweise mit einem zusätzlichen Heizstab (meist 2 kW) ausgerüstet.

Die mit Warmwasserwärmepumpen erreichbaren Arbeitszahlen hängen von den Betriebsbedingungen ab (Umgebungstemperatur, Speichertemperatur, Wasserentnahmemenge). Weiterhin zeigen die z.Z. angebotenen Produkte aber auch unterschiedliche Qualität bezüglich der erreichbaren Arbeitszahl.

Abb. 21-2 zeigt Meßergebnisse /11/ für sechs verschiedene Fabrikate (Kaltwassertemperatur 15°C, Umgebungstemperatur 15°C). Um die Bandbreite der möglichen Betriebszustände zu erfassen, wurden die Messungen einmal nur für das reine

Aufheizen des Speichers und weiterhin mit zwei verschiedenen Wasserentnahmeprogrammen vorgenommen. Den Zapfverlauf für die Brauchwasserentnahme mit einer Bezugstemperatur von 60°C zeigt Abb. 21-3; die tatsächliche Zapfmenge wurde entsprechend dem geringeren Wärmeinhalt bei geringerer Speichertemperatur vergrößert.

A = Aufheizen des Wassers auf Endtemperatur

EP 120 = Entnahmeprogramm 120 l/Tag mit Bezugstemperatur 60°C

EP 280 = Entnahmeprogramm 280 l/Tag mit Bezugstemperatur 60°C

Zahl hinter dem Schrägstrich = Speichertemperatur

Z = Arbeitszahl mit Zusatzheizung

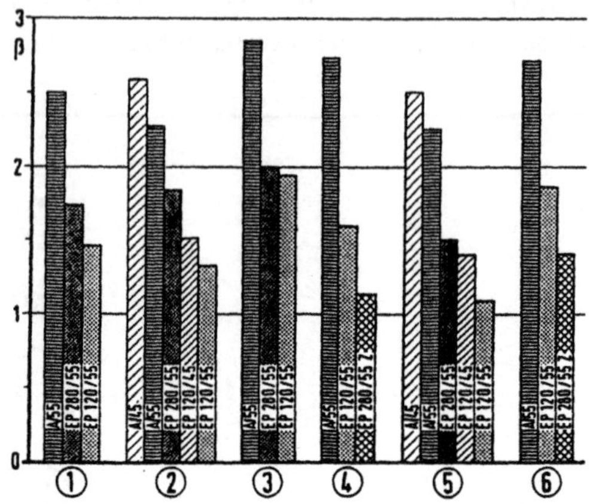

Abb. 21-2

Gemessene Arbeitszahl ß verschiedener Brauchwasser-wärmepumpen /11/

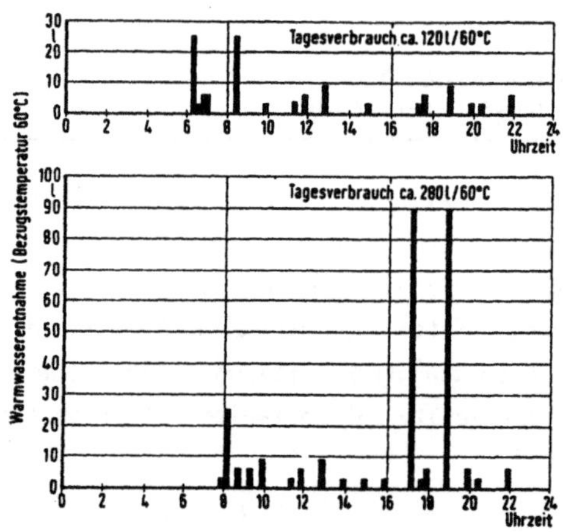

Abb. 21-3

Warmwasserentnahme bei einem Drei- bis Vier-Personen-Haushalt /11/

Die Meßergebnisse zeigen, daß die Arbeitszahl beim einmaligen Aufheizen des Speichers, die meist von den Herstellern angegeben wird, für die praktische Beurteilung nicht ausreicht, weil dadurch zu günstige Betriebsergebnisse vorgespiegelt werden. Die in der oben genannten Meßreihe ermittelten realistischen Arbeitszahlen liegen zwischen 1,09 und 1,94 (55°C Speichertemperatur), so daß der Gesamtnutzungsgrad (Kraftwerkwirkungsgrad berücksichtigt) nicht besser sein dürfte als bei konventioneller Warmwasserbereitung z.B. mit Ölkesseln. Die Erniedrigung der Speichertemperatur und die Erhöhung der Zapfmenge ergeben eine deutliche Verbesserung der Arbeitszahl. Die Wasserentnahmemenge ist allerdings durch die geringe Heizleistung der Warmwasserwärmepumpe begrenzt. Bei zwei Geräten (4 und 6) mußte für die hohe Entnahmemenge bereits die elektrische Zusatzheizung eingeschaltet werden, wodurch die Arbeitszahl erheblich absinkt.

Über Wärmepumpen zur Wassererwärmung liegt ein Normentwurf /12/ vor. Dieser enthält auch einen Vorschlag zur Berechnung von Tages-Arbeitszahlen, dessen Anwendbarkeit z.Z. erprobt wird.

Für den Einsatz dieser Geräte sollte bei der Energieberatung folgendes beachtet werden:

- Sie sollten nur in Räumen mit ausreichend hohen Temperaturen aufgestellt werden.
- Die Güte der einzelnen Fabrikate streut sehr, daher sollten Warmwasserwärmepumpen mit hohen Arbeitszahlen ausgewählt werden.
- Warmwassertemperatur so niedrig wie möglich (40° - 45°C) einstellen.
- Betrieb mit elektrischer Direktheizung vermeiden.

Die Investitionskosten für Warmwasserwärmepumpen liegen heute zwischen DM 4.000 und DM 5.000. Die Geräte werden meistens über eine Steckdose an die normale Haushaltsstromversorgung angeschlossen, so daß auch der hohe Haushaltsstrompreis für die Wirtschaftlichkeitsberechnung zum Ansatz kommen muß.

Formelzeichen

c_p	spezifische Wärme
F	Fläche
h	Enthalpie
k	Wärmedurchgangszahl
$\dot{m}$	Massenstrom
m	Heizflächenexponent
$\dot{m}_K$	Massenstrom des Mediums auf der kalten Seite
$\dot{m}_{KM}$	Massenstrom Kältemittel
$\dot{m}_W$	Massenstrom des Mediums auf der warmen Seite
N	Index Normzustand
P	Leistung
P_{el}	elektrische Leistung
P_M	Motorleistung (mechanisch)
P_{Mel}	Motorleistung (elektrisch)
P_V	Verdichterleistung
p	Druck
p_0	Verdampfungsdruck
Q	Wärmemenge
Q_0	Umgebungswärme
$\dot{Q}_{WP}$	Wärmestrom Wärmepumpe
$\dot{Q}_A$	Absorberwärmestrom
$\dot{Q}_{Br}$	Brennstoffleistung
$\dot{Q}_H$	Heizwärmestrom Verbrennungsmotor-wärmepumpe
$\dot{Q}_{Heiz}$	Wärmebedarf
$\dot{Q}_K$	Kondensationswärmeleistung
$\dot{Q}_N$	Normheizleistung
$\dot{Q}_{Nutz}$	nutzbare Wärmeleistung, nutzbare Verbrennungsmotorabwärme
$\dot{Q}_o$	Kälteleistung, Umgebungswärmestrom
$\dot{Q}_U$	Umgebungswärmestrom
$\dot{Q}_V$	Verlustwärmestrom
$\dot{Q}_Z$	zugeführte Wärmeleistung (Austreiber)
q	spezifische Wärmeleistung
s	Entropie
T	absolute Temperatur
T_H	Temperatur der Heizung
T_Z	Austreibertemperatur
T_0	Umgebungstemperatur, Absorbertemperatur, Verdampfungstemperatur
T_K	Kondensatortemperatur
t	Temperatur
t_i	Raumtemperatur
t_r	Rücklauftemperatur
t_v	Vorlauftemperatur
t_E	Eintrittstemperatur Wärmeaustauscher
t_A	Austrittstemperatur Wärmeaustauscher
t_H	von der Absorptionswärmepumpe gelieferte Heizungsvorlauftemperatur
t_0	Verdampfungstemperatur
v	spezifisches Volumen
W	Arbeit
W_{el}	elektrische Arbeit
β_{WP}	Arbeitszahl
ε	Leistungszahl
$\varepsilon_{c_{WP}}$	Carnotleistungszahl Wärmepumpe
ε_{iKM}	ideale Leistungszahl Kältemaschine
ε_{iWP}	ideale Leistungszahl Wärmepumpe
ε_{WP}	Leistungszahl Wärmepumpe
ε_{WPB}	Bruttoleistungszahl
ζ	Heizzahl
η_g	Gütegrad
η_M	Motorwirkungsgrad
ξ	Konzentration
φ_{KM}	Wärmeverhältnis Kältemaschine
φ_{WP}	Wärmeverhältnis Wärmepumpe

Literaturverzeichnis

1. Trenkowitz, G.:
Die Wärmepumpe - Möglichkeiten zum technisch und wirtschaftlich sinnvollen Einsatz, in VDI-Bericht Nr. 136, S. 27-34, Düsseldorf 1969

2. Scholten, W.:
Kältemittel für Wärmepumpen, in Wärmepumpentechnologie Band I, Vorträge der 2. Essener Wärmepumpentagung 1978, Essen 1978, S. 20-26

3. Cube, H.L.v.:
Lehrbuch der Kältetechnik, Band I, Karlsruhe 1981

4. DIN 8900, April 1980:
Anschlußfertige Wärmepumpen mit elektrisch angetriebenen Verdichtern

5. Der Hessische Minister für Wirtschaft und Technik:
Wärmepumpen, Dokumentation zur Wärmepumpenschau der internationalen Fachmesse Sanitär Heizung Klima 1983, Frankfurt/Main

6. Cube, H.L.v. und F. Steimle:
Wärmepumpen, Grundlagen und Praxis, Düsseldorf 1978

7. Hauptberatungsstelle für Elektrizitätsanwendung e. V. (Hrsg.):
HEA Kostenrechnung Wärmepumpe, Heidelberg

8. Autorengemeinschaft:
Wärmepumpen zur Hausheizung, Beurteilungskriterien, FTA Fachberichte, Band 2, Gräfelfing/München 1981

9. Jüttemann, H.:
Wärmepumpen Band 3: Anwendung der Gas- und Dieselwärmepumpe in der Haustechnik, Karlsruhe 1981

10. Kirn, H. und A. Hadenfeld:
Wärmepumpen Band 2: Anwendung der Elektrowärmepumpe, 4. Auflage, Karlsruhe 1980

11. Schwindt, H.-J.:
Erfahrungen mit Warmwasser-Wärmepumpenanlagen sowie Aspekte aus Verbrauchersicht, in Elektrowärme im Technischen Ausbau, Jan./März A 1/2,1982, S. 19-30

12. DIN 8947, Entwurf Juni 1983:
Anschlußfertige Wärmepumpen zur Wassererwärmung mit elektrisch angetriebenen Verdichtern

13. VDI 2067, Blatt 6, Entwurf April 1986
Berechnung der Kosten von Wärmeversorgungsanlagen: Wärmepumpen

14. DIN 4759, Teil 2, Vornorm Mai 1986
Wärmeerzeugungsanlagen für mehrere Energiearten: Einbindung von Wärmepumpen mit elektrisch angetriebenen Verdichtern in bivalent betriebenen Heizungsanlagen

Abwärmenutzung

Dieter Petzold

INHALTSVERZEICHNIS

22 Vorgehensweise bei der Beurteilung der Nutzungsmöglichkeiten von Abwärme

Bei der Beurteilung der Nutzungsmöglichkeiten von Abwärme ist zu prüfen, ob ausreichende technisch verwertbare Potentiale zur Verfügung stehen, die wirtschaftlich vertretbar genutzt werden können.

22.1 Möglichkeiten der Nutzung von Abwärme

Die Möglichkeiten zur Nutzung von Abwärme können unter verschiedenen Gesichtspunkten diskutiert werden. Bei allen technischen Energie-Transformationsprozessen entsteht Abwärme, die unter bestimmten Voraussetzungen wieder genutzt werden kann. Das Ziel der Nutzung besteht darin, die anfallende Abwärme möglichst nicht der Umgebung zuzuführen, sondern sie im gleichen Prozeß (Wärmerückgewinnung) oder in einem anderen Prozeß (Abwärmenutzung) Verwendung finden zu lassen. Unter Abwärme ist die aus einem energetischen Prozeß an definierter Stelle des Systems in einem Stoffstrom abgeführte sensible und/oder latente Wärme zu verstehen /4/.

Bereich \ Abwärmequelle		gasförmige Medien aus				Dampf						
		RLT-Anlagen	Absaugungen	Trocknungs- und Heißluftprozessen	Rauchgasen	Abdampf	Brüden	Abwasser	Bäder	Ofenkühlung	Kondensationswärme aus Kälteprozessen	Drucklufterzeugung	Motorkühlung
Wohnhäuser			x		x								
Verwaltungsbauten		x											
Krankenhäuser		x						x			x		
Sport- und Freizeiteinrichtungen		x						x					
Verbrauchermärkte		x									x		
Gewerbe		x		x				x			x		
Landwirtschaft		x			x						x		
Industrie	Metallindustrie	x	x						x	x		x	
Industrie	Energietechnik	x			x							x	x
Industrie	chemische Verfahrenstechnik	x	x		x	x	x					x	
Industrie	Papierindustrie	x	x	x	x								
Industrie	Kunststoffbearbeitung	x			x	x							
Industrie	Mineralölindustrie	x				x	x						
Industrie	Baustoffindustrie	x		x	x					x		x	

Tab. 22-1 Abwärmequellen

Die Nutzung von Abwärme findet in den verschiedensten Bereichen Anwendung. Das Spektrum reicht von der Industrie über das Gewerbe bis hin zur Landwirtschaft; auch Gebäude scheiden als Stätten von nutzbaren Abwärmepotentialen nicht aus (Heizungs-, Lüftungs- und Kühlanlagen). In Tabelle 22-1 sind einige der in den unterschiedlichen Bereichen der Praxis anzutreffenden Abwärmequellen aufgeführt.

Wärmerückgewinnung und Abwärmenutzung können durch eine Vielzahl von Systemen verwirklicht werden, wobei zwischen passiven (arbeiten überwiegend ohne Energiezufuhr) und aktiven (arbeiten mit Energiezufuhr) Systemen unterschieden werden kann. Bei den aktiven Systemen stehen Kompressionswärmepumpen im Vordergrund des Interesses.

Die Nutzung der Abwärme erfolgt in den einzelnen Bereichen unterschiedlich; als Haupteinsatzgebiete lassen sich die Zuluft- bzw. Brauchwassererwärmung und die Gebäudeheizung nennen.

Bereich \ Energieverwendung		Zuluft	Warmwasser	Heizung	Prozeßwärme	Verbrennungsluftvorwärmung	Kühlung	Exergie: mechanische Energie	Exergie: elektrische Energie
Wohnhäuser		x							
Verwaltungsbauten		x	x	x					
Krankenhäuser		x	x	x					
Sport- und Freizeiteinrichtungen		x	x	x					
Verbrauchermärkte		x	x	x					
Gewerbe		x	x	x	x	x			
Landwirtschaft		x	x	x					
Industrie	Metallindustrie	x	x	x		x		x	
Industrie	Energietechnik	x	x	x		x			
Industrie	chemische Verfahrenstechnik	x	x	x		x	x		x
Industrie	Papierindustrie	x	x	x		x			
Industrie	Kunststoffbearbeitung	x	x	x		x	x		
Industrie	Mineralölindustrie	x	x	x		x			
Industrie	Baustoffindustrie	x	x	x	x	x			x
Industrie	Druckindustrie	x	x	x		x			
Industrie	Brauereien	x	x	x	x	x	x		x

Tab. 22-2 Energieverwendungsmöglichkeiten

22.2 Nutzung von Abwärmeströmen als Entscheidungsproblem

Die Entscheidung darüber, welche Maßnahme zur Nutzung von Abwärmeströmen in einem bestehenden oder geplanten System ergriffen werden soll, bedarf einer eingehenden Untersuchung des mit der Entscheidung verbundenen Nutzens. Der Begriff des Nutzens kann sowohl einzelwirtschaftlich als auch volkswirtschaftlich verstanden werden. Für private Unternehmungen kommen im Regelfall nur einzelwirtschaftliche Überlegungen in Betracht. Eine geplante Investition kann sinnvoll sein, wenn sie zu einer Gesamtkostensenkung führt. So ist es denkbar, daß die mit der Investition verbundene Amortisationszeit vom Entscheidungsträger als zu lang empfunden und daher trotz geringerer Kosten abgelehnt wird.

22.2.1 Ist-Analyse

Der Anstoß zur Überprüfung der Wirtschaftlichkeit von energiewandelnden Anlagen kann durch unterschiedliche Ereignisse bewirkt werden:

- es wird festgestellt, daß der Energieverbrauch einer vergleichbaren Unternehmung wesentlich geringer ist
- es haben sich ungünstige Veränderungen im Preisgefüge für bezogene Energie ergeben
- wegen häufiger Betriebsstörungen müssen Anlagen erneuert werden
- Veränderungen in der Produktion eines Unternehmens führen zu starken Veränderungen im Energiebedarf.

Wird nun der Entschluß gefaßt, den betrieblichen Energieverbrauch mit Hilfe einer Energieberatung zu verringern, so ist zunächst einmal eine Ist-Analyse durchzuführen. Dabei wird es sich üblicherweise anfangs um eine Grobanalyse handeln. Im Rahmen dieser Vorstudie sind auch Daten über die verfügbaren Abwärmequellen in nicht zu aufwendiger Art und Weise unter Berücksichtigung der zeitlichen Verteilung zu ermitteln:

- Abwärmequelle
- Abwärmestrom (latente Anteile, sensible Anteile)
- Temperaturniveaus
- Energiebedarf

Die durch die Vorstudie ermittelten Abwärmeströme sind daraufhin zu untersuchen, ob sie unvermeidlich anfallen bzw. ob sie sich durch einfache Maßnahmen entscheidend vermindern lassen. Wird z.B. festgestellt, daß eine Wärmeerzeugungsanlage einen sehr großen Abwärmestrom aufweist, so könnte das an einem schlechten feuerungstechnischen Wirkungsgrad liegen, der möglicherweise durch eine verbesserte Brennereinstellung gesteigert werden kann.

Liefert die Grobanalyse hingegen Ergebnisse, die die Nutzung von Abwärme als sinnvoll erscheinen lassen, so ist eine genauere Zielformulierung durchzuführen, um entsprechend der Zielvorgabe die Frage zu beantworten:

> Wieviel Abwärme steht wann, an welcher Stelle, in welcher Qualität zur Deckung eines bestehenden Energiebedarfs zur Verfügung?

Bevor diese Frage mit einer umfassenden Ist-Analyse geklärt wird, sollte eine Vorauswahl (Verminderung der Alternativenzahl) bei den zu analysierenden Energieverwendungsmöglichkeiten erfolgt sein. Soweit es sinnvoll erscheint, sollte vorhandenes Datenmaterial dazu genutzt werden, die zur Verfügung stehenden Abwärmepotentiale mit Hilfe energetischer und/oder exergetischer Größen /vgl. Band III/ vorläufig zu bewerten.

An Hand dieser Daten und Kennzahlen kann in der Regel schon eine negative Auslese getroffen werden. Als hauptsächliche Möglichkeiten der Nutzung von Abwärme kommen die Wärmerückgewinnung für Heizzwecke und die Warmwasser- bzw. Zulufterwärmung in Betracht /vgl. dazu Tab. 22-2/. Es bleibt aber in jedem Einzelfall zu prüfen, inwieweit andere Nutzungsmöglichkeiten in Frage kommen (die Erfahrung spielt dabei eine nicht zu unterschätzende Rolle); einfache Lösungsmöglichkeiten sollten komplizierteren vorgezogen werden.

Nachdem eine Vorentscheidung für bestimmte Nutzungsmöglichkeiten getroffen wurde, sind eine Fülle von Daten sowohl über die Abwärmequelle als auch über die Energieverwendungsseite zu erfassen. Im einzelnen sind zu ermitteln:

- Eigenschaften der Trägermedien (thermodynamisch relevante Eigenschaften)
  - Massenstrom
  - Volumenstrom
  - Druck
  - Temperatur
  - relative Feuchte
  - Wärmekapazität
  - Phase
- Eigenschaften, die die technische Verwendungsfähigkeit einschränken
  - Verschmutzung
  - Aggressivität
  - Energieströme
    - quantitative Erfassung
    - zeitliche Erfassung
      (über den Tag/über das Jahr)
    - örtliche Erfassung von Quellen und Senken
      (Beschreibung der Stellen im Gesamtsystem, Zugänglichkeit)

- Möglichkeiten, bauliche Veränderungen vorzunehmen
- Möglichkeiten der Verlagerung von Energieströmen (zeitlich, räumlich)
- thermodynamische Bewertung der Potentiale
  - energetische Bewertung
  - exergetische Bewertung

Die Erhebung der Daten kann mit unterschiedlichen Schwierigkeiten verbunden sein. Druck und Temperatur lassen sich meistens ohne größere Probleme feststellen; bei der Bestimmung von Volumen- bzw. Massenströmen ist das nicht immer der Fall. So kann z.B. ein pulsierender Förderstrom eines Hubkolbenverdichters nicht ohne weiteres mit Hilfe einer Schwebekörpermessung ermittelt werden; als Verfahren der Praxis bietet sich hier unter Umständen eine Behältermessung an.

Zur Messung der relativen Feuchte kann eine Psychrometermessung auf der Basis von Trocken- und Feuchtkugeltemperaturen erfolgen.

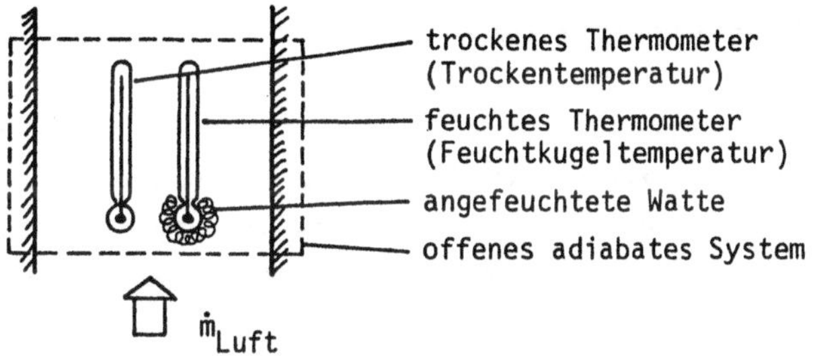

Abb. 22-1 Schematische Darstellung einer Psychrometermessung

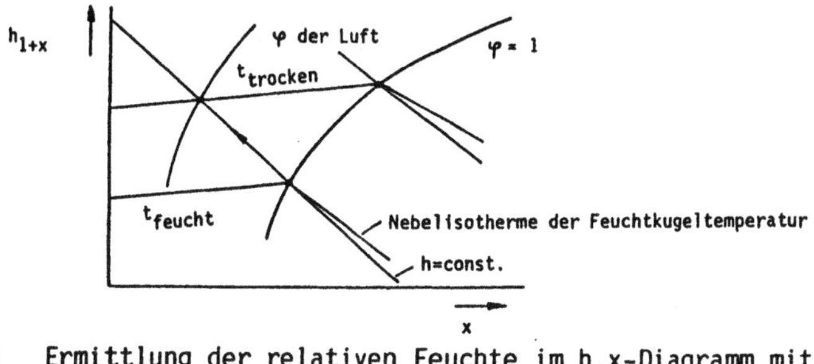

Abb. 22-2 Ermittlung der relativen Feuchte im h,x-Diagramm mit Hilfe von Trocken- und Feuchtkugeltemperatur

Bei Kenntnis beider Temperaturen läßt sich unter Einbeziehung eines h,x-Diagrammes die relative Feuchte bestimmen /vgl. Abb. 22-2/. Der von der Fortluft mitgeführte Abwärmestrom wird dann unter Berücksichtigung eines Bezugsniveaus berechnet.

Teilweise werden Abwärmeströme aber auch ohne Massenstrommessung des Trägermediums abgeschätzt (eine direkte Messung wäre zu aufwendig bzw. nicht durchführbar). Bei einer feuerungstechnischen Anlage kann bei Kenntnis des Kessels (Wechsel-Umstellbrandkessel, Umstellbrandkessel etc.), des verwendeten Brennstoffs (Koks, Steinkohle, Heizöl extra leicht etc.), des CO_2-Gehalts der Abgase, der Raumtemperatur und der Rauchgastemperaturen der Wirkungsgrad des Kessels bestimmt werden.

$$\dot{Q}_{Ab} = \dot{m}_{Br} \cdot \Delta h_u (1 - \eta_K)$$

$\dot{Q}_{Ab}$ = Abwärmestrom in kW
Δh_u = Heizwert in kJ/kg
η_K = Kesselwirkungsgrad
$\dot{m}_{Br}$ = Brennstoffmassenstrom in kg/s

Über den Kesselwirkungsgrad läßt sich bei Kenntnis des Brennstoffmassenstroms der Abwärmestrom zurückrechnen. Wieviel Abwärme tatsächlich genutzt werden kann, hängt vor allem von deren Energiegehalt bzw. dem Temperaturniveau ab; darüber hinaus sind z.B. die eingesetzten Brennstoffe und die Bedingungen im Schornstein (Naturzug, Höhe des Kamins etc.) von Bedeutung.

22.2.2 Beurteilungsmöglichkeiten

Nachdem die Ist-Analyse abgeschlossen wurde, ist eine Entscheidung darüber zu treffen, welche der ins Auge gefaßten Nutzungsmöglichkeiten tatsächlich ergriffen werden sollen. An dieser Stelle muß im Entscheidungsprozeß eine genauere Formulierung der angestrebten Ziele und Nebenbedingungen erfolgen. Ein häufig anzutreffendes Ziel ist die Verminderung der Gesamtkosten unter Berücksichtigung der sich ergebenden Amortisationszeiten.

Eine Auswahlentscheidung allein auf Grund von operationalen wirtschaftlichen Überlegungen gewährleistet aber nicht immer eine sinnvolle Entscheidung. Neben rein rechenbaren Kriterien können auch nicht rechenbare Merkmale von Bedeutung sein, wie zum Beispiel:

- größere Unabhängigkeit von Energiepreisschwankungen
- die mit der Nutzung der Abwärme verbundene Technologie ist neu in der Unternehmung
- es gibt Widerstand auf der Betriebsingenieurebene.

Zur Ermittlung der reinen Wirtschaftlichkeit bieten sich mehrere Verfahren an. Es ist zu unterscheiden zwischen statischen und dynamischen Verfahren. Bei den statischen Verfahren sind die Kostenvergleichsrechnung, Gewinnvergleichsrechnung, Rentabilitätsrechnung und die Amortisationsrechnung zu nennen. Die dynamischen Verfahren lassen sich unterteilen in Kapitalwertmethode, Annuitätenmethode und die Methode des internen Zinsfußes /vgl. Band I/.

Die wirtschaftliche Beurteilung erfolgt vielfach auf der Grundlage einer Kostenvergleichsrechnung unter Berücksichtigung der Amortisationszeit. Für den Bereich der Industrie werden häufig relativ kurze Amortisationszeiten von weniger als drei Jahren gefordert; im Bereich des privaten Wohnungsbaus werden üblicherweise auch längere Amortisationszeiten akzeptiert.

Um die Wirtschaftlichkeitsrechnung durchführen zu können, müssen neben dem Mengengerüst der Kosten (z.B. Verbräuche, ermittelt mit Hilfe thermodynamischer Überlegungen) die das Mengengerüst bewertenden Daten bekannt sein, wie zum Beispiel

- Preise
  - Energiepreise
  - Preise der Systemteile
  - Löhne
- Zinssatz
- Nutzungsdauer
- Preissteigerungsraten
- Mindestamortisationszeitraum

Im Rahmen der Wirtschaftlichkeitsberechnung sind die in Anlehnung an die VDI-Richtlinien 2071 /5/ zusammengestellten Kostenarten zu bestimmen:

- Kapitalkosten
- Unterhaltskosten
- Wartungs- und Bedienungskosten
- Energiekosten
  - jährlicher Wärmebedarf
  - jährlicher Kältebedarf
  - jährlicher Elektroenergiebedarf

- Kosten für den jährlichen Wasserbedarf
- Kosten für Produktionseinbußen während der Montage
- Montagekosten

Die einzelnen Annahmen für die Wirtschaftlichkeitsberechnung, die vielfach zunächst grob abgeschätzt werden müssen, können das Ergebnis der Berechnung entscheidend beeinflussen. So führen z.B. zu kurz geschätzte Nutzungszeiträume zur Überbewertung der jährlichen Kapitalkosten und damit zur Bevorzugung von nicht so kapitalintensiven Alternativen. Bei der Wirtschaftlichkeitsrechnung für Energieeinsparungsmaßnahmen wird in der Regel mit Differenzausgaben gerechnet. Werden Alternativen durch die Rechnung als gleichrangig eingestuft, so sollte die Alternative mit dem geringeren Primärenergiebedarf bevorzugt werden.

23 Passive Systeme zur Wärmerückgewinnung und Abwärmenutzung

In diesem Kapitel werden Abwärmeverwertungssysteme behandelt, die ohne Exergieerhöhung der Abwärme auskommen. Dies setzt ein nutzbares Temperaturgefälle zwischen Abwärmequelle und Nutzwärmeverbraucher voraus. Die wesentlichen Bausteine derartiger Anlagen sind Wärmeaustauscher.

Anwendungen sind vorwiegend dort gegeben, wo Stoffströme zunächst aufgeheizt und dann mit nutzbarem Wärmeinhalt wieder an die Umgebung abgegeben werden. Diese Fälle sind vor allem deshalb günstig, weil auf einfache Weise eine reine Wärmerückgewinnung (Zurückführung der Abwärme in den gleichen Prozeß) möglich ist und dadurch keine Kohärenzprobleme von Wärmeanfall und Wärmenutzung entstehen. Typisches Beispiel hierfür sind die Raumlufttechnik und Prozeßlufttechnik, wo durch den Einsatz von Wärmerückgewinnung zwischen Zu- und Abluft eine erhebliche Senkung des Energiebedarfs möglich ist. Auf Grund des hohen Einsparpotentials und verhältnismäßig geringer Investitionskosten sind derartige Maßnahmen oft mit kurzen Amortisationszeiten realisierbar.

Weiterhin bieten auch zentrale Warmwasserbereitungsanlagen die Möglichkeit einer reinen Wärmerückgewinnung, d.h. das warme Abwasser wird zur Vorwärmung des kalten Frischwassers benutzt. Die wirtschaftliche Anwendbarkeit ist auf Einzelfälle beschränkt, z.B. auf öffentliche Bäder mit großen, zentral anfallenden Abwasserströmen, Brauereien mit hohem Spülwasserbedarf für die Flaschenreinigung. Im Bereich des Wohnungsbaus sind die Menge und das Temperaturniveau des anfallenden Abwassers durch Verluste in den Abwasserleitungen und die Mischung mit Kaltwasser im allgemeinen zu gering, um für eine Wärmerückgewinnung genutzt zu werden. Denkbar, bisher aber wegen technischer Probleme (Verschmutzung der Wärmeaustauscher) selten angewandt, ist die Nutzung von niedrigtemperierten Abwasserströmen durch Wärmepumpen. Weiterhin sollte man aber auch bedenken, daß gerade das Warmwasser oftmals der einzige ganzjährig zur Verfügung stehende Wärmeabnehmer ist, der damit auch für die Nutzung anderer Abwärmeströme, z.B. Abwärme aus Feuerungen, Maschinenkühlung, Kälteanlagen usw., in Betracht kommt.

23.1 Allgemeine Darstellung von Wärmetauschern

Der folgende Abschnitt soll einen Überblick über die unterschiedlichen Bauarten und die wesentlichen Anwendungsmöglichkeiten von Wärmeaustauschern geben. Grundsätzlich unterscheidet man dabei

- Rekuperatoren und
- Regeneratoren.

Rekuperatoren übertragen die Wärme über feste Trennflächen von einem Medium auf das andere. Eine Vermischung der Stoffströme kann dabei nicht auftreten. Regeneratoren verwenden zur Übertragung Speichermassen. Die Speichermassen können dabei feststehend sein, wobei die Medien zur Be- und Entladung periodisch über den Speicher geleitet werden; umgekehrt können die Medien ortsfest sein, und die Speichermasse wird periodisch von einem Medium zum anderen bewegt. Bei regenerativer Wärmeübertragung kann es auch zu einem Stoffaustausch (z.B. Feuchteübertragung) zwischen den Medien kommen.

Wärmerohre und Kreislaufverbundsysteme mit Rekuperator übertragen die Wärme über feste Trennflächen unter Zwischenschaltung eines Wärmeträgers. Die Einordnung als Regenerator oder Rekuperator wird dabei in der Literatur unterschiedlich gehandhabt.

23.1.1 Rekuperatoren

Die wesentlichen Unterscheidungen beruhen auf der Gestaltung der Trennflächen, z.B. Plattenwärmeaustauscher, Glattrohrwärmeaustauscher, Rippenrohrwärmeaustauscher. Weiterhin unterscheidet man nach der Art der Stromführung der Medien in

- Gleichstromwärmeaustauscher
- Gegenstromwärmeaustauscher
- Kreuzstromwärmeaustauscher.

Insbesondere bei den Kreuzstromwärmeaustauschern sind auch Mischformen, z.B. Kreuzgegenstromführungen gebräuchlich.

Der übertragene Wärmestrom errechnet sich aus

$$\dot{Q} = k \cdot A \cdot \Delta t_m \qquad (23\text{-}1)$$

k = Wärmedurchgangszahl
A = Fläche
Δt_m = mittlere Temperaturdifferenz

Für Gleich- und Gegenstrom errechnet sich die mittlere Temperaturdifferenz aus

$$\Delta t_m = \frac{\Delta t_g - \Delta t_k}{\ln \frac{\Delta t_g}{\Delta t_k}} \qquad (23\text{-}2)$$

Δt_g = große Temperaturdifferenz
Δt_k = kleine Temperaturdifferenz.

Die entsprechenden Temperaturverläufe sind in Abb. 23-1 dargestellt.

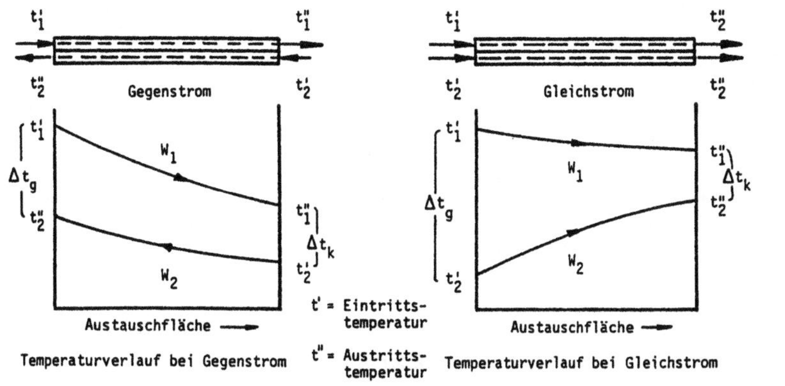

Abb. 23-1 Temperaturverlauf für Gegen- und Gleichstromwärmetauscher

Damit liefert die Gegenstromschaltung bei Gleichheit der Ein- und Austrittstemperaturen der zwei Medien höhere mittlere Temperaturdifferenzen, womit die Fläche zum Übertragen der gleichen Wärmeleistung /s. Gl. 23-1/ kleiner sein kann. Für die Kreuzstromschaltung liegen die mittleren Temperaturdifferenzen zwischen den Werten von Gleich- und Gegenstrom.

Die Wärmedurchgangszahl k ergibt sich für ebene Wände aus folgender Gleichung:

$$k = \frac{1}{\frac{1}{\alpha_1}+\frac{d}{\lambda}+\frac{1}{\alpha_2}} \qquad (23\text{-}3)$$

α = Wärmeübergangszahl

d = Schichtdicke der Wand

λ = Wärmeleitzahl Wandmaterial.

Die erreichbaren Wärmedurchgangszahlen werden bei Wärmeaustauschern hauptsächlich durch die Wärmeübergangszahlen bestimmt. Für die Einzelberechnung sei in diesem Zusammenhang auf die entsprechende Fachliteratur, z.B. den VDI-Wärmeatlas /1/, hingewiesen.

Tabelle 23-1 gibt Anhaltswerte für die mit einzelnen Bauarten erreichbaren Wärmedurchgangszahlen /nach 1, Kap. Cb/.

Bauart	Medien u. Austauschbed.	Überschläglicher k-Wert W/m² K
Rohrbündel-Wärmeaustauscher	Gas gegen Gas	5 - 35
	Flüssigkeit gegen Gas	15 - 70
	Flüssigkeit gegen Flüssigkeit	150 - 1200
Gaserhitzer (Rippen auf der Gasseite)	Dampf oder Heizwasser gegen Gas	12 - 50
Platten-wärmeaustauscher	Gas gegen Wasser	20 - 60
	Flüssigkeit gegen Wasser	350 - 1200

Tab. 23-1 Überschlägliche Wärmedurchgangszahlen nach /1, Kap. Cb/

Für die Beurteilung des Wärmeaustauschers verwendet man allgemein den Temperaturänderungsgrad Φ (Betriebscharakteristik).

$$\Phi = \frac{\text{Temperaturänderung eines Mediums}}{\text{Anfangstemperaturunterschied}} \tag{23-4}$$

Die formelmäßige Herleitung des Temperaturänderungsgrades Φ wurde bereits in /Band III/ aufgezeigt, in dem für den Temperaturänderungsgrad (Betriebscharakteristik) allerdings das Zeichen Θ verwendet wurde. Je nach Zugrundelegung eines der beiden Massenströme kann man zwei unterschiedliche Φ definieren, bei Wärmerückgewinnung in der Lufttechnik z.B. für den Fortluftstrom

$$\Phi_1 = \frac{t_1' - t_1''}{t_1' - t_2'} \tag{23-5}$$

und für den Außenluftstrom

$$\Phi_2 = \frac{t_2'' - t_2'}{t_1' - t_2'} \tag{23-6}$$

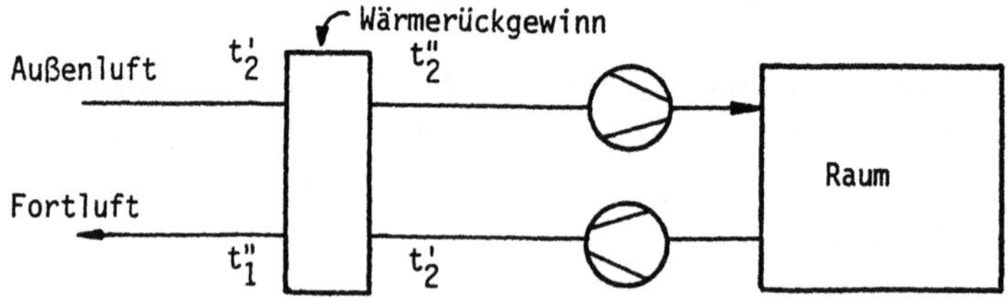

Abb. 23-2 Schema für Wärmerückgewinnung in der Lufttechnik

Bei Wärmerückgewinnungsanlagen wird Φ meist als Rückwärmezahl bezeichnet /4/. Insbesondere in der Lufttechnik wird für die Berechnung häufig die Rückwärmezahl Φ_2 (Außenluftstrom) verwendet.

Für den im Wärmeaustauscher übertragenen Wärmestrom $\dot{Q}$ gilt neben Gleichung 23-1 auch

$$\dot{Q} = \dot{m}_1 \cdot c_1 (t_1' - t_1'') = \dot{m}_2 \cdot c_2 (t_2'' - t_2') \tag{23-7}$$

mit

$\dot{m}$ = Massenstrom
c = spezifische Wärmekapazität

Unter Einführung des Wasserwertes W

$$W = \dot{m} \cdot c \tag{23-8}$$

und Berücksichtigung der Rückwärmezahl läßt sich für Gleichung 23-7 auch schreiben

$$\dot{Q} = W_1 (t_1' - t_1'') = W_1 \cdot \Phi_1 (t_1' - t_2') \tag{23-9}$$

$$\dot{Q} = W_2 (t_2'' - t_2') = W_2 \cdot \Phi_2 (t_1' - t_2') \tag{23-10}$$

Die Bedeutung der Rechnung mit Rückwärmezahlen liegt vor allem darin, daß für die unterschiedlichen Strömungsformen funktionale Zusammenhänge der Form

$$\Phi = \Phi(\kappa, \tau) \tag{23-11}$$

bekannt sind, die die Berechnung der gesamten Betriebscharakteristik des Wärmeaustauschers gestatten. Mit

$$\kappa = \frac{k \cdot A}{W_1} \tag{23-12}$$

und

$$\tau = \frac{W_1}{W_2} \tag{23-13}$$

gilt für die Strömungsformen:

Gegenstrom: $$\Phi = \frac{1 - e^{-\kappa(1-\tau)}}{1 - \tau \cdot e^{-\kappa(1-\tau)}} \tag{23-14}$$

und für

Gleichstrom: $$\Phi = \frac{1-e^{-\kappa/1+\kappa}}{1+\tau} \qquad (23\text{-}15)$$

Die Gleichung 23-14 ist in Abb. 23-3 graphisch dargestellt. Damit ist allgemein eine Berechnung verschiedener Betriebszustände möglich.

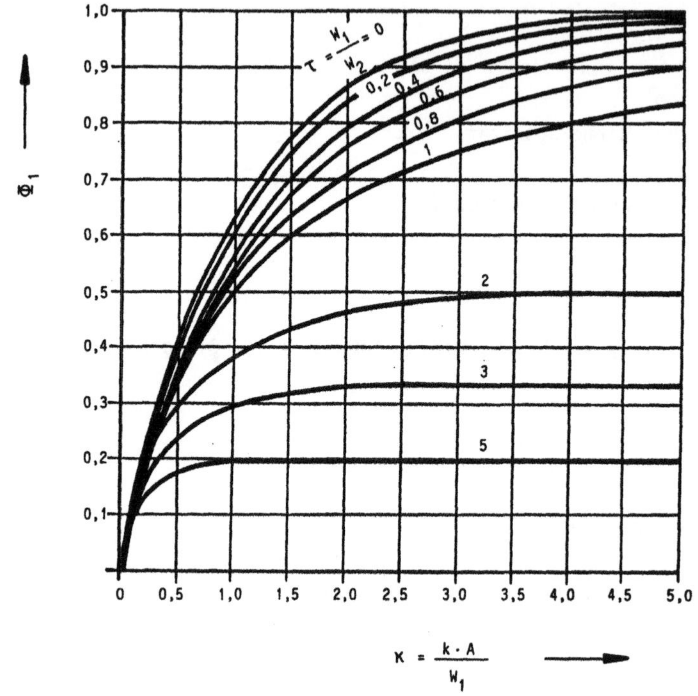

Abb. 23-3 Temperaturaustauschgrad für Gegenstrom

In Beispiel 23-1 wird der häufig vorhandene Fall angenommen, daß ein Betriebspunkt (z.B auf Grund der Auslegungsdaten) bekannt ist und die Massenströme der Medien bei unterschiedlichen Eintrittstemperaturen konstant bleiben. Für diesen Fall kann man mit hinreichender Genauigkeit annehmen, daß die Wärmedurchgangszahl k konstant bleibt, so daß der Wärmeaustauscher mit konstantem Wärmeaustauschgrad Φ arbeitet.

Wesentlich schwieriger sind all jene Fälle, bei denen gegenüber einem bekannten Betriebspunkt die Massenströme der Medien verändert werden. Dies hat allgemein auch eine Änderung der Wärmedurchgangszahl zur Folge, so daß man die Änderung von k abschätzen oder durch Nachrechnung des Wärmeaustauschers ermitteln muß. Da dies sehr aufwendig sein kann, sollte man, sofern möglich, immer auf Leistungsdiagramme von Herstellern zurückgreifen.

Beispiel 23-1

In einem Luft-Luft-Wärmeaustauscher einer Lüftungsanlage werden folgende Zustände gemessen:

Fortluft: $\dot{m} = 1000\ \frac{kg}{h}$ Eintrittstemperatur $t_1' = 20\,°C$

Austrittstemperatur $t_1'' = 11\,°C$

Außenluft: $\dot{m} = 1000\ \frac{kg}{h}$ Eintrittstemperatur $t_2' = 5\,°C$

Austrittstemperatur $t_2'' = 14\,°C$

1) Wie groß ist der Wärmeaustauschgrad?
2) Wie groß ist der übertragene Wärmestrom?
3) Welche Austrittstemperatur für die aufgewärmte Außenluft t_2'' stellt sich bei einer Außentemperatur von -5°C und einer Fortlufteintrittstemperatur von +22°C ein? Die Massenströme sollen unverändert bleiben.

zu 1)

$$\Phi_2 = \frac{t_2'' - t_2'}{t_1' - t_2'} = \frac{14-5}{20-5} = \underline{\underline{0{,}6}}$$

zu 2)

$$\dot{Q} = W_2 \cdot \Phi_2 \cdot (t_1' - t_2')$$

$$\dot{Q} = 1000\ \frac{kg}{h} \cdot \frac{1\,h}{3600\,s} \cdot 1{,}006\ \frac{kJ}{kg\,K} \cdot 0{,}6 \cdot (20-5)K = 2{,}515\ \frac{kJ}{s}$$

$$\dot{Q} = \underline{\underline{2{,}515\ kW}}$$

zu 3) Bei unveränderten Massenströmen kann k als konstant und damit auch κ und τ als konstant angenommen werden. Φ ist damit konstant.

Aus Gleichung 23-6 folgt

$$t_2'' = t_2' + \Phi_2 (t_1' - t_2')$$

$$t_2'' = -5\,°C + 0{,}6\,[22\,°C - (-5\,°C)]$$

$$t_2'' = \underline{\underline{11{,}2\,°C}}$$

23.1.1.1 Kreislaufverbundene Systeme

Kreislaufverbundene Systeme tauschen die Wärme über Rekuperatoren aus, wobei der Transport mit Hilfe einer Wärmeträgerflüssigkeit (Wasser, Wasser-Glykol usw.) erfolgt. Anwendung finden diese Systeme vorwiegend in der Lufttechnik zur Übertragung der Fortluftwärme auf die Außenluft. Eingesetzt werden dabei Rippenrohrwärmeaustauscher. Möglich ist das Kreislaufverbundsystem aber auch zur Übertragung von Wärme zwischen Gasen und Flüssigkeiten, z.B. durch Wärmeentzug aus einem heißen Gasstrom und Übertragung auf das Brauchwasser.

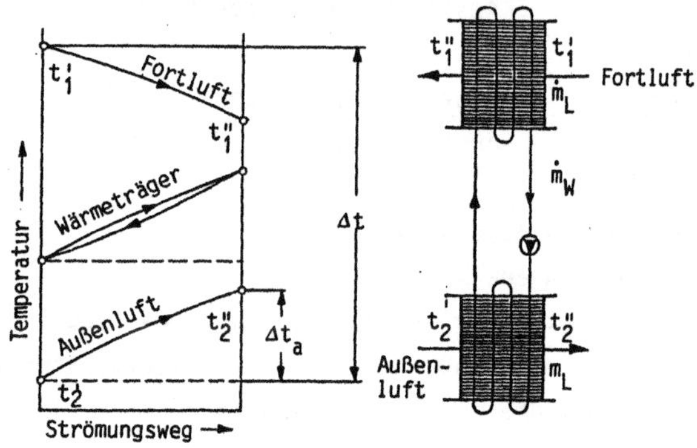

Abb. 23-4 Kreislaufverbundsystem

Abb. 23-4 zeigt die Temperaturänderungen der Luft- und Wärmeträgermassenströme für eine einfache Kreislaufverbundanlage zur Wärmerückgewinnung in raumlufttechnischen Anlagen. Das Betriebsverhalten des Gesamtsystems wird durch den Temperaturaustauschgrad Φ_{Gesamt} beschrieben.

$$\Phi_{Gesamt} = \frac{\Delta t_a}{\Delta t} \qquad (23\text{-}16)$$

Dieses Gesamtverhalten läßt sich aus den einzelnen Temperaturänderungsgraden der Wärmetauscher herleiten. Dabei sind je nach Luftwasserströmen und Größe der Wärmetauscher abhängig von den Wasserwertverhältnissen optimale Temperaturaustauschgrade erzielbar. Abbildung 23-5 zeigt für den Fall gleich großer Fortluft- und Außenluftmassenströme ($W_1 = W_2 = W_L$) die Abhängigkeit des Temperaturaustauschgrades vom Wasserwertverhältnis (Luft/Wärmeträger).

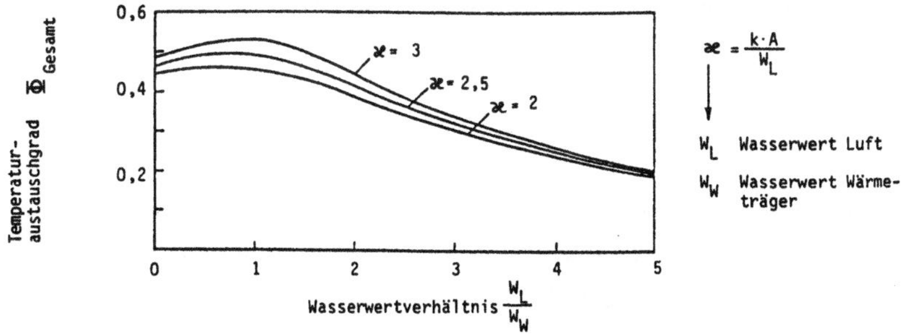

Abb. 23-5 Abhängigkeit des Temperaturaustauschgrades Φ_{Gesamt} vom Wasserwertverhältnis /nach 6, S. 121/

Eine Regelung der Wärmerückgewinnung ist z.B. über die umlaufende Wärmeträgermenge möglich. In der Praxis werden die Kreislaufverbundsysteme meist mit einer Bypassregelung /s. Abb. 23-6/ ausgerüstet. Dadurch ist es möglich, die Wärmeträgertemperatur so zu regeln, daß der Fortluftkühler bei tiefen Außenlufttemperaturen (Kondenswasserausscheidung im Fortluftkühler) nicht vereisen kann.

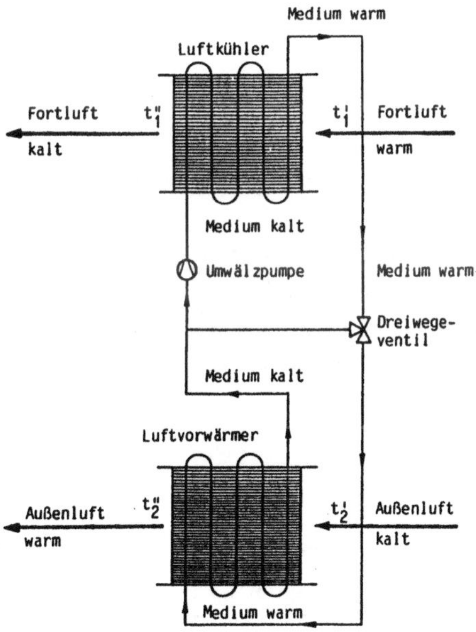

Abb. 23-6
Kreislaufverbundsystem mit Bypass im Wärmeträgerkreislauf

Besonders vorteilhaft an den Kreislaufverbundsystemen ist die vollkommene räumliche Trennung von wärmeaufnehmender und wärmeabgebender Seite. Dabei ist es auch möglich, sowohl mehrere Abwärmequellen als auch mehrere Nutzwärmeverbraucher zu einem Gesamtsystem zusammenzufassen.

23.1.1.2 Plattenwärmeaustauscher

Plattenwärmeaustauscher zeichnen sich dadurch aus, daß große Oberflächen auf kleinem Raum untergebracht werden können, womit sehr kompakte Bauformen möglich sind. Es werden sowohl glatte als auch gewellte Platten (Oberflächenvergrößerung) verwendet.

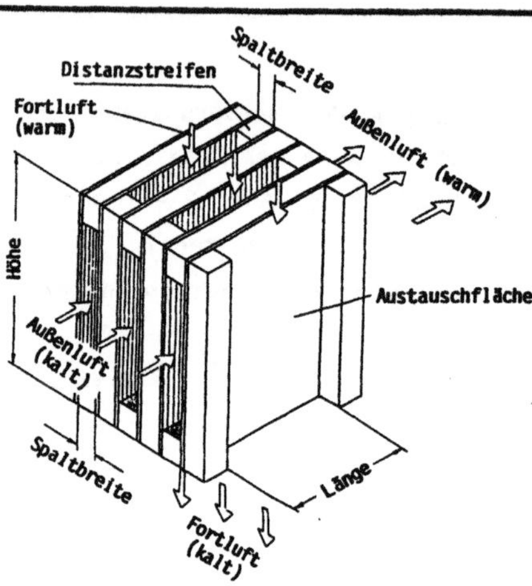

Abb. 23-7
Beispiel für den Aufbau eines Kreuzstromplattenwärmetauschers

Für Plattenwärmeaustauscher finden sich in der Lufttechnik vielfache Anwendungsmöglichkeiten im Bereich der Wärmerückgewinnung. Als Plattenmaterial wird meist Aluminium, bei besonderen Anforderungen an die Korrosionsfestigkeit auch Glas verwendet. Die üblichen Plattendicken liegen zwischen 0,3 und 0,8mm bei Spaltbreiten von 3-10mm.

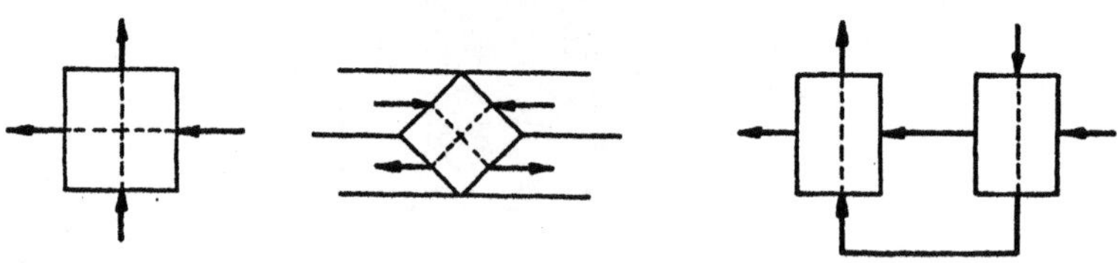

Kreuzstromanordnung

Diagonale Anordnung

Hintereinanderschaltung

Abb. 23-8 Anordnung von Plattenwärmeaustauschern für verschiedene Luftführungen

Möglich sind Ausführungen für reinen Kreuzstrom sowie auch Kreuzgegenstrom und Gegenstrom. Bei industriell gefertigten Austauschereinheiten wird meist die diagonale Anordnung /s. Abb. 23-8/ bevorzugt.

Abbildung 23-9 zeigt ein Kompaktgerät zur Wohnungslüftung, bei dem auch Zu- und Abluftventilator integriert sind.

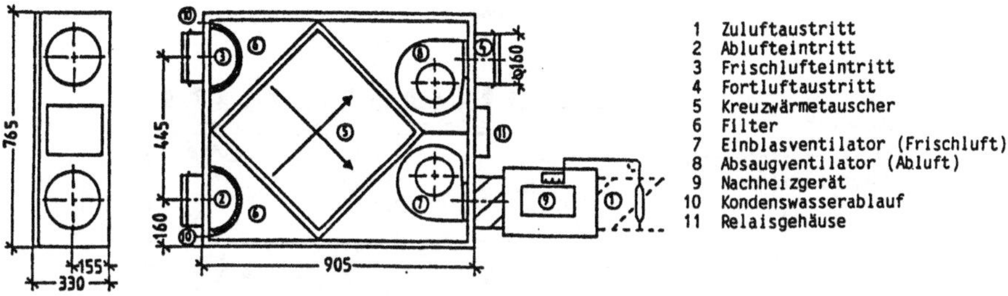

Abb. 23-9 Kompaktgerät zur Wohnungslüftung mit Wärmerückgewinnung über Plattenwärmetauscher

Man sollte unbedingt darauf achten, daß der Wärmetauscher ausgebaut werden kann, damit eine Reinigung möglich ist. Günstig sind hierfür Kompakteinheiten, bei denen das Plattenpaket aus dem Gehäuse herausgenommen werden kann (Reinigung mit Wasserstrahl oder Druckluft).

23.1.1.3 Wärmerohre

Wärmerohre sind kleine, kompakte Wärmeaustauscher, die je nach Bedarf zu einer Tauschereinheit zusammengestellt werden. Die Wärmeübertragung wird dabei durch

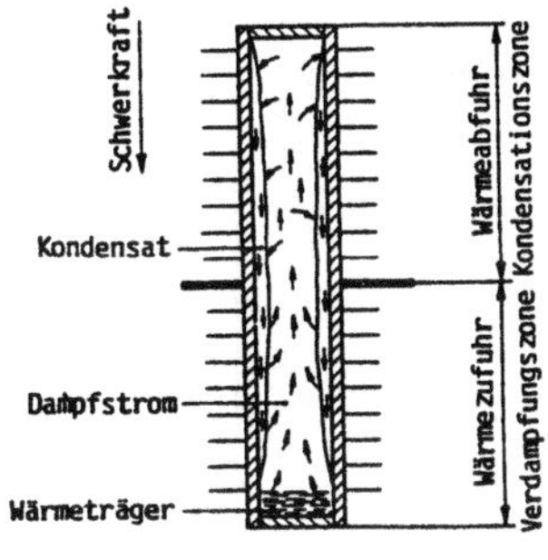

Abb. 23-10 Schematische Darstellung eines Gravitationswärmerohrs

Verdampfen einer Flüssigkeit im warmen Teil und Kondensation dieses Dampfes im kalten Teil eines Rohres bewirkt. Durch diesen Transportmechanismus sind im Vergleich zur reinen Wärmeleitung wesentlich höhere Wärmeflußdichten möglich. Abbildung 23-10 zeigt das Prinzip eines Gravitationswärmerohres, bei dem der Rücktransport des Kondensats ausschließlich durch die Schwerkraft erfolgt. Damit läßt sich diese Bauart sinnvoll einsetzen, wenn ausschließlich ein Wärmetransport von unten nach oben erwünscht ist.

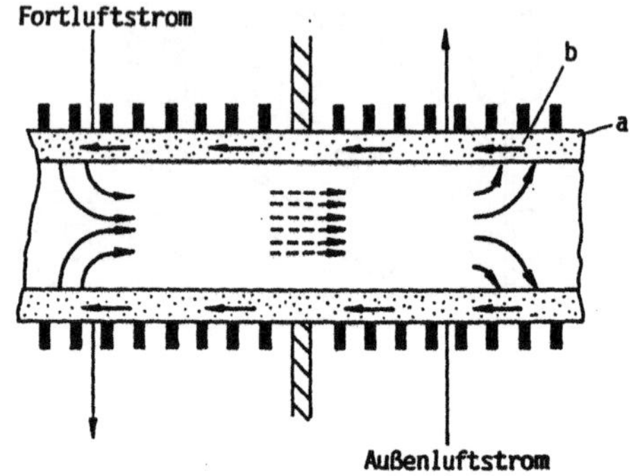

Abb. 23-11
Kältemittelströmung bei horizontalem Wärmerohr

Bei handelsüblichen Wärmerohren sind die Innenwandungen der Rohre normalerweise mit einer Kapillarstruktur (Netze, Metallfilz, Axialrillen usw.) versehen. Durch diese Kapillaren kann Flüssigkeit wie mit einem Docht transportiert werden. Dieser Transport ist eingeschränkt auch entgegen der Schwerkraftwirkung möglich. Zur Wärmerückgewinnung in lüftungstechnischen Anlagen werden vorwiegend Kapillarwärmerohre in waagerechter Anordnung verwendet. Bei dieser Einbaulage ist der durch einen Temperaturgradienten hervorgerufene Wärmetransport in beiden Richtungen gleich gut möglich. Zur Erhöhung des Wärmeübergangs sind die Rohre auf der Außenseite mit Rippen versehen /s. Abb. 23-11/.

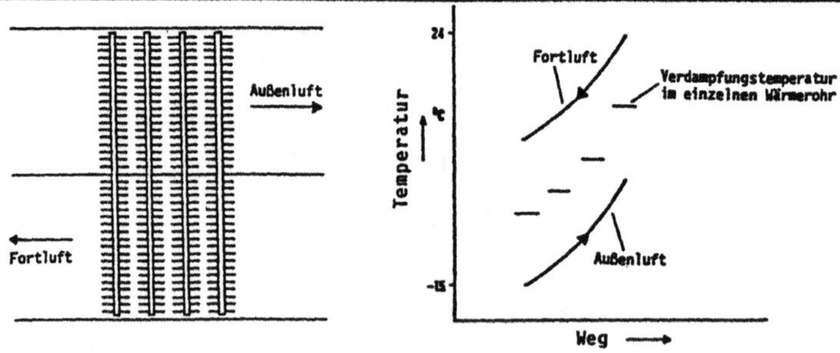

Abb. 23-12 Hintereinanderschaltung von Wärmerohren

Da der kapillare Flüssigkeitstransport durch die Schwerkraftwirkung eingeschränkt wird, ist eine Regelung des übertragenen Wärmestroms durch unterschiedliche Neigung der Rohre möglich.

- Neigung zur warmen Seite hin unterstützt den Rücktransport des Kondensats durch Schwerkraftwirkung, womit die Wärmeleistung steigt.

- Neigung zur kalten Seite hin behindert den Rücktransport durch Schwerkraftwirkung, womit die Wärmeleistung sinkt.

Durch den hohen Energietransport beim Phasenwechsel ergeben sich für das gesamte Wärmerohr annähernd gleiche Oberflächentemperaturen. Diese Eigenschaft ist für viele Anwendungsfälle sehr erwünscht, z.B. in der Lufttechnik, weil sich nach dem Durchströmen des Wärmetauschers keine nennenswerten Temperaturschichtungen im Luftstrom ergeben.

Zur Erzielung hoher Wärmeaustauschgrade werden mehrere Wärmerohre in einer Wärmetauschereinheit hintereinandergeschaltet /s. Abb. 23-12/. Dabei arbeiten die einzelnen Rohrreihen auf verschiedenen Temperaturniveaus. Unter der Voraussetzung gleicher Wasserwerte der beiden Luftströme ergibt sich für Gegenstrom bei Hintereinanderschaltung von n Wärmerohren mit gleichem Wärmeaustauschgrad Φ folgender Gesamtwärmeaustauschgrad

$$\Phi_{Gesamt} = \frac{1}{1+\frac{1-\Phi}{n\cdot\Phi}} \qquad (23\text{-}17)$$

1. Wärmerohr-Element
2. zusätzliches Heizelement
3. Zuluftventilator
4. Abluftventilator
5. Filter auf Wunsch
6. Filter serienmäßig

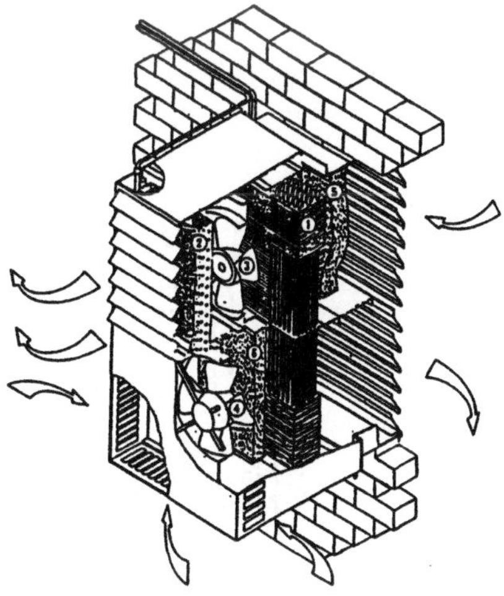

Abb. 23-13 Be- und Entlüftungsgerät mit Wärmerohrrückgewinner /Fa. GEA/

Für die praktische Anwendung werden von der Industrie Baureihen von Wärmeaustauschereinheiten angeboten. Diese gestatten durch Auswahl der geometrischen Abmessungen mit einer unterschiedlichen Anzahl von hintereinandergeschalteten Wärmerohrreihen die Anpassung an verschiedenste Bedarfsfälle. Temperaturaustauschgrade von 0,5 bis 0,6 sind mit vertretbaren Aufwand erreichbar.

Wärmerohrrückgewinner werden vielfach auch schon in Kompaktgeräte zur Be- und Entlüftung eingebaut. Abbildung 23-13 gibt ein Beispiel für ein Gerät zur Hallenlüftung.

Für den zur Wärmerückgewinnung in raumlufttechnischen Anlagen notwendigen Temperaturbereich sind im allgemeinen Frigene die idealen Wärmeträger (Füllungen) für Wärmerohre. Durch den Einsatz anderer Wärmeträger ist die Verwendung von Wärmerohren für die unterschiedlichsten Temperaturbereiche möglich. Abbildung 23-15

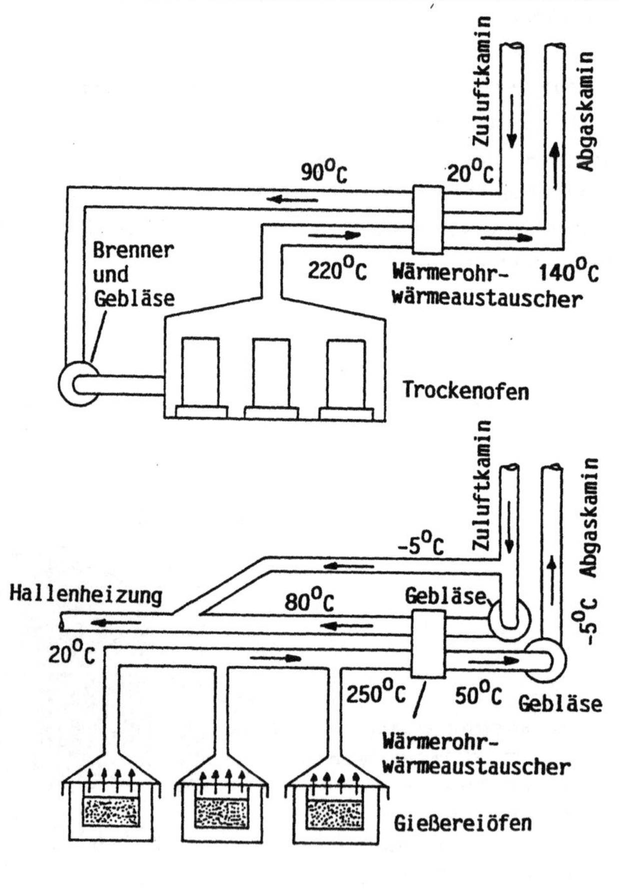

Abb. 23-14 Wärmerückgewinnung mittels Wärmerohrwärmeaustauschern in einer Trockenofenanlage (oben) und einer Gießerei (unten) /nach Werkangaben Fa. Wiegand/

zeigt Arbeitsbereiche verschiedener Wärmeträger. Damit ist auch der Einsatz von Wärmerohren, z.B. zur Wärmerückgewinnung aus Rauchgasen möglich /s. Abb. 23-14/.

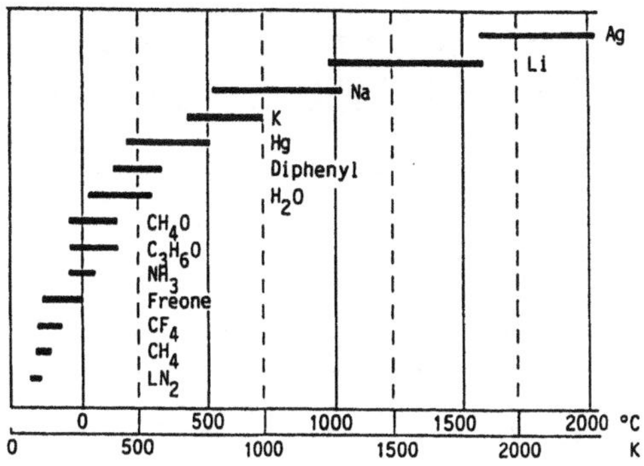

Abb. 23-15 Arbeitsbereiche verschiedener Wärmeträger für Wärmerohre /19/

23.1.2 Regeneratoren

Regeneratoren übertragen Wärme von einem Medium auf das andere erst nach Zwischenspeicherung der zu übertragenden Wärme. Für die konstruktive Gestaltung des Austauschers gibt es zwei grundsätzliche Möglichkeiten:

1. Die Speichermasse ist feststehend, und die Medien werden umgeschaltet.

2. Die Speichermasse wird zwischen den ortsfesten Medien transportiert.

Regeneratoren mit feststehenden Speichermassen sind als Einzelgeräte wegen der notwendigen Be- und Entladezeit nur diskontinuierlich zu betreiben. Für einen kontinuierlichen Betrieb benötigt man zwei Regeneratoren, um während der Beladung des einen den anderen zu entladen. Da dieses einen hohen Bauaufwand bedingt, ist die technische Bedeutung dieser Gruppe von Regeneratoren heute nur noch gering.

Da heute vorwiegend Regeneratoren der 2. Bauart Anwendung finden, werden im folgenden nur diese Geräte beschrieben.

23.1.2.1 Rotationswärmeaustauscher

Diese Wärmeaustauscherbauart findet häufig in raumlufttechnischen Anlagen Anwendung. Abbildung 23-16 zeigt das Funktionsschema.

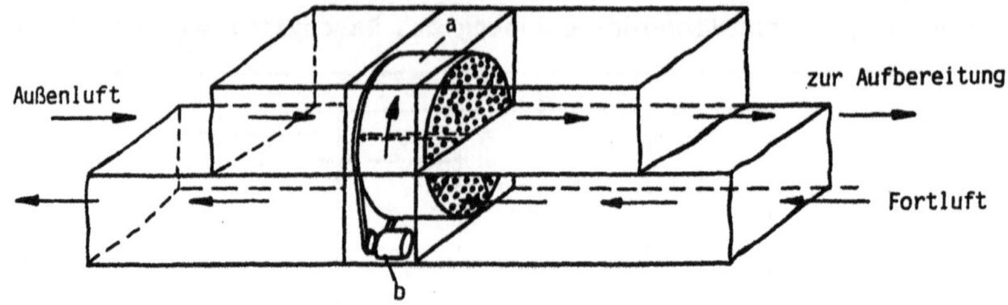

a Rotor
b Antriebsmotor

Abb. 23-16 Einbauschema eines Rotationswärmetauschers

Der Rotor (Speichermasse) wird von einem kleinen Elektromotor angetrieben. Die Speichermasse wird zunächst von der Fortluft durchströmt und dabei aufgewärmt. Durch die Drehung gelangt die Speichermasse dann in den Außenluftstrom, von dem sie entgegengesetzt durchströmt wird. Dabei wird die Speicherwärme auf den Außenluftstrom übertragen.

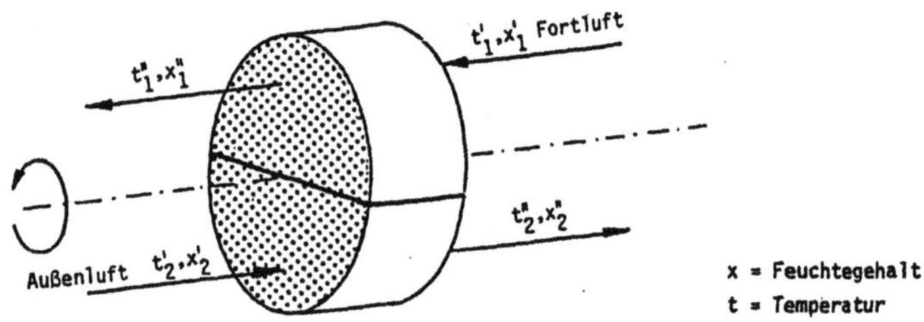

Abb. 23-17 Schema eines Rotationswärmeaustauschers

Das Wärmeübertragungsverhalten wird wie bei Rekuperatoren durch den Temperaturaustauschgrad Φ gekennzeichnet. Die jeweiligen Werte entnimmt man zweckmäßigerweise den Herstellerprospekten, weil eine theoretische Berechnung für die Anwendungsfälle der Energieberatung nicht in Frage kommt. Neben der Wärme wird auch Feuchtigkeit übertragen, was durch den Feuchteaustauschgrad (Rückfeuchtezahl) Ψ gekennzeichnet wird:

$$\Psi_1 = \frac{x_1'' - x_1'}{x_1' - x_2'} \qquad (23\text{-}18)$$

$$\Psi_2 = \frac{x_2'' - x_2'}{x_1' - x_2'}$$

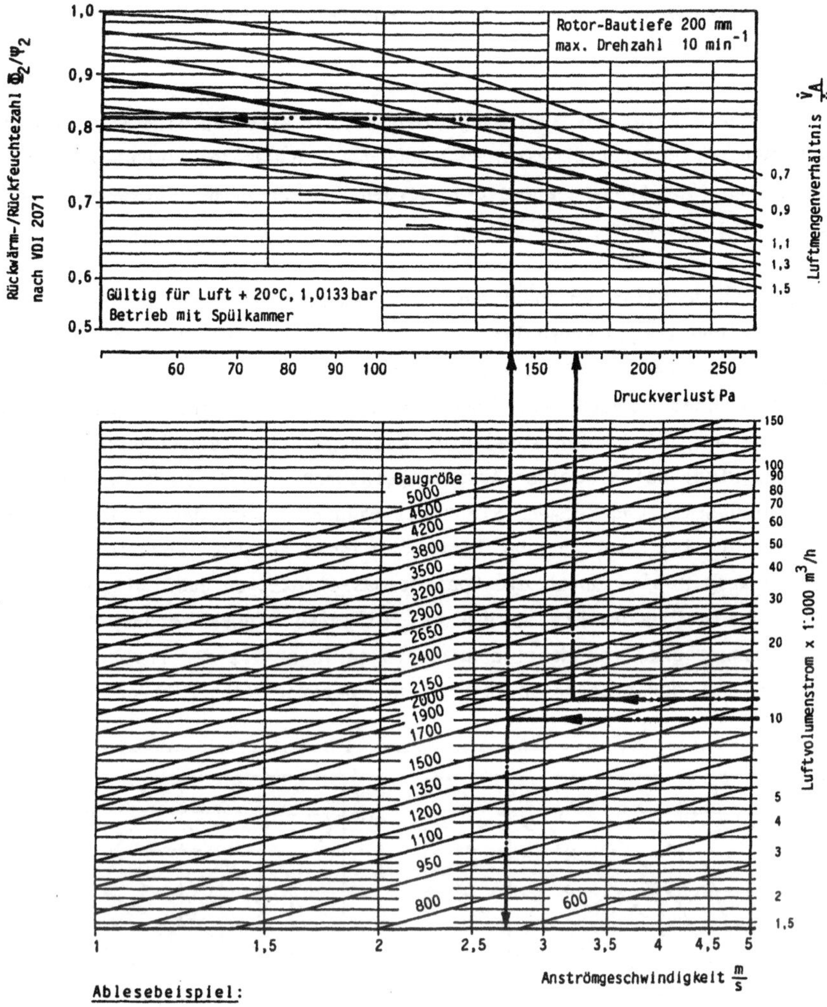

Ablesebeispiel:

Außenluftvolumenstrom $\dot{V}_A$ = 10 000 m^3/h

Fortluftvolumenstrom $\dot{V}_F$ = 12 500 m^3/h

Luftmengenverhältnis $\frac{\dot{V}_A}{\dot{V}_F}$ = 0,8

Temperaturaustauschgrad Φ_2 = 0,84

Feuchteaustauschgrad Ψ_2 = 0,84

Druckverlust Außenluftvolumenstrom = 138 Pa

Druckverlust Fortluftvolumenstrom = 168 Pa

Abb. 23-18 Beispiel für ein Auslegungsdiagramm einer Baureihe von Rotationswärmetauschern mit Sorptionsbeschichtung /Fa. Kraftanlagen Heidelberg/

Rotationswärmeaustauscher werden mit unterschiedlichen Speichermaterialien ausgestattet, z.B. mit röhrenförmigen Folien, Drahtgeflechten, unbeschichteten und beschichteten Aluminiumfolien, rostfreiem Stahl usw. Bei unbeschichteten Speichermaterialien wird relativ wenig Feuchtigkeit von einem Luftstrom auf den anderen übertragen. Hohe Feuchteaustauschgrade werden durch spezielle Sorptionsbeschichtungen erreicht.

Abbildung 23-18 zeigt das Auslegungsdiagramm für eine Baureihe von Rotationswärmeaustauschern (Rotordurchmesser 600-5000 mm Baugröße). Durch die Sorptionsbeschichtung (Sorptionsregenerator) werden gleich große Rückwärme- und Rückfeuchtezahlen erreicht.

Abbildung 23-19 zeigt an Hand des h,x-Diagramms für feuchte Luft das unterschiedliche Übertragungsverhalten von Regeneratoren mit und ohne Sorptionsbeschichtung jeweils für gleiche Eintrittszustände von Fort- und Außenluft. Bei dem unbeschichteten Regenerator /Abb. 23-19b/ verlaufen die Luftzustandsänderungen jeweils auf den Linien konstanten Wassergehalts, so daß nur sensible Wärme übertragen wird. Bei niedrigen Außentemperaturen kann es auch zu einer teilweisen Feuchteübertragung kommen. Sie tritt dann ein, wenn das Speichermaterial so weit abgekühlt ist, daß aus der Fortluft Wasser ausgeschieden wird. Das ausgeschiedene Wasser wird durch die Speichermassenrotation auch mit dem Außenluftstrom in Kontakt gebracht, so daß es teilweise wieder verdampfen kann. Der Feuchteaustauschgrad ist dabei aber stets geringer als der Temperaturaustauschgrad. Bei dem sorptionsbeschichteten Regenerator /Abb.23-19a/ verlaufen die

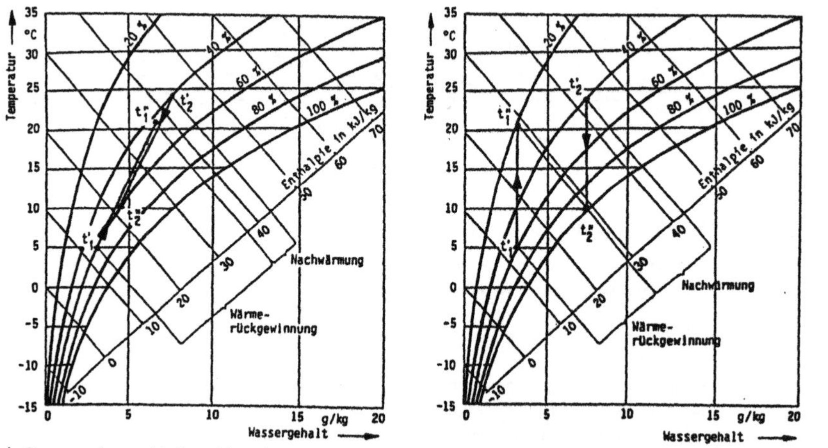

a) Regenerator mit Sorptionsbeschichtung

b) Regenerator ohne Sorptionsbeschichtung

Abb. 23-19 Übertragungsverhalten von Rotationswärmetauschern mit und ohne Sorptionsbeschichtung

Luftzustandsänderungen auf den Verbindungsgeraden zwischen den Lufteintrittszuständen. Temperatur- und Feuchteaustauschgrad sind dabei gleich groß. Der Wärmerückgewinn ist auf Grund der Feuchteübertragung größer.

Rotationswärmeaustauscher werden mit Drehzahlen von 5-15 U/min betrieben. Sofern notwendig, z.B. um konstante Grenzwerte von Temperatur oder Enthalpie einzuhalten, kann eine Drehzahlregelung vorgenommen werden. Abbildung 23-20 zeigt für einen Rotationswärmeaustauscher mit einer Auslegungsdrehzahl von 10 U/min die relative Änderung des Temperaturaustauschgrades bei Drehzahlverminderung.

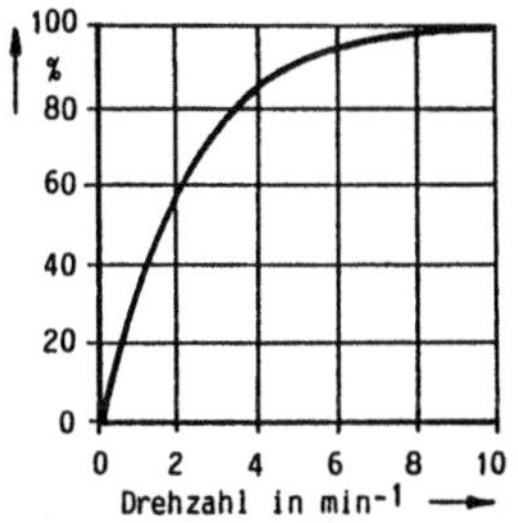

Abb. 23-20 Temperaturaustauschgrad für Rotationswärmeaustauscher bei Drehzahlregelung /Fa. Kraftanlagen Heidelberg/

Ein Problem aller Regeneratoren ist, daß durch Mitrotation und Spaltströmungen keine vollständige Trennung der Medien möglich ist. Dadurch können unerwünschte Übertragungen von Schadstoffen, Gerüchen, Keimen usw. stattfinden. Um die Übertragung von Fortluft in den Außenluftstrom zu verhindern, wird allgemein eine sog. Spülkammer angeordnet. Dabei wird durch die Kammeranordnung ein Teil des Außenluftstroms in die abzuführende Fortluft übergeleitet. Die in den Rotorkanälen befindliche Fortluft wird dabei ausgespült, bevor sie in die Zuluft übertragen werden kann. Zur Funktion ist ein Druckgefälle vom Außenluft- zum Fortluftkanal notwendig. Das Funktionsprinzip der Kammer ist in Abb. 23-21 dargestellt.

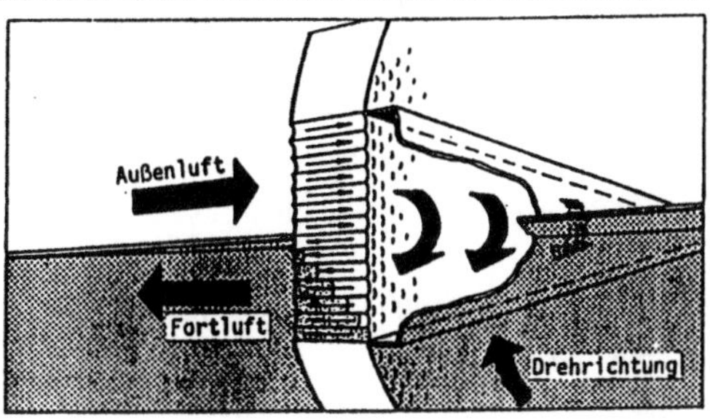

Abb. 23-21 Wirkung der Spülkammer bei Rotationswärmetauschern /Fa. Kraftanlagen Heidelberg/

23.1.2.2 Kapillarventilatoren

Kapillarventilatoren vereinen in einem Gerät Ventilator (für Zu- und Abluftstrom), Wärmeaustauscher und Filter. Abbildung 23-22 zeigt das Funktionsschema. Kernstück ist ein schnellaufender, poröser Hohlzylinder /a/ (meist aus Schaumstoff), der sowohl als Ventilatorlaufrad wie auch als Regenerativwärmeaustauscher wirkt. Zur Trennung von Außen- und Fortluftstrom ist der Innenraum des Hohlzylinders durch eine feststehende Wand /b/ in zwei Kammern geteilt. Die Fortluft tritt in die Kammer /c/ ein und wird in ein Spiralgehäuse zum Fortluftkanal /d/ gedrückt. Dabei wird das entsprechende Mantelsegment des Hohlzylinders aufgewärmt. Die kühle Außenluft tritt in die Kammer /e/ ein und wird in ein anderes Spiralgehäuse zum Außenluftkanal /f/ gedrückt. Dabei gibt das im Bereich der Außenluftkammer befindliche Mantelsegment Wärme an die durchströmende Außenluft ab.

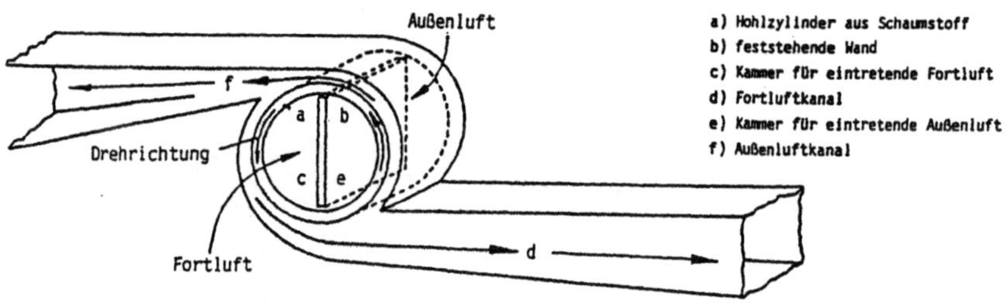

Abb. 23-22 Schema eines Kapillargebläses /Fa. Frank'sche Eisenwerke Dillenburg/

Der Hohlzylinder hat etwa die Wirkung eines Filters der Klasse B. Eine regelmäßige Reinigung (Auswaschen) bzw. Ersetzen des Hohlzylinders ist notwendig. Ein deutlicher Übertritt von Fortluft zur Außenluft bzw. auch umgekehrt ist nicht zu vermeiden. Damit ist der Einsatz von Kapillarventilatoren auf solche Anlagen beschränkt, die mit Umluft gefahren werden dürfen. Der Temperaturaustauschgrad liegt nach Herstellerangaben bei ca. 0,48, der Feuchteaustauschgrad bei 0,3-0,5. Der aerodynamische Wirkungsgrad (Ventilatorwirkungsgrad) ist im Vergleich zu üblichen Radialventilatoren deutlich niedriger.

Anwendung finden Kapillarventilatoren in kleinen, kompakten Geräten zur Wohnraumlüftung (Volumenstrom ab ca. 60 m^3/h) wie auch in Kastengeräten zum Einbau in Lüftungsnetze (Volumenströme bis 50.000 m^3/h).

23.2 Wärmerückgewinnung aus lufttechnischen Anlagen

Der folgende Abschnitt soll für Wärmerückgewinnung in lufttechnischen Anlagen die wesentlichen technischen Randbedingungen zusammenfassen und die grundlegenden Verfahren zur Berechnung der Jahresrückwärme aufzeigen.

23.2.1 Allgemeine Einsatzkriterien

Maßnahmen zur Wärmerückgewinnung setzen eine mechanische Lüftung mit definierter Zu- und Fortluftführung voraus. Die in der Praxis häufig anzutreffenden reinen Abluftanlagen oder (seltener) reinen Zuluftanlagen sind nur durch Ergänzung des entsprechenden Anlagenteils (Zu- oder Abluftführung) für eine Wärmerückgewinnung zu erschließen. Da eine derartige Maßnahme sehr kostenintensiv sein kann, ist eine eingehende Wirtschaftlichkeitsberechnung notwendig.

Eigenschaft	Außen- und Fortluft müssen zusammengeführt sein	Stoffaustausch ist möglich	Bewegte mech. Teile sind vorhanden	Rückwärmezahl (ohne Kondensation)	Gerätekosten in DM pro m³/h Luftdurchsatz	Gesamtkosten einschl. Installation in DM pro m³/h	Spezifisches Bauvolumen in m³ pro 10000 m³/h
Plattenwärmetauscher	ja	nein	nein	50-60%	0,45-0,90	1,00-1,50	2-3
kreislaufverbundenes System	nein	nein	ja	40-50%	0,60-1,10	1,50-2,00	0,6-0,8
Wärmerohr	ja	nein	nein	50-60%	0,60-1,10	1,00-1,60	0,6-0,8
Rotationswärmetauscher (ohne hygrosk. Beschichtung)	ja	ja (gering)	ja	65-75%	0,42-0,90	0,80-1,30	1,4-1,6
Rotationswärmetauscher (mit hygrosk. Beschichtung)	ja	ja (gut)	ja	65-75%	0,55-1,10	0,90-1,50	1,4-1,6

Tab. 23-2 Übersicht verschiedener Systeme zur Wärmerückgewinnung /nach 2/

Die Geräte zur Wärmerückgewinnung wurden bereits in Kapitel 23.1 vorgestellt. Tab. 23-2 faßt für verschiedene Systeme die wesentlichen Einsatzkriterien zusammen.

Für die Auswahl ist von der technischen Seite her folgendes zu beachten:

- Außer den Kreislaufverbundsystemen verlangen alle anderen Wärmeaustauscher eine Zusammenführung von Zu- und Fortluftkanal. Daher kommen Kreislaufverbundsysteme meist bei der Nachrüstung in bestehende Anlagen in Frage.

- Regeneratoren übertragen je nach Ausführung auch latente Wärme (Feuchte). Insbesondere bei Anlagen mit Befeuchtung der Zuluft liefert dies einen erheblichen Beitrag zur Energieeinsparung.

- Bei Anlagen, die nicht im Umluftbetrieb gefahren werden dürfen (z.B. wegen Geruchsübertragung, Keimübertragung, Giftstoffe usw.), ist auf die strikte Trennung von Außen- und Fortluft zu achten. Der Einsatz von Regeneratoren ist dabei sehr kritisch zu prüfen.

Beim Betrieb der Anlage ist folgendes zu beachten:

- Die Fortluft enthält je nach Anlagentyp eine unterschiedlich hohe Feuchtigkeit, die bei Oberflächentemperaturen, die kleiner sind als die Taupunkttemperatur, teilweise auskondensiert. Dieser Effekt ist zunächst erwünscht, weil dadurch die Rückwärmezahl erhöht wird.

- Bei Oberflächentemperaturen $< 0^{o}C$ kommt es jedoch bei Feuchteausscheidung zur Eisbildung. Da sich hierdurch der Wärmeaustauscher zusetzt, sind konstruktive Gegenmaßnahmen notwendig

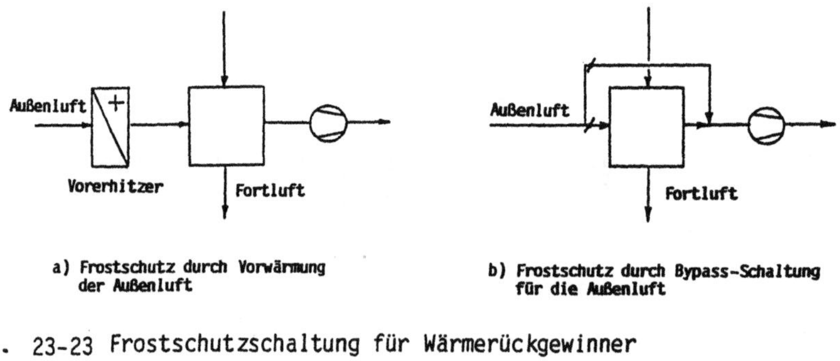

Abb. 23-23 Frostschutzschaltung für Wärmerückgewinner

Maßnahmen, die angewendet werden, sind:

- Vorwärmen der Außenluft /s. Abb. 23-23a/ auf eine Mindesttemperatur (Frostschutz des Vorerhitzers beachten),

- Bypass-Schaltung für die Außenluft /s. Abb. 23-23b/, so daß die Fortluft weniger stark abgekühlt wird,
- Regelung der Temperatur des Wärmeträgermediums bei Kreislaufverbundsystemen /s. Abb. 23-6/.

Durch die Maßnahmen zur Verhinderung des Einfrierens wird die Rückwärmezahl und damit auch die Rückwärme erniedrigt. Dadurch, daß diese Maßnahmen nur in einem Temperaturbereich notwendig sind, der selten vorkommt, ist der Einfluß auf die jährlich zurückgewonnene Wärmemenge gering.
Die Entscheidung für den Einsatz einer Wärmerückgewinnung wird letztlich durch wirtschaftliche Überlegungen bestimmt. Bei Anlagen, die nicht nur kurzfristig benutzt werden, sind die Randbedingungen für einen wirtschaftlichen Betrieb von vornherein günstig. Detaillierte Angaben über die Vorgehensweise für die Wirtschaftlichkeitsberechnung befinden sich in der VDI-Richtlinie 2071. In diesem Kapitel soll lediglich auf einige wesentliche Auswirkungen durch die Maßnahme zur Wärmerückgewinnung hingewiesen werden.

- Durch die Wärmerückgewinnung wird sensible und, bei Einsatz von Regeneratoren, auch latente Wärmeenergie eingespart. Die jährlichen Einsparungen können je nach Wärmerückgewinnung und Anlagentyp grob betrachtet zwischen 40 und 80% liegen. Einzelhinweise zur Berechnung werden in Abschnitt 23.2.2 gegeben.

- Durch die Wärmerückgewinnungsanlage tritt ein zusätzlicher Energieverbrauch für das Durchströmen der Wärmeaustauscher (Zuluft und Abluft) auf.

$$W=\frac{\dot{V}\cdot\Delta p}{\eta_{Vent}}\cdot z \tag{23-19}$$

W = Energieverbrauch für Ventilator
$\dot{V}$ = Luftvolumenstrom
Δp = Druckdifferenz
z = Betriebszeit
η_{Vent} = Ventilatorwirkungsgrad.

Weiterhin werden unter Umständen noch Hilfsenergien z.B. für den Antrieb von Pumpen (bei Kreislaufverbundsystemen u.ä.) benötigt.

- Durch die Wärmerückgewinnungsanlage wird Vorwärmerleistung eingespart, so daß der Wärmeerzeuger (Heizkessel) eventuell kleiner ausgelegt werden kann. Dies führt insbesondere bei Neuanlagen zu einer Reduzierung der für den Wärmerückgewinner anzusetzenden Investitionskosten. Maßgeblich ist die bei tiefster

Außentemperatur anzusetzende Leistungseinsparung, wobei die Verminderung der Rückwärmezahl auf Grund von Frostschutzschaltungen zu beachten ist.

23.2.2 Verfahren zur Berechnung der Jahresrückwärme

Für die Wirtschaftlichkeit einer Wärmerückgewinnungsanlage interessiert die jährlich zurückgewonnene Wärmemenge Q_r. Für die Berechnung ist es notwendig, die Rückwärmezahl Φ_r (Temperaturaustauschgrad für Außenluftaufwärmung $= \Phi_2$) und - bei Systemen mit Feuchteübertragung - die Rückfeuchtezahl Ψ_2 zu kennen. Berücksichtigt werden muß ferner die Betriebszeit der Anlage. Je nach Typ der Lüftungsanlage kann es erforderlich sein, beim Eintritt der Außenluft in die Luftbehandlung bestimmte Grenzwerte für Temperatur t_{fin} bzw. Enthalpie h_{fin} einzuhalten. Dies macht eine Regelung des Wärmerückgewinners notwendig.

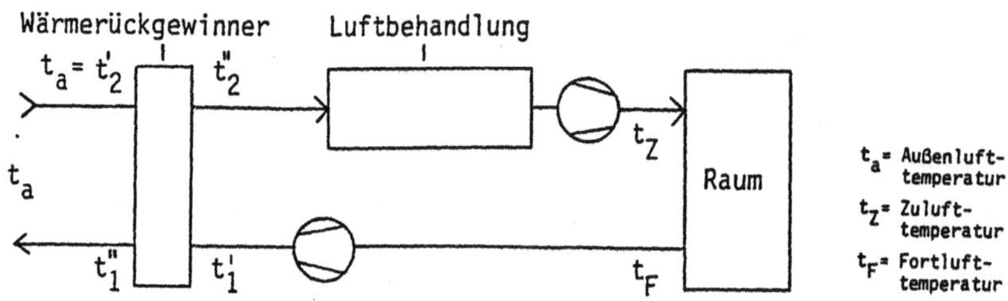

Abb. 23-24 Schema für eine Wärmerückgewinnungsanlage

Im folgenden werden zwei Verfahren zur Berechnung der Jahresrückwärme aufgezeigt:

- Graphische Ermittlung der Jahresrückwärme an Hand der geordneten Jahresdauerlinie für die Außentemperatur. Neben den aufgezeigten Fällen für einen rekuperativen Wärmeaustausch ist dieses Verfahren auch für Regeneratoren (Feuchteaustausch) anwendbar, wenn anstelle der Temperaturhäufigkeit die Enthalpiehäufigkeit zugrundegelegt wird. Entsprechende Hinweise befinden sich in /6/.

- Näherungsverfahren zur Ermittlung der Jahresrückwärme für Standardfälle nach VDI 2071.

Das graphische Verfahren ist eine sehr flexible und dabei auch anschauliche Methode zur Ermittlung der Jahresrückwärme Q_r. Zugrundegelegt wird dabei die geordnete Jahresdauerlinie für die Außentemperatur. Die einzelnen Energiemengen (Rückwärme, Vorerhitzerwärme) werden dabei durch Flächenanteile dargestellt.

Abbildung 23-25 gibt ein Beispiel für Wärmerückgewinnung in einer Lüftungsanlage mit Rekuperator (Φ_r = 0,5) bei ganztägigem Betrieb. Die Zulufttemperatur ist gleich der Fortlufttemperatur.

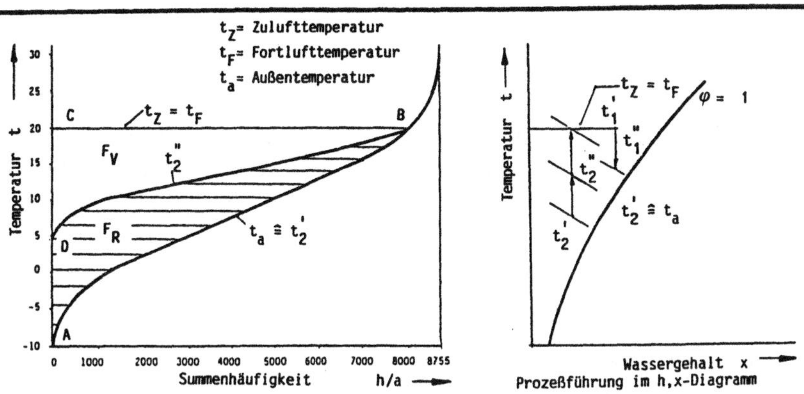

Abb. 23-25 Wärmerückgewinnung bei Einsatz eines Wärmetauschers mit Φ = 0,5; $t_Z = t_F$

Die Strecke D-B gibt die Außenlufttemperatur t_2'' nach Verlassen des Wärmerückgewinners wieder. Es gilt

$$t_2'' = t_2' + \Phi_r\,(t_2' - t_1')$$

Durch die Fläche A-B-C sind die Lüftungsgradstunden $G_{L\,ganz}$ (ganztägiger Betrieb) dargestellt. Der Wärmeverbrauch ohne Wärmerückgewinnung läßt sich wie folgt berechnen:

$$Q_{ganz} = \dot{m}_L \cdot c_L \cdot G_{L_{ganz}} \qquad (23\text{-}20)$$

$\dot{m}_L$ = Luftmassenstrom

c_L = spezifische Wärmekapazität

$G_{L_{ganz}}$ = Lüftungsgradstunden (ganztägiger Betrieb)

Die Einzelflächen stellen nun jeweils den Anteil am Wärmeverbrauch Q_{ganz} dar:

- $F_R \mathrel{\hat{=}}$ Fläche A-B-D: Anteil für die durch den Rekuperator zurückgewonnene Wärmemenge,
- $F_V \mathrel{\hat{=}}$ Fläche D-B-C: Anteil für die noch vom Vorerhitzer zu liefernde Wärmemenge.

Die Flächenstücke können durch Ausplanimetrieren ermittelt werden. Die zurückgewonnene Wärmemenge (Rückwärme) $Q_{r_{ganz}}$ ergibt sich aus

$$Q_{r_{ganz}} = Q_{ganz} \frac{F_R}{F_V + F_R} . \tag{23-21}$$

Für den obigen Spezialfall ($t_Z = t_F$ und Φ_r = const.) gilt auch

$$Q_{r_{ganz}} = Q_{ganz} \cdot \Phi_r \tag{23-22}$$

Die bisherigen Betrachtungen galten für ganztägigen, ununterbrochenen Betrieb. Die Einschränkung des Betriebs auf bestimmte Tage und Tageszeiten wird durch Faktoren berücksichtigt:

$$Q_r = f_a \cdot f_b \cdot Q_{r_{ganz}} \tag{23-23}$$

Q_r = Jahresrückwärme
f_a = Wocheneinschränkungsfaktor
f_b = Betriebszeiteinschränkungsfaktor

Für den Wocheneinschränkungsfaktor gilt

$$f_a = \frac{\text{Anzahl der Betriebstage}}{365} . \tag{23-24}$$

Für den Betriebszeiteinschränkungsfaktor gilt

$$f_b = \frac{z_d}{24} \cdot f \tag{23-25}$$

z_d = tägliche Betriebsstunden
f = Korrekturfaktor für die tageszeitliche Lage der Betriebszeit /s. Tab.23-3/

Betriebszeit	Betriebsdauer	f
0 bis 24 Uhr	24 h	1,0
6 bis 17 Uhr	11 h	0,89
6 bis 18 Uhr	12 h	0,89
6 bis 19 Uhr	13 h	0,89
7 bis 17 Uhr	10 h	0,87
7 bis 18 Uhr	11 h	0,87
7 bis 19 Uhr	12 h	0.88
8 bis 19 Uhr	11 h	0,87
14 bis 23 Uhr	9 h	0,94
18 bis 24 Uhr	6 h	1,04

Tab. 23-3 Korrekturfaktoren für die Dauer und Betriebszeit /nach 4, S.8/

Neben dem einfachen Fall $t_Z = t_F$ können allgemein auch folgende Fälle auftreten:

- $t_Z > t_F$ /s. Abb. 23-26/
- $t_Z < t_F$ /s. Abb. 23-27/

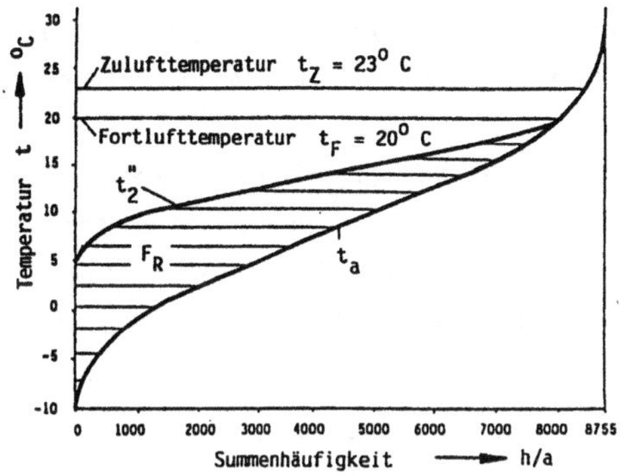

Abb. 23-26 Wärmerückgewinn bei Einsatz eines Wärmeaustauschers mit $\Phi = 0{,}5$; $t_Z > t_F$

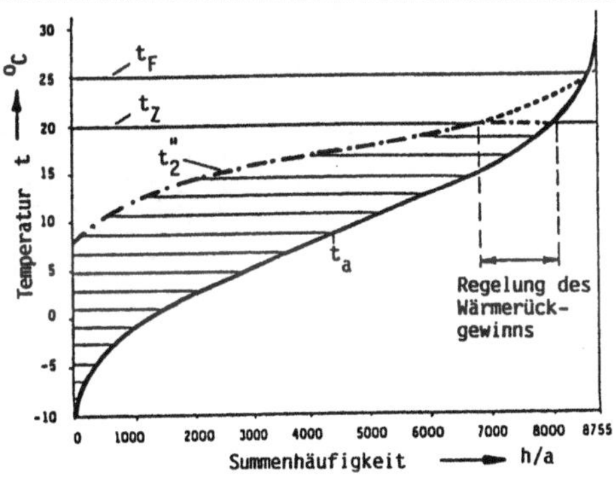

Abb. 23-27 Wärmerückgewinn bei Einsatz eines Wärmeaustauschers mit $\Phi = 0{,}5$ und Regelung auf konstante Zuluft-temperatur; $t_Z < t_F$

Der erste Fall ($t_Z > t_F$) ähnelt weitgehend der obigen Betrachtung, so daß auf eine Berechnung hier nicht näher eingegangen werden muß. Abbildung 23-27 zeigt eine mögliche Variante für den Fall: $t_Z < t_F$. Der Wärmerückgewinn wird im Bereich hoher Außentemperaturen so geregelt, daß t_2'' die erforderliche Zulufttemperatur t_Z nicht überschreitet, was sich z.B. durch Regelung von Bypassklappen verwirklichen läßt. Eine andere Regelvariante besteht z.B. im Ausschalten des Wärmerückgewinners, sobald $t_2'' = t_Z$ ist.

Im folgenden wird auf das Näherungsverfahren (Kurzverfahren) nach VDI 2071 eingegangen. In der VDI 2071 sind für eine Reihe von Standardfällen (Regelung des Wärmerückgewinns auf konstante Temperatur, Regelung auf konstante Enthalpie) Diagramme zur Bestimmung des spezifischen Jahreswärmerückgewinns q_r zusammengestellt. Die Daten basieren auf Jahressimulationsrechnungen. Zugrundegelegt ist ganztägiger Betrieb mit den Klimadaten der Zone 2 nach DIN 4710. Als Fortluftzustand ist $t_1' = 24°C$ und $x_1' = 7 g/kg$ zugrundegelegt. Eine Umrechnung auf andere Klimazonen und Betriebszeiten ist mit Hilfe von Korrekturfaktoren möglich.

Die Abbildung 23-28 zeigt den Wärmerückgewinn für einen Rekuperator bei Regelung auf eine konstante Grenztemperatur t_{fin}. Der entsprechende Prozeßverlauf ist im nebenstehenden h,x-Diagramm eingetragen. Die Kurve Gesamtenergie gibt den spezifischen Energieaufwand q_a zur Vorwärmung der Luft ohne Maßnahmen zur Wärmerückgewinnung wieder.

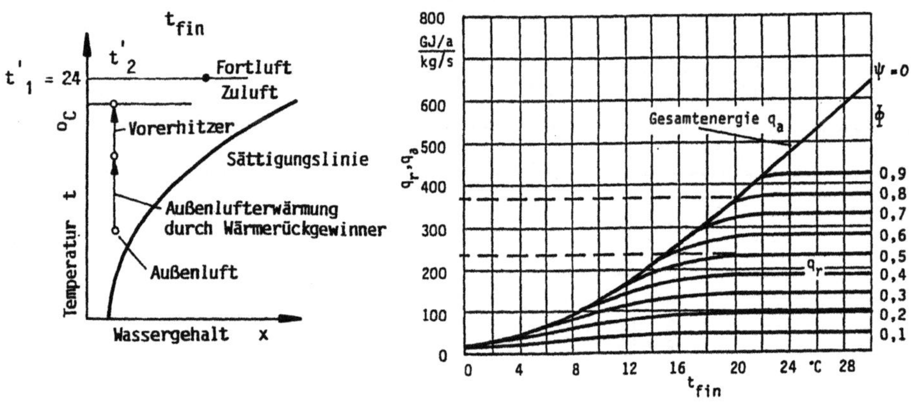

Abb. 23-28 Diagramm zur Bestimmung des spezifischen Jahreswärmerückgewinns q_r für Temperaturregelung, nur Wärmerückgewinnung bei 24-h-Betrieb, Fortlufteintrittstemperatur $t_1' = 24°C$, Zone 2, /nach 5, S. 9/.

Die Umrechnung der Einsparung auf andere Betriebszeiten geschieht mit Hilfe von Einschränkungsfaktoren. Die jährlich eingesparte Energiemenge errechnet sich wie folgt:

$$Q_r = f_a \cdot f_b \cdot f_{zo} \cdot q_r \cdot \dot{m} \tag{23-26}$$

f_a = Wocheneinschränkungsfaktor (s. Gl. 23-24)
f_b = Betriebszeiteinschränkungsfaktor (s. Gl. 23-25)
f_{zo} = Korrekturfaktor Klimazone /s. Tab. 23-4/

Klimazone	f_{zo}
1	0,9
2	1,0
3	1,1

Tab. 23-4 Korrekturfaktor f_{zo} für Klimazonen /nach 5/

<u>Beispiel 23-2</u>

Eine Lüftungsanlage mit folgenden Daten

Fortlufttemperatur	24°C
Zulufttemperatur	20°C
Außenluftmassenstrom	1.000kg/h
Betriebszeit Mo.-Fr.	6-18 Uhr
Klimazone	2

wird mit einem rekuperativen Wärmerückgewinner Φ_r = 0,5 ausgestattet. Wie groß ist die Jahresrückwärme Q_r? Wie groß wäre die Jahrewärmemenge Q_a ohne Wärmerückgewinnungsmaßnahme?

Aus Abb. 23-28 folgt $q_a = 370 \ \frac{GJ/a}{kg/s}$

$$q_r = 235 \ \frac{GJ/a}{kg/s}$$

Q_r wird nach Gleichung 23-26 berechnet:

$$f_a = \frac{52 \cdot 5 \text{ Tage}}{365 \text{ Tage}} = 0{,}712 \qquad \text{aus Gleichung 23-24}$$

$$f_b = \frac{12}{24} \cdot 0,89 = 0,445$$ aus Gleichung 23-25

$$f_{zo} = 1$$

$$Q_r = 0,712 \cdot 0,445 \cdot 1 \cdot 235 \ \frac{GJ/a}{kg/s} \cdot 1000 \ \frac{kg}{h} \cdot \frac{h}{3600 \ s} = 20,683 \ \frac{GJ}{a}$$

$$Q_r = 20,683 \cdot 10^9 \ \frac{Ws}{a} \cdot \frac{kW}{10^3 W} \cdot \frac{h}{3600 \ s} = \underline{\underline{5.745}} \ \frac{kWh}{a}$$

Q_a wird entsprechend Gleichung 23-26 berechnet

$$Q_a = 0,712 \cdot 0,445 \cdot 1 \cdot 370 \ \frac{GJ/a}{kg/s} \cdot 1000 \ \frac{kg}{h} = 32,564 \ \frac{GJ}{a}$$

$$Q_a = \underline{\underline{9.046}} \ \frac{kWh}{a}$$

24 Aktive Systeme zur Wärmerückgewinnung und Abwärmenutzung

In diesem Kapitel werden Systeme behandelt, die Abwärme durch Exergieerhöhung nutzbar machen. Die wesentlichen Bauteile derartiger Anlagen sind Wärmepumpen.

24.1 Nutzung von Abwärme durch Wärmepumpen

Wärmepumpen können bei der Nutzung von Abwärme vielfältig eingesetzt werden. Im folgenden sollen einige Kriterien für die Anwendung aufgezeigt werden.

Der Einsatz von Wärmepumpen wird dann notwendig, wenn die Temperatur des Abwärmestromes unterhalb des Nutztemperaturniveaus liegt. Infrage kommt z.B. die Abwärmenutzung aus Kühlwasserströmen diverser Maschinen wie Verdichter, Werkzeugmaschinen, Kälteanlagen usw. Mögliche Wärmeabnehmer sind Gebäudeheizungen, Lüftungsanlagen, Brauchwasserbereitungsanlagen, sowie die verschiedensten Prozeßwärmeanlagen im Gewerbe- und Industriebereich. Das Temperaturniveau auf der Nutzwärmeseite ist durch die Stabilität verfügbarer Kältemittel auf ca. 150°C begrenzt. Beachten sollte man dabei, daß ein breites Marktangebot bis zum Temperaturbereich von ca. 70°C (Wärmepumpen für Gebäudebeheizung) vorhanden ist, der Bereich bis ca. 100°C jedoch nur von wenigen Herstellern abgedeckt wird, und bei darüber hinausgehenden Temperaturen haben die Anlagen Versuchscharakter. Um hohe Leistungszahlen zu erzielen, sollte die Temperaturdifferenz zwischen Abwärmequelle und Nutzwärmeverbraucher gering sein. Dabei ist wegen zu vieler Randparameter eine allgemeingültige Aussage über eine wirtschaftlich vertretbare Temperaturdifferenz nicht möglich.

Ein wesentliches Kriterium für den Wärmepumpeneinsatz kann auch darin liegen, daß die gleichzeitig anfallende Kälteleistung ganz oder teilweise genutzt wird. Eine Möglichkeit ist z.B. dadurch gegeben, daß durch die Nutzung der Kälteleistung die bereitzustellende Kühlwassermenge für Maschinen reduziert wird. Bei der Abwassereinleitung in Kanalnetze und Gewässer dürfen maximale Temperaturen nicht überschritten werden. Dies kann z.B. durch die gleichzeitige Nutzung der Wärmepumpe als Kühlmaschine erreicht werden, wobei unter Umständen zusätzliche Kühleinrichtungen (Kühltürme usw.) mit den entsprechenden Investitions- und Betriebskosten überflüssig werden.

Abbildung 24-1 zeigt ein Beispiel für die Nutzung des Kühlwassers von Luftverdichtern. Das Kühlwasser fällt mit einem Volumenstrom von 16 m^3/h und einer Temperatur von 35°C an. Benötigt werden 5m^3/h Duschwasser mit 47°C. Die Wärmepumpe ist dabei so geschaltet, daß ein entsprechender Teilstrom des Kühlwassers im Verflüssiger um 12°C aufgeheizt wird und das restliche Kühlwasser als Wärmequelle für den Verdampfer dient.

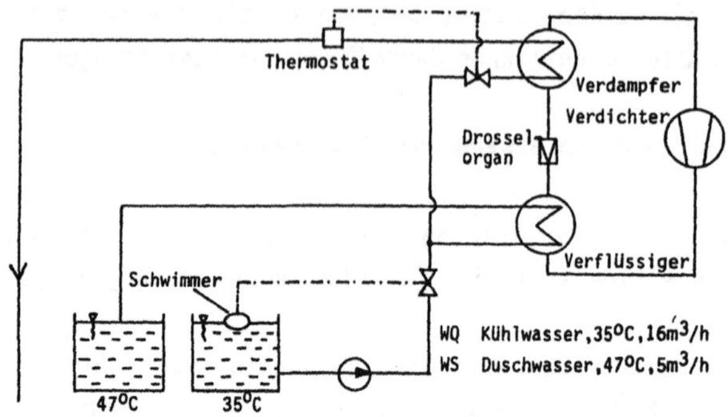

Abb. 24-1 Abwärmenutzung aus dem Kühlwasser von Luftverdichtern /8 S.207/

Abb. 24-2 zeigt ein Beispiel für den Wärmepumpeneinsatz in einem Galvanobetrieb, bei dem wegen des gleichzeitigen Kühl- und Wärmebedarfs sehr günstige Voraussetzungen herrschen.

- Für verschiedene Elektrolyte (Kupfer-, Velour-, Schwarzchrom- und Eloxalelektrolyte) wird eine Kälteleistung von 35 kW bei einer Wassertemperatur von 15°C benötigt.
- Für verschiedene Elektrolyt- sowie Beiz- und Entfettungslösungen wird eine Heizleistung von 51 kW bei einer Temperatur von 65°C benötigt.

Das Verhältnis von Wärme- und Kältebedarf ist bei der zu überwindenden Temperaturdifferenz ideal für den Wärmepumpeneinsatz. Die Anlage arbeitet mit einer

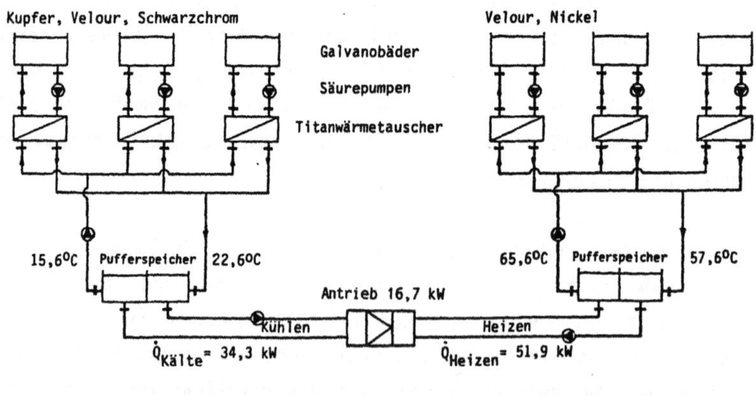

Abb. 24-2 Wärmepumpe in einem Galvanobetrieb /18/

Leistungszahl ε_{WP} = 3,1 , so daß gegenüber einer konventionellen Lösung, z.B. der elektrischen Beheizung der Bäder, erhebliche Energieeinsparungen zu verzeichnen sind. Weiterhin tritt für den Kühlbedarf kein Wasserverbrauch auf.

In verschiedenen Räumen, z.B. Hallenbädern und gewerblichen Produktionsstätten mit offenen Bädern, muß zur Verhinderung von Bauschäden und zur Aufrechterhaltung der Behaglichkeit der entstehende Wasserdampf ständig abgeführt werden. Übliche Verfahren verwenden dafür meist Außenluft (Feuchte gering), die aufgeheizt und in den Raum geleitet wird. Dort nimmt die Luft Feuchtigkeit auf und führt diese mit der Fortluft an die Umgebung ab. Eine Senkung des Energieverbrauchs ist dabei durch rekuperative Wärmerückgewinnung zwischen Zu- und Fortluftvolumenstrom möglich. Energetisch günstig ist auch der Einsatz von Wärmepumpen für die Entfeuchtung, wobei auf die Außenluft für die Entfeuchtung (nicht für die Lufterneuerung für Personen usw.) verzichtet werden kann. Abb. 24-3 zeigt den Schaltplan einer Wärmepumpenanlage für die Entfeuchtung einer Schwimmhalle. Die warme, feuchtebeladene Hallenluft wird dabei durch einen Ventilator abgesaugt und zunächst über den Verdampfer der Wärmepumpe geführt. Die mittlere Oberflächentemperatur des Verdampfers liegt unterhalb der Taupunkttemperatur der Luft, so daß Abkühlung unter gleichzeitiger Feuchteausscheidung eintritt. Die Luft wird anschließend über den Verflüssiger I geführt und wieder erwärmt. Der Verflüssigerwärmestrom ist ca. um die Verdichterleistung größer als der Verdampferwärmestrom. Die Luft wird daher über den Eintrittszustand (1 = Hallenlufttemperatur) hinaus erwärmt. Die Überschußwärme kann zur Hallenheizung genutzt werden. Die Schaltung nach Abb. 24-3 gestattet bei Bedarf (z.B. im Sommer, um Überhitzung der Halle zu vermeiden), Wärme über den Verflüssiger II zur Beckenbeheizung abzugeben. Für die Beckenbeheizung sind weiterhin noch der Wärmeaustauscher b und für die Hallenheizung der Wärmeaustauscher c installiert. Zur Lufterneuerung ist die Anlage auch mit Fortluft- und Außenluftanschluß versehen.

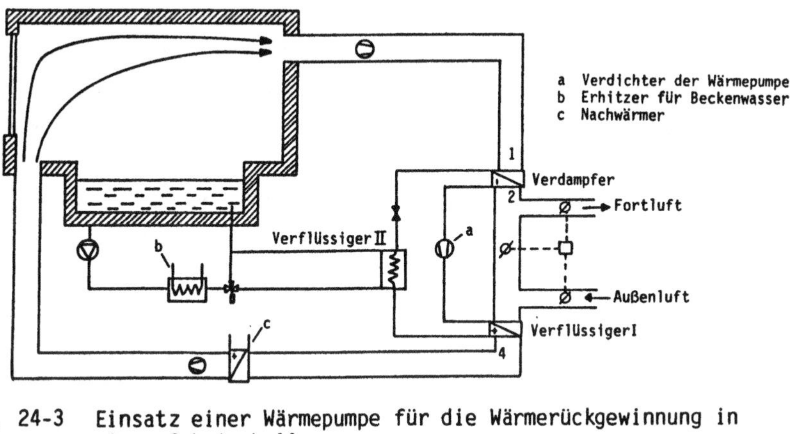

Abb. 24-3 Einsatz einer Wärmepumpe für die Wärmerückgewinnung in einer Schwimmhalle

Übliche Luftzustände, die in Schwimmhallen aufrechterhalten werden, liegen bei Raumtemperaturen von 28-32°C und bei relativen Feuchten zwischen 50 und 60%. Die Beckenwassertemperatur sollte mindestens 2°C bis 3°C unter der Lufttemperatur liegen. Die auf Grund der Verdunstung abzuführende Wasserdampfmenge liegt in der Größenordnung von ca. 0,2 kg/h je m^2 Beckenoberfläche.

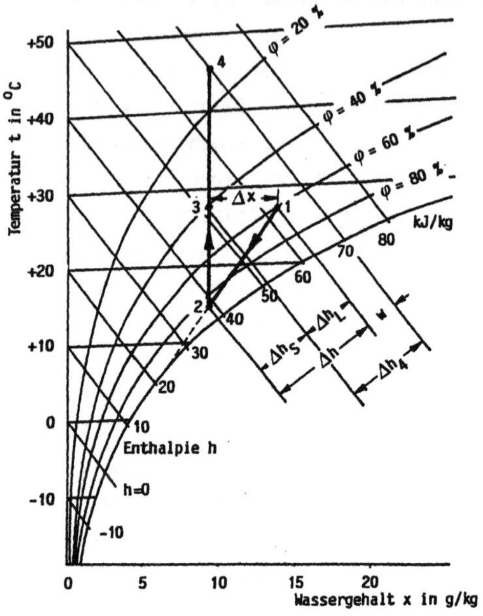

Abb. 24-4 Darstellung der Luftzustandsänderungen bei Einsatz der Wärmepumpe in einem Hallenbad

Die Luftzustandsänderung durch die Wärmepumpe ist in Abb. 24-4 im h,x-Diagramm wiedergegeben. Die Luft wird durch den Verdampfer vom Zustand 1 (Hallenluftzustand t =28°C; x = 14 g/kg) auf den Zustand 2 (t = 15°C; x = 9 g/kg) abgekühlt. Dabei wird eine Wassermenge von Δx = 5 g/kg ausgeschieden. Die erforderliche Wärmemenge Δh, die sich aus dem sensiblen Anteil Δh_S (Luftabkühlung ohne Feuchteausscheidung) und dem latenten Anteil Δh_L (Kondensationswärme des Wassers) zusammensetzt, wird von dem Wärmepumpenverdampfer abgeführt. Durch den Wärmepumpenverflüssiger I werden die Wärmemenge Δh und die spez. Verdichtbarkeit w (Verdichterarbeit W bezogen auf die Luftmasse) dem Luftstrom zugeführt. In dem gegebenen Beispiel steigt die Einblastemperatur dabei auf ca. 46°C. Die Enthalpiedifferenz Δh_4 kann dabei mit zur Abdeckung des Transmissionswärmebedarfs der Halle verwendet werden.

Ähnliche Anwendungsmöglichkeiten wie bei der Entfeuchtung in raumlufttechnischen Anlagen ergeben sich für verschiedene Trocknungsprozesse. Abb. 24-5 zeigt den

Aufbau einer Trockenkammer für Holz. Die Trocknung wird dabei mit Umluft vorgenommen, wobei die Wärmepumpe zur Entfeuchtung und Heizung eingesetzt wird. Zur schonenden Trocknung wird ein Temperaturniveau von ca. 40°C benötigt. Zum Anfahren der Kammer wird eine Zusatzheizung (z.B. elektrisch) benötigt. Während des normalen Betriebes kann es notwendig werden, Überschußwärme an die Umgebung abzuführen, um Überhitzung zu vermeiden.

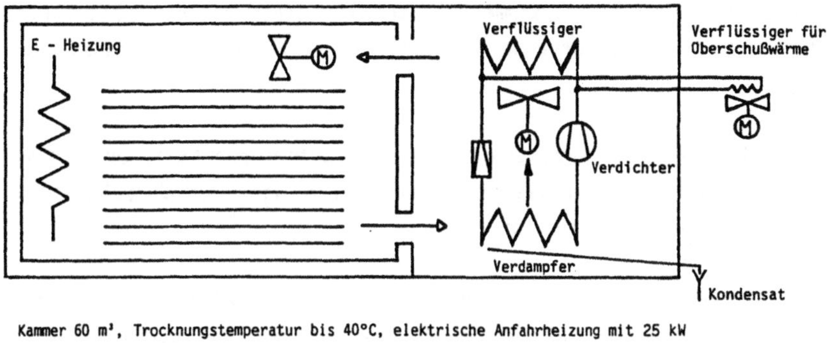

Abb. 24-5 Beispiel für Holztrocknung mit Wärmepumpe

24.2 Einsatzmöglichkeiten von Wärmepumpen für Destillations- und Eindampfprozesse

Die Destillation wird zur thermischen Trennung von Gemischen benutzt. Abb. 24-6 zeigt das grundsätzliche Schema einer einfachen Destillationskolonne.

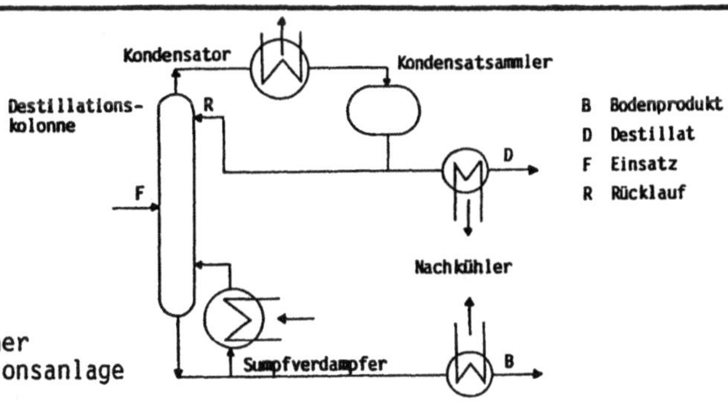

Abb. 24-6 Fließschema einer konventionellen Destillationsanlage ohne Energierückgewinnung

Für die Trennung wird dem Sumpfverdampfer Wärme (meist aus fossilen Energieträgern) zur Aufwärmung und Verdampfung des Einsatzproduktes zugeführt. Zur Gewinnung des flüssigen Destillats muß die Kondensationswärme (Kondensator) abgeführt werden. Der Energieeinsatz ist, entsprechend der hohen Wärmemenge zur Verdampfung, groß; die notwendige Temperatur zur Wärmeabfuhr im Kondensator liegt jedoch (abhängig vom Stoffgemisch) oftmals nur geringfügig unterhalb der im Sumpf benötigten Temperatur. Auf Grund dieser Randbedingungen (Wärmezufuhr und -abfuhr zwischen kleinen Temperaturdifferenzen) ist für Wärmepumpen eine günstige Einsatzbedingung gegeben. Dabei gibt es zwei wesentliche Varianten:

- Geschlossene Wärmepumpensysteme arbeiten mit einem eigenen Kältemittelkreislauf, wobei die Wärmeaufnahme und -abgabe jeweils über Wärmeaustauscher geschieht.

- Offene Wärmepumpensysteme, sog. Brüdenverdichter; benutzen den Kopfdampf der Kolonne (Brüden) als Arbeitsmittel, wobei lediglich zur Sumpfbeheizung ein Wärmeaustauscher notwendig ist.

Als wesentliche Kriterien für den wirtschaftlichen Wärmepumpeneinsatz werden heute ausreichend große Heizleistungen ($\dot{Q}_{WP} > 2$ MW) bei möglichst kleinen zu überwindenden Temperaturen ($T \leq 50$ K) angesehen. Die Anlage sollte ganzjährig (Benutzungsdauer $\approx$ 8000 h/a) betrieben werden.

Zu berücksichtigen ist dabei, daß die Destillations- und Verdampfungstechnik neben dem Wärmepumpeneinsatz auch andere Verbesserungsmöglichkeiten bietet, wie

- Abwärmenutzung für andere Prozesse, allgemeine Raumheizung usw.

- apparative Verbesserung durch mehrstufige Destillation usw.

Für eine weiterführende Betrachtung des Wärmepumpeneinsatzes unter Berücksichtigung anderer Energieeinsparmaßnahmen sei auf /9/ verwiesen.

24.2.1 Geschlossene Wärmepumpen

Abbildung 24-7 zeigt das Prinzip einer Destillationsanlage mit geschlossenem Wärmepumpensystem. Die Wärmepumpe entzieht dem Kopfdampf die zur Kondensation notwendige Wärme und gibt sie mit höherer Temperatur wieder zur Sumpfbeheizung ab. Zum Anfahren des Systems (bis zur Entstehung ausreichender Mengen Kopfdampf) ist ein konventionell beheizter Hilfsverdampfer erforderlich.

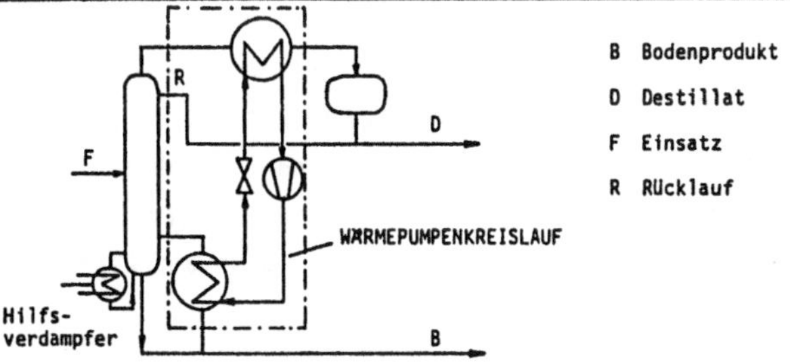

Abb. 24-7 Destillationsanlage mit Kompressionswärmepumpe (geschlossenes System)

Die technischen Einsatzmöglichkeiten geschlossener Wärmepumpensysteme sind heute vor allem durch die thermische Stabilität bekannter Kältemittel begrenzt. Denkbar wären (für die Wärmepumpe) maximale Kondensationstemperaturen von ca. 150°C, womit sehr viele industrielle Destillationsprozesse, die in einem höheren Temperaturbereich ablaufen, nicht in Betracht kommen. Weiterhin sind, insbesondere gegenüber den offenen WP-Systemen, die in den Wärmeaustauschern notwendigen Temperaturdifferenzen nachteilig. Dadurch ist die Leistungszahl gegenüber offenen Systemen geringer. Nennenswerte Anwendungsmöglichkeiten für geschlossene Wärmepumpensysteme sind bis heute nicht gegeben.

24.2.2 Offene Wärmepumpensysteme

Offene Systeme lassen sich vorteilhaft für die Destillation und Eindampfung von Produkten verwenden. Dabei wird der Brüden (der ausgetriebene Dampf) selbst als Arbeitsmedium verwendet.

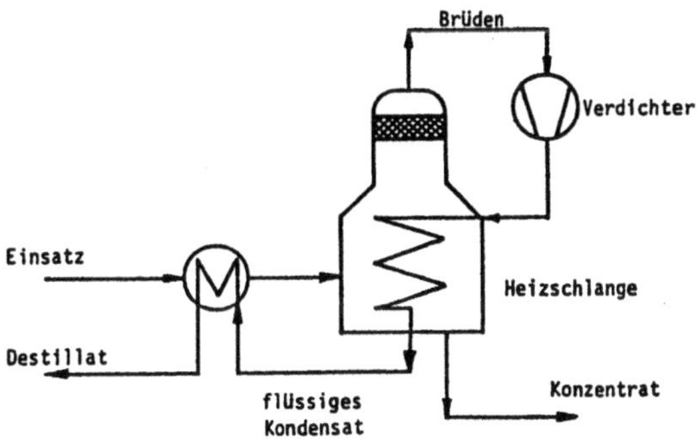

Abb. 24-8 Brüdenverdichtung mit mechanischem Kompressor

Abb. 24-8 zeigt das Prinzip einer Eindampfungsanlage mit mechanischer Brüdenkompression. Der Verdichter saugt die Brüden aus dem Eindampfungsgefäß ab und verdichtet sie. Die verdichteten Brüden kondensieren in der Heizschlange. Durch die dabei freiwerdende Wärme wird das Produkt weiter eingedampft. Durch die direkte Verwendung der Brüden als Arbeitsmittel kann das System zwischen der wärmeabführenden Seite (Ansaugung der Brüden) und der wärmezuführenden Seite (Kondensation der Brüden in der Heizschlange) mit kleinen Temperaturdifferenzen arbeiten, womit der für den Verdichter notwendige Arbeitsaufwand klein ist.

Abb. 24-9 zeigt als Beispiel eine Wasserdestillation. Der Verdichter saugt den entstehenden Wasserdampf bei der Siedetemperatur von 100°C und bei einem Druck von 1,013 bar an und verdichtet ihn auf 1,691 bar. Der verdichtete Wasserdampf kondensiert entsprechend dem Druck von 1,691 bar in der Heizschlange bei 115°C, so daß die freiwerdende Kondensationswärme zur weiteren Verdampfung des Wassers der Destillationseinheit zugeführt wird. Ein Teilstrom des verdichteten Dampfes wird über einen Wärmeaustauscher (WT 2) ebenso wie das heiße Kondensat (Wärmeaustauscher WT 1) zur Vorwärmung des Frischwassers genutzt. Der Wärmeaustauscher WT 3 wird zur Vorwärmung des Frischwassers auf Siedetemperatur benötigt.

Mit den oben angegebenen Daten arbeitet der Brüdenverdichter zwischen einer oberen Prozeßtemperatur von 388 K und einer unteren Prozeßtemperatur von 373 K, womit die Carnot-Leistungszahl ε_C = 25,9 beträgt, d.h. mit einer Verdichtungsarbeit von 1 kWh können theoretisch 25,9 kWh Heizwärme zur Wasserverdampfung bereitgestellt werden. In der Praxis muß man natürlich Verluste in Kauf nehmen. Schätzt man den Gütegrad des Systems auf η_g = 0,5 /s. Gl. 19-9/, so wird überschlägig immerhin noch eine Leistungszahl von 13 erreicht.

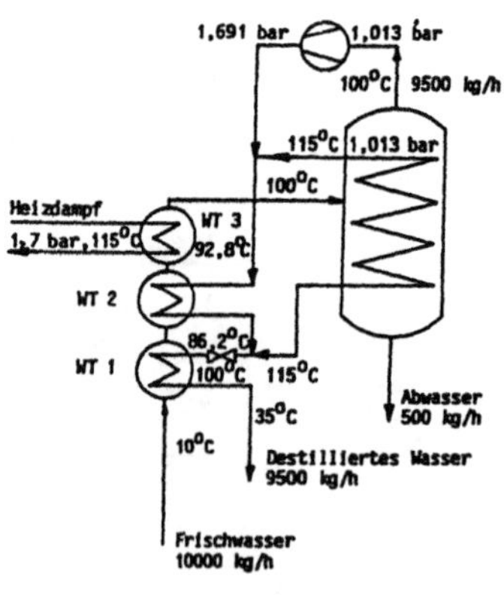

Abb. 24-9 Fließbild einer einstufigen Verdampferanlage mit mechanischem Verdichter zur Erzeugung von destilliertem Wasser /9, S. 215/

Anwendungsmöglichkeiten für Brüdenkompression ergeben sich vielfach in der Nahrungsmittelindustrie zur Eindickung von Produkten wie z.B. Milch, Fruchtsäfte usw.. Dabei ist es oft notwendig, die Verdampfung bei erniedrigten Temperaturen (Vakuumverdampfung bei ca. 30-50°C) vorzunehmen, um die Qualität des Produktes nicht zu mindern. Durch das tiefe Temperaturniveau sind konkurrierende Maßnahmen zur Energieeinsparung , z.B. Abwärmenutzung zur Gebäudebeheizung, stark eingeschränkt, so daß die Brüdenverdichtung das optimale System zur Energiekostensenkung ist.

Dadurch, daß der Brüden auch Arbeitsmedium ist, ist man bei der Anwendung nicht an den Einsatztemperaturbereich (Stabilitätsprobleme) üblicher Kältemittel gebunden. Möglich ist der Einsatz der Brüdenverdichtung für die Destillation und Eindampfung der verschiedensten Produkte für Temperaturen bis über 200°C. Die Eignung des angestrebten Einsatzes (thermodynamische Daten, Klärung maschinentechnischer Probleme) muß dabei in jedem Einzelfall geprüft werden. Neben den mechanischen Verdichtern (Kolben-, Schrauben-, Turboverdichter usw.) sind auch Dampfstrahlverdichter /s.Kap. 25/ zur Brüdenverdichtung einsetzbar.

Bei den in Kap. 23 und 24 beschriebenen Systemen war es Ziel, die Abwärme als Energieform Wärme wieder zu nutzen. Häufig ist dies in der Praxis nicht sinnvoll. Gründe hierfür sind, daß reine Wärmerückgewinnung wegen der Art der Prozesse ausscheidet oder für Wärme kein Bedarf vorhanden ist. In diesen Fällen bietet sich eine Wandlung in eine bedarfsgerechte Energieform an. Hierfür kommt in erster Linie die Erzeugung von mechanischer Energie, aus der dann häufig elektrische Energie produziert wird, infrage. Eine weitere Verwendungsmöglichkeit stellt die Kälteerzeugung mittels Absorptions-, Dampfstrahl- und Kompressionskälteanlagen (aus Abwärme gewonnene mechanische Energie dient als Verdichterantrieb) dar.

25.1 Abwärmekraftanlagen

Besitzt Abwärme einen genügend hohen Exergiegehalt (z.B. Temperaturen $\gtrsim$ 150°C /3/), so kann die Erzeugung von mechanischer bzw. elektrischer Energie durch einen Rankine-Prozeß eine sinnvolle Nutzungsmöglichkeit darstellen; die Wirtschaftlichkeit einer solchen Maßnahme bleibt aber in jedem Einzelfall zu prüfen.

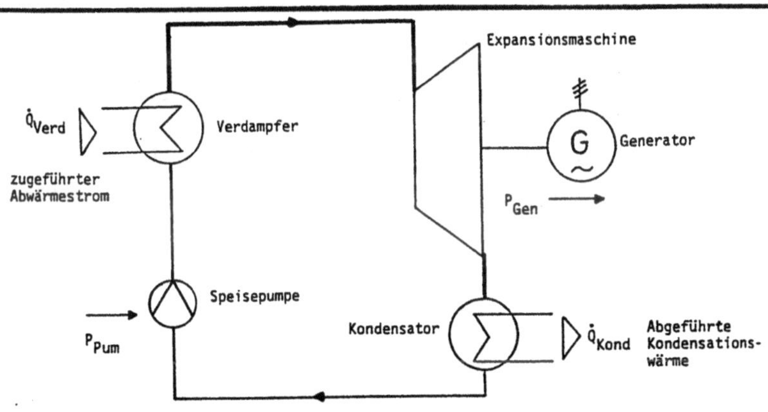

Abb. 25-1 Schaltbild einer Abwärmekraftanlage

Abb. 25-1 zeigt das Schaltbild einer einfachen Abwärmekraftanlage, deren Aufbau prinzipiell dem einer Dampfkraftanlage entspricht. Der in die Expansionsmaschine eintretende Dampf wird bis auf Kondensatordruck entspannt und anschließend durch Wärmeabfuhr vollständig verflüssigt; die Speisepumpe bringt das Kondensat auf den Verdampfungsdruck. Der Abwärmestrom dient dazu, das Arbeitsmedium zu verdampfen.

Der Rankineprozeß kann sowohl unter- als auch überkritisch ausgelegt werden. Bei überkritischer Auslegung führen die Zustandsänderungen vom Flüssigkeits- ins Gasgebiet, ohne das Naßdampfgebiet zu durchlaufen. In Abb. 25-2 sind ein über- und ein unterkritischer, idealisierter Prozeß (kein Druckabfall in Kondensator und Verdampfer, isentrope Verdichtung bzw. Entspannung) im T,s-Diagramm dargestellt (Eintrittstemperatur vor der Expansionsmaschine 180°C; Kondensationstemperatur 50°C), wobei die Expansion so erfolgen muß, daß an keiner Stelle in der Expansionsmaschine Naßdampf entsteht.

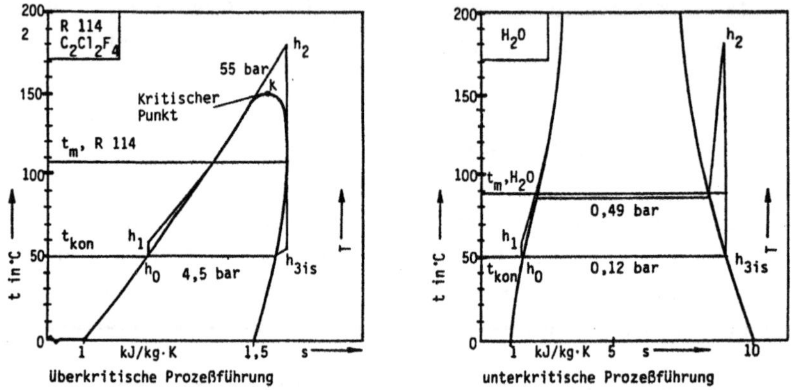

Abb. 25-2 Vergleich der Rankine-Prozesse für R 114 (organisches Arbeitsmedium) und Wasser

Der thermische Wirkungsgrad gibt an, welcher Bruchteil der zugeführten Wärme durch den Prozeß in Arbeit umgewandelt wurde, und kann definiert werden als:

$$\eta_{th} = \frac{T_m - T_{kon}}{T_m} = 1 - \frac{T_{kon}}{T_m} \qquad (25\text{-}1)$$

T_m = mittlere Temperatur der Wärmezufuhr

T_{kon} = Kondensatortemperatur

Werden die entsprechenden Werte /s. Abb. 25-2/ in die obige Gleichung eingesetzt, so ergibt sich, daß der thermische Wirkungsgrad des Kreisprozesses bei Verwendung organischer Arbeitsmedien (im folgenden als ORC-Prozeß bezeichnet) höher liegt als bei Wasser. So ist z.B. für R114 der thermische Wirkungsgrad 30% höher als bei Wasser.

Bei unterkritischen Prozessen hängt die Auswahl des Arbeitsmediums insbesondere davon ab, wie groß der Anteil der Wärmeaufnahme bei gleichbleibender Temperatur (latent) ist /vgl. Abb. 25-3/.

Da während der gesamten Wärmezufuhr sichergestellt sein muß, daß eine positive Temperaturdifferenz zwischen Wärmequelle und Kreislaufmedium gegeben ist, sind Stoffe mit geringeren Anteilen Verdampfungswärme denen mit größeren vorzuziehen. Die Stelle, an der die geringste zulässige Temperaturdifferenz erreicht wird, bezeichnet man als Pinch-Point.

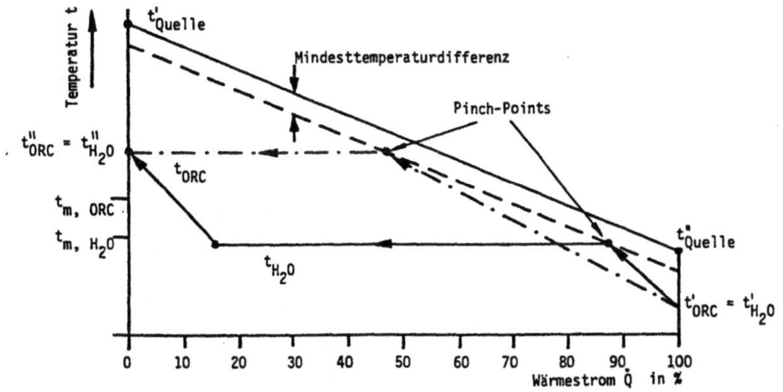

Abb. 25-3 Gegenüberstellung der Prozeßtemperaturen eines organischen Arbeitsmittels und von Wasser

Organische Stoffe weisen bei gleichen Wärmetauschereintritts- bzw. -austrittstemperaturen und gegebenem Mindesttemperaturunterschied ein günstigeres Verhältnis von Verdampfungsenthalpiedifferenz zu Flüssigkeitswärme auf als Wasser, so daß bei organischen Stoffen die mittlere Temperatur der Wärmezufuhr höher liegt und dadurch der thermische Wirkungsgrad größer wird.

Weitere Vorteile von organischen Arbeitsmedien sind das geringere spezifische Volumen und die höhere molare Masse, wodurch die Abmessungen der Expansionsmaschine klein gehalten werden können. Darüber hinaus ist von Bedeutung, daß der gesamte Prozeß im Überdruckbereich abläuft, womit das Eindringen von Luft vermieden werden kann. Entsprechend den Temperaturen der Abwärmequelle kommen unterschiedliche Arbeitsstoffe zur Anwendung /vgl. Abb. 25-4/.

Die in den letzten 20 Jahren in verschiedenen Ländern der Welt gebauten ORC-Anlagen nutzen als Abwärme überwiegend Abdämpfe und Abgase. Die Kondensationstemperaturen schwanken zwischen ca. 30 und 80°C, die Temperatur vor Eintritt in die Expansionsmaschine liegt bei R 114 zwischen 90 und 150°C, bei Toluol kann diese Temperatur mehr als doppelt so hoch werden.

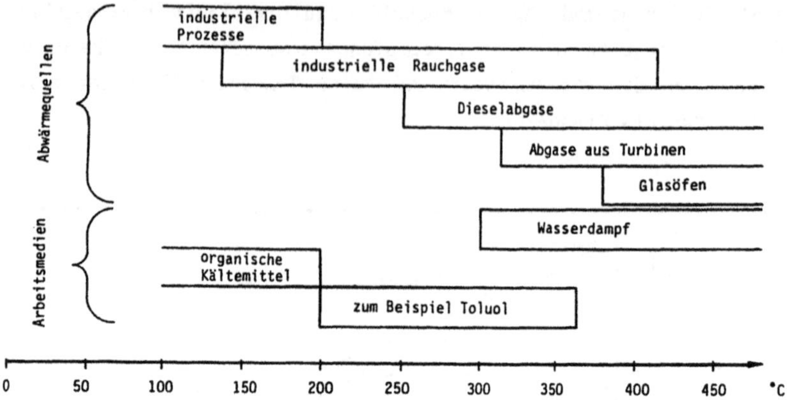

Abb. 25-4 Übersicht über mögliche Anwendungsbereiche von ORC-Prozessen

Bis zum Jahre 1980 waren etwa 25 bis 30 Anlagen weltweit ausgeführt /14/; die abgegebene Leistung der kleinsten Anlage lag bei 0,5 kW, die größte Anlage erbrachte eine Leistung von 3,8 MW. Die erzeugte mechanische Energie wird hauptsächlich zur Stromerzeugung und für Verdichterantriebe genutzt.

Als Arbeitsmedien im Temperaturbereich unterhalb von 180°C können Fluorkohlenwasserstoffe wie z.B. R 114, R 11, R 12 und R 113 eingesetzt werden, für Temperaturen bis ca. 200°C kommt Ammoniak und darüber hinaus Toluol in Betracht. Die an ein Kältemittel zu stellenden Anforderungen lassen sich unterteilen in wün-

Kriterium	Maximalforderungen an das Kreislaufmedium	H_2O	NH_3	C_3H_8	C_4H_{10}
Wirkungsgrad	hoch	+1)	+2)	-	+2)
Sicherheit	Zündtemperatur hoch	+	+	-	-
	Zündgrenzen mit Luft hoch	+	+	-	-
	Dichte < Luft	+	+	-	-
	Dampfdruck > Umgebungsdruck	-	+	+	-
	Giftigkeit klein	+	-	+	+
	Lecksuche einfach	-	+	o	o
Bauaufwand	keine Ex-Schutzausrüstung	+	+	-	-
	Arbeitsdruck niedrig	+	-	-	o
	kein zusätzlicher Wärmeträger zwischen Abgas und Kreislauf	+	+	-	-
Betriebseigenschaften	nicht korrosiv	+	+	+	+
	kein Einfrieren	-	+	+	+
Verfügbarkeit	Kosten niedrig	+	+	+	+
	Zerfallsrate klein	+	o	o	o

1) bei hoher Abgastemperatur 2) bei niedriger Abgastemperatur

+ positiv
- negativ
o neutral

Tab. 25-1 Auswahlkriterien für Kreislaufmedien /12, S. 43/

schenswerte und unabdingbare Merkmale. Bei der Auswahl des Arbeitsmediums muß die Stabilität des Mediums in Abhängigkeit von der höchst möglichen Prozeßtemperatur und den verwendeten Werkstoffen gewährleistet sein. Alle anderen Anforderungen wie Unbrennbarkeit, Ungiftigkeit sollten möglichst erfüllt sein /13/.

Die Frage nach der Wirtschaftlichkeit einer ORC-Anlage kann nur durch eine Wirtschaftlichkeitsberechnung für das konkrete Objekt beantwortet werden. Normalerweise ist bei der Nutzung von Abwärme nur mit geringen betriebsgebundenen Kosten (Wegfall der Brennstoffkosten) zu rechnen, so daß die Wirtschaftlichkeit hauptsächlich von den Investitionskosten abhängt. Wegen der mit geringer werdenden Abwärmetemperaturen sinkenden Wirkungsgrade der Anlage steigen die spezifischen Investitionskosten bei Nutzung niedrigtemperierter Abwärme. Für größere Anlagenleistungen ist allgemein eine Kostendegression für die spezifischen Investitionen zu verzeichnen. Eine im Jahr 1981 durchgeführte BMFT-Studie /12, S. 118/ kommt zu dem Schluß, daß bei heutigen Strompreisen Anlagen unter 100 kW mit Abwärmeströmen unter 100°C in jedem Fall unwirtschaftlich sind. Allgemein geht man heute davon aus, daß vertretbare Amortisationszeiten ab einer Anlagengröße von 2 MW bei Abwärmetemperaturen oberhalb 150°C erreichbar sind /s. Tab. 25-2/.

System Parameter				spez. Investitionsausgaben	Wert der jährl. Stromerzeugung 2000h/a 1kWh=0,10	Zinsen[1]	Versicherung u.a. Abgaben (0,5% der Investitionsausgaben)	Wartung, Reparatur (Kühlwasser=0,013 DM/kWh)	Abschreibung (Abschreibung über 10 Jahre)	Amortisationszeit[2]
Abwärmemenge (MW)	Temperatur (°C)	Wirkungsgrad	ORC-Leistung (kW)	(DM/kW)	(DM)	(8%p.a.)	(DM)	(DM)	(DM)	(n_a)
11,6	200	0,18	2 090	2 330,-	1 672 000,-	194 800,-	24 000,-	217 360,-	487 000,-	4,4
2,32	200	0,18	420	2 860,-	336 000,-	48 000,-	6 000,-	43 680,-	120 000,-	6,7
1,16	200	0,18	210	3 480,-	168 000,-	29 200,-	3 650,-	21 840,-	73 000,-	7,8
11,6	150	0,15	1 740	2 800,-	1 392 000,-	194 800,-	24 000,-	180 960,-	487 000,-	6,5
2,32	150	0,15	350	3 430,-	280 000,-	48 000,-	6 000,-	36 400,-	120 000,-	7,6
1,16	150	0,15	175	4 170,-	140 000,-	29 200,-	3 650,-	18 200,-	73 000,-	9,0
11,6	120	0,12	1 390	3 500,-	1 112 000,-	194 800,-	24 000,-	144 560,-	487 000,-	7,9
2,32	120	0,12	280	4 300,-	224 000,-	48 000,-	6 000,-	29 120,-	120 000,-	9,2
1,16	120	0,12	140	5 200,-	112 000,-	29 200,-	3 650,-	14 560,-	73 000,-	11,3
11,6	100	0,10	1 160	4 200,-	928 000,-	194 800,-	24 000,-	120 640,-	487 000,-	9,1
2,32	100	0,10	230	5-200,-	184 000,-	48 000,-	6 000,-	23 920,-	120 000,-	11,3
1,16	100	0,10	115	6 350,-	92 000,-	29 200,-	3 650,-	11 960,-	73 000,-	15,5

[1] Zinsberechnung nach der durchschnittlichen Restschuld, d.h. 8% von 50% der Investitionsausgaben

[2] Amortisationszeit n_a = $\frac{\text{Gesamtinvestitionsausgaben}}{\text{Wert der Stromerzeugung-Zinsen-Versicherung-Sonstige Kosten-Abschr.-Steuern}}$

(Steuersatz 50%)

Tab. 25-2 Investitionskosten und Amortisationszeiten von ORC-Anlagen (Berechnungsbasis: 1981) zusammengestellt nach Angaben von /12, S.125/

Bei der Interpretation der in Tabelle 25-2 zusammengestellten Ergebnisse ist zu beachten, daß die errechneten Amortisationszeiten auch von den zugrundegelegten Strompreisen, Zinssätzen und Abschreibungszeiträumen beeinflußt werden.

25.2 Kälteerzeugung durch Einsatz von Abwärme

Der von Clausius formulierte Erfahrungssatz, daß

> "Wärme nie aus einem kälteren in einen wärmeren Körper übergehen kann, wenn nicht gleichzeitig eine andere damit zusammenhängende Änderung eintritt",

ist auch für die Kälteerzeugung von Bedeutung. Bei der Erzeugung von Kälte ist es notwendig, dem Kälteerzeugungssystem von außen Exergie zur Verfügung zu stellen. Der Exergiebedarf kann durch hochwertige Energie (z.B. reine Exergie in Form von elektrischer Energie) oder durch ein Gemisch aus Exergie und Anergie, wie er in einem Abwärmestrom vorliegt, gedeckt werden.

25.2.1 Kompressionskälteanlagen

Mit Hilfe einer abwärmebetriebenen Kompressionskälteanlage kann, wie bei der Absorptionskältemaschine, die in der Abwärme enthaltene Exergie zur Kälteerzeu-

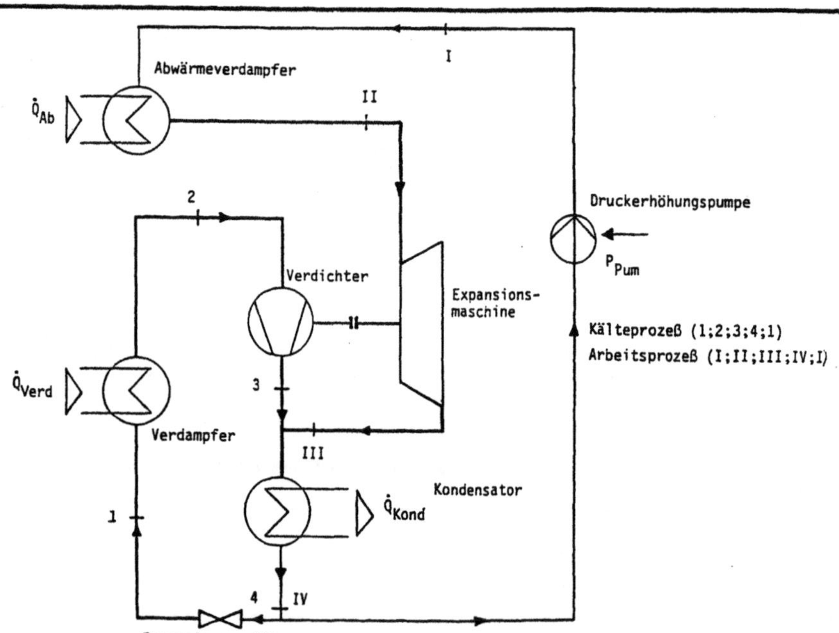

Abb. 25-5 Schematische Darstellung einer abwärmebetriebenen Kompressionskälteanlage

gung genutzt werden. Diese Art der Kälteerzeugung ermöglicht die Nutzung von Abwärmeströmen mit Temperaturen oberhalb 80°C;eine Begrenzung der Verdampfungstemperaturen ist nicht gegeben. Der Einsatz derartiger Systeme ist nach /16/ bei Abwärmeleistungen von über 0,5 MW wirtschaftlich vertretbar.

Der Arbeitsprozeß läßt sich wie folgt beschreiben. Das Kältemittel wird durch Abwärmezufuhr im Abwärmeverdampfer verdampft und durchströmt anschließend unter Arbeitsabgabe die Expansionsmaschine. Das Arbeitsmittel des Kältekreislaufs und des Arbeitskreislaufs wird gemeinsam im Kondensator bis auf die Siedelinie abgekühlt. Die Druckerhöhungspumpe bringt das Medium auf den Verdampfungsdruck.

Der Kälteprozeß wird mit einem Teilstrom des Kältemittels gebildet. Der Teilstrom wird im Expansionsventil bis auf den im Verdampfer herrschenden Druck entspannt und danach unter Wärmeaufnahme verdampft. Der durch die Arbeitsabgabe der Expansionsmaschine angetriebene Verdichter spannt den Kältemitteldampf auf Kondensatordruck hoch. Die Aufteilung der Massenströme auf den Arbeits- und Kälteprozeß ist je nach Wärmeangebot und Kälteleistung unterschiedlich.

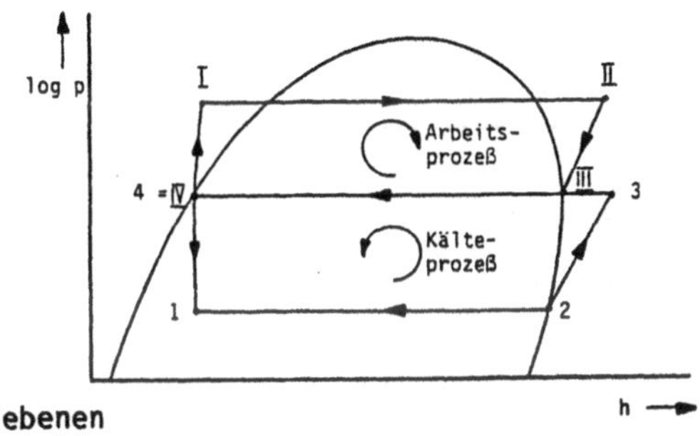

Abb. 25-6
Prozeßführung einer abwärmebetriebenen Kompressionskälteanlage im log p,h-Diagramm

25.2.2 Absorptionskälteanlagen

Absorptionsanlagen lassen sich wirtschaftlich einsetzen, wenn die Kosten der Wärmeenergie wesentlich geringer sind als die der elektrischen Energie. Aus diesem Grunde sind Absorptionsanlagen in Betrieben mit preisgünstiger Abwärme (z.B. Brauereien, Chemische Industrie) seit jeher die bevorzugten Kälteerzeugungsanlagen. Die Temperatur des Abwärmestromes sollte normalerweise über 100°C liegen. Eine günstige Voraussetzung liegt auch vor, wenn die Anlagen mit (niedrig bewertetem) Dampf aus der Kraft-Wärmekopplung betrieben werden können. Gerade bei Anlagen der Kraft-Wärmekopplung mit Gegendruckturbine zeigt sich heute häufig auf Grund von Einsparmaßnahmen auf der Wärmeseite, daß die Stromseite nicht mehr voll ausgefahren werden kann. In derartigen Situationen kann eine Umstellung von Kompressionskälteanlagen (elektromotorisch angetrieben) auf Absorptionsanlagen, d.h. eine Verlagerung von der Antriebsenergie Strom auf Wärme, durchaus sinnvoll sein.

Im Gegensatz zu Kompressionskälteanlagen wird bei Absorptionsanlagen kein Gas, sondern Flüssigkeit auf höheren Druck gebracht. Zur Förderung von Flüssigkeiten benötigt man erheblich geringere Antriebsleistungen (ca. 5% des elektrischen Leistungsbedarfs einer vergleichbaren konventionellen Kälteanlage). Die elektrische Energie dient zum Antrieb der Umwälzpumpen; die Leistungsaufnahme der Pumpe kann mit näherungsweise 2,5% der Kälteleistung angesetzt werden /10/. Für Absorptionskälteanlagen lassen sich theoretisch eine Vielzahl von Arbeitsstoffpaaren verwenden; auf dem Markt durchgesetzt haben sich praktisch die zwei in Tab. 25-3 aufgeführten Paarungen.

Stoffpaarung	minimal zulässige Temperatur des Kältemittels	Anwendungsgebiet
Wasser (Kältemittel) Lithiumbromid (Lösungsmittel)	ca.+ 5°C	Klimatechnik
Ammoniak (Kältemittel) Wasser (Lösungsmittel)	ca.- 60°C	Gefriertechnik

Tab. 25-3 Merkmale der in der Praxis überwiegend eingesetzten Stoffpaare in Absorptionskälteanlagen

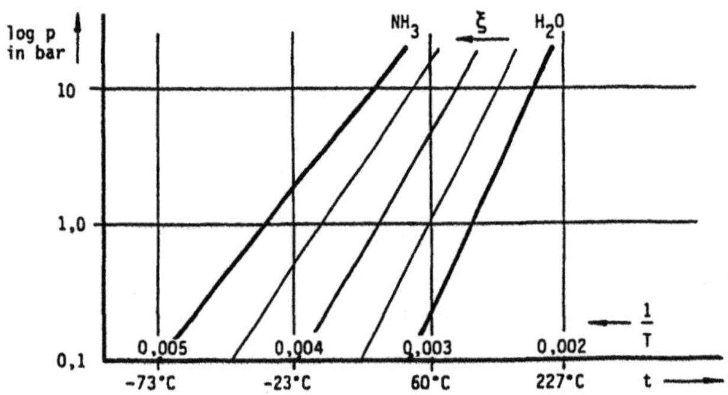

Abb. 25-7 Prinzipieller Verlauf der Dampfdruckkurven von Wasser und Ammoniak bzw. deren Mischungen

Die Tatsache, daß unterschiedliche Arbeitsstoffe verschiedene Dampfdruckkurven aufweisen /vgl. Abb. 25-7/, ermöglicht das Betreiben von Absorptionskälteanlagen; Voraussetzung ist aber, daß das Stoffpaar eine Lösung eingeht. In Abhängigkeit von den Massenanteilen ξ der Stoffe in der Lösung ergeben sich zugehörige veränderte Dampfdruckkurven; entsprechend den Anteilen entsteht ein Kontinuum von Dampfdruckkurven. In einem log p,1/T-Diagramm ergeben sich Geraden unterschiedlicher Steigung.

Die Funktionsweise von abwärmegespeisten Absorptionskälteanlagen wird am Beispiel einer einstufigen NH_3/H_2O-Anlage /Abb. 25-8/ erläutert.

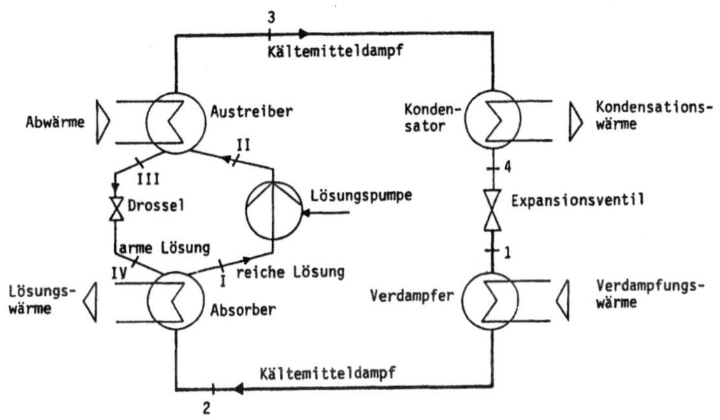

Abb. 25-8 Schematische Darstellung einer einstufigen Absorptionskälteanlage

Abwärme mit relativ hohem Temperaturniveau beheizt den Austreiber, so daß Ammoniak aus der reichen NH_3/H_2O -Lösung ausdampft (es wird davon ausgegangen, daß die Wasseranteile im Dampf äußerst gering sind). Der Druck im Austreiber ist etwa so groß wie der Kondensatordruck. Entsprechend den Konzentrationen in Austreiber und Absorber bzw. den Zuständen in Verdampfer und Kondensator stellen sich die zugehörigen Druck- und Temperaturdifferenzen ein /vgl. Abb. 25-9/.

Die Kondensationswärme wird auf mittlerem Temperaturniveau an die Umgebung abgegeben. Im Verdampfer entzieht das Kältemittel dem zu kühlenden Gut Wärme; der entstehende Kältemitteldampf wird im Absorber mit der über die Drossel zuströmenden armen Lösung unter Wärmeabgabe gemischt (absorbiert). Sowohl die Verdampfung als auch die Kondensation sind im p,t-Diagramm nur als Punkt darstellbar, da bei diesen Zustandsänderungen Druck und Temperatur konstant bleiben. Die reiche Lösung wird mittels einer Lösungspumpe aus dem Absorber in den Austreiber gefördert.

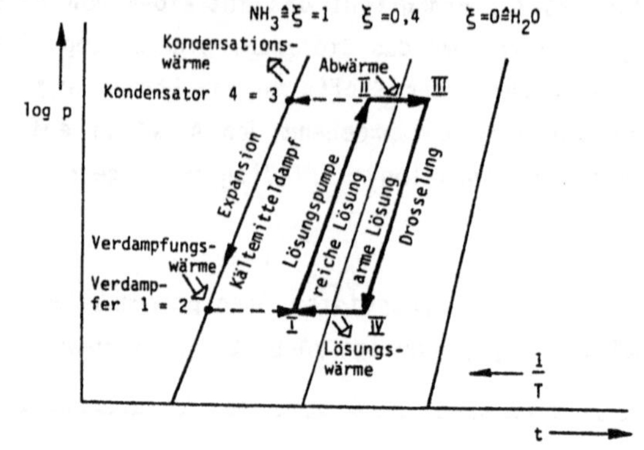

Abb. 25-9

Prozeßführung einer einstufigen Absorptionskälteanlage im log p,t-Diagramm

Für die Verbrauchszahlen von Absorptionskältemaschinen sind im Einzelfall die Herstellerangaben heranzuziehen. Anhaltswerte für die Vorplanung sind in Abb. 25-10 wiedergegeben. Beachten sollte man unbedingt den im Vergleich zu Kompressionsanlagen erhöhten Kühlwasserbedarf.

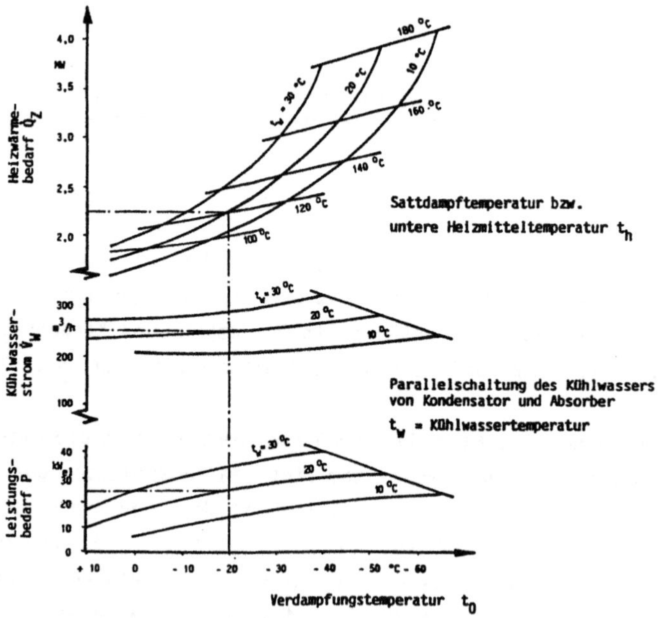

Abb. 25-10 Verbrauchszahlen einstufiger Absorptionskälteanlagen, bezogen auf 1 MW Kälteleistung /nach Werksangaben Linde/

25.2.3 Dampfstrahlkälteanlagen

Die in Dampfstrahlkälteanlagen eingesetzten Dampfstrahlverdichter sind Systeme, in denen höher gespannter Dampf expandiert, um Dampf niedrigen Druckes zu verdichten. Obwohl die unterschiedlichsten Stoffe als Treibdampf benutzt werden können, ist in der Praxis nur das Wasser bedeutsam.

Dampfstrahlpumpen sind einfach aufgebaut (geringe Herstellungskosten), besitzen keine beweglichen Teile (niedrige Wartungskosten) und sind leicht gegen Korrosion zu schützen (auch aggressive Substanzen können gefördert werden); die Bedienung solcher Apparate bereitet keine Schwierigkeiten. Bei der Auswahlentscheidung ist jedoch darauf zu achten, daß die Anpassungsfähigkeit an geänderte Betriebsbedingungen gering ist. Als Einsatzgebiete von Dampfstrahlapparaten kommen in Frage

- direkte Kühlung von Wasser in offenen Prozessen
- Eindicken von Milch, Fruchtsäften etc.
- Trennverfahren der Kristallisation von Salzen aus Lösungen.

Darüber hinaus können sie als Booster (Vorverdichtung des Kältemittels bei großen spezifischen Volumina, d.h. tiefen Temperaturen) in Kompressions- und Absorptionskälteanlagen eingesetzt werden.

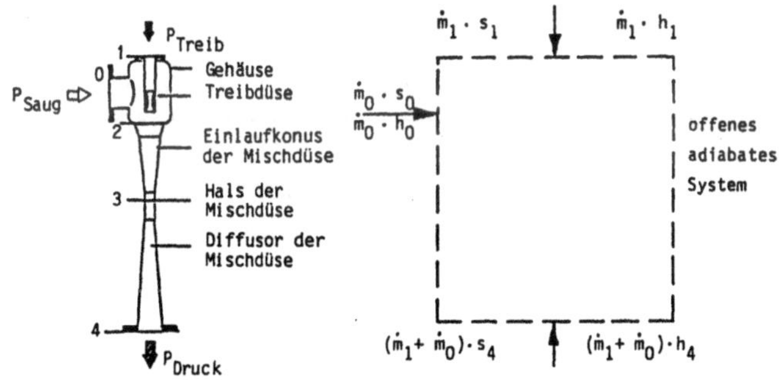

Abb. 25-11 Dampfstrahlverdichter

Die Abb. 25-11 zeigt einen Dampfstrahlverdichter im Schnitt. In der Treibdüse wird der Dampf bis auf den Saugdruck p_{saug} entspannt. Im allgemeinen ist das Druckverhältnis überkritisch, d.h. die Treibdüse hat die Form einer Laval-Düse mit einem sich verengenden und anschließend erweiternden Querschnitt. Verliefe die Expansion reibungsfrei, so wäre die Entropieänderung gleich Null /vgl. Abb. 25-12/; der reale Prozeß verläuft aber von 1 nach 2. Im Einlaufkonus (Mischraum) trifft der mit Überschallgeschwindigkeit aus der Treibdüse austretende Dampf auf den praktisch ruhenden Niederdruckdampf, vermischt sich mit diesem und reißt ihn in den Diffusor mit, wo das Gemisch verzögert und auf den Druck $p > p_{Saug}$ verdichtet wird. Im Idealfall würde diese Verdichtung bei $\Delta s = 0$, d.h. von 3* nach 4* im h,s-Diagramm /Abb. 25-12/, verlaufen. Tatsächlich treten aber erhebliche Irreversiblitäten auf, so daß der Vorgang von 3 nach 4 verläuft. Unter der Voraussetzung reversibler Zustandsänderungen läßt sich das Verhältnis von Saug- zu Treibdampf bei Kenntnis der Anfangs- und Endzustände nach der Beziehung

$$\xi = \frac{\dot{m}_{Saug}}{\dot{m}_{Treib}} = \frac{\dot{m}_o}{\dot{m}_1}$$

$$\xi = \frac{h_1 - h_4^*}{h_4^* - h_o} = \frac{s_1 - s_4^*}{s_4^* - s_o} \qquad (25\text{-}2)$$

bestimmen /vgl. Band III/. Da die Enthalpie des Endzustands 4^* wegen

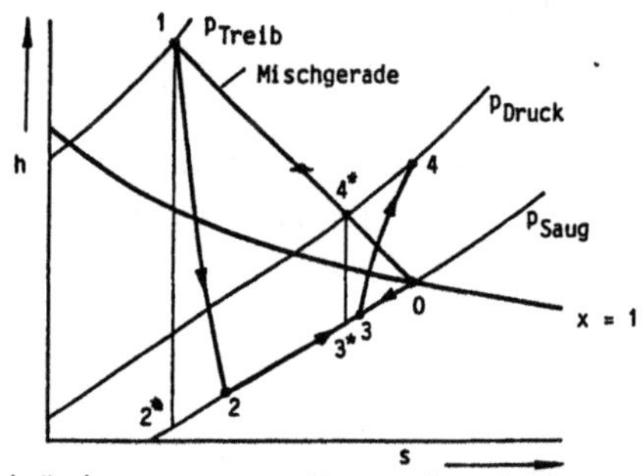

Abb. 25-12 Zustandsänderungen von Wasserdampf in einem Dampfstrahlapparat

Gleichung 25-2 auf einer geraden Verbindungslinie zwischen h_0 und h_1 liegen muß und der Verdichtungsenddruck vorgegeben ist, liegt die Endenthalpie im Schnittpunkt der Linie $\overline{h_0\, h_1}$ und der Isobaren p_{Druck}. Ist der Schnittpunkt bekannt, so ist auch die zugehörige Enthalpie festgelegt und damit auch das reversible Massenstromverhältnis.

Da reale Zustandsänderungen reibungsbehaftet sind, ist aber sowohl der Wirkungsgrad der Treibdüse als auch der der Mischungsdüse zu berücksichtigen. Als Massenstromverhältnis ergibt sich dann

$$\xi = \frac{\dot{m}_o}{\dot{m}_1} = \frac{1}{b} = \sqrt{\eta_{Laval} \cdot \eta_{Misch} \cdot (1 + \xi_{MV})} - 1 \qquad (25\text{-}3)$$

Das Produkt der isentropen Wirkungsgrade (η_{Laval} = $(h_1-h_2)/(h_1-h_2)$; η_{Misch} = $(h_4-h_3)/(h_4-h_3)$) wird auch als Gütegrad bezeichnet und liegt etwa zwischen 0,6 und 0,7 (vgl. /10/).

Der spezifische Treibdampfverbrauch b ergibt sich aus dem Verhältnis von Treibdampfmassenstrom zu Saugdampfmassenstrom. Der Dampfverbrauch ist für eine gegebene Konstruktion vom Treibdampfdruck und vom Verdichtungsdruckverhältnis (π = p_{Druck}/p_{Saug}) abhängig. Die Abb. 25-13 zeigt Verbrauchswerte für Dampfstrahlverdichter mit einem Treibdampfmassenstrom von ca. 100 kg/h und Sattdampf als Treib- und Saugdampf. Anstelle des Verdichtungsdruckverhältnisses wurde die Temperaturdifferenz Δt als Parameter gewählt.

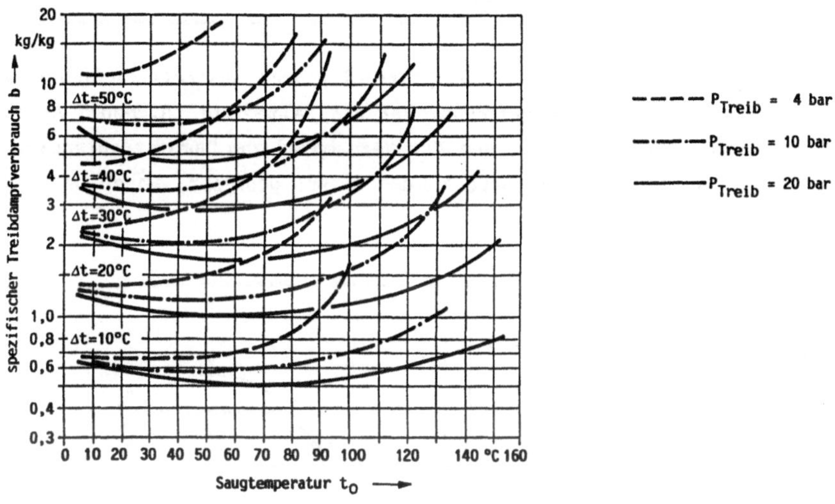

Abb. 25-13 Spezifischer Treibdampfverbrauch von Dampfstrahlverdichtern /nach Werkangaben Fa. Wiegand/

In Dampfstrahlapparaten ablaufende Prozesse sind stark irreversibel. Die hohen Exergieverluste können immer dann in Kauf genommen werden, wenn große Volumenströme bei kleinen Drücken durchzusetzen sind.

Die Kälteerzeugung mit Hilfe von Dampfstrahlapparaten wird am Beispiel einer einstufigen Kältemaschine erläutert /s. Abb. 25-14/. In der Dampfstrahlkältemaschine durchläuft der Treibdampf einen rechts- und das Kältemittel einen linksläufigen Prozeß /s. Abb. 25-15/.

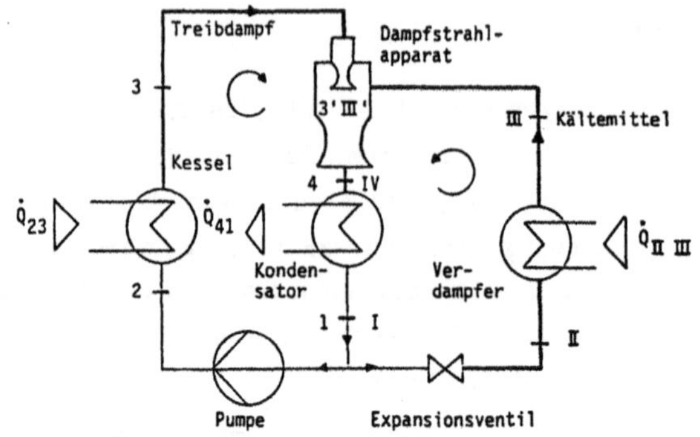

Abb. 25-14 Schema einer Dampfstrahlkälteanlage

Im Kondensator wird das aus dem Dampfstrahlapparat austretende Arbeitsmittel verflüssigt und anschließend getrennt. Der als Kältemittel dienende Anteil gelangt über das Expansionsventil und den Verdampfer zum Dampfstrahlapparat; der andere Teilstrom wird von der Pumpe in den Kessel gedrückt, wo er unter Wärmeaufnahme verdampft.

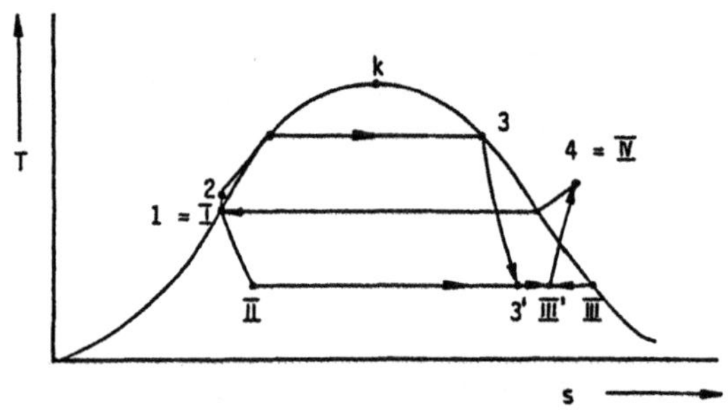

Abb. 25-15

Prozeßführung einer Dampfstrahlkälteanlage in einem T,s-Diagramm

Der im Dampfstrahlapparat selbst ablaufende Prozeß wurde bereits weiter oben beschrieben.

Formelzeichen

A	Fläche
b	spezifische Anergie, Konstante, spez. Treibdampfverbrauch
c	spezifische Wärmekapazität
c_v	spezifische Wärmekapazität bei konstantem Volumen
c_p	spezifische Wärmekapazität bei konstantem Druck
c_L	spezifische Wärmekapazität von Luft
d	Schichtdicke
e	Eulerzahl
f	Korrekturfaktor
f_a	Wocheneinschränkungsfaktor
f_b	Betriebszeiteinschränkungsfaktor
f_{zo}	Korrekturfaktor Klimazone
G_L	Lüftungsgradstunden
h	spezifische Enthalpie
Δh	spezifische Enthalpiedifferenz
Δh_o	Brennwert
H	Enthalpie
i	Zinssatz
k	Wärmedurchgangszahl
m	Masse
$\dot{m}$	Massenstrom
$\dot{m}_L$	Luftmassenstrom
$\dot{m}_{NH3}$	Ammoniak-Massenstrom
M	molare Masse
n	Polytropenexponent, Anzahl Rohrreihen
p	Druck
p_u	Umgebungsdruck
Δp	Druckdifferenz
P	Leistung
P_{el}	elektr. Leistung
P_{Gen}	Generatorleistung
q	spezifische Wärmemenge
q_r	spezifische Rückwärme
Q	Wärmemenge
Q_{ganz}	Lüftungswärmeverbrauch ganzjährig
Q_o	Kälte
Q_r	Rückwärme
$Q_{r,ganz}$	Rückwärme im ganzjährigen Betrieb
$\dot{Q}$	Wärmestrom
$\dot{Q}_{Ab}$	abgeführter Wärmestrom
$\dot{Q}_{WP}$	Wärmeleistung Wärmepumpe
r	Volumenanteil
R	spezifische Gaskonstante
R_m	universelle Gaskonstante

s	spezifische Entropie
S	Entropie
t'	Temperatur in ^oC
t''	Eintrittstemperatur
t	Austrittstemperatur
t_a	Außenlufttemperatur
t_F	Fortlufttemperatur
t_o	Verdampfungstemperatur
t_W	Kühlwassertemperatur
t_Z	Zulufttemperatur
Δt	Temperaturdifferenz
Δt_m	mittlere logarithmische Temperaturdifferenz
T	absolute Temperatur in Kelvin
T_o	Verdampfungstemperatur
T_{kond}	Kondensatortemperatur
T_m	mittlere Temperatur der Wärmezufuhr
u	spezifische innere Energie
U	innere Energie
v	spezifisches Volumen
V	Volumen
$\dot{V}$	Volumenstrom
w	spezifische Arbeit
w_t	spezifische technische Arbeit
W	Arbeit, Wasserwert
x	Wassergehalt (feuchte Luft)
x'	Wassergehalt Eintrittszustand
x''	Wassergehalt Austrittszustand
Δx	Feuchtedifferenz
z	geodätische Höhe, Betriebszeit
z_d	tägliche Betriebsstunden

α	Wärmeübergangszahl
ε	Leistungszahl
ε_K	Leistungszahl der Kältemaschine
ε_C	Carnot-Leistungszahl
η	Wirkungsgrad
η_g	Gütegrad
η_{th}	thermischer Wirkungsgrad
κ	Adiabatenexponent, spezifische Wärmeaustauscherfläche
λ	Wärmeleitzahl, Luftverhältnis
ξ	Massenanteil, Massenstromverhältnis
π	Druckverhältnis
ρ	Dichte

τ	Wasserwertverhältnis, Benutzungsdauer	Φ_r	Rückwärmezahl
φ	relative Feuchte	Φ_{gesamt}	Temperaturaustauschgrad für mehrere Wärmetauscher
Φ	Temperaturaustauschgrad (Betriebscharakteristik)	ψ	Rückfeuchtezahl

Literaturverzeichnis

1. VDI-Wärmeatlas:
   Berechnungsblätter für den Wärmeübergang
   Düsseldorf, 1974

2. Sprenger, E. (Hrg.):
   Taschenbuch für Heizung und Klimatechnik
   62. Auflage, München, 1983

3. Cube, H.L.v. (Hrg.):
   Handbuch der Energiespartechniken, Bd. 2:
   Spartechniken bei der Nutzung fossiler Energieträger
   Karlsruhe, 1983

4. VDI 2071, Blatt 1:
   Wärmerückgewinnung in Raumlufttechnischen Anlagen,
   Begriffe und technische Beschreibung
   Düsseldorf, 1981

5. VDI 2071, Blatt 2:
   Wärmerückgewinnung in Raumlufttechnischen Anlagen,
   Wirtschaftlichkeitsberechnungen
   Düsseldorf, 1983

6. Jüttemann, H.:
   Wärmerückgewinnung in raumlufttechnischen Anlagen
   Karlsruhe, 1980

7. Scherf, D.:
   Hochtemperatur-Wärmepumpen für die Galvanotechnik,
   in: Galvanotechnik Nr. 11/1979 , S. 1-15

8. Paul, J., Pfeiffenberger, M., Reichelt, J., und A. Tolle:
   Grundsatzuntersuchungen an Wärmepumpen, Teil 1,
   Forschungsbericht T80-163(1), Karsruhe, 1980

9. Eder, W., und F. Moser:
   Die Wärmepumpe in der Verfahrenstechnik, Wien, 1979

10. Berliner, Paul:
    Kältetechnik, Würzburg, 1979

11. Heinze, K.:
Technische und wirtschaftliche Überlegungen zu Kombination der Kälteanlage und Heizung in Kühlhausbetrieben, in: DKV Tagungsbericht 1977, Stuttgart, 1977

12. Lamprecht, J. und D. Karsten:
Stromerzeugungspotential aus industrieller Abwärme in der deutschen chemischen und petrochemischen Industrie einschließlich Erdölraffinerien, BMFT Forschungsbericht, 1981

13. Scholten, W.:
Arbeitsmedizin, in: VDI-Berichte Nr. 377, Düsseldorf, 1980, S. 31-40

14. Corneille, H.P. und S. Haaf:
Übersicht von ausgeführten ORC-Anlagen, in: VDI-Berichte 377, Düsseldorf, 1980, S. 31-40

15. Lüdtke, K.:
Gasturbinen-Abwärme treibt Pipeline-Verdichter, in: VDI-Berichte Nr. 377, Düsseldorf, 1980, S. 41-49

16. Preisegger, E.:
Abwärmenutzung durch Abwärme-Systeme (abwärmebetriebene Kraftanlagen, Kompressions-Kälteanlagen und Absorptions-Kälteanlagen), in: Jahrbuch der Wärmerückgewinnung, Essen, 1981, S. 399-402

17. VDI 2067:
Berechnung der Kosten von Wärmeversorgungsanlagen, Düsseldorf, 1979

18. Scherf, D.:
Hochtemperaturwärmepumpen für die Galvanotechnik in: Galvanotechnik Nr. 11/1979, S. 1-5

19. Brost, O. und Groll, M.:
Wärmerohre - Auslegung, Betrieb, Anwendungsbeispiele, Teil II, in: Wärme, Band 86, Heft 4/1980, S. 71-74

Sachwortverzeichnis

Autorenverzeichnis

Band IV

Endrullat, Klaus

Dipl.-Ing.
GEWU Consult-Gesellschaft
für Energie, Wirtschaft und Umwelt mbH, Berlin

Epinatjeff, Peter

Dipl.-Ing.
Freier Architekt, Berlin

Petzold, Dieter

Dipl.-Ing.
Technische Universität Berlin
Weiterbildungsprogramm
Energieberatung/Energiemanagement

Protz, Hubertus

Prof. Dipl.-Ing.
Technische Universität Berlin
Hermann-Rietschel-Institut
für Heizungs- und Klimatechnik

GPSR Compliance

The European Union's (EU) General Product Safety Regulation (GPSR) is a set of rules that requires consumer products to be safe and our obligations to ensure this.

If you have any concerns about our products, you can contact us on ProductSafety@springernature.com

In case Publisher is established outside the EU, the EU authorized representative is:

Springer Nature Customer Service Center GmbH
Europaplatz 3
69115 Heidelberg, Germany

Batch number: 10682323

Printed by Printforce, the Netherlands